高职高专“十一五”规划教材

金属工艺学

主　编　余承辉　余嗣元

副主编　廖玉松　甘瑞霞

参　编　储　静　朱国平　黄　强

主　审　刘志峰

合肥工业大学出版社

内 容 简 介

本书是作者在从事多年高职教学实践的基础上编写而成的。内容包括金属材料的力学性能、金属与合金的晶体结构与结晶、铁碳合金、钢的热处理、金属表面处理技术、金属材料、非金属材料、铸造工艺基础、锻压成形、焊接、机械加工成形基础、切削加工方法及工艺、非金属材料成形工艺、工程材料与成形工艺的选择等。

本书为高职高专、电大、职大、成人教育等院校机械类和机电类专业的通用教材，也可作为工程技术人员的参考书。

图书在版编目（CIP）数据

金属工艺学/余承辉，余嗣元主编．—合肥：合肥工业大学出版社，2006.6

ISBN 978-7-81093-372-8

Ⅰ．金…　Ⅱ．①余…　②余…　Ⅲ．金属加工—工艺学—高等学校：技术学校—教材　Ⅳ．TG

中国版本图书馆 CIP 数据核字（2006）第 073058 号

金 属 工 艺 学

主编　余承辉　余嗣元　　　　责任编辑　汤礼广

出　版	合肥工业大学出版社	版　次	2006 年 8 月第 1 版
地　址	合肥市屯溪路 193 号	印　次	2013 年 1 月第 5 次印刷
邮　编	230009	开　本	787 毫米×1092 毫米　1/16
电　话	总编室：0551-2903038	印　张	16.5
	发行部：0551-2903198	字　数	400 千字
网　址	www.hfutpress.com.cn	印　刷	合肥现代印务有限公司
E-mail	press@hfutpress.com.cn	发　行	全国新华书店

ISBN 978-7-81093-372-8　　　　定价：29.00 元

前　言

本书是根据教育部制定的《高职高专教育工程与成形工艺基础课程教学基本要求》，并结合高职高专教学改革的实践经验，以适应培养高等技术应用性人才的要求编写的，是高职高专机械类和机电类专业的通用教材。本书现为安徽省高等学校“十一五”省级规划教材（见安徽省教育厅教秘高［2007］9号文件）。

全书共分十四章。第一章至第五章介绍了工程材料的性能、结构以及凝固、强化与处理；第六章至第七章介绍了金属材料、非金属材料；第八章至第十三章章介绍了铸造、锻压、焊接、机械加工基础以及非金属材料的成形工艺；第十四章介绍了工程材料与成形工艺选择。本书每章后面均安排了相应的思考与练习的题目。

本书在编写过程中力求体现以下特点：

（1）重视综合性、应用性和实践性，以培养生产第一线需要的高等技术应用性人才为目标，将理论课与实训实验进行有机整合，形成强化应用的具有高等职业教育特点的新的教材体系。

（2）建立工程材料和材料成形工艺与现代机械制造过程的完整概念。

（3）建立大材料的概念，在整体上形成金属材料与非金属材料并重的格局。

（4）充分重视新材料、新工艺、新技术的引入，如增加了新型材料、表面工程技术及其他正在发展的成形技术的介绍等。

（5）全面贯彻最新国家标准。

（6）为培养学生的基本素质，适当引入技术经济分析和质量管理的概念，贯彻环境保护和可持续发展的观点。

本书第一章、第二章和第三章由甘瑞霞编写，第四章、第五章由储静编写，第六章、第七章由廖玉松编写，第八章由朱国平编写，第九章、第十章由余承辉编写，第十一章、第十二章由黄强编写，第十三章、第十四章由余嗣元编写。

本书由余承辉副教授和余嗣元副教授共同担任主编，合肥工业大学教授、博士生导师刘志峰担任主审。

为了使本书更加完善，此次重印之前，我们请本书的主编余承辉等作者对本书所有内容又进行了一次认真校该和精细修订。

本书的编写和修订虽力求适应教育改革和发展的需要，但由于水平有限，书中不足之处在所难免，恳请广大读者批评指正。

编　者

目　录

绪　论

金属工艺学是一门有关机械零件制造方法及其用材的综合性技术基础课。它系统地介绍了机械工程材料的性能、应用及改进材料性能的工艺方法，各种成形工艺方法及其在机械制造中的应用和相互联系，机械零件的加工工艺过程等方面的基础知识。

金属工艺学是在总结劳动人民长期实践的基础上发展起来的。我国古代在材料生产及其成形加工工艺技术方面，有着辉煌的成就。

从原始社会后期我国就开始有陶器，早在仰韶文化和龙山文化时期，制陶技术已经很成熟。我国的青铜冶炼始于夏代，到了距现在3000多年前的殷商、西周时期，技术水平已相当先进，用青铜制造的工具、食具、兵器、车饰、马饰等均得到普遍应用。在河南安阳地区发掘出来的商代青铜大方鼎，高133cm、长110cm、宽78cm，重达875kg。在大鼎的里面铸有“司母戊”三个字，在大鼎的四周，有蟠龙等组成的精致花纹。铸造这样大型的青铜器物，需要有很大的铸造场所，要求各个工种协同操作、密切配合，这充分反映出我国古代青铜冶炼和铸造成形的高超技艺。

春秋战国时期，我国开始大量使用铁器，白口铸铁、麻口铸铁、可锻铸铁相继出现。1953年从河北兴隆地区发掘出来的战国铁器中，就有浇铸农具用的铁模子，说明当时已掌握了铁模铸造技术。随后出现了炼钢、锻造、钎焊和退火、淬火、正火、渗碳等热处理技术。一直到明朝，在这之前的2000多年间，我国钢铁生产的产量及金属材料成形工艺技术一直在世界上遥遥领先。

上述事实生动地说明了中华民族在材料及其加工方面对世界文明和人类进步作出了卓越贡献。但是到了18世纪以后，由于封建统治者长期采取闭关自守的政策，因此严重地束缚了我国生产力的发展，使我国科学技术处于停滞落后状态。

18世纪20年代初先后在欧美发生的产业革命极大地促进了钢铁工业、煤化学工业和石油化学工业的快速发展，各类新材料不断涌现。材料对科学技术的发展起着关键性作用，航空工业的发展充分说明了这一点。1903年世界上第一架飞机所用的主要结构材料是木材和帆布，飞行速度仅16km/h；1911年硬铝合金研制成功，金属结构取代木布结构，使飞机性能和速度获得一个飞跃；喷气式飞机的超音速飞行，高温合金材料制造的涡轮发动机起到了重要作用，因为当飞机速度为2～3倍音速时，飞机表面温度会升到300℃，飞机材料只能采用不锈钢或钛合金；至于航天飞机，机体表面温度会高达1000℃以上，只能采用高温合金材料及防氧化涂层；目前，玻璃纤维增强塑料、碳纤维高温陶瓷复合材料、陶瓷纤维增强塑料等复合材料在飞机、航天飞行器上已获得广泛应用。

近200多年来，在不断变化的市场需求驱动下，制造业的生产规模沿着“小批量、少品种大批量、多品种变批量”的方向发展。在科技高速发展的推动下，制造业的资源配置沿着“劳动密集、设备密集、信息密集、知识密集”的方向发展。与之相适应，制造技术的生产方式沿着“手工——机械化——单机自动化——刚性流水自动化——柔性自动化——智能自动化”的方向发展。

制造技术也发生了巨大的变化，18 世纪后半叶以蒸汽机的发明为特征的产业革命，标志着制造业已完成从手工业作坊式生产到以机械加工和分工原则为中心的工厂生产的艰难转变。19 世纪电气技术的发展，开辟了崭新的电气化新时代，制造业也得到飞速发展，制造技术实现了批量生产、工业化规范生产的新局面。20 世纪初内燃机的发明，引发了制造业的革命，流水生产线和泰勒工作制得到广泛的应用。两次世界大战特别是第二次世界大战期间，以降低成本为中心的刚性和大批量制造技术以及生产管理有了很大的发展。第二次世界大战后的 50 年来，计算机技术、微电子技术、信息技术和自动化技术有了迅速发展，并在制造业中得到愈来愈广泛的应用，推动了制造技术向高质量和柔性化生产方向发展，先后出现了数控（NC）、柔性制造单元（FMC）、柔性制造系统（FNS）、计算机辅助设计/制造（CAD/CAM）、计算机集成制造（CIM）、准时化生产（JIT）、精益生产（LP）和敏捷制造（AM）等多项先进制造技术与制造模式，使制造业正经历着一场新的技术革命。

本课程的目的和任务是让学生了解常用工程材料的性能、材料成形技术和零件加工的基础知识，为学习其他有关课程和今后从事机械设计与制造方面的工作奠定必要的工艺基础。

学生在学完本课程后，应达到以下基本要求：

①掌握常用工程材料的种类、性能及其热处理方法，初步具有正确使用金属材料的能力。

②掌握主要毛坯成形方法的基本原理和工艺特点，具有选择毛坯及工艺分析的初步能力。

③了解机械制造生产过程、生产类型及其特点；掌握各种主要加工方法的实质、工艺特点、基本原理和设备的使用。

④了解零件的加工工艺过程，并具有选择零件加工方法的能力，能制订简单的制造工艺规程。

⑤了解有关的新工艺、新技术及其发展趋势。

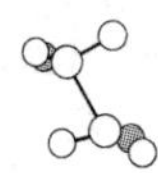

第一章 金属材料的力学性能

金属材料是工业生产中最重要的材料，广泛应用于机械制造、交通运输、国防工业、石油化工和日常生活各个领域。生产实践中，往往由于选材不当会造成机械达不到使用要求或过早失效。因此，了解和熟悉金属材料的性能成为合理选材、充分发挥工程材料内在性能潜力的重要依据。

金属材料的性能包括使用性能和工艺性能。使用性能是指材料在使用过程中表现出来的性能，它包括力学性能、物理性能和化学性能等；工艺性能是指材料对各种加工工艺适应的能力，它包括铸造性能、锻造性能、焊接性能、切削加工性能和热处理工艺性能等。

在机械制造领域选用材料时，大多以力学性能为主要依据。因此必须首先了解金属材料的力学性能。所谓金属的力学性能，是指金属材料受到各种载荷（外力）作用时，所表现出的抵抗能力。力学性能主要包括强度、塑性、硬度、韧性、疲劳极限等。

第一节 强度和塑性

材料在加工及使用过程中所受的外力称为载荷。根据载荷作用性质不同，可分为静载荷、冲击载荷、疲劳载荷三种。

（1）静载荷 大小不变或变动很慢的载荷，例如床头箱对机床床身的压力。

（2）冲击载荷 突然增加或消失的载荷，例如空气锤锤头下落时锤杆所承受的载荷。

（3）疲劳（交变）载荷 周期性的动载荷，例如机床主轴就是在变载荷作用下工作的。

根据载荷作用方式不同，可分为拉伸载荷、压缩载荷、弯曲载荷、剪切载荷、扭转载荷等，如图 1－1 所示。

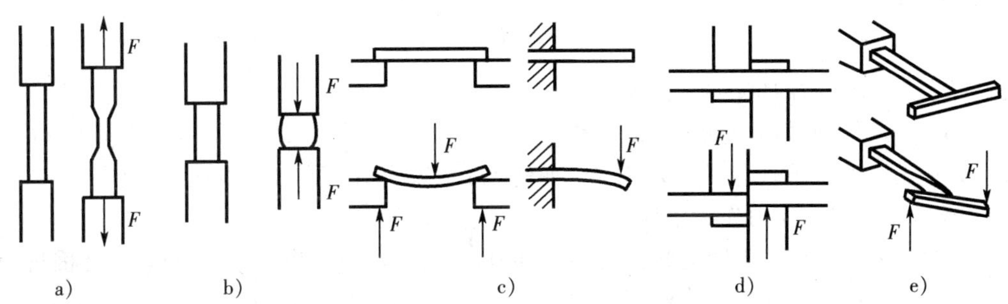

图 1－1 载荷的作用形式

a)拉伸载荷 b)压缩载荷 c)弯曲载荷 d)剪切载荷 e)扭转载荷

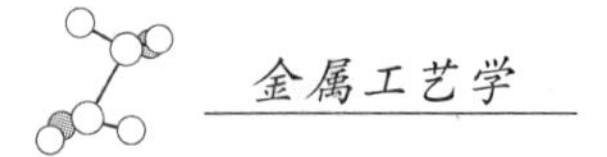

一、强度

金属材料在载荷作用下，抵抗塑性变形或断裂的能力称为强度。强度愈高的材料，所承受的载荷愈大。

按照载荷作用方式不同，强度可分为抗拉强度、抗压强度、抗弯强度、抗扭强度和抗剪强度等。工程上一般情况下多以抗拉强度作为判别金属强度高低的指标。

抗拉强度由拉伸试验来测定。静载荷拉伸试验是工业上最常用的力学试验方法之一。按照标准规定，把标准试样(GB/T6397－1986)装夹在试验机上，然后对试样逐渐施加拉伸载荷的同时连续测量力和相应的伸长，直至把试样拉断为止，便得到拉伸曲线，依据拉伸曲线可求出相关的力学性能。

1. 拉伸曲线

材料的性质不同，拉伸曲线形状也不尽相同。图 1－2 为退火低碳钢的拉伸曲线，图中纵坐标表示力 F，单位为 N；横坐标表示绝对伸长 ΔL，单位为 mm。以退火低碳钢拉伸曲线为例说明拉伸过程中几个变形阶段。

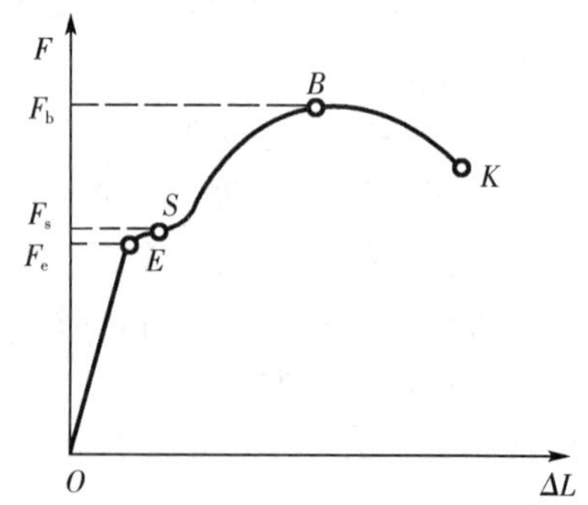

图 1－2 低碳钢的拉伸曲线

(1) OE——弹性变形阶段　试样的伸长量与载荷成正比增加，此时若卸载，试样能完全恢复原来的形状和尺寸。

(2) ES——屈服阶段　当载荷超过 F_s时，曲线上出现平台，即载荷不增加，试样继续伸长，材料丧失了抵抗变形的能力，这种现象叫屈服。

(3) SB——均匀塑性变形阶段　载荷超过 F_s后，试样开始产生明显塑性变形，伸长量随载荷增加而增大。F_b为试样拉伸试验的最大载荷。

(4) BK—缩颈阶段　载荷达到最大值 F_b后，试样局部开始急剧缩小，出现“缩颈”现象，由于截面积减小，试样变形所需载荷也随之降低，K 点时试样发生断裂。

2. 强度指标

金属材料的强度是用应力来度量的，即材料受载荷作用后内部产生一个与载荷相平衡的内力，单位截面积上的内力称为应力，用 σ 表示。常用的强度指标有屈服点和抗拉强度。

(1) 屈服点　材料产生屈服时的最小应力，以 σ_s表示，单位为 MPa。

$$\sigma_s = F_s / S_0$$

式中：F_s——屈服时的最小载荷，N；

S_0——试样原始截面积，mm^2。

对于无明显屈服现象的金属材料(如铸铁、高碳钢等)测定 σ_s很困难，通常规定产生 0.2%塑性变形时的应力作为条件屈服点，用 $\sigma_{0.2}$表示。

屈服点表征金属发生明显塑性变形的抗力，机械零件在工作时如受力过大，会因过量变形而失效。当机械零件在工作时所受的应力，低于材料的屈服点，则不会产生过量的塑性。材料的屈服点越高，允许的工作应力也越高。因此它是机械设计的主要依据，也是评定金属材料优劣的重要指标。

(2) 抗拉强度　材料在拉断前所承受的最大应力，以 σ_b表示，单位为 MPa。

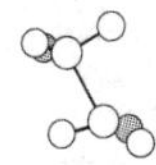

$$\sigma_b = F_b / S_0$$

式中：F_b——试样断裂前所承受的最大载荷，N。

抗拉强度表示材料抵抗均匀塑性变形的最大能力，也是设计机械零件和选材的主要依据。

二、塑性

金属材料在载荷作用下产生塑性变形而不断裂的能力称为塑性，塑性指标也是通过拉伸试验测定的。常用塑性指标是断后伸长率和断面收缩率。

（1）断后伸长率　拉伸试样拉断后，标距的相对伸长与原始标距的百分比称为断后伸长率，即

$$\delta = (L_1 - L_0)/L_0 \times 100\%$$

式中：L_0——试样原始标距长度，mm；

L_1——试样被拉断时标距长度，mm。

必须注意，被测试样长度不同，测得的断后伸长率是不同的，长、短试样断后伸长率分别用符号 δ_{10} 和 δ_5 表示，通常 δ_{10} 也写为 δ。

（2）断面收缩率　拉伸试样拉断后，缩颈处横截面积的最大缩减量与试样原始截面积的百分比称为断面收缩率，即

$$\psi = (S_o - S_1)/S_o \times 100\%$$

式中：S_0——试样原始截面积，mm^2；

S_1——试样被拉断时缩颈处的最小横截面积，mm^2。

断面收缩率不受试样尺寸的影响，因此能更可靠地反映材料的塑性大小。

断后伸长率和断面收缩率数值愈大，表明材料的塑性愈好，良好的塑性对机械零件的加工和使用都具有重要意义。例如，塑性良好的材料易于进行压力加工（轧制、冲压、锻造等）；如果过载，由于产生塑性变形而不致突然断裂，可以避免事故发生。

除常温试验之外，还有金属材料高温拉伸试验方法（GB/T4338－1995）和低温拉伸试验方法（GB/T13239－1991）供选用。

第二节　硬　度

材料抵抗局部变形和局部破坏的能力称为硬度。

硬度是各种零件和工具必须具备的性能指标。机械制造中所用的刀具、量具、磨具等，都应具备足够的硬度，才能保证使用性能和寿命。有些机械零件如齿轮等，也要求有一定的硬度，以保证足够的耐磨性和使用寿命。

硬度试验方法很多，大体上可分为压入法、刻画法和弹性回跳法等 3 大类，金属材料质量检验主要用压入法进行硬度试验。压入法硬度值是表征材料表面局部体积内抵抗另一物体压入时变形的能力，它可间接反映出材料强度、疲劳强度等性能特点，试验操作简单，可直接在零件或工具上进行而不破坏工件。目前应用最为广泛的是布氏硬度试验和洛氏硬度试验。

一、布氏硬度试验法

1. 试验原理

如图1-3所示为布氏硬度试验原理图。它是用一定直径的淬火钢球或硬质合金钢作压头以相应试验力压入被测材料表面,经规定保持时间后卸载,以压痕单位面积上所受试验力的大小来确定被测材料的硬度值,用符号HB表示,即

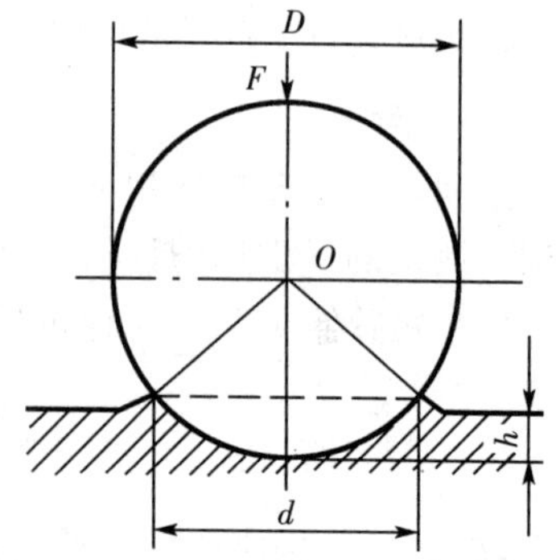

图1-3 布氏硬度试验原理图

$$HB=F/S_{压}=0.102\times 2F/\pi D(D-\sqrt{D^2-d^2})$$

式中:F——试验力,N;

$S_{压}$——压痕表面积,mm^2;

D——球体直径,mm;

d——压痕平均值,mm。

从上式可看出,当外载荷(F)、压头球体直径(D)一定时,布氏硬度值仅与压痕直径(d)有关。d越小,布氏硬度值越大,硬度愈高;d越大,布氏硬度值越小,硬度越低。

通常布氏硬度值不标出单位。在实际应用中,布氏硬度一般不用计算,而是用专用的刻度放大镜量出压痕直径(d),根据压痕直径的大小,再从专门的硬度表中查出相应的布氏硬度值。

2. 表示方法

表示布氏硬度值时应同时标出压头类型,当试验压头为淬硬钢球时,硬度符号为HBS;当试验压头为硬质合金钢球时,硬度符号为HBW。HBS或HBW之前数字为硬度值,符号后面依次用相应数值注明压头直径(mm)、试验力(kgf)、试验力保持时间(s)(小于15s不标注)。例如,170HBS10/1000/30表示直径10mm的钢球压头,在9807N(1000kgf)的试验力作用下,保持时间30s时测得的布氏硬度值为170。

3. 应用范围及优缺点

布氏硬度计主要用来测量灰铸铁、有色金属以及经退火、正火和调质处理的钢材等材料。

布氏硬度优点是具有很高的测量精度,压痕面积较大,能较真实反映出材料的平均性能,而不受个别组成相和微小不均匀度的影响。另外,布氏硬度与抗拉强度之间存在一定的近似关系,因而在工程上得到广泛应用。

布氏硬度缺点是操作时间长,对不同材料需要更换压头和试验力,压痕测量也较费时间。由于球体本身变形会使测量结果不准确。因此HBS适于测量布氏硬度值小于450的材料,HBW适于测量硬度值小于650的材料。因压痕较大,布氏硬度不适宜检验薄件或成品。

二、洛氏硬度试验法

1. 试验原理

洛氏硬度试验是用顶角为120°的金刚石圆锥体或直径为1.588mm的淬火钢球作为压头,试验时先施加初载荷,目的是使压头与试样表面接触良好,保证测量结果准确,然后施加

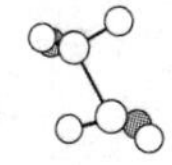

主载荷，保持规定时间后卸除主载荷，依据压痕深度确定硬度值。

如图1-4所示为洛氏硬度试验原理图。0—0为120金刚石压头没有与试件表面接触时的位置；1—1为加初载后压头压入深度 ab；2—2为压头加主载后的位置，此时压头压入深度 ac；卸除主载后，由于恢复弹性变形，压头位置提高到3—3位置。最后，压头受主载后实际压入表面的深度为 bd，洛氏硬度用 bd 大小来衡量。

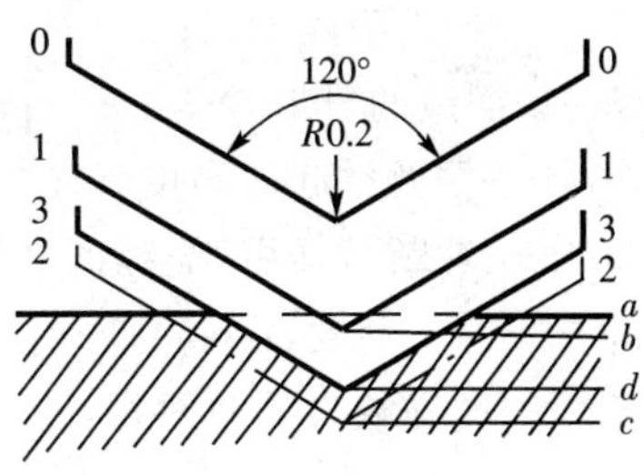

图1-4　洛氏硬度试验原理图

实际应用时洛氏硬度可直接从硬度计表盘中读出。压头端点每移动0.002mm，表盘上转过一小格，压头移动 bd 距离，指针应转 $bd/0.002$ 格，计算公式如下

$$HR = K - bd/0.002$$

式中：K——常数（金刚石作压头，$K=100$；钢球作压头，$K=130$）。

2. 常用洛氏硬度标尺及应用范围

为了用一台硬度计测定从软到硬不同金属材料的硬度，可采用不同的压头和总试验力组成几种不同的洛氏硬度标尺，每种标尺用一个字母在洛氏硬度符号HR后面加以注明。常用的洛氏硬度标尺是A、B、C三种，其中C标尺应用最广。HRA主要用于测量硬质合金、表面淬火钢等；HRB主要用于测量软钢、退火钢、铜合金等；HRC主要用于测量一般淬火钢件。

3. 优缺点

洛氏硬度试验法操作简单迅速，能直接从刻度盘上读出硬度值；测试的硬度值范围较大，既可测定软的金属材料，也可测定最硬的金属材料；试样表面压痕较小，可直接测量成品或薄工件。但由于压痕小，对内部组织和硬度不均匀的材料，硬度波动较大，为提高测量精度，通常测定三个不同点取平均值。

第三节　冲击韧度

许多机械零件是在冲击载荷下工作的，如锻锤的锤杆、冲床的冲头、火车挂钩、活塞等。冲击载荷比静载荷的破坏能力大，对于承受冲击载荷的材料，不仅要求具有高的强度和一定塑性，还必须具备足够的冲击韧度。金属材料抵抗冲击载荷作用而不破坏的能力称为冲击韧度。冲击韧度通常用摆锤一次冲击试验来侧定。

摆锤一次冲击试验是目前最普遍的一种试验方法。为了使试验结果可以相互比较，按国家标准GB/T229—1994规定，将金属材料制成冲击试样。

摆锤冲击试验原理如图1-5所示。将标准试样安放在摆锤式试验机的支座上，试样缺口背向摆锤，将具有一定重力 G 的摆锤举至一定高度 H_1，使其获得一定势能 GH_1，然后由此高度落下，将试样冲断，摆锤剩余势能为 GH_2。冲击吸收功 A_K 除以试样缺口处的截面积 S_O，即可得到材料的冲击韧度 a_k，计算公式如下

$$a_k = A_k / S_o = G(H_1 - H_2) / S_o$$

式中：A_k——冲击吸收功，J；

G——摆锤的重力，N；

H_1——摆锤举起的高度，m；

H_2——冲断试样后，摆锤的高度，m；

a_k——冲击韧度，J/cm^2；

S_o——试样缺口处截面积，cm^2。

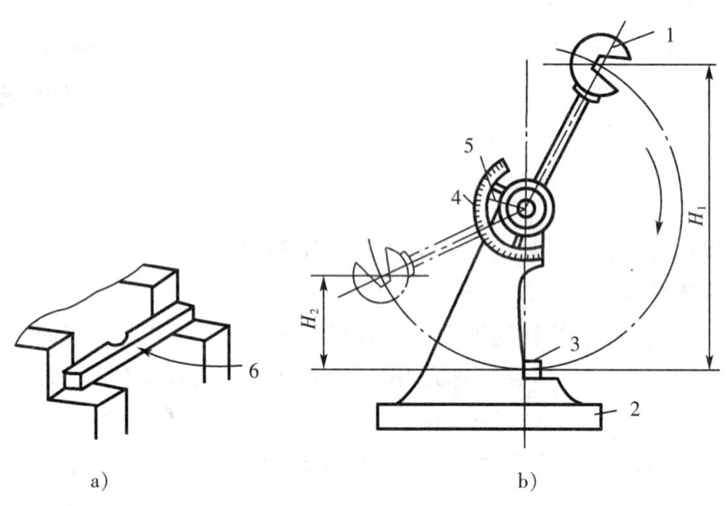

图 1-5　冲击试验示意图

1—摆锤　2—机架　3—试样　4—刻度盘　5—指针　6—冲击方向

需要说明一点，使用不同类型的标准试样（U 型缺口或 V 型缺口）进行试验时，冲击韧度分别以 a_{ku} 或 a_{kv} 表示。

冲击韧度 a_k 值愈大，表明材料的韧性愈好，受到冲击时不易断裂。a_k 值的大小受很多因素影响，不仅与试样形状、表面粗糙度、内部组织有关，还与试验时温度密切相关。因此冲击韧度值一般只作为选材时的参考，而不能作为计算依据。

在工程实际中，在冲击载荷作用下工作的机械零件，很少因受大能量一次冲击而破坏，大多数是经千百万次的小能量多次重复冲击，导致最后断裂。例如，冲模的冲头、凿岩机上的活塞等，所以用 a_k 值来衡量材料的冲击抗力，不符合实际情况，应采用小能量多次重复冲击试验来测定。

试验证明，材料在多次冲击下的破坏过程是裂纹产生和扩展过程，它是多次冲击损伤积累发展的结果。因此材料的多次冲击抗力是一项取决于材料强度和塑性的综合性指标，冲击能量高时，材料的多次冲击抗力主要取决于塑性；冲击能量低时，主要取决于强度。

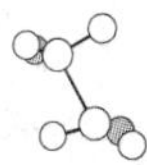

第四节 疲劳极限

一、疲劳概念

许多机械零件，例如轴、齿轮、轴承、弹簧等，在工作中承受的是交变载荷，在这种载荷作用下，虽然零件所受应力远低于材料的屈服点，但在长期使用中往往会突然发生断裂，这种破坏过程称为疲劳断裂。

疲劳破坏是机械零件失效的主要原因之一。据统计，在机械零件失效中大约有80%以上属于疲劳破坏。而且疲劳破坏前没有明显的变形而突然断裂。所以，疲劳破坏经常造成重大事故。

二、疲劳极限

工程上规定，材料经无数次重复交变载荷作用而不发生断裂的最大应力称为疲劳极限。如图1－6所示是通过试验测定的材料交变应力σ和断裂前应力循环次数N之间的关系曲线(疲劳曲线)。曲线表明，材料受的交变应力(σ)越大，则断裂时应力循环次数(N)越少，反之，则N越大。当应力低于一定值时，试样经无限周次循环也不破坏，此应力值称为材料的疲劳极限，用σ_r表示。对称循环(如图1－7所示)$r=-1$，故疲劳极限用σ_{-1}表示。实际上，金属材料不可能作无限次交变载荷试验。对于黑色金属，一般规定循环周次10^7而不破坏的最大应力为疲劳极限，有色金属和某些高强度钢，规定循环周次10^8。

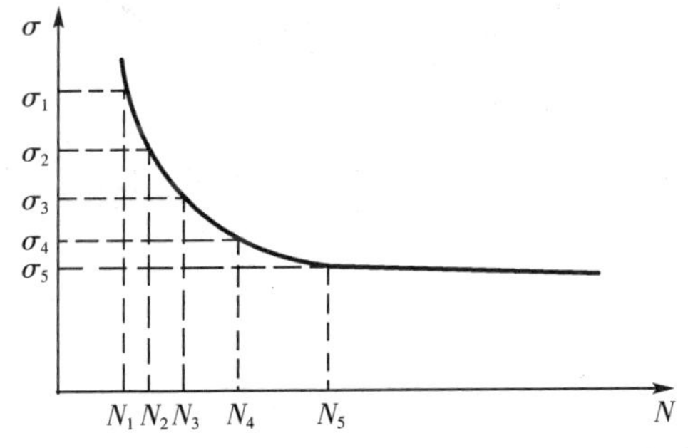

图1－6 疲劳曲线示意图

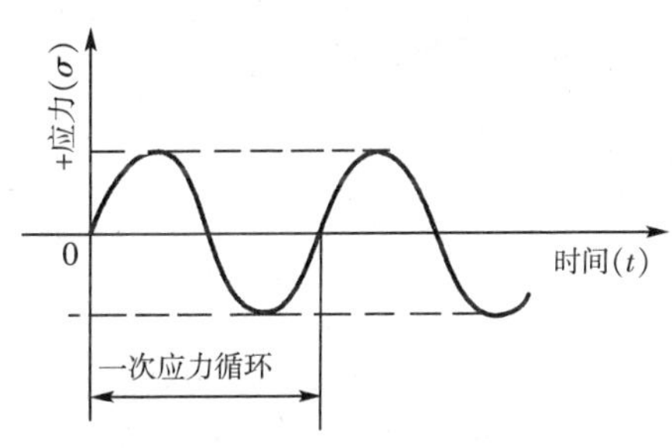

图1－7 对称循环交变应力图

三、提高疲劳极限途径

金属产生疲劳同许多因素有关，目前普遍认为是由于材料内部有缺陷，如夹杂物、气孔、疏松等；表面划痕、残余应力及其他能引起应力集中的缺陷导致微裂纹产生，这种微裂纹随应力循环次数的增加而逐渐扩展，致使零件突然断裂。

针对上述原因，为了提高零件的疲劳极限强度，应改善结构设计避免应力集中；提高加工工艺减少内部组织缺陷；还可以通过降低零件表面粗糙度和表面强化方法(如表面淬火、表面滚压、喷丸处理等)来提高表面加工质量。

思考与练习

1－1 何谓金属材料的力学性能？常用的力学性能指标有哪些？

1－2 画出低碳钢的拉伸曲线，并简述拉伸变形的几个阶段。

1－3 什么是塑性？塑性好的材料有什么实用意义？

1－4 试述布氏和洛氏硬度的试验原理及应用范围。

1－5 工程材料的性能包括哪几个方面？

1－6 什么叫疲劳极限？为什么表面强化处理能有效提高零件的疲劳极限？

1－7 何谓冲击韧度？一次冲击和多次冲击抗力有何区别？

1－8 下列各种工件应采用何种硬度试验方法来测定？写出硬度值符号。

(1) 钳工用手锤；

(2) 供应状态的各种碳钢；

(3) 硬质合金刀片；

(4) 铸铁机床床身毛坯件。

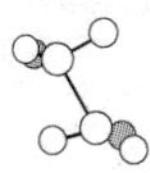

第二章 金属与合金的晶体结构与结晶

金属材料与非金属材料相比，不仅具有良好的力学性能和某些物理、化学性能，而且工艺性能在多方面也较优良。化学成分不同的金属具有不同性能，例如，纯铁强度比纯铝高，其导电性和导热性却不如纯铝。即使是成分相同的金属，当生产条件不同或在不同状态下，它们的性能也有很大的差别，如两块含碳量均为 0.8% 的碳钢，其中一块是从冶金厂出厂的，硬度为 20HRC，而另一块加工成刀具并进行热处理，硬度可达 60HRC 以上。造成上述性能差异的主要原因是材料内部结构不同，因此掌握金属和合金的内部结构和结晶规律，对于合理选材具有重要意义。

第一节　金属的晶体结构

自然界的固态物质，根据原子在内部的排列特征可分为晶体与非晶体两大类。物质内部原子作有规则排列的固体物质，称为晶体。绝大多数金属和合金在固态下都属于晶体。内部原子呈现无序堆积状况的固体物质，称为非晶体，如松香、玻璃、沥青等。

晶体与非晶体，由于原子排列方式不同，它们的性能也有差异。晶体具有固定的熔点，其性能呈各向异性；非晶体没有固定的熔点，而且表现为各向同性。

一、晶体结构的基础知识

1. 晶格

为了形象描述晶体内部原子排列的规律，将原子抽象为几何点，并用一些假想连线将几何点在三维方向连接起来，这样构成了一个空间格子（如图 2-1a 所示）。这种抽象的、用于描述原子在晶体中排列规律的空间格子称为晶格。

2. 晶胞

晶体中原子排列具有周期性变化的特点，通常从晶格中选取一个能够完整反映晶格特征的最小几何单元称为晶胞（如图 2-1b 所示）。

3. 晶胞表示方法

不同元素结构不同，晶胞的大小和形状也有差异。结晶学中规定，晶胞的大小以其各棱边尺寸 a、b、c 表示，称为晶格常数，以 Å（埃）为单位来度量（1 Å $=1\times10^{-8}$ cm）。晶胞各棱边之间的夹角分别以 α、β、γ 表示。当棱边 $a=b=c$，棱边夹角 $\alpha=\beta=\gamma=90°$ 时，这种晶胞称为简单立方晶胞（如图 2-1c 所示）。

4. 原子半径

金属晶体中最邻近的原子间距的一半，称为原子半径，它主要取决于晶格类型和晶格常数。

5. 致密度

致密度为金属晶胞中原子本身所占有的体积百分数，它用来表示原子在晶格中排列的紧密程度。

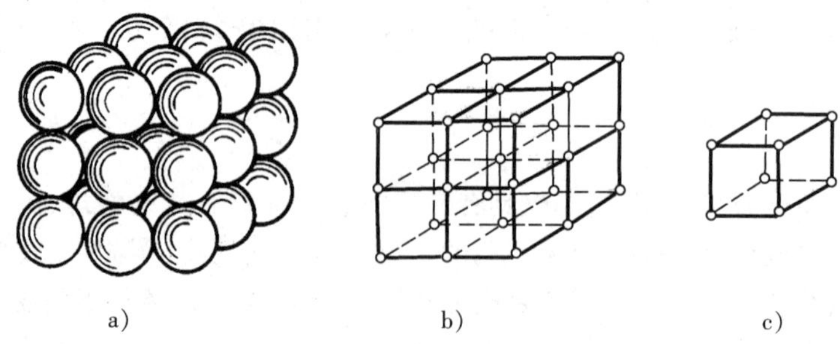

a)　　b)　　c)

图 2-1　简单立方晶格与晶胞示意图

a)晶体结构　b)晶格　c)晶胞

二、常见的金属晶格类型

常用的金属材料中，金属的晶格类型很多，但大多数属于体心立方晶格、面心立方晶格、密排六方晶格三种结构。

1. 体心立方晶格

如图 2-2a 所示。它的晶胞是一个立方体，原子位于立方体的八个顶角和立方体的中心。属于体心立方晶格类型的常见金属有铬(Cr)、钨(W)、钼(Mo)、钒(V)、铁(α－Fe)等。这类金属一般都具有相当高的强度和塑性。

2. 面心立方晶格

如图 2-2b 所示。它的晶胞也是一个立方体，原子位于立方体的八个顶角和立方体的六个面中心。属于该晶格类型的常见金属有铝(Al)、铜(Cu)、铅(Pb)、金(Au)及铁(γ－Fe)等。这类金属的塑性都很好。

3. 密排六方晶格

如图 2-2c 所示。它的晶胞是一个正六方柱体，原子排列在柱体的每个顶角和上、下底面的中心，另外三个原子排列在柱体内。属于密排六方晶格类型的常见金属有镁(Mg)、锌(Zn)、铍(Be)、钛(α－Ti)等。

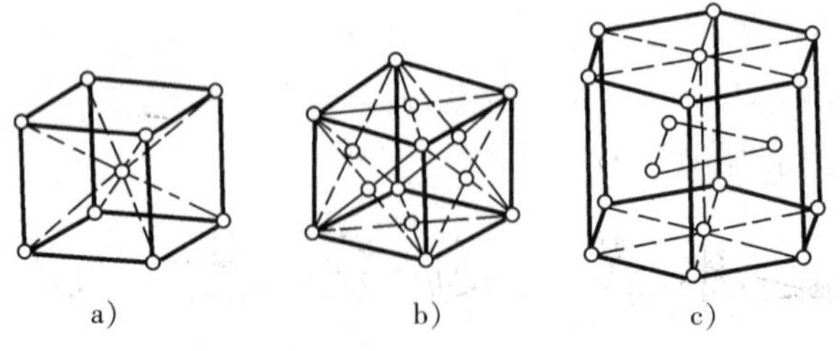

a)　　b)　　c)

图 2-2　常用金属晶格的晶胞

a)体心立方晶胞　b)面心立方晶胞　c)密排六方晶胞

三、金属实际的晶体结构

前面研究金属的晶体结构时，把晶体看成是原子按一定几何规律作周期性排列而成，即

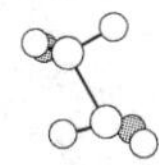

晶体内部的晶格位向是完全一致的，这种晶体称为单晶体。目前，只有采用特殊方法才能获得单晶体。

1. 多晶体结构

实际使用的金属材料大都是多晶体结构，即它是由许多不同位向的小晶体组成，每个小晶体内部晶格位向基本上是一致的，而各小晶体之间位向却不相同，如图 2-3所示。这种外形不规则，呈颗粒状的小晶体称为晶粒。晶粒与晶粒之间的界面称为晶界。由许多晶粒组成的晶体称为多晶体。

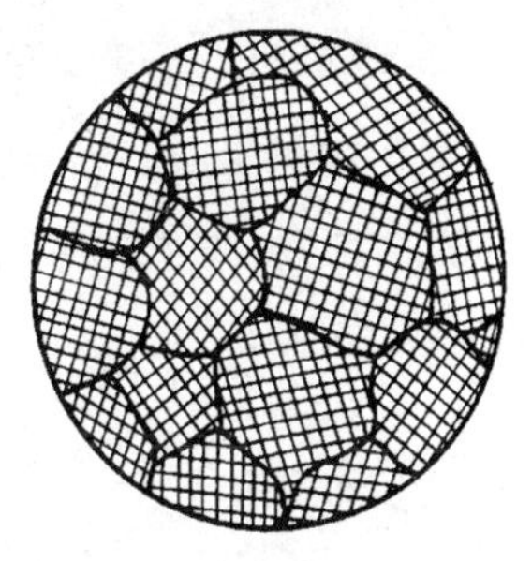

图 2-3 金属多晶体结构

2. 晶体缺陷

在金属晶体中，由于晶体形成条件、原子的热运动及其他各种因素影响，原子规则排列在局部区域受到破坏，呈现出不完整，通常把这种区域称为晶体缺陷。根据晶体缺陷的几何特征，可分为点缺陷、线缺陷和面缺陷三类。

(1) 点缺陷 最常见的点缺陷有空位、间隙原子和置换原子等，如图 2-4 所示。由于点缺陷的出现，使周围原子发生“撑开”或“靠拢”现象，这种现象称为晶格畸变。晶格畸变的存在，使金属产生内应力，晶体性能发生变化，如强度、硬度和电阻增加，体积发生变化，它也是强化金属的手段之一。

(2) 线缺陷 线缺陷主要指的是位错。最常见的位错形态是刃型位错，如图 2-5 所示。这种位错的表现形式是晶体的某一晶面上，多出一个半原子面，它如同刀刃一样插入晶体，故称刃型位错，在位错线附近一定范围内，晶格发生了畸变。

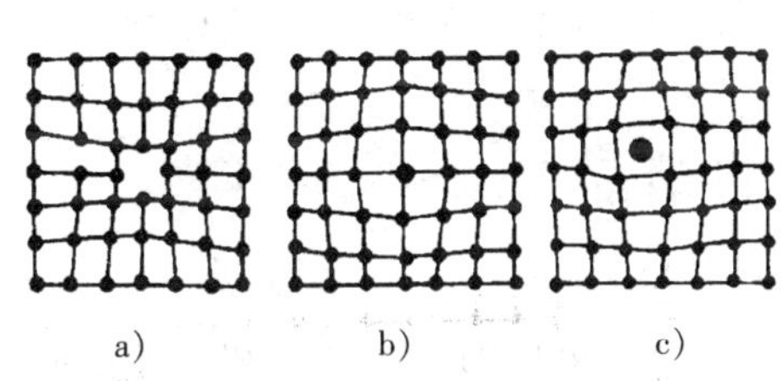

图 2-4 点缺陷示意图

a)晶格空位 b)置换原子 c)间隙原子

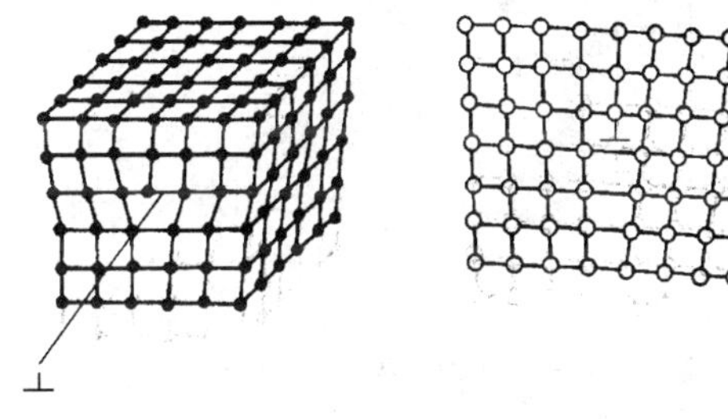

图 2-5 刃型位错晶体结构示意图

位错的存在对金属的力学性能有很大影响，例如金属材料处于退火状态时，位错密度较低，强度较差；经冷塑性变形后，材料的位错密度增加，故提高了强度。位错在晶体中易于移动，金属材料的塑性变形是通过位错运动来实现的。

(3) 面缺陷 通常指的是晶界和亚晶界。实际金属材料都是多晶体结构，多晶体中两个相邻晶粒之间晶格位向是不同的，所以晶界处是不同位向晶粒原子排列无规则的过渡层，如图 2-6 所示。晶界原子处于不稳定状态，能量较高，因此晶界与晶粒内部有着一系列不同特性，例如，常温下晶界有较高的强度和硬度；晶界处原子扩散速度较快；晶界处容易被腐蚀、熔点低等。

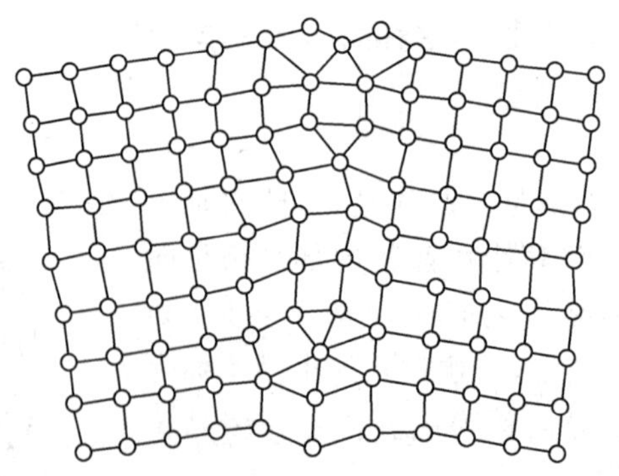

图 2-6　晶界的过渡结构示意图

实验证明，即使在一颗晶粒内部，其晶格位向也并不像理想晶体那样完全一致，而是分隔成许多尺寸很小，位向差也很小（只有几秒、几分，最多达1°～2°）的小晶块，它们相互嵌镶成一颗晶粒，这些小晶块称为亚晶粒（或嵌镶块）。亚晶粒之间的界面称为亚晶界。晶粒中亚晶粒与亚晶界称亚组织（如图 2-7 所示）。亚晶界处原子排列也是不规则的，其作用与晶界相似。

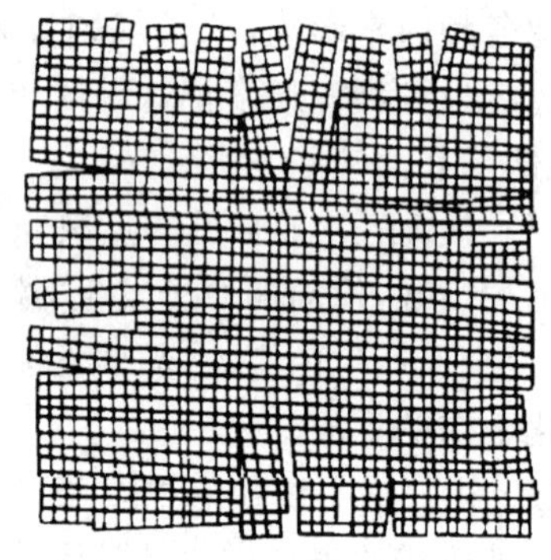

图 2-7　亚晶界示意图

综上所述，晶体中由于存在了空位、间隙原子、置换原子、位错、晶界和亚晶界等结构缺陷，都会使晶格发生畸变，从而引起塑性变形抗力增大，使金属的强度提高。

第二节　金属的结晶

金属的组织与结晶过程关系密切，结晶后形成的组织对金属的使用性能和工艺性能有直接影响，因此了解金属和合金的结晶规律非常必要。

一、纯金属的冷却曲线及过冷度

1. 结晶的概念

物质由液态转变为固态的过程称为凝固。如果凝固的固态物质是晶体，则这种凝固又称为结晶。一般金属固态下是晶体，所以金属的凝固过程可称为结晶。

2. 纯金属的冷却曲线

金属的结晶过程可以通过热分析法进行研究。如图 2-8 所示为热分析装置示意图。将纯金属加热熔化成液体，然后缓慢冷却下来，在冷却过程中，每隔一定时间测量一次温度，直到冷却至室温将测量结果绘制在温度—时间坐标上，便得到纯金属的冷却曲线，即温度随时间而变化的曲线。如图 2-9 所示为纯金属的冷却曲线的绘制过程。

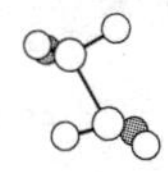

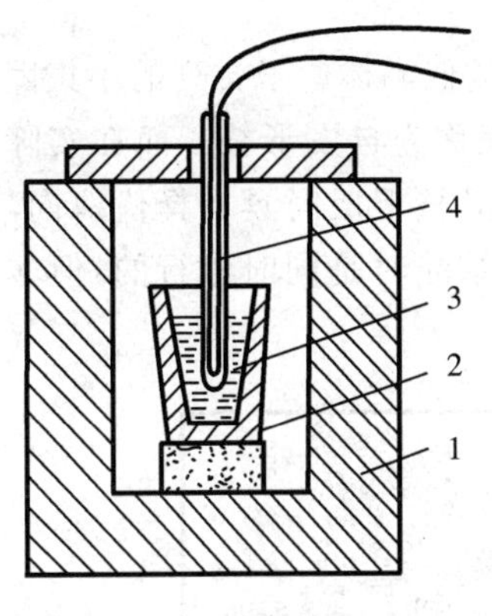

图 2-8　热分析装置示意图

1—电炉　2—坩埚　3—金属液化　4—热电偶

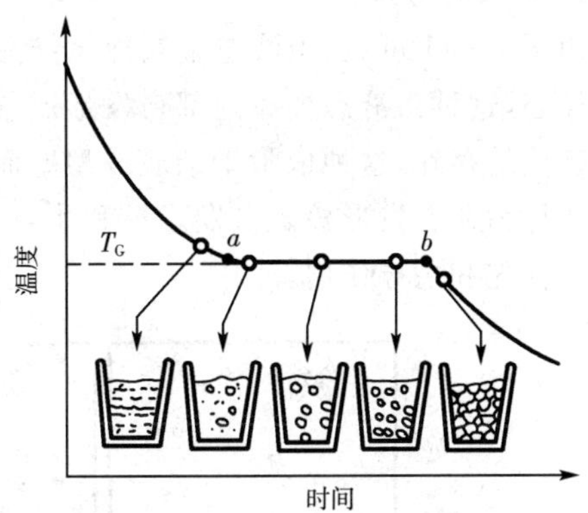

图 2-9　纯金属的冷却曲线的绘制过程

由冷却曲线可见，液态金属随着冷却时间的延长，它所含的热量不断散失，温度也不断下降，但是当冷却到某一温度时，温度随时间延长并不变化，在冷却曲线上出现了“平台”，“平台”对应的温度就是纯金属结晶温度。出现“平台”的原因，是结晶时放出的潜热正好补偿了金属向外界散失的热量。结晶完成后，由于金属继续向环境散热，温度又重新下降。

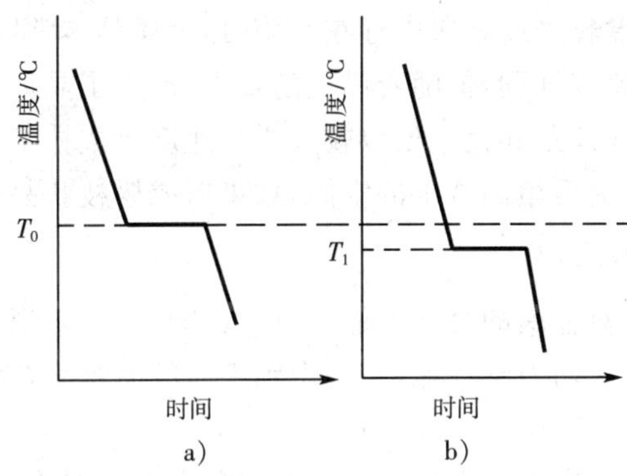

图 2-10　纯金属结晶时的冷却曲线

a)理论结晶时　b)实际结晶时

需要指出的是，T_0为理论结晶温度，实际上液态金属总是冷却到理论结晶温度（T_0）以下才开始结晶，如图 2-10 所示。实际结晶温度（T_1）总是低于理论结晶温度（T_0）的现象，称为“过冷现象”；理论结晶温度和实际结晶温度之差称为过冷度，以 ΔT 表示，（$\Delta T = T_0 - T_1$）。金属结晶时过冷度的大小与冷却速度有关，冷却速度越快，金属的实际结晶温度越低，过冷度就越大。

二、纯金属的结晶过程

纯金属的结晶过程发生在冷却曲线上平台所经历的这段时间。液态金属结晶时，都是首先在液态中出现一些微小的晶体—晶核，它不断长大，同时新的晶核又不断产生并相继长大，直至液态金属全部消失为止，如图 2-9 所示。因此金属的结晶包括晶核的形成和晶核的长大两个基本过程，并且这两个过程是既先后又同时进行的。

1. 晶核的形成

由图 2-11 可见,当液态金属冷至结晶温度时,某些类似晶体原子排列的小集团便成为结晶核心,这种由液态金属内部自发形成结晶核心的过程称为自发形核。而在实际金属中常有杂质的存在,这种依附于杂质或型壁而形成的晶核,晶核形成时具有择优取向,这种形核方式称为非自发形核。自发形核和非自发形核在金属结晶时是同时进行的,但非自发形核常起优先和主导作用。

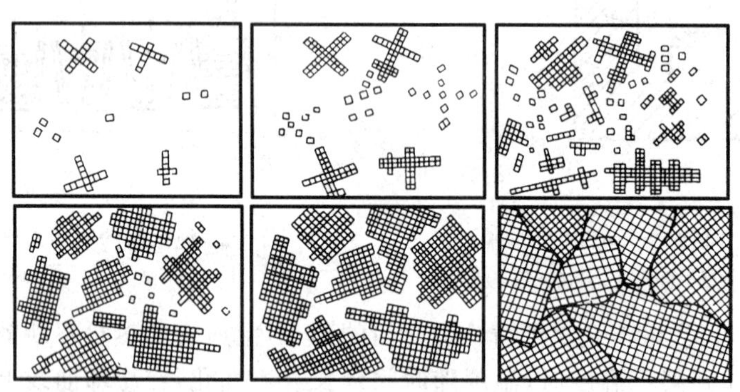

图 2-11　纯金属的结晶过程示意图

2. 晶核的长大

晶核形成后,当过冷度较大或金属中存在杂质时,金属晶体常以树枝状的形式长大。在晶核形成初期,外形一般比较规则,但随着晶核的长大,形成了晶体的顶角和棱边,此处散热条件优于其他部位,因此在顶角和棱边处以较大成长速度形成枝干。同理,在枝干的长大过程中,又会不断生出分支,最后填满枝干的空间,结果形成树枝状晶体,简称枝晶。

三、金属结晶后的晶粒大小

金属结晶后晶粒大小对金属的力学性能有重大影响,一般来说,细晶粒金属具有较高的强度和韧性。为了提高金属的力学性能,希望得到细晶粒的组织,因此必须了解影响晶粒大小的因素及控制方法。

结晶后的晶粒大小主要取决于形核率 N(单位时间、单位体积内所形成的晶核数目)与晶核的长大速率 G(单位时间内晶核向周围长大的平均线速度)。显然,凡能促进形核率 N,抑制长大速率 G 的因素,均能细化晶粒。

工业生产中,为了细化晶粒,改善其性能,常采用以下方法:

①增加过冷度。形核率和长大速率都随过冷度增大而增大,但在很大范围内形核率比晶核长大速率增长得更快。故过冷度越大,单位体积中晶粒数目越多,晶粒细化。

实际生产中,通过加快冷却速度来增大过冷度,这对于大型零件显然不易办到,因此这种方法只适用于中小型铸件。

② 变质处理。在液态金属结晶前加入一些细小变质剂,使结晶时形核率 N 增加,而长大速率 G 降低,这种细化晶粒方法称为变质处理。例如,向钢液中加入铝、钒、硼等;向铸铁中加入硅铁、硅钙等;向铝合金中加入钠盐等。

③ 振动处理。采用机械振动、超声波振动和电磁振动等,增加结晶动力,使枝晶破碎,也间接增加形核核心,同样可细化晶粒。

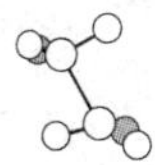

第三节 合金的晶体结构

纯金属虽然具有优良的导电、导热等性能，但它的力学性能较差，并且价格昂贵，因此在使用上受到很大限制。机械制造领域中广泛使用的金属材料是合金，如钢和铸铁等。

合金与纯金属比较，具有一系列优越性：(1)通过调整成分，可在相当大范围内改善材料的使用性能和工艺性能，从而满足各种不同的需求；(2)改变成分可获得具有特定物理性能和化学性能的材料，即功能材料；(3)多数情况下，合金价格比纯金属低，如碳钢和铸铁比工业纯铁便宜、黄铜比纯铜经济等。

一、合金的基本概念

1. 合金

是由两种或两种以上的金属元素或金属与非金属元素组成的具有金属特性的物质。例如碳钢就是铁和碳组成的合金。

2. 组元

组成合金的最基本的独立物质称为组元，简称元。组元可以是金属元素或非金属元素，也可以是稳定化合物。由两个组元组成的合金称为二元合金，三个组元组成合金称为三元合金。

3. 合金系

由两个或两个以上组元按不同比例配制成一系列不同成分的合金，称为合金系。例如，铜和镍组成的一系列不同成分的合金，称为铜一镍合金系。

4. 相

合金中具有同一聚集状态、同一结构和性质的均匀组成部分称为相。例如，液态物质称为液相；固态物质称为固相；同样是固相，有时物质是单相的，有时是多相的。

5. 组织

用肉眼或借助显微镜观察到材料具有独特微观形貌特征的部分称为组织。组织反映材料的相组成、相形态、大小和分布状况，因此组织是决定材料最终性能的关键。在研究合金时通常用金相方法对组织加以鉴别。

二、合金的组织

多数合金组元液态时都能互相溶解，形成均匀液溶体。固态时由于各组分之间相互作用不同，形成不同的组织。通常固态时合金中形成固溶体、金属化合物和机械混合物三类组织。

1. 固溶体

合金由液态结晶为固态时，一组元溶解其他组元，或组元之间相互溶解而形成的一种均匀相称为固溶体。占主要地位的元素是溶剂，而被溶解的元素是溶质。固溶体的晶格类型保持着溶剂的晶格类型。根据溶质原子在溶剂中所占位置的不同，固溶体可分为置换固溶体和间隙固溶体两种。

(1) 置换固溶体　溶剂结点上的部分原子被溶质原子所替代而形成的固溶体，称为置换固溶体。如图 2-12a 所示。

溶质原子溶于固溶体中的量称为固溶体的溶解度，通常用质量百分数或原子百分数来表示。按固溶体溶解度不同，置换固溶体可分为有限固溶体和无限固溶体两类。例如，在铜镍合金中，铜与镍组成的为无限固溶体，而锌溶解在铜中所形成的固溶体为有限固溶体。当 W、Zn 大于 39%时，组织中除了固溶体外，还出现了铜与锌的化合物。

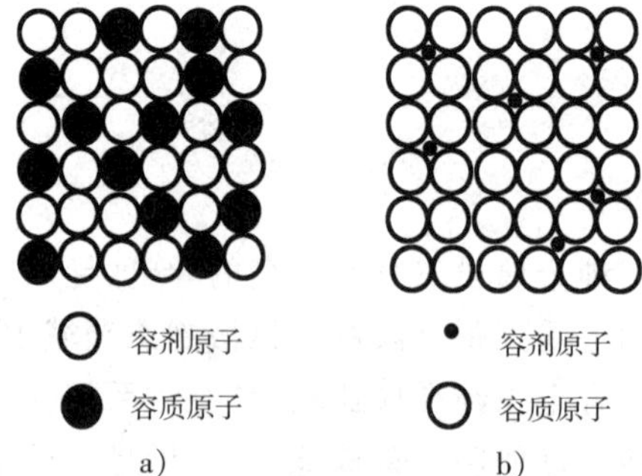

图 2－12　固溶体的两种类型
a)置换固溶体　b)间隙固溶体

置换固溶体中溶质在溶剂中的溶解度主要取决于两组元的晶格类型、原子半径和原子结构特点。通常两组元原子半径差别较小，晶格类型相同，原子结构相似，固溶体溶解度较大。事实上，大多数合金都为有限固溶体，并且溶解度随温度升高而增大。

（2）间隙固溶体　溶质原子溶入溶剂晶格之中而形成的固溶体，称为间隙固溶体，如图 2－12b所示。由于溶剂晶格的间隙有限，通常形成间隙固溶体的溶质原子都是原子半径较小的非金属元素，例如，碳、氮、氢等非金属元素溶入铁中形成的均为间隙固溶体。间隙固溶体的溶解度都是有限的。

无论是置换固溶体还是间隙固溶体，溶质原子的溶入，都会使点阵发生畸变，同时晶体的晶格常数也要发生变化，原子尺寸相差越大，畸变也愈大。畸变的存在使位错运动阻力增加，从而提高了合金的强度和硬度，而塑性下降，这种现象称为固溶强化。固溶强化是提高金属材料力学性能的重要途径之一。

2. 金属间化合物

合金组元间发生相互作用而形成一种具有金属特性的物质称为金属间化合物，它的晶格类型和性能完全不同于任一组元，一般可用化学分子式表示，如 Fe_3C，TiC，CuZn 等。

金属化合物具有熔点高、硬度高、脆性大的特点，在合金中主要作为强化相，可以提高材料的强度、硬度和耐磨性，但塑性和韧性有所降低。金属化合物是许多合金的重要组成相。

3. 机械混合物

两种或两种以上的相按一定质量百分数组合成的物质称为机械混合物。混合物中各组成相仍保持自己的晶格，彼此无交互作用，其性能主要取决各组成相的性能以及相的分布状态。

工程上使用的大多数合金的组织都是固溶体与少量金属化合物组成的机械混合物。通过调整固溶体中溶质含量和金属化合物的数量、大小、形态和分布状况，可以使合金的力学性能在较大范围变化，从而满足工程上的多种需求。

第四节　合金的结晶

合金的结晶也是在过冷条件下形成晶核与晶核长大的过程，但由于合金成分中会有两个以上的组元，使其结晶过程比纯金属要复杂得多。为了掌握合金的成分、组织、性能之间关系，必须了解合金的结晶过程，合金中各组织的形成和变化规律。相图就是研究这些问题的重要工具。

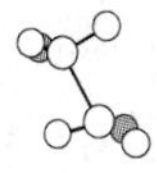

一、二元合金相图的建立

合金相图是表明在平衡条件下,合金的组成相和温度、成分之间关系的简明图解,又称为合金状态图或合金平衡图。应用合金相图,可清晰了解合金在缓慢加热或冷却过程中的组织转变规律。所以,相图是进行金相分析,制定铸造、锻压、焊接、热处理等热加工工艺的重要依据。

相图大多是通过实验方法建立起来的,目前测绘相图的方法很多,但最常用的是热分析法。现以 Cu—Ni 合金为例,说明热分析法测绘二元合金相图的基本步骤:

① 配制若干组不同成分的 Cu—Ni 合金,见表 2-1。

表 2-1 Cu—Ni 合金的成分和临界点

合金成分 (质量分数%)	Ni	0	20	40	60	80	100
	Cu	100	80	60	40	20	0
结晶开始温度/℃		1083	1175	1260	1340	1410	1455
结晶终止温度/℃		1083	1130	1195	1270	1360	1455

② 用热分析法分别测出各组合金的冷却曲线(如图 2-13a 所示)。

③ 找出各冷却曲线上的临界点。

④ 将找出的临界点分别标注在温度—成分坐标图中相应的成分曲线上。

⑤ 将相同意义的临界点用平滑曲线连接起来,即获得了 Cu—Ni 合金相图,见图 2-13b。

应该指出,如配制的合金数目越多,所用的金属纯度越高,热分析时冷却速度越缓慢,所测定的合金相图就越精确。

二、二元合金相图的分析

1. Cu—Ni 二元合金相图(匀晶相图)分析

如图 2-13b 所示为 Cu—Ni 合金相图。图中 A 点(1083℃)是纯铜的熔点,B 点(1452℃)是纯镍的熔点。相图上方的曲线是合金开始结晶的温度线,称为液相线,相图下方的曲线是合金结晶终了的温度线,称为固相线。

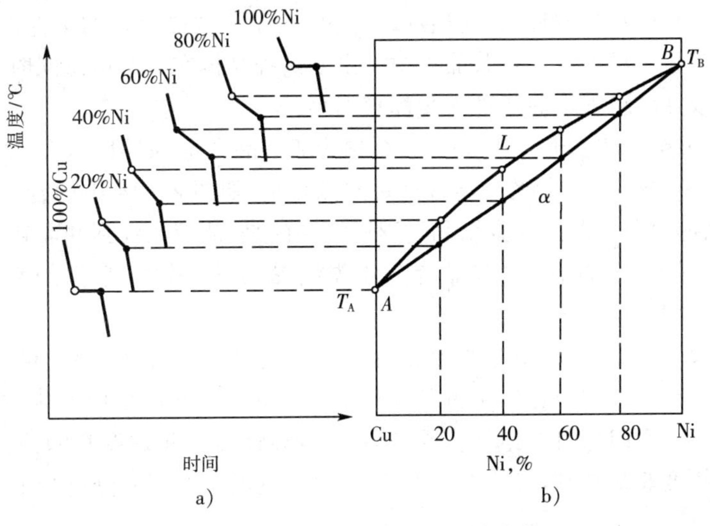

图 2-13 Cu—Ni 合金相图的绘制

a)冷却曲线 b)相图

液相线与固相线把整个相图分为三个相区，液相线以上为单一液相区，以“L”，表示；固相线以下是单一固相区，为 Cu 与 Ni 组成的无限固溶体，以“α”表示；液相线与固相线之间为液相和固相两相共存区，以“L＋α”表示。

凡两组元在液态和固态下均能无限互溶的合金，例如 Cu－Ni、Fe－Cr、Au－Ag 等都构成匀晶相图。

2. Pb－Sb 二元合金相图(共晶相图)分析

如图 2－14 所示为实验作出的 Pb—Sb 合金相图。图中 *A* 点(327℃)是纯铅的熔点；*B* 点(631℃)是纯锑的熔点；*C* 点是共晶点，此点具有特殊含义：当含 Sb11％的铅锑合金缓慢冷却到 252°C 时，液态合金同时结晶出铅和锑两个固相。这种由一定成分的合金液体冷却时，转变为两种紧密混合固体的恒温可逆反应称为共晶反应。

ACB 线称液相线，在此线以上，任何成分的 Pb—Sb 合金都呈液相，冷却到此线温度合金开始结晶。*DCE* 线叫固相线，合金冷却到此线温度完成结晶，在此线温度以下任何成分的 Pb—Sb 合金都呈固相。

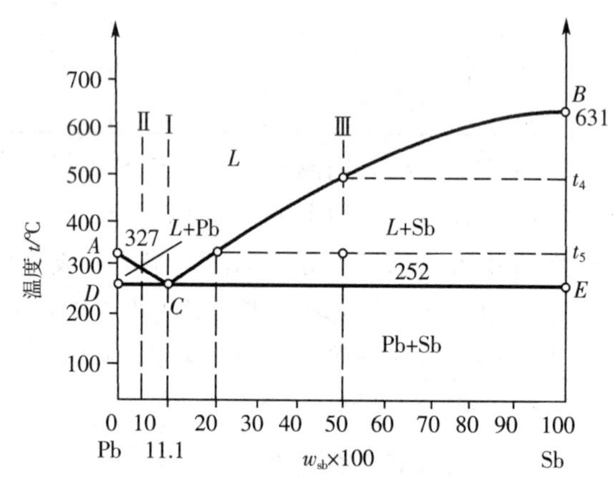

图 2－14　Pb－Sb 合金状态图

下面分析典型 Pb—Sb 合金结晶过程。

图 2－14 中的合金Ⅰ，Sb11％＋Pb89％；在 *C* 点以上，合金呈液相；当缓慢冷却到 *C* 点时，在恒温下从液相中同时结晶出 Pb 和 Sb 的混合物(共晶体)；继续冷却，共晶体不在发生变化。

注意：发生共晶反应的液态合金，其成分是一定的，即为状态图中的 *C* 点成分，称为共晶成分；具有共晶成分的合金称为共晶合金；发生共晶反应的温度称为共晶温度；共晶晶反应形成的两相组织称为共晶组织，用符号(Pb＋Sb)表示。共晶合金的全部液体均在恒温结晶，结晶完成后其显微组织完全是共晶组织。由于两种晶体在一个恒温同时结晶，得不到充分长大的机会，故共晶组织中的两种固相都较细小。

凡是成分在 *C* 点以左(Sb＜11％)的合金称为亚共晶合金，如图 2－14 中的合金Ⅱ。合金成分在 *C* 点以右(Sb＞11％)的合金称为过共晶合金，如图 2－14 中的合金Ⅲ。亚共晶和过共晶合金的结晶过程与共晶合金结晶过程所不同的是，从液相线到共晶转变温度之间，亚共晶合金要先结晶出 Pb 晶体，过共晶合金要先结晶出 Sb 晶体，它们的室温组织分别为 Pb＋(Pb＋Sb)和 Sb＋(Pb＋Sb)。

研究证明，和 Pb—Sb 合金状态图特点相同的还有 Al—Si 合金、Bi—Cd 合金等的状态图。凡二组元在液态时完全互溶，在固态时不相互溶解并有共晶反应产生的合金均构成这类状态图。实际上，在固态时二组元完全不能互相溶解的情况是没有的，总能相互有限溶解。不过，当溶解度非常小时，将其当作不溶，便可按这类状态图来分析合金的结晶过程。

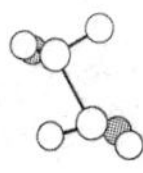

思考与练习

2－1　晶体与非晶体的主要区别是什么？

2－2　常见的金属晶格类型有哪几种？试画出其晶胞图。

2－3　实际金属晶体中存在哪些晶体缺陷？它们对力学性能有何影响？

2－4　什么叫过冷度？影响过冷度的主要因素是什么？

2－5　晶粒大小对材料的力学性能有何影响？如何细化晶粒？

2－6　什么是合金？与纯金属相比合金具有那些优点？

2－7　合金组织有哪几种类型？它们的结构和性能有何特点？

2－8　什么是合金相图？简述二元合金相图的建立方法。

第三章 铁碳合金

钢铁材料是现代工业应用最为广泛的合金，它们均是以铁和碳为基本组元组成的合金。与其他材料相比，钢铁具有较高的强度和硬度，可以铸造和锻压，也可以进行切削加工和焊接，尤其是通过适当的热处理，可以显著提高各种性能。此外，自然界中铁矿石的蕴藏量也很丰富，钢铁价格较低。要熟悉并合理地选择铁碳合金，就必须了解铁碳合金的成分、组织和性能之间的关系。

第一节 铁碳合金基本组织

一、纯铁的同素异构转变

自然界中大多数金属结晶后晶格类型都不再变化，但少数金属，如铁、锰、钛等，结晶成固态后继续冷却时，还会发生晶格的变化。金属这种在固态下晶格类型随温度（或压力）发生变化的现象称为同素异构转变。以不同晶格形式存在的同一金属元素的晶体称为该金属的同素异晶体。同一金属的同素异晶体按其稳定存在的温度，由高温到低温依次用希腊字母 α、β、γ、δ 等表示。

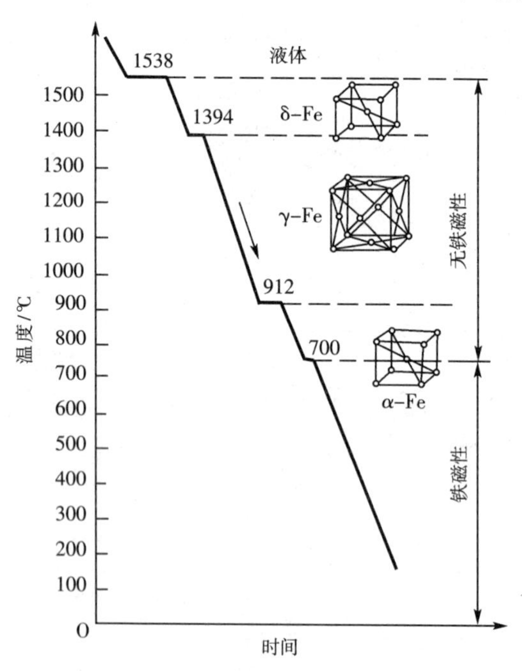

图 3-1 纯铁的冷却曲线

图 3-1 为纯铁的冷却曲线。由图可见，液态纯铁在 1538℃进行结晶，得到具有体心立方晶格的 δ－Fe，继续冷却到 1394℃时发生同素异构转变，δ－Fe 转变为面心立方晶格的 γ－Fe，在冷却到 912℃时又发生同素异构转变，转变为体心立方晶格的 α－Fe。如再冷却到室温，晶格不在发生变化。纯铁的同素异构转变可用下式表示：

$$\underset{(体心立方晶格)}{\delta-Fe} \underset{}{\overset{1394℃}{\rightleftharpoons}} \underset{(面心立方晶格)}{\gamma-Fe} \overset{912℃}{\rightleftharpoons} \underset{(体心立方晶格)}{\alpha-Fe}$$

金属的同素异构转变与液态金属结晶过程有许多相似之处:有一定的转变温度;转变时有过冷现象;放出和吸收潜热;转变过程也是一个形核和晶核长大的过程。

但同素异构转变属于固态相变,转变时又具有本身的特点:转变需要较大的过冷度;晶格的改变伴随着体积的变化,转变时会产生较大的内应力,例如 γ－Fe 转变为 α－Fe 时,铁的体积会膨胀约 1%。这是钢在淬火时产生内应力,导致工件变形和开裂的主要原因。纯铁具有同素异构转变的特性,也是钢铁材料能够通过热处理改善性能的重要依据。

二、铁碳合金的基本组织

铁碳合金中的碳元素既可以与铁作用形成金属化合物,也可以溶解在铁中形成间隙固溶体,或者形成化合物与固溶体组成的机械混合物,即可形成下列 5 种基本组织。

1. 铁素体

碳溶于 α－Fe 中所形成的间隙固溶体称为铁素体,用符号 F 表示,它仍保持 α－Fe 的体心立方晶格结构。因其晶格间隙较小,所以溶碳能力很差,在 727℃ 时最大 w_C 仅为 0.0218%,室温时 w_C 降至 0.0008%。铁素体由于溶碳量小,所以力学性能与纯铁相似,即塑性和冲击韧度较好,而强度、硬度较低。

2. 奥氏体

碳溶于 γ－Fe 中所形成的间隙固溶体称为奥氏体,用符号 A 表示,它保持 γ－Fe 的面心立方晶格结构。由于其晶格间隙较大,所以溶碳能力比铁素体强,在 727℃ 时 w_C 为 0.77%,1148℃时 w_C 达到 2.11%。奥氏体的强度、硬度不高,但具有良好塑性,是绝大多数钢高温进行压力加工的理想组织。

3. 渗碳体

渗碳体是铁和碳组成的具有复杂斜方结构的间隙化合物,用化学式 Fe_3C 表示。渗碳体中的碳的质量分数为 6.69%,硬度很高(800HBW),塑性和韧性几乎为零。主要作为铁碳合金中的强化相存在。

4. 珠光体

珠光体是铁素体和渗碳体组成的机械混合物,用符号 P 表示。在缓慢冷却条件下,珠光体中 w_C 为 0.77%,力学性能介于铁素体和渗碳体之间,即强度较高,硬度适中,具有一定的塑性。

5. 莱氏体

莱氏体是 w_C 为 4.3%的合金,缓慢冷却到 1148℃时从液相中同时结晶出奥氏体和渗碳体的共晶组织,用符号 L_d 表示。冷却到 727℃温度时,奥氏体将转变为珠光体,所以室温下莱氏体由珠光体和渗碳体组成,称为低温莱氏体,用符号 L_d' 表示。

莱氏体中由于有大量渗碳体存在,其性能与渗碳体相似,即硬度高,塑性差。

第二节 铁碳合金相图

铁碳合金相图是在缓慢冷却的条件下,表明铁碳合金成分、温度、组织变化规律的简明图解,它也是选择材料和制定有关热加工工艺时的重要依据。

由于 w_C>6.69%的铁碳合金脆性极大，在工业生产中没有使用价值，所以只研究 w_c 小于 6.69%的部分。w_c=6.69%对应的正好全部是渗碳体，把它看作一个组元，实际上研究的铁碳相图是 Fe—Fe_3C 相图，如图 3-2 所示。

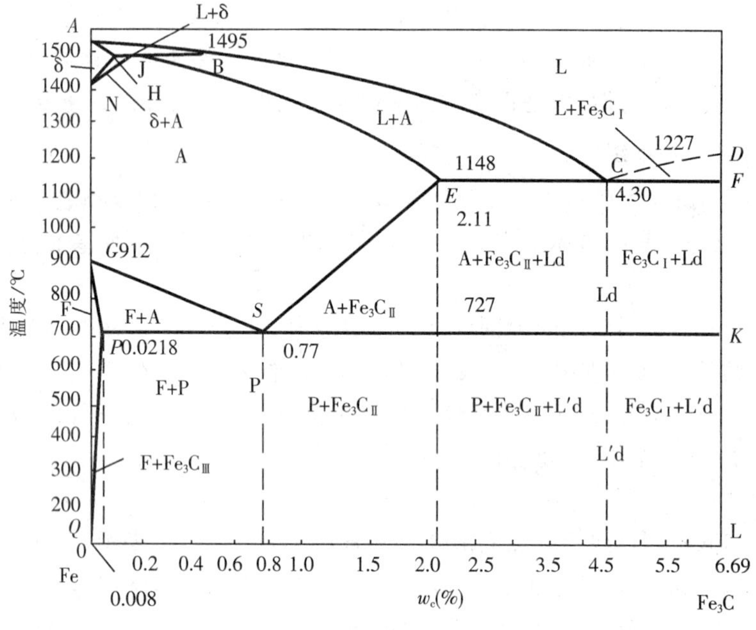

图 3-2　Fe—Fe_3C 相图

如图 3-2 所示中纵坐标为温度，横坐标为含碳量的质量百分数。为了便于掌握和分析 Fe—Fe_3C 相图，将其实用意义不大的左上角部分以及左下角 *GPQ* 线左边部分予以省略，经简化后的 Fe—Fe_3C 相图如图 3-3 所示。

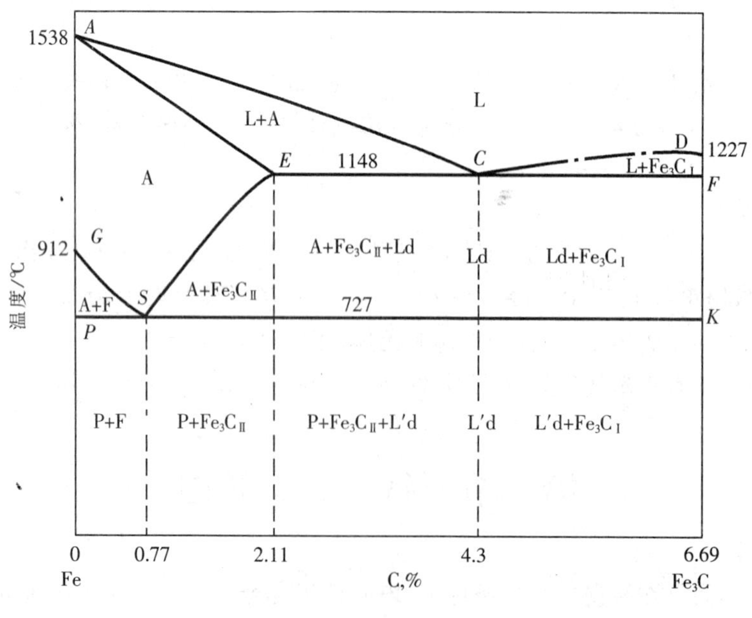

图 3-3　简化 Fe—Fe_3C 相图

一、相图分析

1. $Fe-Fe_3C$ 相图中特性点的含义

$Fe-Fe_3C$ 相图中特性点的含义见表 3-1。应当指出，$Fe-Fe_3C$ 相图中特性的数据随着被测试材料纯度的提高和测试技术的进步而趋于精确，因此不同资料中的数据会有所出入。

表 3-1　$Fe-Fe_3C$ 相图中的几个特性点

点的符号	温度(℃)	含碳量(%)	含　义
A	1538	0	纯铁的熔点
C	1148	4.3	共晶点，$L_c \rightleftharpoons A+Fe_3C$
D	1227	6.69	渗碳体的熔点
E	1148	2.11	碳在 $\gamma-Fe$ 中最大溶解度
G	912	0	纯铁的同素异构转变点(A_3) $\alpha-Fe \rightleftharpoons \gamma-Fe$
S	727	0.77	共析点(A_1)且 $A_S \rightleftharpoons F+Fe_3C$

2. $Fe-Fe_3C$ 相图中特性线的意义

将简化 $Fe-Fe_3C$ 的相图中各特性线的符号、名称、意义均列于表 3-2 中。

表 3-2　$Fe-Fe_3C$ 相图中的特性线

特性线	含　义
ACD	液相线
AECF	固相线
GS	常称 A_3 线。冷却时，不同含碳量的奥氏体中结晶出铁素体的开始线
ES	常称 A_{cm} 线。碳在 $\gamma-Fe$ 中的溶解度曲线
ECF	共晶转变线，$L_c \rightleftharpoons A+Fe_3C$
PSK	共析转变线，常称 A_1 线。$A_s \rightleftharpoons F+Fe_3C$

3. $Fe-Fe_3C$ 相图相区分析

依据特性点和线的分析，简化 $Fe-Fe_3C$ 相图主要有四个单相区即 L，A，F，Fe_3C；相图上其他区域的组织如图 3-3 所示。

二、典型铁碳合金结晶过程分析

铁碳合金由于成分不同，室温下得到不同的组织。根据含碳量和室温组织特点，铁碳合金可分为工业纯铁、钢、白口铸铁 3 类：

(1) 工业纯铁：$w_C < 0.0218\%$。

(2) 钢：$0.0218\% < w_C < 2.11\%$。根据其室温组织特点不同，又可将其分为 3 种：

亚共析钢　$0.0218\% < w_C < 0.77\%$，组织为 F+P；

共析钢　$w_C = 0.77\%$，组织为 P；

过共析钢　$0.77\% < w_C < 2.11\%$，组织为 $P+Fe_3C_{II}$。

(3) 白口铸铁：$2.11\% < w_C < 6.69\%$。按白口铁室温组织特点，也可分为 3 种：

亚共晶白口铁　$2.11\% < w_C < 4.3\%$，组织为 $P+Fe_3C_{II}+L_d'$；

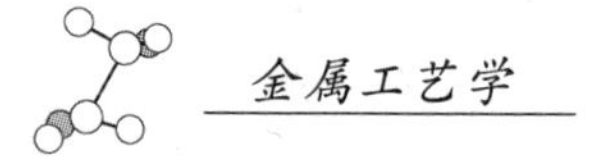

共晶白口铁　$w_C=4.3\%$，组织为 L_d'；

过共晶白口铁　$4.3\%<w_C<6.69\%$，组织为 $Fe_3C_Ⅰ+L_d'$。

典型铁碳合金结晶过程分析依据成分垂线与相线相交情况，分析几种典型 Fe－C 合金结晶过程中组织转变规律。铁碳合金在 Fe－Fe_3C 相图中的位置可参见图 3－4。

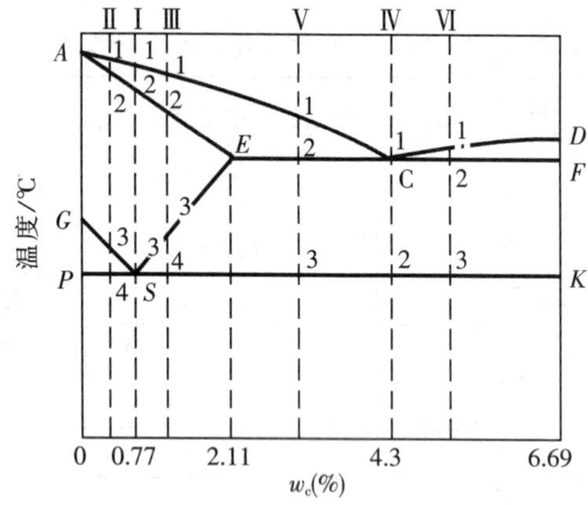

图 3－4　典型铁碳合金在 Fe－Fe_3C 相图中的位置

1. 共析钢

如图 3－4 所示中，合金 Ⅰ($w_C=0.77\%$)为共析钢。当合金冷到 1 点时，开始从液相中析出奥氏体，降至 2 点时全部液体都转变为奥氏体，合金冷到 3 点(727℃)时，奥氏体将发生共析反应，即 $A_{0.77\%}$ 转变为 P(F+Fe_3C)。温度再继续下降，珠光体不再发生变化。共析钢冷却过程如图 3－5 所示，其室温组织是珠光体。珠光体的典型组织是铁素体和渗碳体呈片状叠加而成，见图 3－6。

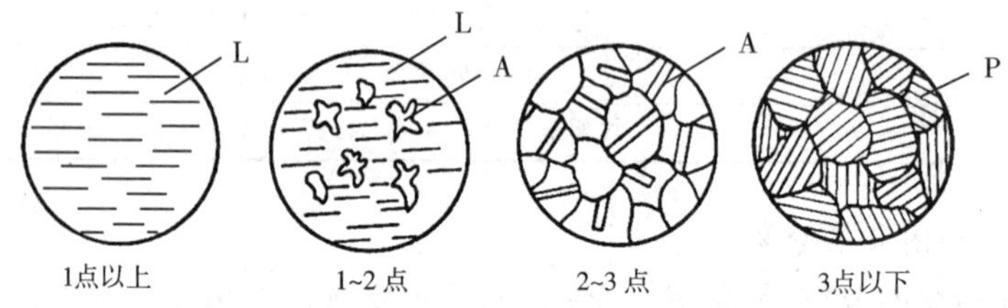

图 3－5　共析钢结晶过程示意图

2. 亚共析钢

如图 3－4 所示中，合金 Ⅱ($w_C=0.4\%$)为亚共析钢。合金在 3 点以上冷却过程同合金 Ⅰ 相似，缓冷至 3 点(与 *GS* 线相交于 3 点)时，从奥氏体中开始析出铁素体。随着温度降低，铁素体量不断增多，奥氏体量不断减少，并且成分分别沿 *GP*、*GS* 线变化。温度降到 *PSK* 线温度时，剩余奥氏体含碳量达到共析成分($w_e=0.77\%$)，即发生共析反应，转变成珠光体。4 点以下冷却过程中，

图 3－6　共析钢的显微组织

组织不再发生变化。因此亚共析钢冷却到室温的显微组织是铁素体和珠光体，其冷却过程组织转变如图 3－7 所示。

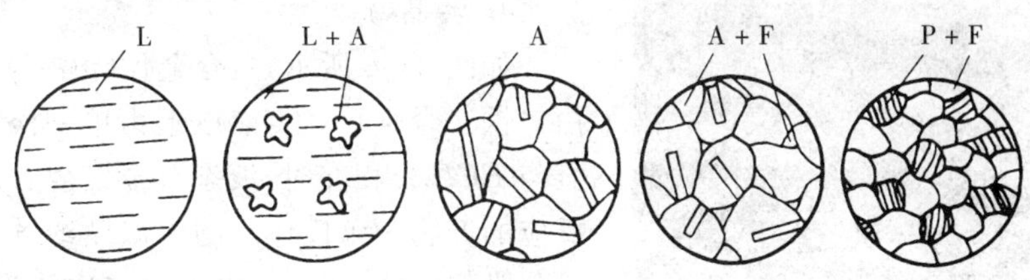

图 3－7 亚共析钢组织转变过程示意图

凡是亚共析钢结晶过程均与合金Ⅱ相似，只是由于含碳量不同，组织中铁素体和珠光体的相对量也不同。随着含碳量的增加，珠光体量增多，而铁素体量减少。亚共析钢的显微组织如图 3－8 所示。

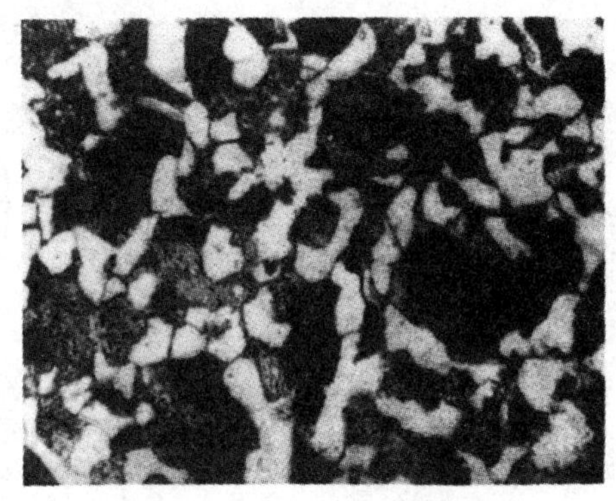

图 3－8 亚共析钢的显微组织

3. 过共析钢

图中合金Ⅲ（w_C＝1.20％）为过共析钢。合金Ⅲ在 3 点以上冷却过程与合金Ⅰ相似，当合金冷却到 3 点（ES 线相交于 3 点）时，奥氏体中碳含量达到饱和，继续冷却，奥氏体成分沿 ES 线变化，从奥氏体中析出二次渗碳体，它沿奥氏体晶界呈网状分布。温度降至 PSK 线时，奥氏体 w_c 达到 0.77％即发生共析反应，转变成珠光体。4 点以下至室温，组织不再发生变化。过共析钢的组织转变过程如图 3－9 所示，其室温下的显微组织是珠光体和网状二次渗碳体。

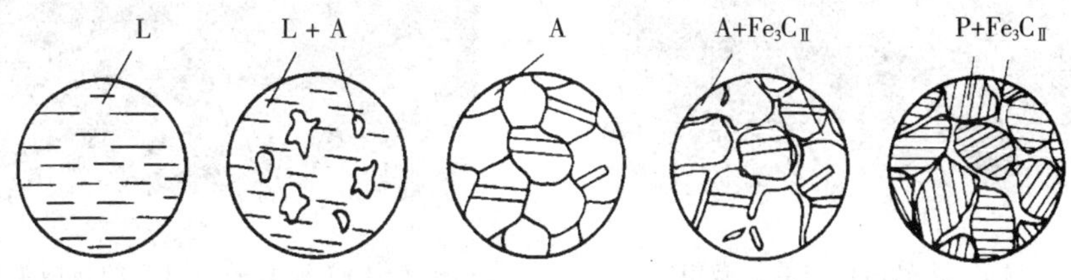

图 3－9 过共析钢组织转变过程示意图

过共析钢的结晶过程均与合金Ⅲ相似，只是随着含碳量不同，最后组织中珠光体和渗碳体的相对量也不同，图 3－10 所示是过共析钢在室温时的显微组织。

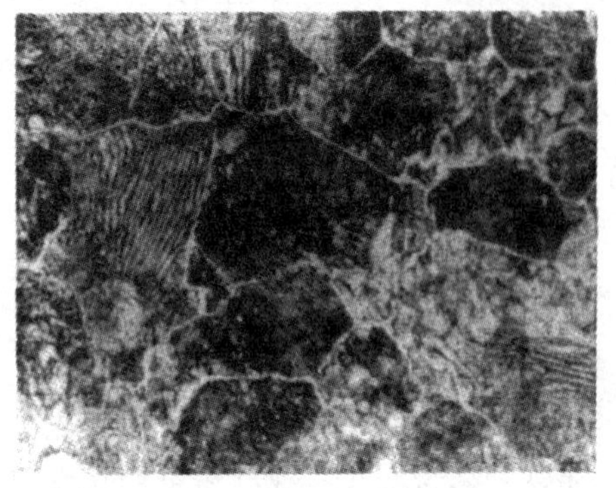
图 3－10 过共析钢的显微组织

4. 共晶白口铁

如图 3－4 所示中，合金Ⅳ（$w_C=4.3\%$）为共晶白口铁。合金Ⅳ在 1 点以上为单一液相，当温度降至与 *ECF* 线相交时，液态合金发生共晶反应，共晶反应的产物为莱氏体。随着温度继续下降，奥氏体成分沿 *ES* 线变化，从中析出二次渗碳体。当温度降至 2 点时，奥氏体发生共析转变，形成珠光体。故共晶白口铁室温组织是由珠光体、二次渗碳体和共晶渗碳体组成的混合物，称之为低温莱氏体，其结晶过程如图 3－11 所示。

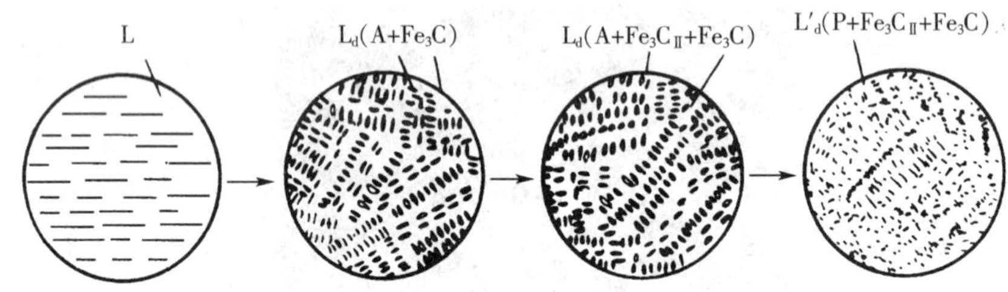

图 3－11 共晶白口铸铁结晶过程组织转变示意图

室温下共晶白口铁显微组织如图 3－12 所示。图中黑色部分为珠光体，白色基体为渗碳体。

亚共晶白口铁（$2.11\%<w_C<4.3\%$）结晶过程同合金Ⅳ基本相同，区别是共晶转变之前有先析相 A 形成，因此其室温组织为 $P+Fe_3C+L'_d$，如图 3－13 所示。图中黑色点状、树枝状为珠光体，黑白相间的基体为低温莱氏体，二次渗碳体与共晶渗碳体在一起，难以分辨。

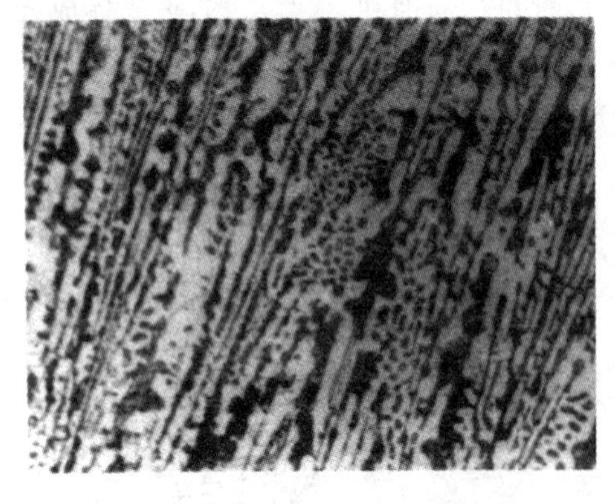
图 3－12 共晶白口铁的显微组织

图 3－13 亚共晶白口铁的显微组织

过共晶白口铁（$4.3\%<w_C<6.69\%$）结晶过程也与合金Ⅳ相似，只是在共晶转变前先从液体中析出一次渗碳体，其室温组织为 $Fe_3C_I+L'_d$，见图 3－14。图中白色板条状为一次渗碳体，基体为低温莱氏体。

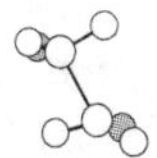

三、含碳量对铁碳合金组织和性能的影响

1. 含碳量对平衡组织的影响

综上所述，铁碳合金在室温的组织都是由铁素体和渗碳体两相组成，随着含碳量增加，铁素体不断减少，而渗碳体逐渐增加，并且由于形成条件不同，渗碳体的形态和分布有所变化。

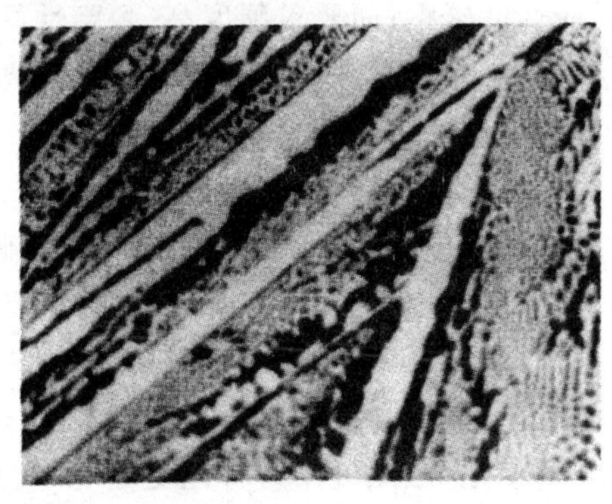

图 3-14　过共晶白口铁的显微组织

室温下随着含碳量增加，铁碳合金平衡组织变化规律如下：

$F \rightarrow F+P \rightarrow P \rightarrow P+Fe_3C_{II} \rightarrow P+Fe_3C_{II}+L_d' \rightarrow L_d' \rightarrow Fe_3C_I+L_d'$

2. 含碳量对力学性能的影响

图 3-15 为含碳量对碳钢的力学性能的影响。由图可见，随着钢中含碳量增加，钢的强度、硬度升高，而塑性和韧性下降，这是由于组织中渗碳体量不断增多，铁素体量不断减少的缘故。但当 $w_C=0.9\%$时，由于网状二次渗碳体的存在，强度明显下降。工业上使用的钢 w_C一般不超过 1.3%～1.4%；而 w_C超过 2.11%的白口铸铁，由于组织中大量渗碳体的存在，使性能硬而脆，难以切削加工，一般以铸态使用。

四、铁碳合金相图的应用

相图是分析钢铁材料平衡组织和制定钢铁材料各种热加工工艺的基础性资料，在生产实践中具有重大的现实意义(如图 3-16 所示)：

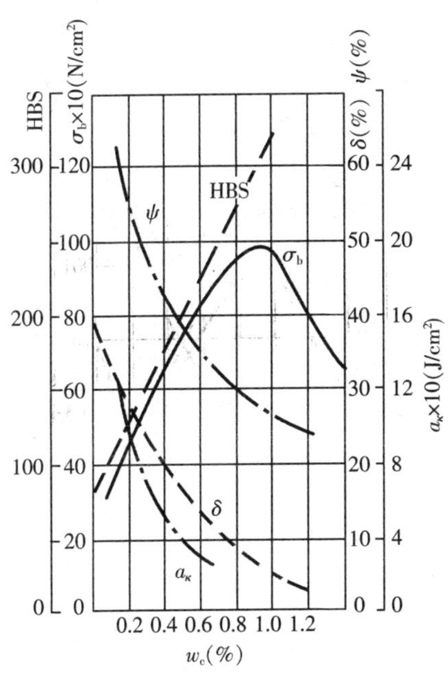

图 3-15　含碳量对钢的力学性能的影响

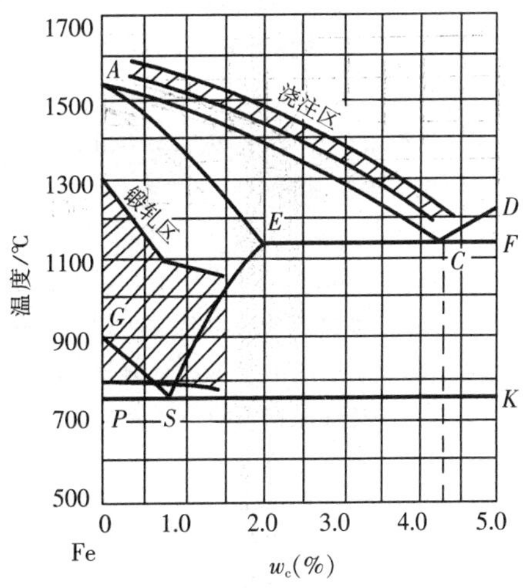

图 3-16　$Fe-Fe_3C$ 相图与铸、锻工艺的关系

① 在选材方面的应用：相图表明了钢铁材料成分、组织的变化规律，据此可判断出力学性能变化特点，从而为选材提供了可靠的依据。例如，要求塑性、韧性好、焊接性能良好的材料，应选低碳钢；而要求硬度高、耐磨性好的各种工具钢，应选用含碳量较高的钢。

② 在铸造方面的应用：生产中，相图可估算钢铁材料的浇注温度，一般在液相线以上50℃～100℃；由相图可知共晶成分的合金结晶温度最低，结晶区间最小，流动性好，体积收缩小，易获得组织致密的铸件，所以通常选择共晶成分的合金作为铸造合金。

③ 在锻造方面的应用：相图可作为确定钢的锻造温度范围依据。通常把钢加热到奥氏体单相区，塑性好、变形抗力小，易于成形。一般始锻温度控制在固相线以下 100℃～200℃范围内，而终缎温度亚共析钢控制在 *GS* 线以上；过共析钢应在稍高于 *PSK* 线以上。

④ 在焊接方面的应用：焊缝及周围热影响区受到不同程度的加热和冷却，组织和性能会发生变化，相图可作为研究变化规律的理论依据。

⑤ 热处理方面的应用：相图是制定各种热处理工艺加热温度的重要依据，这一问题后续章节中会专门讨论。

相图尽管应用广泛，但仍有一些局限性，主要表现在以下几方面：

① 相图只是反映了平衡条件下组织转变规律（缓慢加热或缓慢冷却），它没有体现出时间的作用，因此实际生产中，冷却速度较快时不能用此相图分析问题。

② 相图只反映出了二元合金中相平衡的关系，若钢中有其他合金元素，其平衡关系会发生变化。

③ 相图不能反映实际组织状态，它只给出了相的成分和相对量的信息，不能给出形状、大小、分布等特征。

思考与练习

3-1 何谓金属的同素异构转变？写出纯铁的同素异构转变关系式。

3-2 何谓铁素体、奥氏体、渗碳体、珠光体和莱氏体？它们在结构、组织形态和性能上各有何特点？

3-3 画出简化 Fe—Fe_3C 相图，填出各相区的组织；说明各特性点、特性线的含义。

3-4 分析含碳量分别为 0.45%、1.2%铁碳合金的结晶过程。

3-5 分析一次渗碳体、二次渗碳体、共晶渗碳体和共析渗碳体的异同处。

3-6 平衡条件下，试比较 45、T8、T12 钢的硬度、强度和塑性有何不同？

3-7 试述含碳量对钢的组织和性能的影响。

3-8 根据 Fe—Fe_3C 相图，说明下列现象产生的原因。

(1)在 1100℃，w_C 为 0.4%碳钢能进行锻造，w_C 为 4.0%铸铁不能锻造；

(2)钳工锯割 T10、T12 钢比锯 10、20 钢费力，锯条易磨钝；

(3)钢铆钉一般用低碳钢制作，锉刀一般用高碳钢制作；

(4)钢适宜采用压力加工成形，而铸铁只能采用铸造成形。

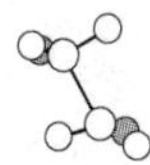

第四章　钢的热处理

钢的热处理是指将钢在固态下进行加热、保温和冷却，以改变其内部组织，从而获得所需要性能的一种工艺方法。

热处理同铸造、压力加工和焊接等工艺不同，它不改变零件的外形和尺寸，只改变金属的内部组织和性能。热处理不仅可以强化金属材料、充分发挥其内部潜力、提高或改善工件的使用性能和加工工艺性，而且还是提高加工质量、延长工件和刀具使用寿命、节约材料、降低成本的重要手段；并且经过合理的表面热处理，则可提高零件的耐蚀性及耐磨性，也可装饰和美化零件外观。所以，机械制造业中大多数的机器零件都要经过热处理，提高产品的质量和使用寿命。如在机床制造中，60％～70％的零件要热处理；在汽车、拖拉机制造中，需要经过热处理的零件占70％～80％；至于刀具、模具、量具和滚动轴承等，则要100％进行热处理。随着工业和科学技术的发展，热处理在改善和强化金属材料、提高产品质量、节省材料和提高经济效益等方面将发挥更大的作用。

根据热处理的目的、要求以及加热和冷却条件的不同，金属材料热处理主要有钢的普通热处理和钢的表面热处理两大类。

钢的热处理方法虽多，但任何一种热处理都是由加热、保温和冷却三个阶段组成的，因此可以用“温度—时间”曲线图表示（如图4－1所示）。

第一节　钢的热处理原理

一、钢在加热和冷却时的转变温度

为了使钢件在热处理后获得所需要的性能，对于大多数热处理工艺来说，都要将钢加热到相变温度以上，使其组织发生变化。碳素钢在缓慢加热和冷却过程中，相变温度可以根据Fe—Fe_3C相图来确定。然而，由于Fe—Fe_3C相图中的相变温度A_1、A_3、A_{cm}是在极其缓慢的加热和冷却条件下测定的，与实际热处理的相变温度有一些差异，加热时相变温度因有过热现象而偏高，冷却时因有过冷现象而偏低，随着加热和冷却速度的增加，这一偏离现象愈加严重。因此，常将实际加热时偏离的相变温度用A_{c_1}、A_{c_3}、$A_{c_{cm}}$表示，将实际冷却时偏离的相变温度用A_{r_1}、A_{r_3}、$A_{r_{cm}}$表示，如图4－2所示。

二、钢在加热时的组织转变

碳钢的室温组织基本上是由铁素体和渗碳体两个相组成，只有在奥氏体状态才能通过不同冷却方式使钢转变为不同组织，获得所需要性能。所以，热处理时须将钢加热到一定温度，使其组织全部或部分转变为奥氏体。现以共析碳钢为例，讨论钢的奥氏体化过程。

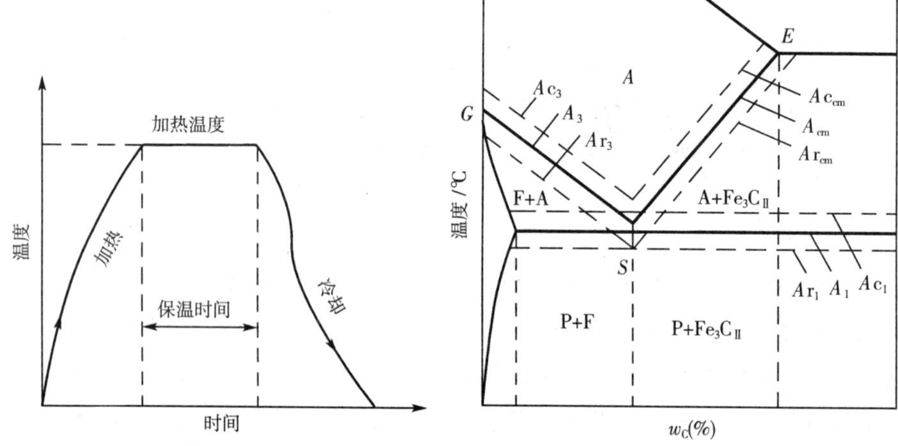

图 4-1　钢的热处理工艺曲线　　　图 4-2　加热或冷却时相变温度变化

1. 奥氏体的形成

根据 Fe—Fe_3C 相图，共析碳钢的室温组织为珠光体，其奥氏体化的温度应在 A_1 线以上。因此，奥氏体的形成必须经过原来晶格(铁素体和渗碳体)的改组和铁、碳原子的扩散来实现。从室温组织珠光体向高温组织奥氏体的转变，也遵循"形核与核长大"这一相变的基本规律。其奥氏体形成的全过程应包括下面 4 个连续的阶段(如图 4-3 所示)：

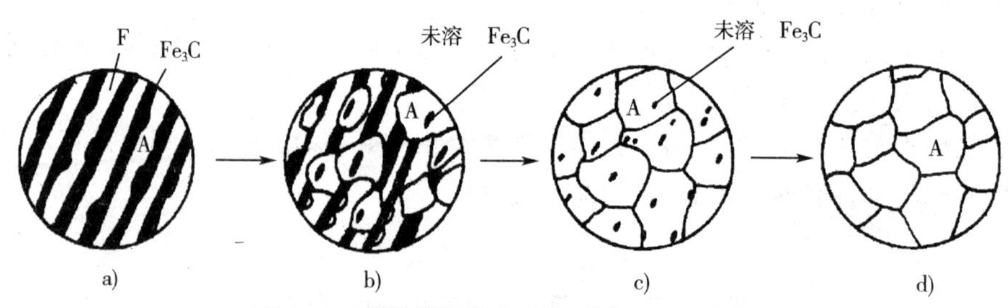

图 4-3　共析碳钢的奥氏体形成过程示意图

① 第一阶段为奥氏体形核。钢在加热到 A_{c_1} 时，奥氏体晶核优先在铁素体与渗碳体的相界面上形成，这是因为相界面的原子是以铁素体与渗碳体两种晶格的过渡结构排列的，原子偏离平衡位置处于畸变状态，具有较高能量；再则，与晶体内部比较，晶界处碳的分布是不均匀的，这些都为形成奥氏体晶核在成分、结构和能量上提供了有利条件。

② 第二阶段为奥氏体晶核长大。奥氏体形核后的长大，是新相奥氏体的相界面向着铁素体和渗碳体这两个方向同时推移的过程。通过原子扩散，铁素体晶格先逐渐改组为奥氏体晶格，随后通过渗碳体的连续不断分解和铁原子扩散而使奥氏体晶核不断长大。

③ 第三阶段是残余渗碳体的溶解。由于渗碳体的晶体结构和含碳量与奥氏体差别很大，所以，渗碳体向奥氏体的溶解必然落后于铁素体向奥氏体的转变。在铁素体全部转变消失之后，仍有部分渗碳体尚未溶解，因而还需要一段时间继续向奥氏体溶解，直至全部渗碳体消失为止。

④ 第四阶段是奥氏体成分均匀化。奥氏体转变刚结束时，其成分是不均匀的，在原来铁素体处含碳量较低，在原来渗碳体处含碳量较高，只有继续延长保温时间，通过碳原子扩散才能得到均匀成分的奥氏体组织，以便在冷却后得到良好组织与性能。

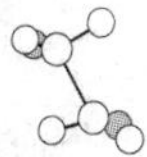

亚共析钢和过共析钢的奥氏体形成过程基本上与共析钢是一样的，所不同之处是有过剩相的出现。

亚共析钢的室温组织为铁素体和珠光体，因此当加热到 A_{c_1} 以上保温后，其中珠光体转变为奥氏体，还剩下过剩相铁素体，需要加热超过 A_{c_3}，过剩相才能全部消失。

过共析钢在室温下的组织为渗碳体和珠光体。当加热到 A_{c_1} 以上保温后，珠光体转变为奥氏体，还剩下过剩相渗碳体，只有加热超过 $A_{c_{cm}}$ 后，过剩渗碳体才能全部溶解。

加热温度及速度的高低会影响奥氏体形成的速度。奥氏体的形成需要经过一定的“孕育期"(是在第一个奥氏体体积形成之前的一段准备时间)。加热温度越高，孕育期越短，全部形成奥氏体所需时间也越短。例如采用高频加热，奥氏体的形成只需几秒，用激光加热时所需时间则更短。

2. 奥氏体晶粒的长大及控制

(1) 奥氏体晶粒的长大　当珠光体向奥氏体转变刚完成时，由于奥氏体是在片状珠光体的两相(铁素体与渗碳体)界面上形核，晶核数量多，获得细小的奥氏体晶粒，称为奥氏体起始晶粒度。随着加热温度升高或保温时间延长，奥氏体晶粒就长大，因为高温下原子扩散能力增强，通过大晶粒“吞并”小晶粒可以减少晶界表面积，从而使晶界表面能降低，奥氏体组织处于更稳定的状态。由此可见，奥氏体晶粒长大是个自然过程，而高温和长时间保温只是外因或外部条件。加热温度越高，保温时间越长，奥氏体晶粒就长得越大。钢在某一具体加热条件下实际获得的奥氏体晶粒，称为奥氏体实际晶粒度，其大小直接影响到热处理后的机械性能。

(2) 奥氏体晶粒度　奥氏体的晶粒度直接影响钢冷却后的组织和性能。奥氏体晶粒粗大，冷却后钢的机械性能差，特别是冲击韧度明显降低，因此，严格控制奥氏体的晶粒度，是热处理生产中一个重要的问题。根据奥氏体形成过程和晶粒长大情况，奥氏体的晶粒度可分为以下 3 种：

① 起始晶粒度。它是指珠光体刚转变为奥氏体时的奥氏体晶粒度。奥氏体的起始晶粒度比较细小，只有继续加热或保温时才长大。

② 实际晶粒度。它是指钢在实际的热处理或热加工条件下所获得的奥氏体晶粒大小，它直接影响钢的机械性能。热处理生产中有一个升温和保温阶段，所以实际晶粒度比起始晶粒度大。

③ 本质晶粒度。不同钢材在加热时奥氏体晶粒长大倾向是不同的。有的钢材加热时奥氏体晶粒容易长大，而有的钢材就不容易长大。本质晶粒度反映钢材加热时奥氏体晶粒长大的倾向。凡是奥氏体晶粒容易长大的钢称为“本质粗晶粒钢”，反之，奥氏体晶粒不容易长大的钢称为“本质细晶粒钢”，如图 4－4 所示。由图中看出，随着温度的升高，本质粗晶粒钢的奥氏体晶粒逐渐粗化，而本质细晶粒钢超过一定温度后，晶粒才急剧长大。

根据冶金部的标准规定，本质晶粒度是指钢加热到(930±10)℃，保温 3～8h 后测定的奥氏体晶粒度。通常在放大 100 倍的金相显微镜下与标准晶粒度等级图进行比较评级。晶粒度为 1～4 级的定为本质粗晶粒钢，5～8 级的定为本质细晶粒钢，如图 4－5 所示。应该指出，本质晶粒度是表示钢在加热条件下奥氏体晶粒长大倾向，而不表示钢实际晶粒的大小。

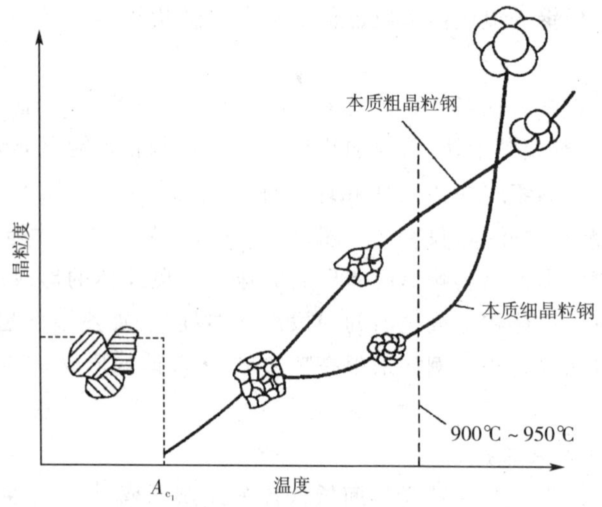

图 4-4　钢的本质晶粒示意图

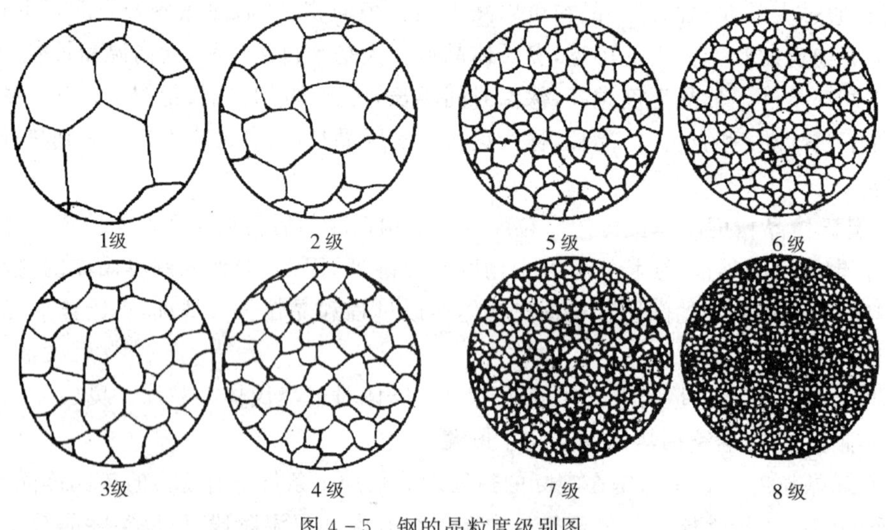

图 4-5　钢的晶粒度级别图

钢的本质晶粒度取决于钢的成分和冶炼条件。在工业生产中，一般用铝脱氧的钢为本质细晶粒钢，而只用锰硅脱氧的钢为本质粗晶粒钢。沸腾钢一般为本质粗晶粒钢，而镇静钢一般为本质细晶粒钢。

钢的本质晶粒度在热处理中有重要的意义。如渗碳是在高温长时间下进行的，这时若采用本质细晶粒钢，渗碳后可直接淬火，得到晶粒细小的组织；若用本质粗晶粒钢，将引起奥氏体晶粒明显粗化，即产生过热缺陷。

(3) 奥氏体晶粒度对钢在室温下组织和性能的影响　奥氏体晶粒细小时，冷却后转变产物的组织也细小，其强度与塑性、韧性都较高，冷脆转变温度也较低；反之，粗大的奥氏体晶粒，冷却转变后仍获得粗晶粒组织，使钢的机械性能(特别是冲击韧性)降低，甚至在淬火时产生变形、开裂。所以，热处理加热时获得细小而均匀的奥氏体晶粒，往往是保证热处理零件质量的关键之一。

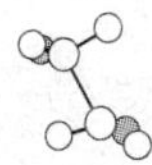

(4) 奥氏体晶粒度的控制　热处理加热时为了使奥氏体晶粒不致粗化，除在冶炼时采用 Al 脱氧或加入 Nb、V、Ti、Zr 等合金元素外，还须制定合理的加热工艺。

① 加热温度和保温时间：加热温度越高，晶粒长大越快，奥氏体晶粒越粗大。因此，必须严格控制加热温度。当加热温度一定时，随着保温时间延长，晶粒不断长大，但长大速度越来越慢，不会无限长大下去，所以延长保温时间的影响要比提高加热温度小得多。

② 加热速度：当加热温度一定时，加热速度越快，则过热度越大（奥氏体化的实际温度越高），形核率越高，因而奥氏体的起始晶粒越小；此外，加热速度越快，则加热时间越短，晶粒越来不及长大，所以快速短时加热是细化晶粒的重要手段之一。

③ 钢的成分：当加热温度相同时，奥氏体中的碳化物增加时，奥氏体晶粒长大倾向也增加，但奥氏体晶界上存在未溶的碳化物时，可阻止奥氏体晶粒长大。

当钢中加入能形成稳定碳化物的合金元素（如 Ti、V、Ta、Nb、Zr、Mo、Cr 等）或形成不溶于奥氏体的氧化物及氮化物元素（如铝、氮等）及促进石墨化的元素（如硅、镍、钴等）等，会不同程度地阻碍奥氏体的晶粒长大。但锰和磷则可促进奥氏体晶粒长大，因为它们溶入奥氏体，削弱 γ—Fe 的原子结合力，加速铁的自扩散，从而促进晶粒长大。

从上述可知，为了控制奥氏体的晶粒长大，应合理地选择钢材，严格控制加热温度和保温时间。

三、钢在冷却时的组织转变

热处理中对钢进行加热和保温的主要目的是为了使钢获得细小而均匀的奥氏体晶粒。钢在加热转变为奥氏体后，以什么方式和速度进行冷却，将对钢的组织和性能有着决定性的作用，因为冷却的方式和速度不同，所得到的组织和性能就大不相同。因此掌握奥氏体在什么冷却条件下向什么组织转变，以便正确地选择合适的冷却方法来控制钢的组织和性能。热处理的生产实践告诉我们，即使是相同成分的钢，加热到高温奥氏体状态后，由于冷却方式不同，反映在最终的机械性能上也有明显差异。这是由于冷却速度不同，得到不同的组织所引起的。这便是各种热处理操作的主要理论依据。

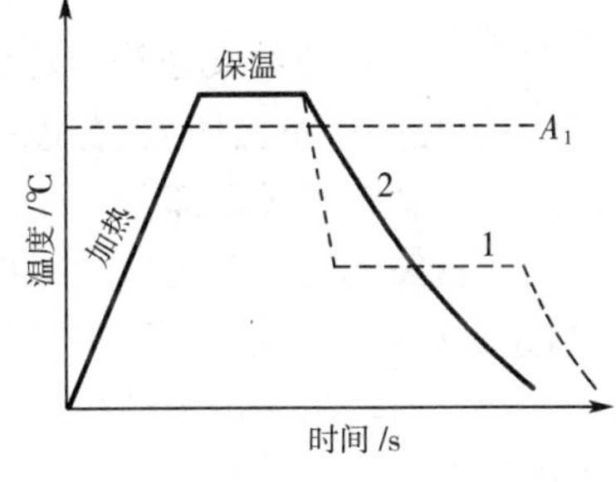

图 4-6　奥氏体的冷却曲线示意图
1—等温冷却　2—连续冷却

实际生产中，钢热处理时常用的冷却方式有两种。一是等温冷却，即使奥氏体化的钢先以较快的冷却速度冷却到相变点（A_1线）以下一定的温度，这时奥氏体尚未转变，但成为过冷奥氏体。然后进行保温，使过冷奥氏体在等温下发生组织转变，转变完成后再冷却到室温。例如等温退火、等温淬火等均属于等温冷却方式。二是连续冷却，即对奥氏体化的钢，使其在温度连续下降的过程中发生组织转变。例如在热处理生产经常使用的水中、油中或空气中冷却等都是连续冷却方式（如图 4-6 所示）。

下面以共析钢为例，说明冷却方式对钢组织及性能的影响。

1. 过冷奥氏体等温冷却转变

(1) 过冷奥氏体等温转变曲线　以共析碳钢为例，将奥氏体化的共析碳钢以不同的冷却速度急冷至 A_1线以下不同温度保温，使过冷奥氏体在等温条件下发生相变。测出不同温度下过冷奥氏体发生相变的开始时间和终了时间，并分别画在温度—时间坐标上，然后将转变开始时间和转变终了时间分别连接起来,即得共析碳钢的过冷奥氏体等温转变曲线,如图 4-7 所示。过冷奥氏体等温转变曲线类似"C"字,故简称 C 曲线,又称为 TTT 曲线(英文"时间"、"温度"、"转变"三词字头)。图中 A_1、M_s 两条温度线划分出上中下三个区域:A_1 线以上是稳定奥氏体区;M_s 线以下是马氏体转变区;A_1 和 M_s 线之间的区域是过冷奥氏体等温转变区。

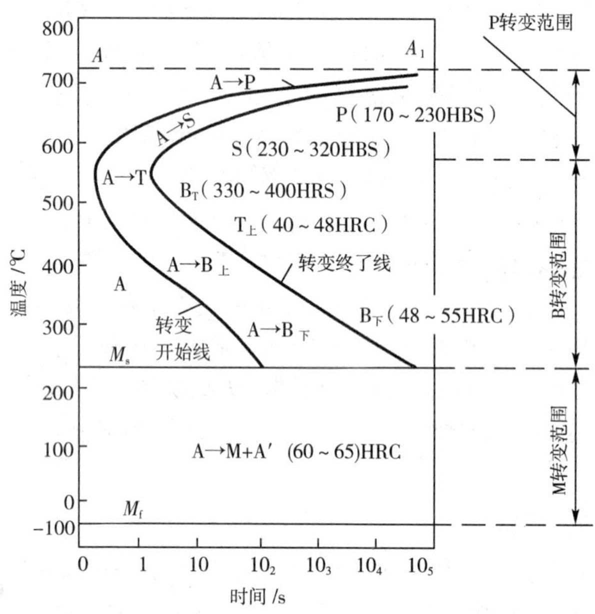

图 4-7 共析钢过冷奥氏体的等温转变曲线

图中两条 C 曲线又把等温转变区划分为左中右三个区域:左边一条 C 曲线为转变开始线,其左侧是过冷奥氏体区;右边一条 C 曲线为转变终了线,其右侧是转变产物区;两条 C 曲线之间是过冷奥氏体部分转变区。

过冷奥氏体尚未转变的时间称为孕育期。在 550℃ 等温转变时孕育期最短,转变速度最快,这是由于过冷度较大(相变驱动力大)和原子扩散能力较强的综合作用造成的;550℃以上的孕育期较长是由于过冷度较小(相变驱动力小)造成的;550℃以下孕育期较长是由于原子扩散能力较弱所致。

(2) 过冷奥氏体的高温转变　A_1～550℃范围内,原子的扩散能力较强,容易在奥氏体晶界上产生高碳的渗碳体晶核和低碳的铁素体晶核,容易实现晶格重构,属于扩散型转变,也可称作高温转变,转变产物为铁素体与渗碳体层片相间的珠光体型组织。

过冷度不同,层片间距和层片厚薄也不同。在 A_1～650℃范围内等温转变过冷度小,形成粗片状珠光体组织(P),层片间距大于 0.4μm,在 200 倍金相显微镜下可显示组织特征,布氏硬度达 170～230HBS;在 650℃～600℃范围内等温转变,过冷度稍大,形核多,奥氏体转变快,形成细片状珠光体组织,称为索氏体(S),其层片间距为 0.2～0.4μm,在 800～1000 倍金相显微镜下可分辨组织特征,布氏硬度达 230～320HBS;在 600℃～550℃范围内等温转变过冷度更大,奥氏体转变更快,形成极细片状珠光体组织,称为托氏体(T),其层片间距小于 0.2μm,在高倍光学显微镜下也分辨不清,层片形态呈黑色团状,其布氏硬度达 330～400HBS。

由上可知,珠光体组织中层片间距愈小,相界面就越多,则钢材塑性变形抗力就愈大,强

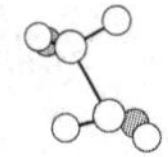

度和硬度就越高；同时因渗碳体层片变薄，使得塑性和韧性也有所改善。

(3) 过冷奥氏体的中温转变　在 550℃～M_s(230℃)范围内，过冷度较大，铁原子难以扩散，仅有碳原子扩散，过冷奥氏体转变速度下降，孕育期逐渐延长，主要通过相变驱动力来改变晶格结构，通过碳原子扩散形成碳化物，属于半扩散型转变，也称作中温转变，其转变产物为贝氏体型组织(B)，主要特征是组织呈羽毛状或呈针状。

过冷度不同，贝氏体的组织形态也不同。在 550℃～350℃范围内，碳原子有一定的扩散能力，在铁素体片的晶界上析出不连续短杆状的渗碳体，这种组织称为上贝氏体($B_{上}$)。上贝氏体强度、硬度较高(40～48HRC)，塑性较低，脆性较大，生产中很少采用。

在 350℃～M_s范围内，碳原子的扩散能力更弱，难以扩散到片状铁素体的晶界上，只能沿与晶轴呈 55°～60°夹角的晶面上析出断续条状渗碳体，这种组织称为下贝氏体($B_{下}$)，其形态在光学显微镜下呈黑色针状。下贝氏体具有高的强度和硬度(48～55HRC)及良好的塑性和韧性，综合机械性能好，生产中常采用等温转变获得下贝氏体组织。

由此可见，贝氏体的性能取决于贝氏体组织的形态。上贝氏体的铁素体条较宽，渗碳体分布在铁素体间，其强度低，塑性、韧性差；而下贝氏体的片状铁素体内渗碳体呈高度弥散分布，所以强度高，塑性、韧性好。

(4) 过冷奥氏体的低温转变　在 M_s线以下范围内，铁、碳原子都已失去扩散的能力，但过冷度很大，相变驱动力足以改变过冷奥氏体的晶格结构，并将碳全部过饱和固溶于 α－Fe 晶格内，这种转变属于非扩散型转变，也称作低温转变，转变产物为马氏体(M)。

马氏体的转变是在 M_s～M_f范围内，不断降温的过程中进行的，冷却中断，转变随即停止，只有继续降温，马氏体转变才能继续进行，直至冷却到 M_f点温度，转变终止。M_s为马氏体转变开始温度，M_f为马氏体转变终了温度。马氏体转变至环境温度下仍会保留一定数量的奥氏体，称为残留奥氏体，以 A′或 $A_{残}$表示。

马氏体的组织形态主要取决于过冷奥氏体的碳含量，当奥氏体碳含量小于 0.2%时，钢淬火后几乎全部形成板条马氏体，也称低碳马氏体或位错马氏体，其立体形态呈平行成束分布的板条状，板条马氏体硬度在 50HRC 左右，具有较高的强韧性；当奥氏体碳含量大于 1.0%时，钢淬火后几乎全部形成片状马氏体，也称高碳马氏体或孪晶马氏体，其立体形态呈双凸透镜状。当奥氏体中碳含量介于两者之间时，则得到两种马氏体的混合组织。片状马氏体硬度随马氏体中碳含量增加而增加，马氏体硬度高达 60～65HRC。但马氏体的韧性低，脆性大，伸长率 δ 和断面收缩率 ψ 都很低，钢的 M_s点和 M_f点随奥氏体中碳含量增加而降低，因而残留奥氏体量也随奥氏体中碳含量增加而增加。

2. 过冷奥氏体连续冷却转变

(1) 过冷奥氏体连续冷却转变曲线　在热处理生产中，钢经奥氏体化后，多采用连续冷却的方式，在不同冷速的连续冷却条件下，过冷奥氏体转变时，转变开始及转变终止的时间与转变温度之间的关系曲线如图 4－8 所示，称为连续冷却 C 曲线或 CCT 曲线。与 TTT 曲线相比，CCT 曲线较 TTT 曲线稍靠右下一些，并且只有 TTT 曲线的上半部分，亦即共析钢在连续冷却时，只发生珠光体和马氏体转变，不发生贝氏体转变，未转变的过冷奥氏体一

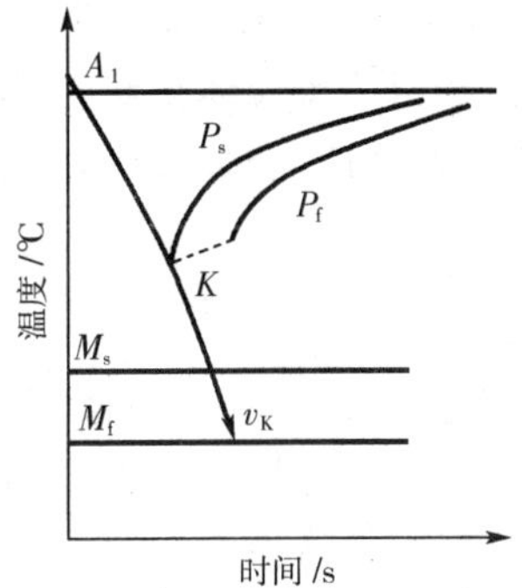

图 4－8　共析钢 CCT 曲线图

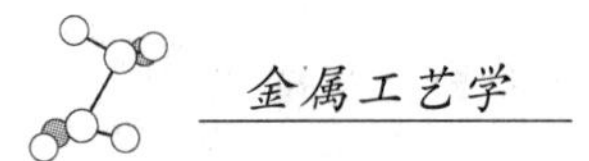

直保留到 M_s 线以下转变为马氏体。

共析钢 CCT 曲线中有三条曲线：P_s 线为过冷奥氏体向珠光体转变开始线；P_f 线为转变终止线；K 线为高温转变中止线，当过冷奥氏体冷却到 K 线时，不再发生珠光体型转变，而一直保留到 M_s 点以下转变为马氏体。

图中与 CCT 曲线相切的冷却速度线，是保证奥氏体在连续冷却过程中不发生分解而全部过冷到马氏体的最小冷却速度，称为临界冷却速度，用 v_k 表示，又称为淬火临界冷却速度。

过共析钢的 CCT 曲线基本同上，仅多出一条先共析渗碳体析出线，而亚共析钢与共析钢 CCT 曲线相比大不相同，不仅多了一条先共析铁素体的析出线，还出现了贝氏体转变区。例如 45 钢经过油冷淬火可得到铁素体、托氏体、贝氏体及马氏体的混合组织。

(2) 连续冷却转变产物分析　由于共析钢在连续冷却时的转变测定较困难，生产中常利用 TTT 曲线分析连续冷却转变的结果，即按 CCT 曲线与 TTT 曲线相交的大致位置，估计连续冷却后得到的组织。如图 4-9 即是在共析碳钢等温冷却转变曲线上估计连续冷却时的转变情况。v_1 相当于随炉冷却速度（退火），与 CCT 曲线相交于 700℃～670℃，过冷奥氏体转变为珠光体，硬度为 170～230HB。v_2 相当于空气中冷却速度（正火），与 CCT 曲线相交于 650℃～600℃，过冷奥氏体转变为索氏体，硬度为 230～320HB。v_3 相当于油中淬火时的冷却速度，与 CCT 曲线相割于转变开始线，且割于 600℃～450℃，后又与 M_s 相交，过冷奥氏体转变为托氏体、马氏体、残留奥氏体的混合组织，硬度为 45～55HRC。尽管 v_3 也穿过了贝氏体区，但在共析钢 CCT 曲线中无贝氏体转变区，所以共析钢在连续冷却时不会得到贝氏体。v_4 相当于水中冷却速度（淬火），与 CCT 曲线不相交而直接与 M_s 相交，过冷奥氏体在 A_1～M_s 之间来不及分解，在 M_s 线以下转变为马氏体和残留奥氏体。v_k 为临界冷却速度，与 C 曲线相切于鼻部，过冷奥氏体转变为马氏体和残留奥氏体。上述方法对正确判定热处理工艺、分析钢的组织与性能、合理选材有极大帮助。

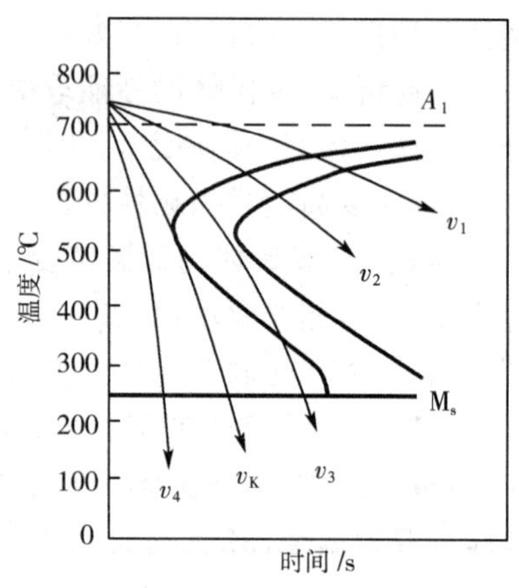

图 4-9　共析钢等温转变与连续冷却曲线

第二节　钢的普通热处理

一、钢的退火

退火是将钢件加热到高于或低于钢的相变点适当温度，保温一定时间，随后在炉中或埋入导热性较差的介质中缓慢冷却，以获得接近平衡状态组织的一种热处理工艺。

1. 退火的目的

(1) 降低钢件硬度，便于切削加工　铸、锻、焊成形工件，由于冷却速度过快，一般硬度偏高，不易切削加工。退火后，硬度降低到 200～240HB，切削加工性较好。

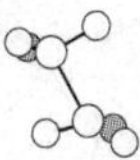

(2) 消除残余应力,防止变形和开裂　退火可消除铸、锻、焊件的残余内应力,稳定工件尺寸,并减少淬火时变形和开裂的倾向。

(3) 消除缺陷,改善组织,细化晶粒,提高钢的机械性能　铸、锻、焊件中往往存在粗大晶粒的过热组织或带状组织缺陷,退火时进行一次重结晶,可消除上述组织缺陷,改善性能,并为以后淬火热处理作组织准备。

(4) 消除前一道工序(铸造、锻造、冷加工等)所产生的内应力,为下道工序最终热处理(淬火回火)做好组织准备。

(5) 消除冷作硬化,提高塑性以利于继续冷加工　冷加工使工件产生加工硬化,退火可消除加工硬化,提高塑性、韧性,以利于继续冷变形加工。

此外,退火还可以消除铸造偏析。

2. 退火类型

根据上述不同的目的,生产上采用了不同的退火工艺,主要有以下几类:

(1) 完全退火　将亚共析钢加热到 A_{c_3} 以上 30℃～50℃,保温一定时间后,随炉缓慢冷却,或埋入石灰中冷却,至 500℃以下在空气中冷却,如图 4－10 所示。所谓"完全"是指退火时钢件被加热到奥氏体化温度以上获得完全的奥氏体组织,并在冷至室温时获得接近平衡状况的铁素体和片状珠光体组织。完全退火的目的是使铸造、锻造或焊接所产生的粗大组织细化,所产生的不均匀组织得到改善,所产生的硬化层得到消除,以便于切削加工。

完全退火主要用于处理亚共析组织的碳钢和合金钢的铸件、锻件、热轧型材和焊接结构,也可做为一些不重要件的最终热处理。

(2) 球化退火　将共析或过共析钢加热至 A_{c_1} 以上 20℃～30℃,保温一定时间,再冷至 A_{r_1} 以下 20℃左右,等温一定时间,然后随炉冷至 600℃左右出炉空冷,即为球化退火,如图 4－10所示。在其加热保温过程中,网状渗碳体不完全溶解而断开,成为许多细小点状渗碳体,弥散分布在奥氏体基体上。在随后缓慢冷却过程中,以细小渗碳体质点为核心,形成颗粒状渗碳体,均匀分布在铁素体基体上,成为球状珠光体。T10 钢球化退火工艺如图 4－11 所示。

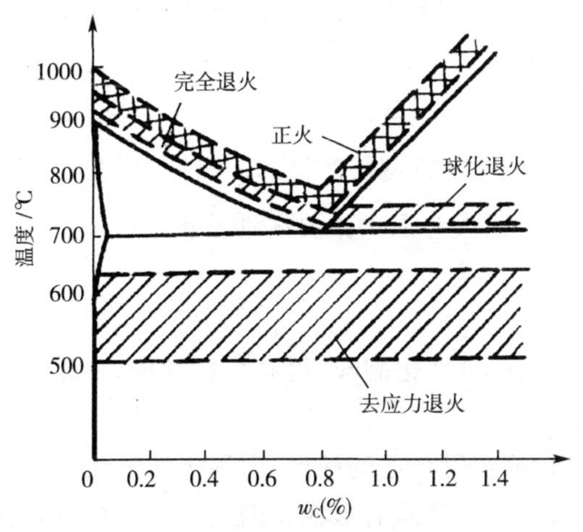

图 4－10　各种退火和正火的加热温度范围

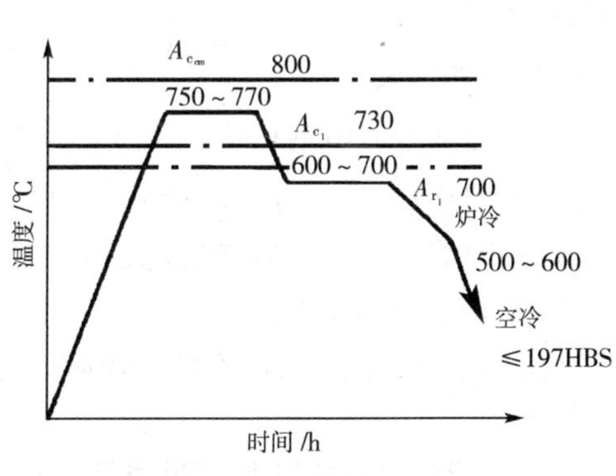

图 4－11　T10 钢球化退火工艺

球化退火主要用于消除过共析碳钢及合金工具钢中的网状二次渗碳体及珠光体中的片

状渗碳体。由于过共析钢的层片状珠光体较硬，再加上网状渗碳体的存在，不仅给切削加工带来困难，使刀具磨损增加，切削加工性变差，而且还容易引起淬火变形和开裂。为了克服这一缺点，可在热加工之后安排一道球化退火工序，使珠光体中的网状二次渗碳体和片状渗碳体都球化，以降低硬度、改善切削加工性，并为淬火作组织准备。

对存在严重网状二次渗碳体的过共析钢，应先进行一次正火处理，使网状渗碳体溶解，然后再进行球化退火。至于亚共析钢虽然也可以得到球状珠光体，但是非常困难，而且也不必要，因为它已经具有很好的切削性能。

(3) 等温退火　将钢件加热到 A_{c_3} 以上（对亚共析钢）或 A_{c_1} 以上（对共析钢和过共析钢）30℃～50℃，保温后较快地冷却到稍低于 A_{r_1} 的温度，进行等温保温，使奥氏体转变成珠光体，转变结束后，取出钢件在空气中冷却。等温退火与完全退火目的相同，但可将整个退火时间缩短大约一半，而且所获得更为均匀的组织和硬度。

等温退火主要用于奥氏体比较稳定的合金工具钢和高合金钢等。

(4) 去应力退火　将钢件随炉缓慢加热(100℃/h～150℃/h)至 500℃～650℃，保温一定时间后，随炉缓慢冷却(50℃/h～100℃/h)至 300℃～200℃以下再出炉空冷，称为去应力退火。

去应力退火又称低温退火，主要用于消除铸件、锻件、焊接件、冷冲压件及机加工件中的残余应力，以稳定尺寸、减少变形，钢件在低温退火过程中无组织变化。

(5) 再结晶退火　将钢件加热到再结晶温度以上 150℃～250℃，即 650℃～750℃范围内，保温后炉冷，通过再结晶使钢材的塑性恢复到冷变形以前的状况。这种退火也是一种低温退火，用于处理冷轧、冷拉、冷压等产生加工硬化的钢材。

(6) 扩散退火　扩散退火又称均匀化退火，主要用于合金钢铸锭和铸件，以消除枝晶偏析，使成分均匀化。

扩散退火是把铸锭或铸件加热到 A_{c_3} 以上 150℃～200℃（一般为 1000℃～1200℃），长时间保温后随炉冷却。由于退火时间长，零件烧损严重，能量耗费很大，因此主要用于质量要求高的优质高合金铸锭和铸件的退火。

因为温度高、时间长，扩散退火后晶粒剧烈长大，所以还要经过一次完全退火或正火来细化晶粒。

二、钢的正火

正火是将亚共析钢加热到 A_{c_3} 以上 30℃～50℃、过共析钢加热到 $A_{c_{cm}}$ 以上 30℃～50℃，保温一定时间后在空气中冷却的热处理工艺方法。正火与退火主要区别是正火冷却速度较快，所获得的组织较细，强度和硬度较高。

正火的主要应用有：

① 对于机械性能要求不高的普通结构零件，正火可细化晶粒、提高机械性能，可作为最终热处理。

② 对于低中碳结构钢，正火作为预先热处理，可获得合适的硬度，有利于切削加工。

③ 对于过共析钢，正火可以抑制或消除网状二次渗碳体的形成。因为在空气中冷却速度较快，二次渗碳体不能像退火时那样沿晶界完全析出形成连续网状，这样有利于球化退火。

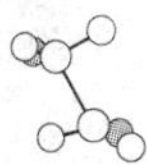

④ 正火比退火生产周期短，节省能源，所以低碳钢多采用正火而不采用退火。

三、钢的淬火

将钢加热到 A_{c_3}（亚共析钢）或 A_{c_1}（共析或过共析钢）以上 30℃～50℃，保温一定时间使其奥氏体化，然后在冷却介质中迅速冷却的热处理工艺称为淬火。淬火的主要目的是得到马氏体（个别情况下得到贝氏体）组织，提高钢的硬度和耐磨性，例如各种工具、模具、量具、滚动轴承等都需要通过淬火来提高硬度和耐磨性。

1. 淬火加热温度

碳钢的淬火加热温度可利用 Fe—Fe_3C 相图来选择。对于亚共析碳钢，适宜的淬火温度为 A_{c_3} 以上 30℃～50℃（如图 4－12 所示），淬火后获得均匀细小的马氏体组织（如图 4－13所示），如果加热温度过低（小于 A_{c_3}），则在淬火组织中将出现大块未溶铁素体，使淬火组织出现软点，造成淬火硬度不足。

对于共析碳钢和过共析碳钢，适宜的淬火温度为 A_{c_1} 以上 30℃～50℃，淬火后的组织为马氏体和粒状二次渗碳体（如图 4－14 所示），可提高钢的耐磨性。如果加热温度超过 A_{cm}，不仅会得到粗片状马氏体组织，脆性极大，而且由于奥氏体碳含量过高，使淬火钢中残留奥氏体量增加，会降低钢的硬度和耐磨性。

对于合金钢的淬火加热温度亦可参照其临界点的温度，用类似的方法来确定。但需指出，由于大多数合金元素阻碍奥氏体晶粒长大，所以淬火温度允许比碳钢稍微高一些，这样可使合金元素充分溶解和均匀化，以取得较好的淬火效果。

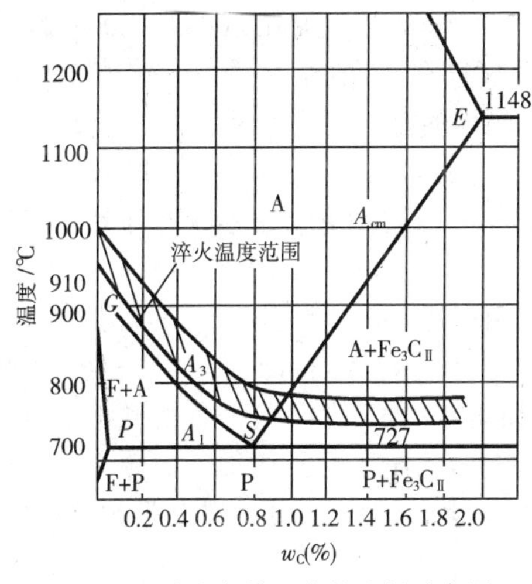

图 4－12 淬火加热温度的选择示意图

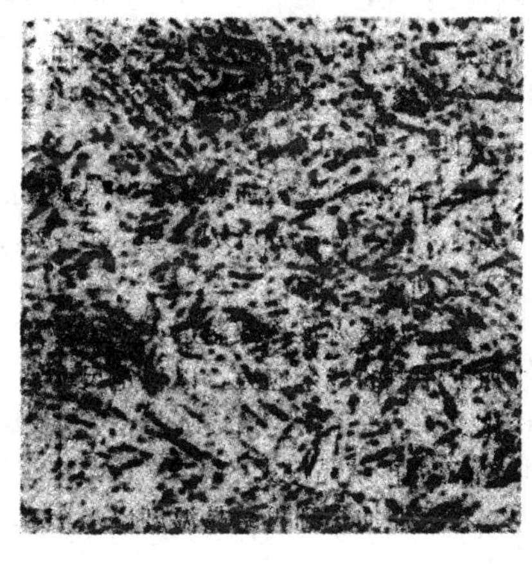

图 4－13 亚共析钢（45 钢）正常淬火组织

2. 淬火冷却介质

淬火时要得到马氏体，淬火的冷却速度必须大于临界冷却速度。但根据碳钢的奥氏体等温转变曲线可知，要获得马氏体组织，并不需要在整个冷却过程中都进行快速冷却，关键是在过冷奥氏体最不稳定的 C 曲线鼻尖附近，即在 650℃～400℃ 的温度范围内要尽快冷却，650℃以上及 400℃以下，并不需要快速冷却，300℃～200℃以下发生马氏体转变时，尤其不应该快速冷却，否则会因工件截面内外温差引起的热应力及组织转变应力共同作用，使工件产生变形和裂纹，因此，理想的淬火冷却速度应如图 4－15 所示。

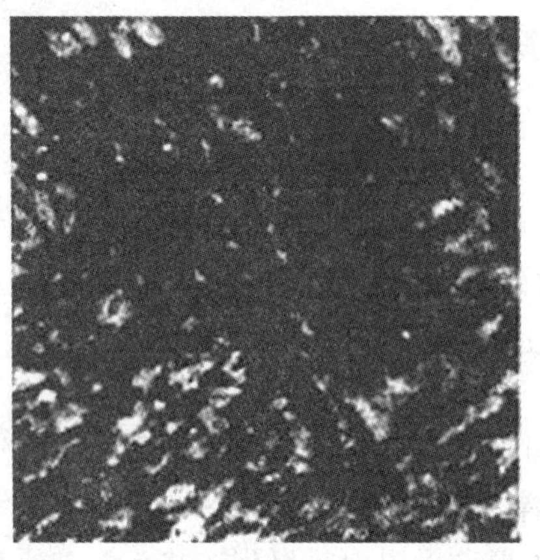

图 4-14 过共析钢(T12)正常淬火组织

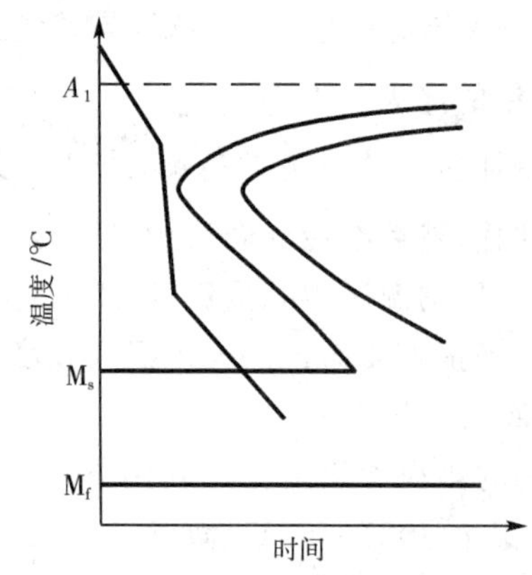

图 4-15 理想淬火冷却曲线示意图

淬火常用的冷却介质是水、盐水、油等。水在 650℃～400℃范围内具有很大的冷却能力(大于 600℃/s),这对奥氏体稳定性较小的碳钢的淬硬非常有利,特别是用浓度(质量分数)为 10%～15%的盐水淬火,更能增加碳钢在 650℃～400℃范围内的冷却能力,但因盐水和清水一样,在 300℃～200℃的范围内因冷速仍然很大,会产生很大的组织应力而造成工件严重变形或开裂。所以让工件在水中停留一定时间后应立即转入油中继续冷却,使马氏体相变在冷却能力比较弱的油中进行。在盐水中停留的时间一般以 4～6mm/s 计算。盐水适用于形状简单、硬度要求高而均匀、表面要求光洁、变形要求不严格的碳钢零件,如螺钉、销钉等。

淬火用油几乎全部为矿物油(如机油、变压器油、柴油等),油在 300℃～200℃范围内冷却速度远小于水,这对减小淬火工件的变形和开裂很有利,但在 650℃～400℃范围内冷却速度比水小得多,因此多用于过冷奥氏体稳定性较大的合金钢的淬火。

3. 常用淬火方法

(1) 单液淬火法　是将奥氏体化后的工件放入一种淬火介质中连续冷却到室温的淬火方法,如图 4-16a 所示。这种方法虽然有容易变形、开裂的缺点,但它的操作简单,容易实现机械化、自动化,适用于形状简单的工件,故应用广泛。

(2) 双液淬火法　是将奥氏体化后的工件先在水中淬火,待冷到 300℃～400℃时取出放入冷却能力较弱的油中冷却,称为双液淬火(如图 4-16b 所示)。这个方法的优点是高温冷却快,使奥氏体不转变为珠光体;在低温冷却较慢,减小了马氏体转变的应力。但在第一种冷却介质中停留的时间不易掌握,对操作者技术要求较高。对于形状复杂的碳钢件,为了防止开裂和减小变形,适宜采用双液淬火。

(3) 分级淬火(热浴淬火)法　是把奥氏体化后的工件放入稍高(或稍低)于 M_s 的盐槽或碱槽中 (150℃～260℃),保温一定时间,使表面和心部的温度均匀,大大减少温差应力,然后取出空冷(如图 4-16c 所示)。保温时要避免奥氏体分解。这种方法的优点是应力小,变形轻微;但由于盐浴或碱浴冷却能力不够大,只适宜形状复杂的小零件。

(4) 等温淬火法　对一些形状复杂,而又要求较高硬度或强度与韧性相结合的工具、模具或机器零件,可进行等温淬火以得到下贝氏体组织。其方法是将奥氏体化后的工件放入温度高于 M_s 点(260℃～400℃)的盐槽或碱槽中,保温使其发生下贝氏体转变后在空气中冷却(如图 4-16d 所示)。这种方法也只应用于尺寸要求精确、形状复杂、且要求有较高韧

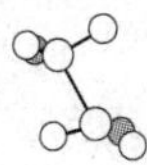

性的小型工件和工模具。例如，螺丝刀（T7钢制造），原用淬火+低温回火工艺，其硬度高于55HRC，因韧性不够，使用时扭到10°左右就脆断了。后来采用等温淬火，硬度仍达55～58HRC，但由于强韧性和塑性都较好，故扭到90°还不断裂。

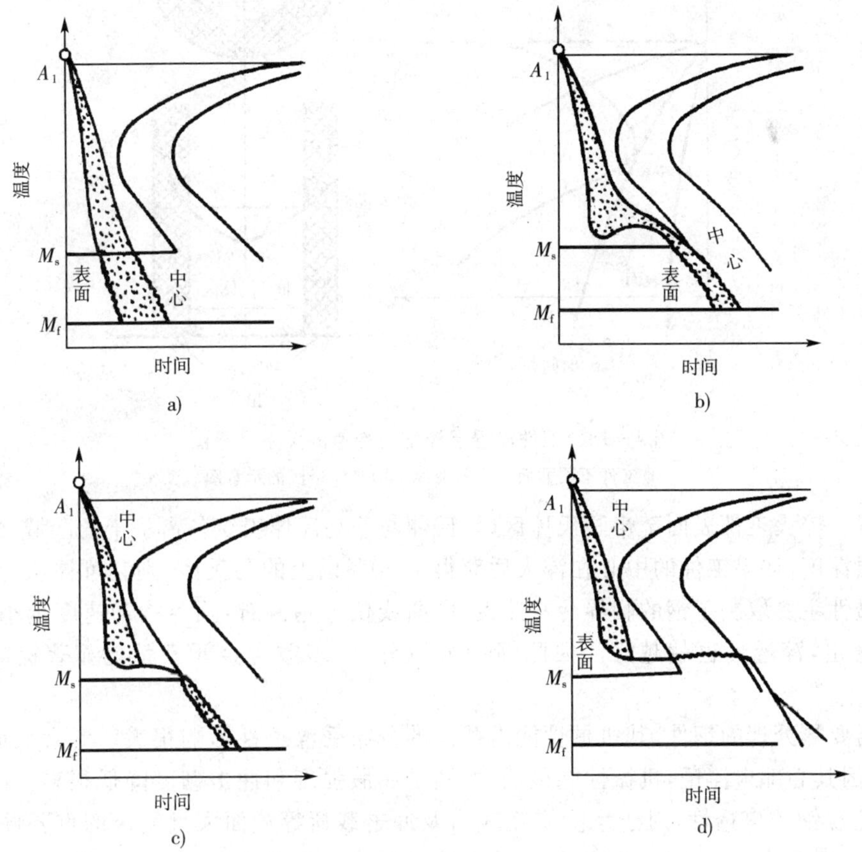

图4-16 常用淬火方法示意图

a)单液淬火 b)双液淬火 c)分级淬火 d)等温淬火

(5) 局部淬火法 对某些零件，如果只是在某些部位要求高硬度，可进行局部加热和淬火，以避免其他部分产生变形和裂纹。图4-17为卡规的局部淬火法（直径在60mm以上的较大卡规）。

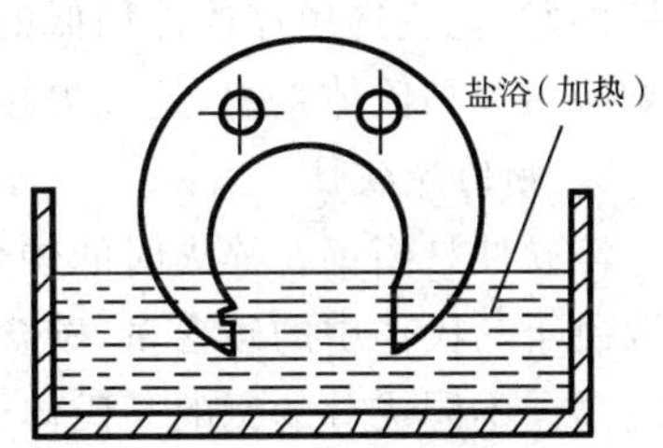

图4-17 卡规的局部淬火法

4. 钢的淬透性

淬透性是指钢在规定条件下淬火时获得马氏体组织的能力或获得淬硬层深度的能力，它是钢的主要热处理工艺性能之一。

淬火时，同一工件表面和心部的冷却速度不同。表面冷却速度最快，越靠心部冷却速度越慢，如图4-18a所示。冷却速度大于v_k的表层将获得马氏体组织，而心部则得到非马氏体组织，如图4-18b所示，这时工件未被淬透。若工件截面较小，工件表层和心部均可获得马氏体组织，则整个工件已被淬透。

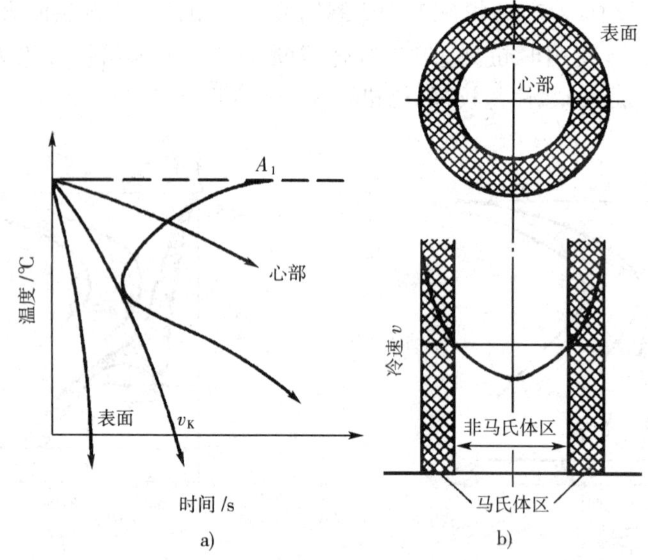

图 4－18　工件淬透层深度与冷速的关系示意图

a)工件不同截面的冷却曲线　b)未淬透区的示意图

通常将淬火工件表面至半马氏体区(马氏体与非马氏体组织各占一半的区域)的距离作为淬透层深度,如果工件的中心在淬火后获得了50%以上的马氏体,则它可被认为已淬透。钢的淬透性主要取决于钢的临界冷却速度,C曲线位置越偏右,临界冷却速度越小,过冷奥氏体越稳定,淬透性也就越好。因此,除Co以外,大多数合金元素都能显著提高钢的淬透性。

对需要热处理的钢件,其机械性能沿截面的分布受淬透性影响很大。对大截面低淬透性工件,因其心部未淬透,机械性能很低,尤其是屈服强度和冲击韧度降低很多。因此在选材时应注意钢的淬透性,对于承受交变应力及冲击载荷等截面大且复杂的重要件,例如连杆、模具和板簧等零件,若要求淬透,应选用淬透性好的材料。而对于承受交变弯曲、扭转、冲击载荷或局部磨损的轴类、齿轮类、活塞销、转向节等零件,若要求表面淬硬且耐磨,而内部韧性好,就应选用淬透性稍低的材料。但焊接结构件则应选用不易淬火的材料,以防止热影响区出现马氏体组织,造成焊接件变形或开裂。

5. 钢的淬硬性

淬硬性是指钢在淬火时的硬化能力,常用淬火后马氏体所能达到的最高硬度表示,它主要取决于马氏体中的碳含量,碳含量越高则相应的马氏体越硬,完全淬火状态钢件的硬度也就越高。不同成分的钢的马氏体硬度主要取决于钢的碳含量。

四、钢的回火

工件经淬火后,一般都要进行回火。回火是将淬火工件重新加热至 A_1 点以下的预定温度,保持一定时间,然后以一定速度冷却到室温,这种热处理工艺称为回火。回火是紧接着淬火之后进行的一道热处理工序。这是因为淬火后得到的马氏体性能很脆(低碳马氏体除外),并存在很大的内应力,如不及时回火,时间久了有可能使工件发生变形或开裂。再者淬火组织中的马氏体和残余奥氏体都是不稳定的组织,如不回火会在日后使用中发生组织转变而引起工件尺寸变化,因此,回火是钢淬火后不可缺少的一个重要工序。

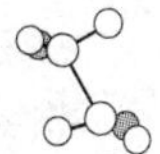

1. 回火目的

(1) 降低零件脆性，消除或降低内应力　淬火获得的马氏体组织脆而且内应力大，如果在室温放置，由于内应力的重新分布常导致零件变形、开裂。因此，零件淬火后一般都要进行回火消除应力，提高韧性。

(2) 获得所要求的机械性能　通过调整回火温度，可获得不同硬度、强度和韧性，以满足所要求的机械性能。

(3) 稳定尺寸　淬火马氏体和残余奥氏体都是不稳定组织，会自发地向稳定的铁素体和渗碳体转变，从而引起尺寸变化。回火可使组织稳定，使零件在使用过程中不再发生尺寸变化。

(4) 改善加工性　对退火难以软化的某些合金钢，在淬火或正火后采用高温回火，使钢中碳化物聚集，降低硬度，以提高切削加工性。

2. 淬火钢回火时的组织变化

淬火钢中的马氏体及残余奥氏体都是不稳定的组织，具有向稳定组织转变的自发倾向。但在室温下，这种转变进行得十分缓慢，通过回火加热和保温将促使这种转变的进行。按回火温度的不同，回火时的组织转变分为四个阶段：

① 第一阶段是马氏体的分解(100℃～250℃)。在温度100℃以下回火时，淬火钢组织没有发生明显的转变，此时只发生马氏体中的过饱和碳原子在小范围内的偏聚，而没有开始分解。当温度升高到(100～200)℃时，原子活动能力加强，马氏体中的过饱和碳原子沉淀析出非常细小、高度分散的ε碳化物 Fe_xC，马氏体中碳的过饱和程序降低，晶格畸变减弱，正方度减少，内应力有所下降。析出的ε碳化物不是一个平衡相，而是向 Fe_3C 转变前的一个过渡相。这种由过饱程度较低的马氏体和极细的ε碳化物所组成的组织，称为回火马氏体。因它较淬火马氏体易腐蚀，故显微组织为暗黑色。马氏体这一分解过程一直进行到约350℃。

对于低碳钢板条马氏体，在这一阶段不析出ε碳化物，只发生原子在位错附近偏聚，原因是发生碳原子偏聚的能量低于析出ε碳化物的能量。

② 第二阶段是残余奥氏体的转变(200℃～300℃)。当温度超过200℃时，马氏体继续分解，同时，残余奥氏体也开始分解，转变为下贝氏体(过饱和的α+ε碳化物)，其组织与同温度下马氏体的分解产物一样，即为回火马氏体。到300℃，残余奥氏体的分解基本结束。

③ 第三阶段。渗碳体的形成(250℃～400℃)是当温度超过250℃时，从过饱和固溶体中析出的亚稳定的ε碳化物逐渐转变为微细条状的渗碳体(Fe_3C)。α固溶体中的过饱和的碳继续析出，到400℃时，α固溶体中的碳化物接近平衡成分，即基本上回复到体心立方晶格的铁素体，淬火的内应力也进一步消除。但其显微组织仍然保持马氏体的形态(针片状)，即这时钢的组织为针片状的铁素体和高度弥散的细条状的渗碳体的混合物，这种组织称为回火屈氏体。回火屈氏体具有高的弹性极限。

④ 第四阶段是渗碳体的聚集长大和α相的回复与再结晶(大于400℃)。当温度高于400℃时，微细条状的 Fe_3C 逐渐聚集长大，变为细小的粒状的 Fe_3C。铁素体也逐渐回复，位错密度显著下降。当温度升高到600℃以上时，铁素体发生再结晶，由针片状逐渐消失变为等轴晶粒，钢的淬火内应力完全消除，强度下降，韧性上升。这时钢的组织为等轴铁素体和均匀分布的粒状渗碳体的混合物，称为回火索氏体(多边形铁素体和粗粒状渗碳体的机械混

合物)。

综上所述,淬火钢随着回火温度的升高,马氏体的碳化物、残余奥氏体量、内应力及渗碳体尺寸都会发生变化。

3. 淬火钢回火时的性能变化

淬火钢回火时的组织变化,必然导致性能的变化。从图 4-19 可见,各种碳钢在 200℃以下回火时,硬度变化不大,仍保持淬火马氏体的高硬度。但共析钢,过共析钢的硬度略有升高;这是因为它们析出的 ε 碳化物数量较多,弥散强化效果较大的原因。200℃~300℃回火时,一方面由于马氏体的分解造成硬度降低,另一方面由于残余奥氏体转变为下贝氏体,造成硬度的增加,两者共同作用的结果,硬度降低不大。当回火温度继续升高时,钢的硬度很快下降。碳钢通常回火温度每升高 100℃,硬度约下降 10HRC。40 钢的机械性能随回火温度变化的规律如图 4-20 所示。图中看出,回火温度高于 250℃以后,σ_b、$\sigma_{0.2}$随着回火温度的升高而降低,但塑性增加,约到 600℃时,塑性达到最大值。而淬火钢的韧性在250℃~350℃回火时,冲击韧度明显下降,出现脆性,这种现象称为低温回火脆性。为防止低温回火脆性,一般不在该温度范围内回火,或改用等温淬火。

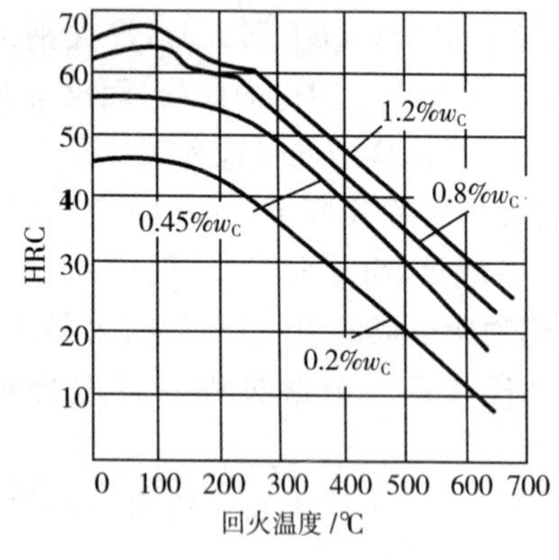

图 4-19 淬火钢回火时的硬度变化

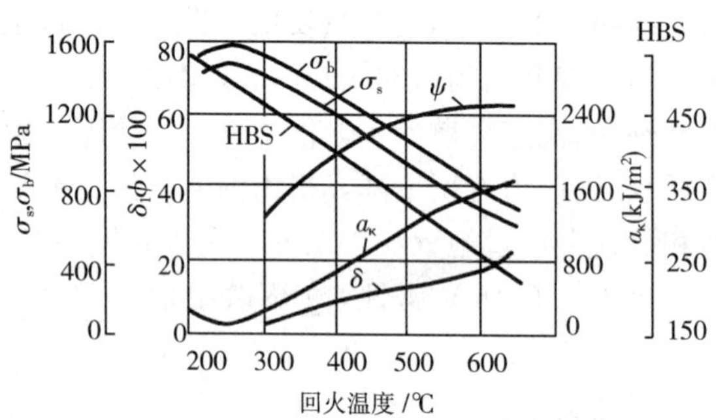

图 4-20 淬火 40 钢回火时机械性能的变化

4. 回火的种类和应用

根据工件的不同性能要求,按其回火温度的范围,可将回火大致分为以下三种:

① 低温回火(150℃~250℃)。这种回火主要是为了降低淬火钢的内应力和脆性,保持淬火马氏体的高硬度和高耐磨性。对中高碳钢工具、冷作模具、滚动轴承、渗碳或表面淬火零件,经常采用低温回火。低温回火后的组织为回火马氏体。当马氏体中的碳化物大于1.0%时,回火马氏体形态为片状;硬度可达 58~64HRC。而碳化物小于 0.2%时,回火马氏体保持板条状;碳化物为 0.2~1.0 时,回火马氏体为板条状或片条状。

②中温回火(350℃~500℃)。中温回火所得到的组织为回火屈氏体(或托氏体),硬度为 35~45HRC。中温回火的显微组织如图 4-21 所示。中温回火后具有高的弹性极限和屈服强度,同时有较好的韧性,故主要用弹簧、弹簧夹头及某些强度要求较高的零件,如枪械击针、刃杆、销钉、板手、螺丝刀等。

③ 高温回火(500℃~600℃)。高温回火所得的组织为回火索氏体,它的渗碳体颗粒比回火屈氏体粗,如图 4-22 所示。

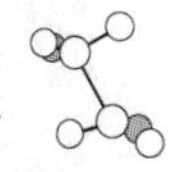

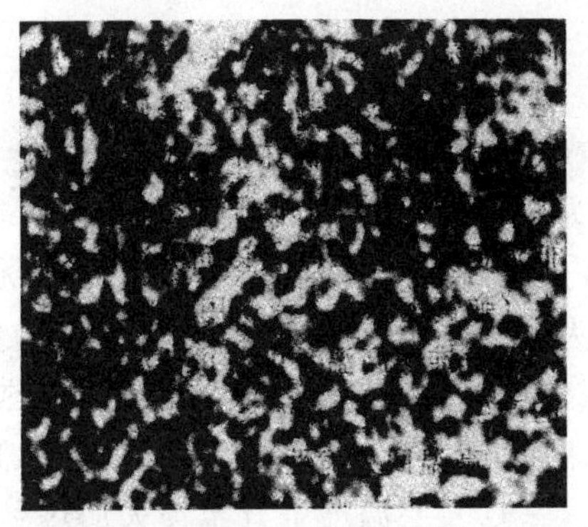

图 4－21　钢淬火中温回火显微组织(回火屈氏体)

图 4－22　钢淬火高温回火显微组织(回火索氏体)

高温回火的钢件具有强度、塑性、韧性都较好的综合机械性能。生产中常把“淬火＋高温回火”称为调质处理。调质处理后的机械性能(强度、韧性)比相同硬度的正火好,这是因为前者的渗碳体呈颗粒状,后者为片状。调质处理后的硬度与高温回火的温度、钢的回火稳定性及工件截面尺寸有关,一般为 25～35HRC。

调质处理主要用于各种重要的结构零件,特别是在交变载荷下工作的连杆、连接螺栓、齿轮及轴类零件。调质处理还可作为某些精密零件(如精密量具、模具等)的预先热处理,以减少最终热处理(淬火)时的变形。

有人误认为,回火温度较低,又没有相变,在热处理中是一个不重要的工序。实际上,回火具有如下重要意义:

① 回火后的组织是零件使用时的组织,决定了零件的使用性能。

② 通过回火可以调整强度,使其与韧性良好配合,而且能消除应力,防止开裂。除此以外,回火时还可防止回火脆性。

但是必须指出,粒状渗碳体调质组织,只有在完全淬透得到马氏体组织的条件下才能经调质得到。相比之下,正火工艺简单、经济。因此,在零件性能要求不很高,或零件过大和形状复杂的情况下,还是采用正火处理。

对飞机和航天工业,为了减少零件变形,简化最终热处理操作,通常采用等温淬火来代替调质,并可获得优良性能。

除以上三种常用回火方法外,对某些精密的工件,为了保持淬火后的高硬度及尺寸的稳定性,常进行低温(100℃～150℃)长时间(10～50h)保温的回火,称为时效处理。

第三节　钢的表面热处理

有些零件的工作表面要求具有高的硬度和耐磨性,而心部又要求有足够的韧性和塑性,如汽车、拖拉机的传动齿轮、凸轮轴和曲轴等,多需要采用表面热处理。

一、钢的表面淬火

表面淬火是将钢件表层快速加热至奥氏体化温度,就立即予以快速冷却,使表层获得硬而耐磨的马氏体组织,而心部仍保持原来塑性和韧性较好的退火、正火或调质状态组织的一种局部淬火工艺。按其加热方式不同,可分为感应加热表面淬火、火焰加热表面淬火和激光加热表面淬火等。

1. 感应加热表面淬火

(1) 感应加热表面淬火原理　当工件放入感应器(用空心铜管绕成,管内通入冷却水)内,感应器内通入的中频或高频电流(频率一般为 50～300000Hz)产生交变磁场,于是工件中就产生同频率的感应电流,这种感应电流的特点是,在工件截面上分布不均匀,心部的电流几乎为零,而表面电流密度极大,这种现象称为集肤效应。频率愈高,电流密度愈大的表面层愈薄。由于钢本身具有电阻,因而集中于工件表面的电流可使表层迅速被加热,在几秒钟内即可使温度上升至 800℃～1000℃,而心部温度仍接近室温。图 4-23 表示工件与感应器的工作位置及工件截面上电流密度的分布。一旦表层温度上升至淬火加热温度,便立即喷水冷却(合金钢浸油淬火),使工件表层淬硬。

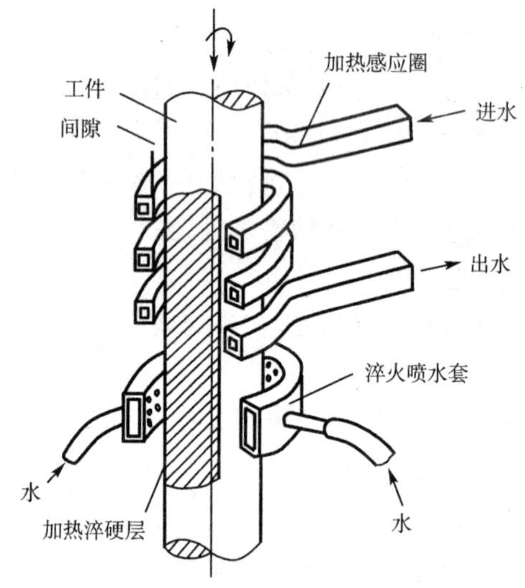

图 4-23　感应加热表面淬火示意图

(2) 分类及应用特点　按照电源频率不同,可将感应加热表面淬火分为高频淬火、中频淬火和工频淬火。其中高频淬火法应用最广,其生产率高,加热温度和淬硬层厚度容易控制,淬火组织细小,淬火后硬度比普通淬火高 2～3HRC;淬硬层脆性低,疲劳强度可提高 20%～30%;工件表面不易氧化脱碳,且变形也小;但设备维修、调整较难,形状复杂件感应圈不易制造,且不适宜于单件生产。

高频淬火的频率为 200～300kHz,淬硬层深度为 0.5～2mm,适用于要求淬硬层较薄的中、小型轴类及齿轮类等零件的表面淬火;中频淬火的频率为 2500～8000Hz,淬硬层深度为 2～10mm,适用于直径较大的轴和大、中模数齿轮等的处理;工频淬火的频率为 50Hz,淬硬层深度可达 10～20mm,适用于大型工件如轧辊、或车轮等表面淬火。

(3) 应用范围　感应加热表面淬火适用于碳含量为 0.4%～0.5%的中碳结构钢或中碳低合金结构钢,如 40 钢、45 钢、40Cr、40MnB 等,也可用于高碳工具钢和铸铁件等。一般零件的淬硬层深度为半径的 1/10 左右时,可得到强度、耐疲劳性和韧性的最好配合。对于小直径(10～20mm)零件的淬硬层深度可达半径的 1/5,而截面较大的零件则可取较浅的淬硬层深度,即小于半径的 1/10 以下。

感应加热表面淬火件合理的工艺路线是正火(或调质)——表面淬火——低温回火,以

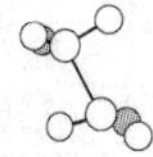

保证表层具有较高的硬度、较小的淬火应力和脆性而其心部具有高的强韧性。

2. 火焰加热表面淬火

利用乙炔—氧火焰(最高温度3200℃)或煤气—氧火焰(最高温度2000℃)对工件表面进行快速加热,并随即喷水冷却的表面淬火方法,如图4-24所示。其淬硬层深度一般为2～6mm。适用于单件小批量及大型轴类、大模数齿轮等的表面淬火。使用设备简单、成本低、灵活性大,但温度不易控制,工件表面易过热,淬火质量不够稳定。

3. 激光加热表面淬火

利用激光束扫描工件表面,使工件表面迅速加热到钢的临界点以上,当激光束离开工件表面时,由于基体金属大量吸热,使表面获得急速冷却而硬化,无需冷却介质。其淬硬层深度为0.3～0.5mm,淬火后可获得极细的马氏体组织,硬度高且耐磨性好。其耐磨性比普通淬火加低温回火提高50%,能对复杂形状的工件拐角、沟槽、盲孔底部或深孔侧壁等进行硬化处理。

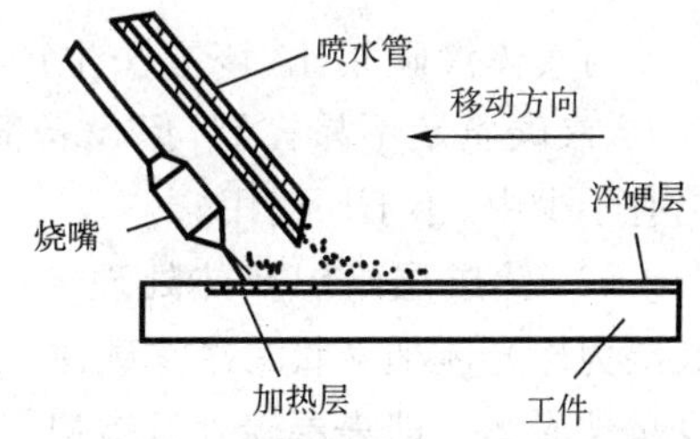

图4-24 火焰加热表面淬火示意图

二、钢的化学热处理

化学热处理是将工件置于特定介质中加热和保温,使介质中的活性原子渗入工件表层,以改变表层化学成分和组织,从而达到使工件表层具有某些特殊机械性能或物理化学性能的一种热处理工艺。与表面淬火相比,化学热处理的主要特点是:表面层不仅有化学成分的变化,而且还有组织的变化。按照渗入元素的不同,化学热处理有渗碳、渗氮、碳氮共渗、渗硼、渗硫、渗金属等。目前,在机器制造业中最常见的化学热处理是渗碳、渗氮、碳氮共渗。

各种化学热处理都是依靠介质元素的原子向工件内部扩散来进行,在零件加热到一定温度后,都要进行以下3个过程:

① 有介质分解出渗入元素的活性原子。

② 工件表面吸收活性原子,进入晶格内形成固溶体或形成化合物。

③ 在一定温度下由表面向内部扩散,形成一定厚度的扩散层。

1. 渗碳

渗碳是向低碳钢或低合金钢表面渗入碳原子的过程,可以在气体介质、固体介质或液体介质中进行,渗后再进行淬火和低温回火。此热处理工艺使工件表面具有高的硬度和耐磨性,适用于承受较大冲击载荷和严重磨损条件下工作的零件。

按照使用的渗剂不同,渗碳法可分为气体渗碳、固体渗碳、液体渗碳等。常用的是前两种,尤其是气体渗碳。

(1) 气体渗碳　是将工件置于密闭的炉膛中加热到900℃～950℃时,向炉内通入气体渗碳剂(如煤油或甲醇加丙酮等),渗碳剂在高温下裂解,并通过以下反应生成活性碳原子,其反应式为

$$CH_4 \longrightarrow 2H_2 + [C]$$

$$2CO \longrightarrow CO_2 + [C]$$

$$CO + H_2 \longrightarrow H_2O + [C]$$

活性碳原子向工件表层扩散，形成一定深度的渗碳层(如图4-25所示)。渗碳速度一般为0.2～0.5mm/h，渗碳工件表层至0.5～2.0mm范围内的碳含量可提高到0.85%～1.05%。

(2) 固体渗碳　使用固体渗碳剂木炭与催渗剂碳酸盐($BaCO_3$)或(Na_2CO_3)的混合物埋住工件并封好，加热至900℃～950C，经保温分解出活性碳原子被吸收、溶入钢件表面的奥氏体，其反应式为

$$BaCO_3 \longrightarrow BaO + CO_2$$

$$C + CO_2 \longrightarrow 2CO$$

$$2CO \longrightarrow CO_2 + [C]$$

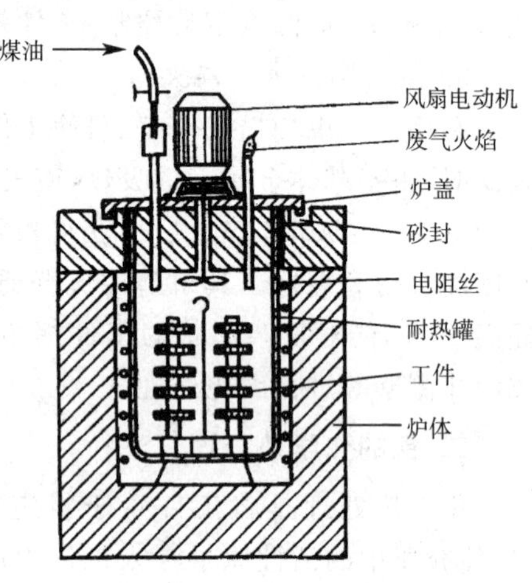

图4-25　气体渗碳炉示意图

与气体渗碳相比，该方法生产效率低、劳动条件差、渗碳质量不易控制，但设备简单，操作容易，仍有不少中、小工厂使用。

(3) 渗碳层组织及热处理　工件渗碳后空冷表层为珠光体加网状二次渗碳体，心部为铁素体加少量珠光体。即表层碳含量增加变成了高碳钢，心部仍为低碳钢。渗碳层厚度一般为0.5～2.0mm，太薄易疲劳剥落，太厚不耐冲击。渗碳后可采用直接淬火，即将工件以渗碳后温度预冷到略高于心部A_{r_3}某一温度，立即放入水或油中，适用于性能要求不高的工件。渗碳后也可采用一次淬火法，即将工件渗碳后先空冷，然后再重新加热淬火。对于心部性能要求较高的工件，淬火温度取略高于钢的A_{c_3}以上温度。

渗碳件淬火后，都应进行低温回火，回火温度一般为150℃～200℃。经淬火低温回火后，普通低碳钢15、20钢表层为细小片状回火马氏体和少量渗碳体，硬度达58～64HRC，耐磨性很好；心部为铁素体和珠光体，硬度为10～15HRC；而对于某些低碳合金钢如20CrMnTi，心部由回火低碳马氏体及铁素体组成，硬度为35～45HRC，并具有较高的强度及足够的韧性和塑性。

一般渗碳件的工艺路线为：

锻造⟶正火⟶切削加工⟶渗碳⟶淬火＋低温回火⟶精加工

（渗碳↓）去碳切削加工⟶淬火＋低温回火（↑精加工）

2. 渗氮

渗氮是把氮原子渗入钢件表面的过程，俗称氮化。渗氮后可显著提高零件表面硬度和耐磨性，并能提高其疲劳强度和耐蚀性，渗氮前需调质及精加工，为减小零件在渗氮处理中的变形，精加工后需进行消除应力的高温回火。按使用设备不同渗氮可分为气体渗氮和离子渗氮。

(1) 气体渗氮　是将氨气通入井式炉中加热，使氨气分解出活性氮原子($2NH_3 = 3H_2 + 2[N]$)，氮原子在500℃～570℃的温度下，保温20～50h，被钢件表面吸收并溶入铁素体中向内层扩散，形成富氮硬化层，渗氮层深度为0.3～0.5mm，一般不超过0.6～0.7mm。

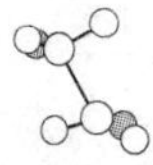

和渗碳相比，渗氮层有高的硬度、耐磨性和高的疲劳强度，专用渗氮钢如38CrMoAl、35CrMo、40Cr等渗氮后硬度可达72HRC，在600℃～650℃的温度下仍能保持较高的硬度(约65HRC)。此外，渗氮温度低于渗碳温度，没有相变，工件变形小，但渗氮时间长，效率低。渗氮层薄且脆不能承受冲击，主要用于耐磨性和精度要求很高的镗床主轴、精密传动齿轮、压铸模、冷挤压模、热挤压模等。

渗氮零件的工艺路线为：

锻造⟶退火⟶粗加工⟶调质处理⟶精加工⟶除应力⟶粗磨

粗磨↓渗氮⟶精磨或研磨

(2) 离子渗氮　是将氮气或氮、氢混合气体通入真空度为133.3～11333.2Pa(常用266.6～800.0Pa)的真空容器内，以真空容器为阳极，工件为阴极，两极间加400～1100V直流电压，使含氮的稀薄气体电离，并使氮正离子高速冲击工件表面，在500℃～570℃的渗氮温度下渗入工件并向内扩散成氮化层。

离子渗氮处理时间短(为气体渗氮的1/2～1/5)，渗氮层深度0.3～0.5mm，无脆性层、变形小，但生产成本高，复杂件或截面差别大的件很难同时达到同一硬度和渗层深度。主要用于IT6～IT7级精度以上的单件或小批量精密模具，如铝型材挤压模等。

3. 气体碳氮共渗

气体碳氮共渗又称氰化，是碳、氮原子同时渗入工件表面的一种化学热处理工艺。它兼有渗碳和渗氮的双重作用。目前应用较广的是中温气体碳氮共渗法和低温气体氮碳共渗法。前者渗碳为主，后者渗氮为主。

(1) 中温气体碳氮共渗法　中温气体碳氮共渗法以渗碳为主，使用的介质是煤油和氨气，也有使用三乙醇胺、甲酰胺和甲醇＋尿素等作为渗剂进行碳氮共渗。共渗温度为820℃～860℃，渗层深度一般为0.3～0.8mm。共渗时气体中含有一定量的氮和碳，碳的渗入速度比相同温度下渗氮的速度快，保温1～2h后渗层深度即达0.2～0.5mm，并且在相同的温度和时间条件下，气体碳氮共渗层要厚于渗碳层。所用材料为低碳钢或低碳合金钢(如20钢、20Cr、20CrMnTi)等。

与渗碳一样，中温气体碳氮共渗后需进行淬火和低温回火，共渗层得到细片状回火马氏体、适量的粒状碳氮化合物和少量的残留奥氏体。共渗层比渗碳层具有更高的耐磨性、抗蚀性和疲劳强度，比渗氮层具有更高的抗压强度。主要用来处理低碳结构钢零件，如汽车、机床上的各类齿轮及轴类零件等。

(2) 低温气体氮碳共渗法　低温气体氮碳共渗以渗氮为主，使用尿素或甲酰胺等作渗剂，因其渗层硬度低于气体渗氮，又称"软氮化"。共渗温度为500℃～700℃，共渗时间为1～3h，渗层深度一般为0.1～0.4mm(渗层中铁氮化合物层深度仅为0.01～0.02mm)，硬度为570～680HBS。工件氮碳处理后，变形小，处理前后精度没有显著变化，具有耐磨、耐疲劳、抗咬合和抗擦伤等性能，氮化层硬而且有一定韧性，不易发生疲劳剥落。工件氮碳共渗后一般无需再经热处理即可直接使用。

气体氮碳共渗适用于碳素钢、合金钢、铸铁、粉末冶金等材料，用于处理模具、量具及耐磨件，使用效果良好。如3Cr2W8V压铸模氮碳共渗后使用寿命可提高3～5倍，高速钢刀具氮碳共渗后使用寿命可提高 20%～200%。

此外，生产中也使用液体碳氮共渗。

第四节 热处理新技术简介

一、可控气体热处理

钢件热处理时，由于炉内存在氧化性气体使其氧化与脱碳，严重降低表面质量。这种现象对高强度钢的断裂韧度也有很大影响。所以对重要的飞行器零件要采用无氧化加热，例如通入高纯度中性气体 N_2 和氩(Ar)等，或采用控制气体，以防止氧化和脱碳。

一般利用含碳的液体(甲醇、乙醇、丙酮等)，分解和裂化成一定碳势的控制气体，引入热处理炉内。所谓碳势，是指气体在加热时脱碳作用和渗碳作用逐渐保持平衡下钢的含碳量。例如，一种控制气体在一定温度下如果具有 0.4%碳势，则叫碳化物等于 0.4%的钢在此气体中加热就不会脱碳和氧化，但低于 0.4%的钢将会增碳到碳化物等于 0.4%，而高于 0.4%的钢也将会脱碳到碳化物等于 0.4%。因此，根据钢的含碳量控制碳势，就能起到保护作用，获得光亮表面。

若小批生产，可以采用涂料保护，它是以氧化铝、氧化硅、碳化硅和一些其他金属氧化物粉末混在一起的液态物质经调和而成，涂或喷到零件表面再行加热。在高温下涂料熔化覆盖在零件表面，保护零件不被氧化和脱碳。冷却后涂料自行脱离，零件表面光亮。

二、真空热处理

在环境压力低于大气压以下的减压空间中进行加热、保温的热处理工艺称为真空热处理。

1. 真空热处理的特点

(1) 防止金属氧化　工件只要在 10^{-1} Pa 的真空度下，金属的氧化速度就极慢，真空度在小于 1.33×10^{-2} Pa 的真空下加热金属，虽然都高于金属氧化物的分解压力，也可得到无氧化的光亮表面。

(2) 表面净化作用　金属表面在真空热处理时，如果炉内氧的分压小于氧化物分解压，金属表面氧化物分解，生成的氧气被真空泵排除，如果金属表面有油污被加热分解为氢气、水蒸气和二氧化碳等，也可被真空泵排出炉外，起到脱脂净化作用。

(3) 脱气作用　在真空热处理过程中，由于金属零件内外具有压差，溶解在金属中的气体会向金属表面进行扩散，并在表面脱附逸出。温度越高，脱气效果越好。

(4) 加热速度缓慢　工件在真空中主要依靠辐射方式进行传热，其加热速度比盐浴和炉气中慢，所以加热时间需要适当延长，降低了生产率。但工件截面温差小，工件变形比其他加热方式小。

2. 真空热处理工艺的应用

(1) 真空退火　金属在进行真空热处理时，既可避免氧化，又有脱气、脱脂等作用。所以真空退火用于钢、铜及其合金，以及与气体亲和力强的钛、钽、铌、锆等合金。

真空退火应用很广，例如硅钢片的真空退火可除去大部分气体和氮化物、硫化物等；可

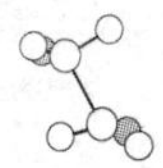

以消除内应力和晶格畸变;甚至可以提高磁感应强度。对于结构钢、碳素工具钢等零件采用真空退火,均可获得满意的光亮度。钛及钛合金进行真空退火,可以消除极易与钛产生反应的各种气体和挥发性有机物的危害,并可获得合金的光亮表面。

(2) 真空淬火 在真空中进行加热淬火工艺已广泛应用于各种钢材和钛、镍、钴基合金等,真空淬火后钢件硬度高且均匀,表面光洁,无氧化脱碳,变形小。在真空加热时的脱气作用还可以提高材料的强度、耐磨性、抗咬合性和疲劳强度,使工件寿命提高。例如模具经真空淬火后寿命可提高40%以上,搓丝板的寿命可提高4倍。淬火冷却时,对于淬透性小或截面较大的工件,应采用真空淬火油作为冷却介质,而对易淬透的零件可采用氮气淬火。

(3) 真空渗碳 工件在真空中加热并进行气体渗碳,称为真空渗碳。渗碳温度一般为1030℃~1050℃真空渗碳的渗碳层均匀,渗碳层碳浓度变化平缓。表面光洁,无反常组织及晶界氧化物,而且渗碳速度快,工作环境好,基本上没有污染。

渗碳过程由于在高温下时间较长,容易使钢材基体组织粗大。当渗碳扩散整个周期完成后,在惰性气体保护下冷却到 A_1 线以下,在重新加热到淬火温度,通过重结晶使晶粒细化后才进行淬火。

三、形变热处理

形变热处理又称热机械处理,是一种把塑性变形与热处理有机结合起来的新工艺,同时收到形变强化和相变强化的综合效果,因而能有效提高钢的机械性能。

形变热处理的方法有多种,通常是先把奥氏体塑性变形,然后立即进行冷却使其发生相变。典型的型变热处理工艺,可分为高温和低温两种。高温形变热处理是在奥氏体稳定区进行塑性变形,然后立即淬火,如图4-26a所示。这种热处理对钢的强度增加不大,只达10%~30%,但大大提高韧性,减小回火脆性,降低缺口敏感性,大幅度提高抗脆性能力。这种工艺多用于调质钢及加工量不大的锻件或轧材,如连杆、曲轴、弹簧、叶片等。共析钢在860℃~950℃加热并变形后,以65℃/s~85℃/s速度冷却,可以获得最细密的珠光体组织,除了能提高强度和塑性外,还能改善抗磨性和疲劳强度。此外,利用锻、轧余热进行淬火,还可简化工序,节约工时,降低成本。

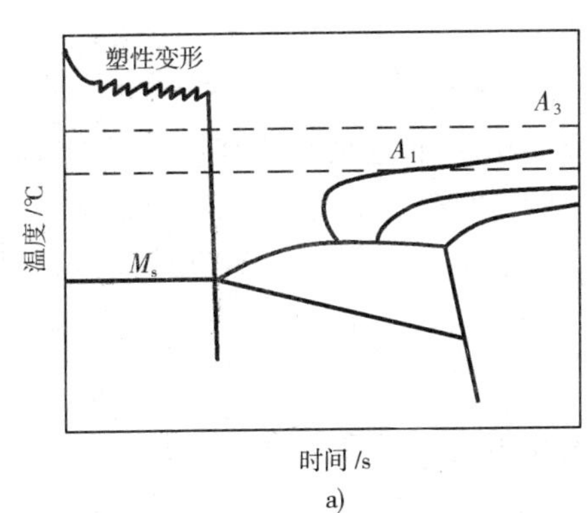

a)

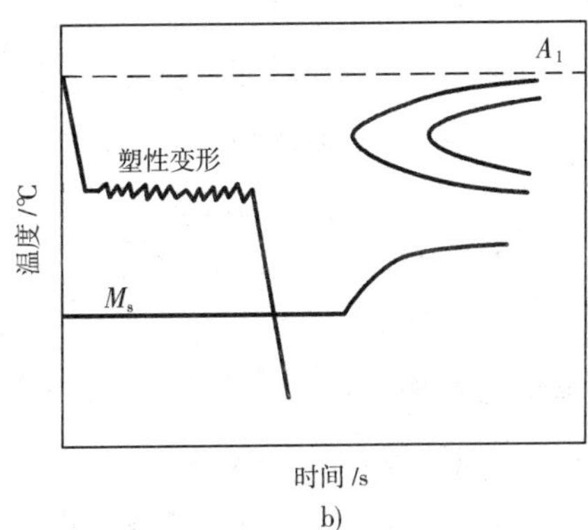

b)

图4-26 形变热处理工艺示意图

a)高温形变热处理 b)低温形变热处理

低温形变热处理是在过冷奥氏体孕育期最长的温度500℃~600℃之间进行大量塑性变形(70%~90%),然后淬火(如图4-26b所示),最后中温或低温回火。这种热处理可在保持塑性、韧性不降低的条件下，大幅度提高钢的强度和抗磨能力，主要用于要求强度极高的工件，如高速性钢刀具、弹簧、飞机起落架等。

近几年出现预形变热处理，并获得普遍应用。它与高温和低温形变热处理的区别，是使具有铁素体＋碳化物组织的钢预先冷变形，随后的热处理条件应使加工硬化引起的组织变化保存下来。这种形变热处理的强化效应是，冷加工硬化所产生的缺陷在中间回火和淬火及最终回火后保留下来，因回火稳定性比普通淬火后的钢高，回火后获得高的硬度和强度。

形变热处理能使钢材在保持一定塑性、韧性条件下明显地提高强度，所以已成功地应用于工业上。例如，在轧钢生产中应用控制轧制和控制冷却已成为我国轧钢技术改造和发展的方向之一，在许多大型或中型钢铁企业中应用，取得了很好的效益。钢材热轧后接着进行淬火(穿水冷却等)并回火(可利用余热)。能有效地提高板、管、带、线材的综合性能，有些高淬透性合金钢，在高速塑性变形并空冷后接着进行回火，可以提高综合机械性能。还有些锻件在高温奥氏体区锻造后立即淬火回火，不仅改善其综合性能，还避免了重新加热及其所带来的缺陷。

四、流动化热处理

流动化热处理在国外又称蓝热，其原理如图 4－27 所示。隔板只能通过气体，不能通过粉末。在隔板上撒一层 AL_2O_3 或 Zr 砂粉，并从底部送入气体，粉末就像气体一样流动。

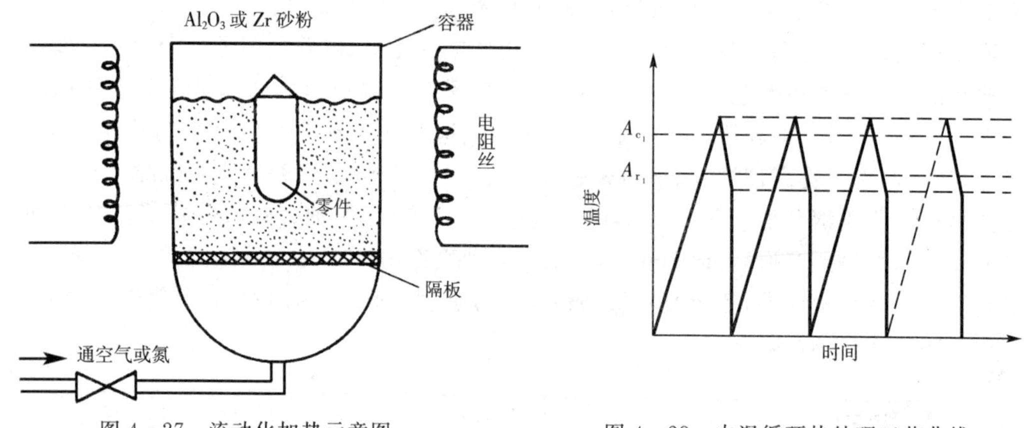

图 4－27　流动化加热示意图

图 4－28　中温循环热处理工艺曲线

流动化粉末的加热和冷却与一般的气体或液体相同，但它的传热优良，能迅速加热和准确控制温度，且加热均匀，工件歪曲和开裂倾向小，操作安全，无毒无公害，容易维护。

这种处理使用范围大，能送入各种气体，可进行渗氮、渗碳等。现在逐渐用来代替熔融速钢的淬火。

五、循环热处理

循环热处理和现在已知热处理方法的区别是在恒定的温度下没有保温时间，在循环加热和以适当速度冷却时多次发生相变，如图 4－28 所示。每一牌号钢的加热和冷却循环数是由试验方法确定。这种热处理可大大提高钢和铸铁的性能。钢和铸铁的循环热处理可以分为三类。

(1) 低温循环热处理　金属加热到低于 $\alpha-Fe \rightarrow \gamma-Fe$ 的相变开始温度，对相变的组织变化没有影响。

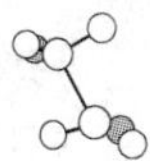

(2) 中温循环热处理　金属加热到双相区，即加热到 A_{c_1} 和 A_{c_3} 之间的温度(对亚共析钢如图 4-28 所示)。

(3) 高温循环热处理、金属加热到 A_{c_3} 以上单相区　循环热处理可使组织组成物发生细化，大大增加结构强度，稳定精密机器和仪表零件的尺寸。

六、强韧化处理

凡是可同时改善钢件强度和韧性的热处理，总称为强韧化处理，主要有以下 3 种：

(1) 获得板条马氏体的热处理　除了选用含碳量低的钢种外，还可以通过以下方法获得板条马氏体：①提高中碳钢的淬火加热温度，即把淬火加热温度提高到 $A_{c_3}+(30\sim50)$℃以上，使奥氏体成分均匀，达到钢的平均含碳量而不出现高碳区，从而避免针状马氏体的形成；②对于高碳钢采用快速低温短时加热淬火，目的是减少碳化物在奥氏体中的溶解，尽量使高碳钢中的奥氏体获得亚共析成分，有利于得到板条马氏体；同时因为温度降低，奥氏体晶粒细化，对钢的韧性也有利。

(2) 超细化处理　这是将钢在一定温度下，通过数次快速加热和冷却等方法来获得细密组织。每次加热、冷却都有细化组织作用。碳化物越细小，裂纹源越少；另外，基体组织越细，裂纹扩展时通过晶界阻碍越大，所以能够起强韧化作用。

(3) 获得复合组织的热处理　这是指通过调整热处理工艺，使淬火马氏体组织中同时存在一定量的铁素体，或下贝氏体或残余奥氏体。这种复合组织往往不明显降低强度而能大大提高韧性。主要措施是：①在两相区加热淬火($A_{c_1}\sim A_{c_3}$)，使淬火组织中有马氏体与铁素体，这一方面获得细马氏体，另一方面因铁素体存在(对杂质有较大的溶解度)，减少了回火时杂质元素析出，从而减少脆性倾向；②控制冷却速度淬火，特别是在一些低合金结构钢中，淬火时根据 C 曲线控制冷却速度，使奥氏体首先形成一定量的低碳下贝氏体(将奥氏体细化)，从而使随后形成的马氏体晶粒细化。低碳下贝氏体和细小马氏体都使钢具有较高强度和较高韧性。

七、激光热处理

激光热处理就是将激光器发射出来的激光迅速把工件表面加热到高温，以达到局部改变表层组织和性能的热处理工艺。

目前工业激光发生器大多是二氧化碳激光器，因为它具有易获得大功率(10～15kW 以上)，转换效率较高，并能长时间连续工作等优点。激光热处理的主要特点如下：

① 具有高达 $10^5\sim10^6$ W/cm^2 的能量密度，加热速度极快，而且周围的金属对加热部分的激冷作用大，故冷却速度也很快，可以实现自激冷却淬火。

② 由于激光加热和冷却速度快，处理零件的热影响区小，内应力和变形极小，表面光亮整洁，可不必再进行表面精加工而直接使用。

③ 激光束的扫描和穿透深度可以精确控制，故适用于复杂形状零件的热处理．能较方便地获得所需部位的硬化处理和硬化深度。

④ 激光热处理可以实现局部淬火硬化或表面合金化处理。在表面合金化处理时，使激光照射经过不同处理的涂层或镀层表面，得到不同性能的合金化表层。

激光束光斑尺寸很小，可以处理零件的细小部位和狭窄表面。例如对铸铁活塞的活塞环槽面进行激光淬火，用 3 kW 的激光束加热 4.7 mm 宽的槽面，仅 50 s 即可完成操作。对于较大工件表面的淬火必须靠激光束在工件表面的扫描运动来实现，激光束的移动速度与摆动频率应当保证工件表面的硬化效果和硬化层深度。为了提高工件表面对激光束的热吸收效率，应在工件表面涂敷炭粉等能吸收远红外线的涂层。

激光加热淬火可以应用于各种金属材料，钢材激光淬火后，硬度均比一般淬火高。例如40Cr钢激光淬火后硬度可达60 HRC；高速钢激光淬火后达1150HV，其红硬性及耐磨性比一般淬火均明显提高。使用寿命增加2.3倍；弹簧钢件激光淬火后硬度达800HV，不仅提高耐磨性，又保持原有的高弹性；灰铸铁凸轮轴激光淬火后，表面形成高硬度白口铁层，硬度达50HRC，耐磨性及寿命大大提高；利用激光加热也可使金属表面合金化，使金属表面具有特殊合金的性能。

第五节　钢的热处理缺陷分析及其防止措施

热处理是将固态金属加热到一定温度，并在这个温度保持一定时间(保温)，然后以一定的冷却方式(如水、油、空气等)冷却下来，从而改变金属其内部组织和性能，获得预期性能的工艺过程。使零件获得适应工作条件需要的使用性能，达到充分发挥材料潜力，提高产品质量，延长使用寿命的目的。如果出现热处理缺陷，热处理就无法达到预期的目的，成为不合格品或废品，造成经济损失；如果热处理缺陷不能及时发现，带有缺陷的零件或产品投入使用。可能引起重大事故，工程上这类事件时有发生，因此，热处理缺陷是危害性极大的缺陷，应该大力防止产生这类缺陷。

钢的热处理力过程中由于热处理工艺安排不当，操作不规范，以及由热处理组织变化等所造成的热处理缺陷形式分述如下。

一、过热与过烧

(1) 过热　是由于加热温度过高，使晶粒明显长大，以致使冷却后工件的组织粗化，机械性能变坏，特别是冲击韧性、塑性显著下降，降低了钢的屈服强度，使钢的脆性提高的一种缺陷。过热的工件往往引起热处理后变形和开裂倾向增大，如果承受加工或使用，也容易断裂破坏。因淬火加热温度较高，一旦加热温度失控，很容易造成过热或过烧，从而引起热处理裂纹。或淬火加热时间过长，易引起奥氏体晶粒长大，在快速冷却淬火时，沿晶界分布特征的淬火裂纹，称过热淬火裂纹。过热组织包括结构钢的晶粒粗大、马氏体粗大、残余奥氏体过多等。

① 过热分类：过热组织按正常热处理工艺消除的难易程度可分为稳定过热和不稳定过热两种。

一般过热组织，可通过正常热处理消除，称为不稳定过热组织。稳定过热组织是指经正火、退火不能完全消除的过热组织。

② 防止措施：为了防止过热，必须遵守加热规程，如果已造成过热，可以采取完全退火或正火的方法来纠正，使晶粒重新细化(完全退火或正火已在前面介绍)。过热不严重的小件，可采用一次正火，而大件采用两次正火[A_{c_3}+(50℃～70℃)]。过热较严重的工件，第一次正火温度为A_{c_3}+(100℃～150℃)，第二次正火温度为A_{c_3}+(30℃～50℃)。

(2) 过烧　过烧组织包括晶界局部熔化，加热温度接近开始熔化的温度，加热过程中从

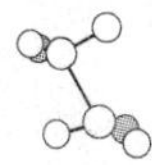

钢材里冒出火花，在晶界氧化和开始部分熔化的现象称过烧。

过烧使工件性能严重恶化，极易产生热处理裂纹，所以过烧是不允许的热处理缺陷，一旦出现过烧无法补救，只好报废。因此在热处理生产中要严格防止出现过烧。

由于过热和过烧都是加热温度过高引起的，因此预防的办法是要制定正确的加热温度；经常检查仪表，以免仪表失灵造成过热和过烧。

二、氧化与脱碳

（1）氧化　是钢在空气等氧化性气体中加热时表面产生氧化层，氧化层由Fe_2O_3、Fe_3O_4、FeO三种铁的氧化物组成。外表面有过剩的氧存在，因而形成含氧较高的氧化物Fe_3O_4；在靠近基体内部，由于氧少金属多，因而形成含氧较低的氧化物FeO；氧化层中间部分为Fe_2O_3，即有外层到内层氧化程度逐渐减轻，随气体中氧含量增加及加热温度升高，氧化程度增加，氧化层厚度增加。

氧化层达到一定厚度就形成氧化皮了，由于氧化皮与钢的膨胀系数不同，使氧化皮产生机械分离，不仅影响表面质量，而且加速了钢材的氧化。氧化使金属表面失去金属光泽，表面粗糙度增加，精度下降，这对精密零件是不允许的。

钢表面氧化皮往往是造成淬火软点和淬火开裂的根源，氧化使钢件强度降低。钢表面氧化一般同时伴随表面脱碳。

（2）脱碳　是钢在加热时表面碳含量降低的现象。脱碳的实质是钢中碳在高温下与氧和氢等发生作用生成一氧化碳。一般情况下，钢的氧化与脱碳同时进行，当钢表面氧化速度小于碳从内层向外层扩散速度时发生脱碳；反之，当氧化速度大于碳从内层向外层扩散的速度时发生氧化，因此，氧化作用相对较弱的氧化气体中容易产生较深的脱碳层。脱碳会明显降低钢的淬火硬度、耐磨性及疲劳性能，如高速钢脱碳会降低红硬性。

（3）防止和减轻氧化、脱碳的措施　防止氧化脱碳的有效措施是采用盐浴炉、保护气体炉、真空炉加热，如采用空气电炉或燃烧炉加热时，必须采用适当的保护措施，如包套、装箱、控制炉气等措施。

三、热处理变形和开裂

工件热处理变形，主要是由于热处理应力造成的，工件的结构形状、原材料刚度、热处理前的加工状态、工件的自重以及工件在炉中加热，以及冷却时的支承或夹持不当等因素也能引起变形。

凡是牵涉到加热和冷却的热处理过程，都可能造成工件的变形。但淬火变形是热处理变形中最常见的，因为淬火过程中，组织的比容体积变化大，加热温度高，冷却速度快，故淬火变形最为严重。即使对淬火变形的工件能够进行校正和机加工修整，也会因而增加生产成本。

工件的热处理变形是热处理常见的主要缺陷之一，如何减小或控制热处理变形是热处理工作者的一项重要任务。热处理过程中，产生一定程度的变形，往往是不可避免的。

1. 热处理变形的原因

主要有两方面：一方面是由于冷却过程中，工件表面与中心冷却速度不同，造成温度差，其体积收缩在表面与中心也就不同时，产生热应力；另一方面是钢在组织转变时比容发生变化（马氏体是各种组织中比容最大的一个，奥氏体比容最小），由于工件截面上各处转变先后不同，产生组织应力（相变应力）。

显然，工件淬火变形就是热应力和组织应力综合作用影响的结果。当应力超过钢的屈服强度时，工件产生弹性变形；而应力超过钢的抗力强度时，工件产生塑性变形或开裂。

此外，当工件内部存在显微裂纹、气孔、夹渣等缺陷及结构设计不合理等，热处理时也易引起应力集中，导致工件的变形或开裂。

2. 减少或防止变形与开裂的措施

（1）合理进行结构设计　淬火工件力求结构对称、截面均匀，防止尖角，以免工件淬火时造成各部分冷却速度不同。

（2）进行预备热处理　钢碳钢及合金工具钢球化退火有助于减少淬火变形。对于导热性差的高合金工具钢应进行一次或几次的预热后再加热至淬火温度。

（3）严格热处理工艺　包括严格控制加热速度、加热温度、保温时间，正确选择淬火冷却介质和淬火方法。

此外，工件淬火后应及时回火（特别是合金钢），以便及时消除淬火应力和稳定组织。

四、残余内应力

（1）热处理内应力　工件在加热和冷却过程中，由于热胀冷缩和相变时新旧相比容差异而发生体积变化，由于工件表层和心部存在温差和相变非同时发生以及相变量的不同，致使表层和心部的体积变化不能同步进行，因而产生内应力。

（2）表面淬火工件的残余应力　工程上常用的表面淬火方法有：高频淬火和火焰淬火两种。高频淬火的残余应力的大小、分布与淬火层深度和硬度分布、工件尺寸、加热和冷却规范等许多因素有关。淬火层深度对残余应力的分布有显著影响，随淬火硬化层深度的增大，表层残余压应力增大，淬火层下最大的拉应力峰向中心移动。

（3）残余应力的调整和消除　通过热处理方法，可以消除工件的残余应力，退火和回火能够部分地或完全地消除残余应力，是最常用的方法。

五、硬度不足

硬度不足是最常见的热处理缺陷之一，主要表现为：硬度不足，软点，高频淬火和渗碳工件的硬化层不足等。淬火工件的硬度偏低，一般是由于淬火加热不足、淬火冷却速度不够、表面脱碳、钢材淬透性不够、淬火后残余奥氏体过多或回火不足等原因造成的。

产生硬度不足的主要原因有：

① 对于亚共析钢，加热温度偏低（在 $A_{c_3} \sim A_1$ 之间）或保温时间不足，加热组织中有铁素体存在，造成淬火组织中有非马氏体组织，即铁素体组织存在，因而硬度低。

② 钢在加热时氧化、脱碳。

③ 淬火时冷却速度低或冷却不均匀。

此外，冷却剂和冷却方法也影响淬火钢的硬度。

思考与练习

4－1　什么是热处理？常见的热处理方法有几种？其目的是什么？

4－2　解释下列名词。

淬透性　淬硬性　过热　过烧　退火　正火　淬火　完全退火　球化退火　回火

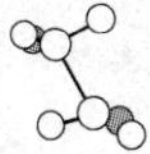

4-3　在热处理过程中，为什么加热后要有一段保温时间？在什么情况下可以不要保温？

4-4　共析钢加热到奥氏体后，以各种速度冷却，能否得到贝氏体组织？采用什么方法才能获得贝氏体组织（用等温曲线说明）？

4-5　常见的表面热处理方法有哪些？其目的是什么？

4-6　热处理常见的缺陷有哪些？说明其产生的原因。

第五章 金属表面处理技术

第一节 金属表面强化处理

金属表面强化主要是通过对金属表面进行喷涂覆层、气相沉积、高能束强化等方法，在金属表面形成一层具有更高耐磨、耐蚀、耐高温氧化等特殊性能的表面层，而材料基体仍保持原有性能，从而提高材料表面的使用性能。材料表面强化的工艺方法很多，应用范围亦不尽相同，本节主要介绍上述提及的几种应用广泛的表面强化技术。

一、喷涂覆层

喷涂覆层又称热喷涂，是将金属或其他材料熔化，并用压缩空气将其以雾状喷射到被加工工件表面，形成金属或其他材料的覆盖层或喷涂堆厚。粉末火焰喷涂如图 5-1 所示。

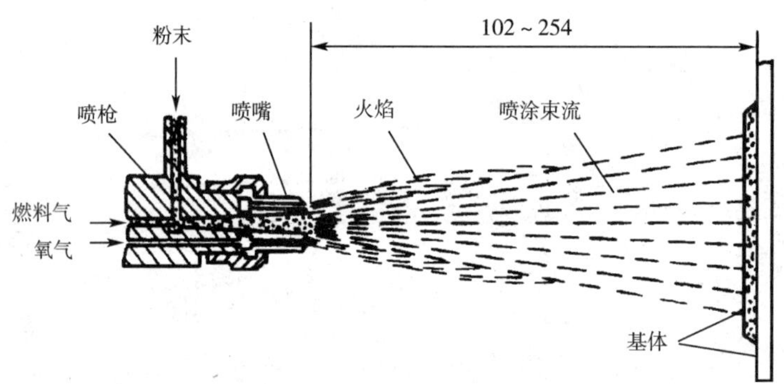

图 5-1 粉末火焰喷涂示意图

喷涂用的金属材料很广，从低熔点的 Sn，到高熔点的 W 等金属及其合金都可作为喷涂材料。被喷涂材料不但有金属，而且陶瓷、玻璃、木材、布帛、纸张等都可通过喷涂获得表面强化。热喷涂的优点是操作温度低，工件温升小，因而热应力也小；操作过程较为简单、迅速，被喷涂件大小不受限制。

基于上述特点，工业上热喷涂多以修复磨损机件、提供耐磨耐蚀等性能为目的，广泛应用于机械制造、建筑、造船、车辆、化工装置、纺织机械等领域。

热喷涂常用的方法有氧乙炔火焰喷涂、等离子喷涂和爆炸喷涂等。

二、气相沉积

气相沉积是利用气相中发生的物理、化学过程，改变工件表面成分，在工件表面形成另有特殊性能的金属或化合物涂层的表面处理技术。沉积过程中若沉积粒子来源于化合物的

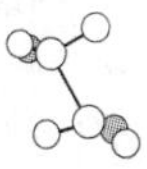

气相分解反应，则称为化学气相沉积(CVD)；否则称为物理气相沉积(PVD)。

1. 气相沉积的基本过程

气相沉积的基本过程包括三个步骤：

① 提供气相镀料物质。气相物质可通过两种方法产生。一种方法是使镀料加热蒸发，称为蒸发镀膜；另一种是用一定能量的离子轰击靶材(镀料)，从靶材上击出镀料原子，称为溅射镀膜。蒸发镀膜和溅射镀膜是物理气相沉积的两类基本镀膜技术。

② 镀料向所镀制的工件(或基片)输送。气相物质的输送要求在真空中进行，目的是为了避免气体碰撞妨碍气相镀料到达基片。

③ 镀料沉积在基片上构成膜层。气相物质在基片上沉积是一个凝聚过程。根据凝聚条件不同，可形成非晶态膜、多晶膜或单晶膜。镀料原子在沉积时，可与其他活性气体分子发生化学反应形成化合物膜，称为反应镀。在镀料原子凝聚成膜过程中，还可同时用具有一定能量的离子轰击膜层，目的是改变膜层结构和性能，这种镀膜技术称为离子镀。

2. 化学气相沉积(CVD)

化学气相沉积(CVD)是利用气态物质在一定温度下与基体表面相互作用，使气态物质中的某些成分分解，并在基体上形成一种金属或化合物的固态薄膜或镀层的过程。

传统 CVD 的反应温度范围为 900℃～2000℃，它取决于沉积物的特性。由于其沉积温度过高，工件易变形，高温时工件还会发生组织变化而导致基体机械性能降低，因而发展了中温化学气相沉积(MTCVD)、等离子增强化学气相沉积(PCVD)和激光化学气相沉积(LCVD)。MTCVD 的典型反应温度为 500℃～800℃，它通常是通过金属有机化合物在较低温度的分解来实现的，所以又称为金属有机化合物化学气相沉积(MOCVD)。PCVD 和 LCVD 中的气相物质由于等离子体的产生或激光的辐照得以激活，因而化学反应温度可得以降低。

CVD 涂层材料常采用难熔的碳化物、氮化物、氧化物、硼化物等。特别是钛的碳化物和氮化物，它们具有很高的硬度(可达 2000～4000HV)、较低的摩擦系数、优异的耐磨性和良好的抗粘着能力。此外，CVD 涂层厚度均匀，大都具有优越的耐蚀性，加之工艺设备简单，可处理小孔和深槽，因而在生产中应用广泛，且前景非常广阔。目前，碳素工具钢、渗碳钢、滚动轴承钢、高速钢、铸铁及硬质合金等多种材料均可进行 CVD 表面处理。经 CVD 处理后的刃具和模具具有极好的切削能力和耐磨性，实践表明，硬质合金 CVD 涂层刀具、钢制 CVD 涂层模具及耐磨机件，其使用寿命较未涂层工件提高了 3～10 倍。

值得注意的是，钢铁材料在高温 CVD 处理后，虽然镀层的硬度很高，但基体被退火软化，在外载下易塌陷。因此，CVD 处理后应再加以淬火回火后使用。又因镀层很薄，已镀零件不能再进行磨削加工。因而热处理变形也就成为限制 CVD 在钢铁材料上应用的一个突出的问题。

3. 物理气相沉积(PVD)

PVD 是通过真空蒸发、电离或溅射等过程，产生金属离子并沉积在工件表面，形成合金涂层或与反应气体反应形成化合物涂层的表面处理技术。PVD 是相对于 CVD 而言的，但并不意味着 PVD 不能有化学反应。PVD 技术的重要特点是沉积温度低于 500℃，沉积速度比 CVD 快，可适用于钢铁材料、非铁金属材料、陶瓷、玻璃等各种材料。PVD 技术有真空蒸镀、真空溅射和离子镀 3 大类。

（1）真空蒸镀　在高真空条件下用加热蒸发的方法使镀料转化为气相，然后凝聚在基体表面形成涂层的方法称为真空蒸镀。

与液体一样，固体在任何温度下也或多或少地气化（升华），形成物质的蒸气。在高真空中，将镀料加热到高温，相应的饱和蒸气向上蒸发，基片设在蒸气源上方阻挡蒸气流，蒸气则在其上形成凝固膜。为弥补凝固的蒸气，蒸发源要以一定的比例供给蒸气。

真空蒸镀目前只用于镀制对结合强度要求不高的某些功能膜，如用作电极的导电膜、光学镜头用的增透膜等。若用于镀制合金膜时，在保证合金成分方面相对较困难，但在镀制纯金属时，则能表现出镀膜形成速度快的优势。

（2）真空溅射　真空溅射是指在真空中，利用荷能粒子轰击镀料表面，使被轰击出的粒子在基片上沉积形成镀膜（涂层）的表面处理技术。

真空溅射方法有两种：一种是在真空室中，利用离子束轰击镀料表面，使溅射出的粒子在基片表面形成镀膜。离子束需要由特制的离子源产生，离子源结构较为复杂，价格较贵，只是在用于技术分析和制取特殊的薄膜时才采用；另一种是在真空中利用低压气体放电现象，使处于等离子状态下的离子轰击镀料表面，使溅射出的粒子在基片表面形成镀膜。

溅射镀膜（涂层）按其不同功能和应用可大致分为机械功能膜和物理功能膜两大类。前者包括耐磨、减摩、耐热、抗蚀、固体润滑等功能；后者包括电、磁、声、光等功能。

（3）离子镀　离子镀是在镀膜的同时，采用荷能离子轰击基片表面和镀膜层的表面处理技术。其目的在于改善镀膜层的性能，是镀膜与离子改性同时进行的镀膜技术。

无论是真空蒸镀还是真空溅射都可以发展为离子镀。在真空溅射时，将基片与真空室绝缘，再加上数百伏特的负偏压，即有上百电子伏特的离子向基片轰击，从而实现离子镀。真空蒸镀时，真空室通入适量的氩气，并在基片上加上千伏特的负偏压，即可产生辉光放电，并有数百电子伏特的离子轰击基片，实现离子镀。

三、高能束强化

激光束（如图 5－2 所示）、电子束、离子束为三大高能量粒子束流，由于其能量密度极高，对材料表面加热时具有加热速度快、加热精度高、节约能源、无二次污染等优点，已在金属材料改性方面得到成功应用，成为材料表面改性的一个高新技术领域。

1. 激光表面强化

激光表面强化技术主要有激光相变硬化、激光表面合金化、激光熔覆等。

（1）激光相变硬化　激光相变硬化也称激光淬火，其原理是将激光束照射到金属材料的表面，表面很薄一层吸收能量，温度上升，被快速加热到相变温度以上，内部材料则保持冷态，并能迅速传热使表层急剧冷却，达到自身淬火的目的。对于钢铁材料，因冷速极快，可得极细的马氏体组织。

激光淬火具有以下特点：淬火硬度高（较同质钢材高频淬火高 50HV），耐磨性好且变形极小，淬理区表面存在较高的残余压应力，硬化层深较浅（0.1～0.8mm），可实现表面薄层及局部淬火，不影响基体机械学性能，但组织均匀性欠佳，硬化带搭接重叠处出现软化区，不适用于大面积表面强化，设备投资较大。

激光淬火应用最成功的例子是发动机铸铁气缸套内壁淬火硬化，在内表面获得宽度为 4.1～4.5mm，深度为 0.3～0.4mm，表面硬度为 644～825HV 的内螺纹形状淬火带，试验结果表明，比先进的电火花强化气缸套耐磨性提高 0.3～1 倍，使用效果良好。

(2) 激光表面熔覆 该方法是利用高能量的激光束，将预置的涂层与经同步送粉器送向激光辐照光斑内的合金粉末瞬间熔凝，并与基体表面形成冶金结合，随着光束在工件上扫过或搭接扫描，在金属基体上形成涂层。

激光表面熔覆具有以下几个特点：可以使用各种复合粉末而获得所需性能的涂层，厚度可达 6～7mm；对基体要求不严，既可是碳钢或铸铁，也可是合金钢或模具钢；因堆焊变形小，热影响区小，稀释率低(小于 5%)，可使涂层与基体为良好的冶金结合；熔凝速度极快，因而涂层组织比堆焊层细密，但涂层中内应力大，易产生裂纹和气孔。

(3) 激光表面合金化 激光表面合金化，是指在基体表面预置一层待合金化的粉体，然后用高能激光束扫描预置层，使其中的合金元素与基体迅速熔合而形成新的表面合金层的一种激光表面强化新工艺。合金化处理后表面具有涂覆合金固有的化学、物理及机械性能，一般表面合金层厚度为 10～100μm，基体可选适当性能的钢铁及非铁(有色)金属。合金层与基体间结合强度较高。

该工艺具有以下特点：功率密度和加热深度能准确控制，工件变形小；可在廉价基体上的局部区域获得某种特殊性能的合金层；可利用激光聚集在不规则零件上得到较均匀的合金层。

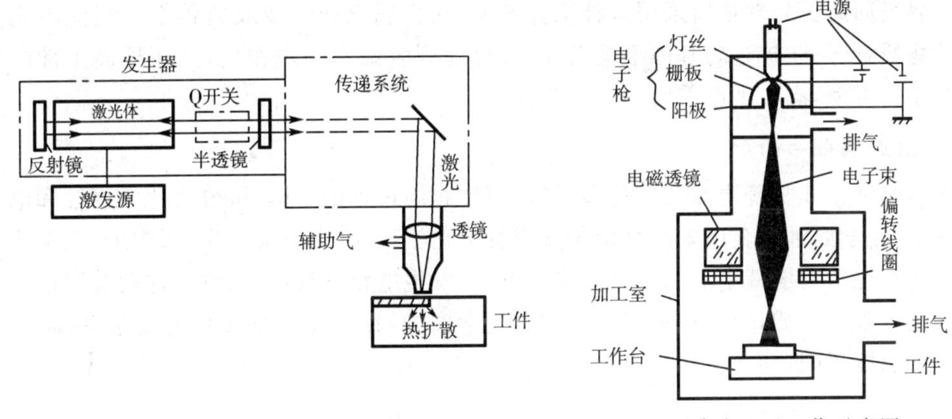

图 5-2 激光系统示意图　　图 5-3 电子束产生及工作示意图

2. 电子束表面强化与离子束表面强化

电子束表面强化也是利用高能粒子束流定向辐射工件表面，使之急热急冷而达到强化目的(如图 5-3)。

电子束与激光束相比，能量高一个数量级，其能量比激光束更易被金属基体吸收，能量利用率更高，且在真空中进行处理，因此能获得比激光处理更好的表面处理质量。但因电子束处理设备投资及运行成本较高，目前应用还不普遍。

离子束表面强化主要是指离子注入技术，是将某种元素的原子在真空中进行电离，并在高压作用下将离子加速注入到固体材料表面，以改变材料的物理、化学及机械性能的方法(如图 5-4 所示)。其主要特点是利用高能离子流将异种原子直接注入到工件的表层进行合金化，注入的原子种类不受任何常规合金化及热力学条件的限制，从而可获得超常的固溶强化、沉淀强化的效果。通常注入的离子种类有 Ni^+、Cr^+、Ti^+、Ca^+、C^+ 等，钢铁材料经离子注入后的耐磨性可提高 100 倍以上。但该技术也有其不足之处，如注入层太薄，对形状复杂内孔不能进行注入等。

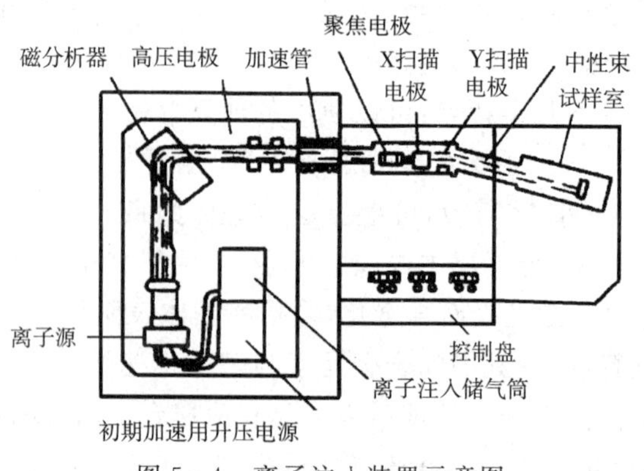

图 5－4　离子注入装置示意图

第二节　金属表面防护处理

金属表面防护处理是指采用某种工艺方法，在金属表面生成或覆盖上一层能阻止介质腐蚀的物质，既可防护金属基体不被腐蚀，又可起到装饰和美观作用，从而提高工件的机械性能和使用寿命，满足生产需要。

一、金属腐蚀与防护

金属腐蚀是非常普遍而又多种多样的，根据腐蚀过程的不同，可分为化学腐蚀和电化学腐蚀两类，化学腐蚀是金属表面直接与介质发生化学反应（无电流产生）引起的；而电化学腐蚀是金属在电解质溶液中形成原电池或微电池，发生电化学反应引起的，这两类腐蚀之间没有严格的界限。例如，金属在水蒸气中的电化学腐蚀，在高温下都转化为化学腐蚀，很难指出其间的温度界限。

1. 金属高温腐蚀与防护

（1）金属高温氧化与脱碳的原理　钢材在高温下的氧化属于典型的化学腐蚀，钢在锻造及热处理加热时经常遇到，当温度在 150℃以下时氧化速度很慢，几乎不被觉察，随温度升高氧化逐渐显著。在温度低于 570℃的情况下，生成以磁性氧化铁为主的氧化层，即 $3Fe+2O_2=Fe_3O_4$，Fe_3O_4 是一种结构致密的氧化物，能阻止空气中的氧与金属基体接触，使工件不能继续被氧化，起到保护作用。但当加热温度高于 570℃时，铁与空气中的氧作用生成以氧化亚铁为主的氧化物层，即 $2Fe+O_2=2FeO$，FeO 结构既疏松又易裂，不能阻止氧对金属的继续腐蚀，并且加热温度越高，时间越长，钢铁表面被腐蚀得越严重。通常，将工件在 570℃以上加热时表面生成的较厚氧化物层称为氧化皮，它有较复杂的结构，紧附钢铁基体表面的是 FeO，往心部依次是 $FeO+Fe_3O_4$、Fe_3O_4 和 Fe_2O_3。

钢铁在加热炉中除了氧气以外，还有二氧化碳和水蒸气也与钢铁作用，使钢铁氧化，即 $Fe+CO_2=FeO+CO$，$Fe+H_2O=FeO+H_2$，并与钢铁中的碳作用，使钢铁中的碳被氧化并发生脱碳现象，即 $C+H_2O=H_2+CO$，$C+O_2=CO_2$，$C+CO_2=2CO$。因此，常称 O_2、CO_2 和 H_2O 等气体为氧化性介质，而 H_2、CO 为还原性介质，后者能防止或减轻氧化脱碳现象。

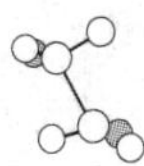

当温度在700℃～900℃时，碳与氧的亲合力大于铁与氧的亲合力，氧化性介质与工件表面接触，先与碳作用形成脱碳层，再与铁作用形成氧化物层，因此在工件的氧化皮下面必然有一层或浅或深的脱碳层。

(2) 钢铁高温氧化脱碳的防护方法　工件表面的氧化皮不仅降低其表面质量，改变工件尺寸，消耗金属，还影响工件在淬火冷却时的均匀性，增加热处理后的清理等辅助工序，以及机械加工的工作量。工件表面的脱碳会造成表面硬度不足或软点，大大降低疲劳强度和耐磨性，缩短工件使用寿命，甚至使工件报废。因此，必须采取以下相应的工艺措施防止钢铁的高温氧化和脱碳：

① 增加还原性气体和合金含量。在加热炉内放入木炭或固体渗碳剂，使这些物质与氧气和水蒸气发生反应，即 $2C+O_2=2CO$，$C+H_2O=CO+H_2$，$CO_2+C=2CO$，使炉内的 O_2、CO_2、H_2O 等氧化性介质转变为 H_2 和 CO 等还原性介质，从而防止或减轻氧化脱碳现象。同时，加入与氧亲合力很强的合金元素，如 Cr、Al、Si 等与氧结合形成 Al_2O_3、Cr_2O_3、SiO_2 等氧化物，可与工件表面基体金属结合，在工件表面上形成一层保护膜，阻止金属表面不再氧化。例如电阻加热炉的电阻丝或带用镍铬合金或铁铬合金都有较好的抗蚀能力。

② 工件表面涂硼砂层。在预热后的工件表面浸涂硼砂($Na_2B_4O_7\cdot10H_2O$)溶液后，放在炉内加热，高温下水受热迅速蒸发，附在工件上的硼砂在741℃时熔化并与工件表面的 FeO 发生反应，即 $Na_2B_4O_7+FeO=Fe(BO_2)_2+2NaBO_2$，生成的偏硼酸亚铁和偏硼酸钠覆盖工件表面，防止工件的氧化与脱碳。此覆盖层在工件淬火时可脱落。

③ 向炉内喷洒 $ZnCl_2$ 溶液。$ZnCl_2$ 溶液受热发生反应，即 $ZnCl_2+H_2O=ZnO+2HCl\uparrow$，生成的 ZnO 与工件表面铁的氧化物构成致密的氧化膜，保护工件不再氧化脱碳。

此外，某些工件(如硅钢片)表面质量要求很高，通常将这类工件埋入装有 Al_2O_3 粉及硅粉的箱中加热，使工件不与氧化性介质接触，或采用真空或盐浴加热等方法也能防止工件氧化脱碳。

2. 金属电化学腐蚀与防护

(1) 金属电化学腐蚀原理　金属材料钢铁中渗碳体的电极电位代数值较铁素体高，不易失去电子且又能导电。因此，在腐蚀介质中它们与铁素体构成原电池的两个电极，产生电化学腐蚀，使钢铁遭受腐蚀。

(2) 电化学腐蚀的防护方法　金属发生电化学腐蚀的必备条件是不同金属或同种金属的不同区域之间电极电位不相等，且两者之间必须有导体相连或直接接触，并共处于电解质溶液中。若破坏其中任一条件，就可阻止或减缓原电池的工作，防止金属发生电化学腐蚀。

生产中常用表面防护的方法或改变材料基体电极电位的方法来防止或减缓电化学腐蚀。

钢中加入一定量的 Cr 会使其电极电位提高。在铁中加入 Cr 含量超过13%后，铁的电极电位可由－0.5V 跃升至＋0.2V，如图5-7所示，因此其耐蚀性显著提高，形成不锈钢。在不锈钢中同时加入一定量的 Cr 和 Ni，可形成单一奥氏体组织。

二、电镀和化学镀

电镀是一种用电化学方法在镀件表面上沉积所需形态的金属覆盖工艺。电镀的目的是改善材料的外观，提高材料的各种物理和化学性能，赋予材料表面特殊的耐蚀性、耐磨性、装饰性、焊接性及电、磁和光学性能等。为达到上述目的，镀层仅需几微米到几十微米厚。电

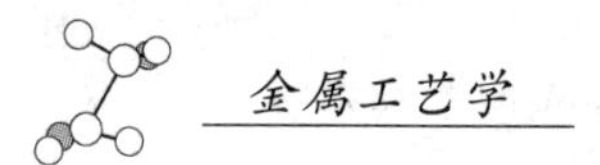

镀工艺设备简单、操作条件易于控制、镀层材料广泛、成本较低，因而在工业生产中获得了广泛的应用，是材料表面处理的重要方法之一。

1. 电镀

电镀是利用电解作用在金属(或非金属)表面沉积上一层金属覆盖层的过程，电镀在电解质水溶液中进行。电镀时，阳极是要镀的金属(如 Cu、Zn、Ni、Sn 等)或惰性电极，阴极是经过镀前处理的被镀工件(如钢铁件)，电解液是要镀的金属的盐溶液。在直流电源的作用下，阳极发生氧化反应，金属失去电子而成正离子进入溶液中，即阳极溶解，阴极发生还原反应，金属正离子在阴极镀件上获得电子，沉积成镀层，如图5-5所示。

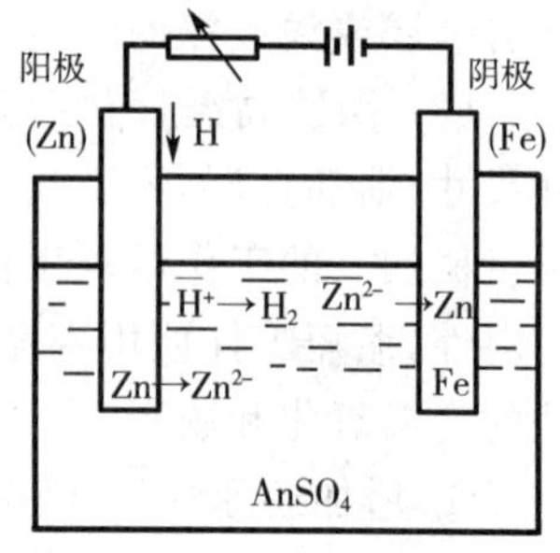

图 5-5 镀锌示意图

目前常用的电镀种类有镀锌、镀铬、镀镍等。镀锌层在空气及水中有很好的防腐蚀能力，但镀层较软，不耐冲击和摩擦；镀铬、镀镍层不仅具有很好的抗腐蚀能力，而且镀层硬度高、耐磨性好并易于抛光。常用于量具、模具及需要装饰的工件。

2. 化学镀

化学镀是利用还原剂将溶液中的金属离子化学还原在呈催化活性的工件表面，使之形成金属镀层的过程，也称为无电解镀。镀层分布均匀，晶粒细密、无孔隙，耐蚀性能好。例如化学镀镍磷合金时，在化学镀液中加入 SiC、金刚石、$A1_2O_3$等，可获得硬度更高的复合镀层；在镀液中加入石墨、PTFE(塑料)等可获得具有减摩润滑性能的复合镀层。这种方法广泛应用于磁带、磁鼓、半导体接触件等的制造，以及铝、铍、镁件电镀前的底层及铜、锌基体上镀金属的隔离层。

此外，还有化学镀铜常用于制造双面或多层印刷线路板；化学镀钴常用于改进导磁性的需要；化学镀金、钯、锡、铅等则用于电器、线路板、首饰装饰及改善零部件表面的焊接性。

三、热喷涂技术

热喷涂是一种用专用设备把喷涂材料熔化并加速喷射到工件表面上，形成防护层，以提高工件耐腐蚀、耐磨、耐高温等性能的新型的表面科学技术。

1. 常用的热喷涂方法

(1) 火焰喷涂　火焰喷涂以燃烧着的气体火焰作为加热源，将喷涂材料加热至熔化或半熔化状态，然后借助于压缩空气将其喷射到工件表面形成喷涂层。所用燃气通常为乙炔，也可用丙烷、氢气、氧气和空气为助燃气。喷涂材料通常为棒材、丝材和粉末。

(2) 电弧喷涂　电弧喷涂利用两根连续送进的喷涂线材端部之间产生的电弧，将喷除材料熔化，熔融金属被压缩空气流冲击而雾化成微颗粒，并喷射到工件表面而形成涂层。

(3) 离子喷涂　等离子喷涂是利用等离子电弧作为加热源而进行的喷涂工艺。

2. 热喷涂技术特点

① 涂材广泛。几乎所有的金属及其合金、陶瓷都可以作为喷涂材料，塑料、尼龙有机高分子材料也可以作为喷涂材料。

② 可用于各种基体。几乎可在所有的固体材料(如金属、陶瓷、玻璃、石膏、布、纸、木材等)表面上进行喷涂。

③ 工艺灵活，工效高，操作施工方便，经济性好，易于推广。

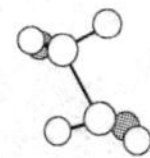

④ 适应性强。一般不受工件尺寸大小、场地所限。

⑤ 涂层厚度较易控制。薄者可为几十微米，厚者可达几毫米。

⑥ 可使基体保持较低温度，工件变形小，金相组织及性能变化也较小。

⑦ 可赋予普通材料以特殊的表面性能，可使材料满足耐磨、耐蚀、抗高温氧化、隔热、密封、减摩、耐辐射、导电、绝缘，以及足够的高温强度等性能要求，达到节约贵重材料，提高产品质量，满足多种工程和尖端技术的需要。例如可以把韧性好的金属材料和硬而脆的陶瓷材料相复合，形成表面复合材料。

3．热喷涂技术的应用

① 用于机件修复。热喷涂可用来修复多种因磨损超差或腐蚀失效的机件。例如曲轴连杆颈、主轴颈、机床导轨面、滑动轴承等。

② 制备耐磨涂层。用于多种承受磨损的零件，如活塞环、冲模及冲头、阀密封面等。

③ 制备耐热、隔热涂层。如铝涂层有良好的抗高温氧化性，可用于加热器、燃烧室、烟囱等易受高温氧化的钢铁件。

④ 制备耐蚀层。大多采用 Zn、Al 等金属或合金涂层，可用于铁桥、铁路、水闸、船体、水处理设备、天线等多种钢结构件。

四、转化膜处理

转化膜处理是将工件浸入某些溶液中，在一定条件下使其表面产生一层致密的保护膜。提高工件防腐蚀的能力、增加装饰作用。常用的转化膜处理有氧化处理和磷化处理。

1．氧化处理

（1）钢的氧化处理　钢的氧化处理是将钢件在空气—水蒸气或化学药物中加热到适当温度，使其表面形成一层蓝色或黑色氧化膜，以改善钢的耐蚀性和外观，这种工艺称为氧化处理，又叫发蓝处理。氧化膜是一层致密而牢固的 Fe_3O_4 薄膜，只有 0.5～1.5μm 厚，对钢件的尺寸精度无影响。氧化处理后的钢件还要进行肥皂液浸渍处理和浸油处理，以提高氧化膜的防腐蚀能力和润滑性能

（2）铝的氧化处理　铝和铝合金在自然条件下很容易生成致密的氧化膜，其厚度为 0.01～0.015μm，可以防止空气中水分和有害气体进一步的氧化和侵蚀。但是在碱性和酸性溶液中却很容易被腐蚀。为了在铝和铝合金表面获得更好的保护氧化膜，应该进行氧化处理。常用的处理方法有化学氧化法和电化学氧化法。

化学氧化法是把铝和铝合金工件放入化学溶液中进行氧化处理而获得牢固的氧化膜，其厚度为 0.3～4μm。

电化学氧化法是在电解液中使铝和铝合金表面形成氧化膜的方法。又称阳极氧化。

2．磷化处理

把钢件浸入磷酸盐为主的溶液中，使其表面沉积，形成不溶于水的结晶型磷酸盐转化膜的过程称为磷化处理。常用的磷化处理溶液为磷酸锰铁盐和磷酸锌溶液，磷化处理后的磷化膜厚度一般为 5～15μm，其抗腐蚀能力是发蓝处理的 2～10 倍。磷化膜与基体结合十分牢固，有较好的防蚀能力和较高的绝缘性能，并在加工或使用过程中起到润滑作用。但磷化膜本身的强度、硬度较低，有一定的脆性，当钢材变形较大时容易出现细小裂纹。磷化膜在 200℃～300℃时仍具有一定的耐蚀性，当温度达到 450℃时，膜层防蚀能力显著下降。磷化膜在大气、油类、苯及甲苯等介质中均有很好的抗蚀能力，但在酸、碱、海水及水蒸气中耐蚀

性较差。在磷化处理后进行表面浸漆、浸油处理，抗蚀能力可大大提高。

第三节　金属表面装饰处理

一、涂装

利用喷射、涂饰等方法，将有机涂料涂覆于工件表面并形成与基体牢固结合的涂覆层过程称为涂装。涂装可以用来保护物体表面免受外界(空气、水分、阳光及其他腐蚀介质)侵蚀；在物体表面增添一层硬膜，减轻表面磨损；掩饰表面缺陷，美化物体，并赋予各种丰富的色彩，改善外观。此外，还可以在特殊情况下起特殊的作用，例如色彩伪装、防红外伪装、电气绝缘和船体防菌藻、防污涂层等。

涂料一般由四部分组成，即成膜材料、颜料、溶剂和助剂。成膜材料是涂料中形成漆膜的主要物质，它主要是以天然或合成树脂为基础的油脂、天然树脂、酚醛树脂、沥青、醇酸树脂、丙烯酸脂、环氧树脂等18大类。颜料是不溶于水或油的微细粉末状有色物质，能使漆胶具有一定的遮盖能力，增加色彩、装饰和保护作用，还能防紫外线穿透，防涂层老化、增强漆膜的耐磨性等。溶剂的作用是使涂料始终保持溶解状态，调整涂料的黏度，便于施工；使漆膜具有均衡的挥发速度，达到漆膜的平整与光泽；消除漆膜的针孔、鱼眼、刷痕等瑕疵。助剂是为了改善施工性能和其他特殊性能的附加物质，例如表面活性剂改善颜料的分散性，防沉淀剂防止颜料沉淀，此外还有紫外线吸收剂、防霉剂、增滑剂、消泡剂等。

涂料的涂装工艺方法很多，其中常用的方法有浸涂法、喷涂法、淋涂法、静电喷涂法、电泳涂装法、粉末涂装法和辊涂法等。

浸涂法是将工件浸入漆槽中进行涂装的方法，而自动浸涂是工件置放在悬链上，借悬链沿轨道的运动自动浸入漆槽中涂漆。这种工艺方法简单、省工省料，生产率高，常用在大批量生产的流水线上，涂工件上的底漆。

喷涂法是利用压缩空气，用喷枪将油漆雾化并喷射到工件上，此法漆膜均匀平滑、质量好，喷射灵活但漆的浪费较大，适合各种大小的工件。

静电喷涂是用静电喷枪使油漆雾化并带负电荷，与接地的工件间形成高压静电场，静电引力使漆雾均匀沉积在工件表面，形成均匀的漆膜。其特点是漆膜均匀、装饰性好，易于实现自动化，生产率比空气喷涂高1～3倍，油漆利用率可达到80%～90%，并减少漆雾的飞散和污染，改善了劳动条件。静电喷涂方式有固定式和手提式两种，固定式主要用于形状简单工件，手提式主要用于形状复杂工件。

电泳涂装是将电泳漆用水稀释到固体成分为10%～15%，工件作为直流电正极浸入电泳槽内，电泳漆中的树脂和颜料在电场作用下移向阳极并沉积于工件表面，形成不溶于水的涂层，然后用水冲去附于工件表面的残液，烘干后形成均匀的漆层。其特点是漆膜质量好，厚度均匀，边缘覆盖好，涂料利用率高(可达95%以上)，生产率高，易于自动化，而且整个系统是在水环境中，安全而且污染小。

粉末涂装的基本方法为静电喷涂法和硫化床法。

(1) 粉末静电喷涂法的电源由高压静电发生器供给，其产生的高电压接到喷它的内部或前端。粉末在供粉器中与空气流混合，进入喷枪，在喷枪内部或出口处带上电荷。在静电

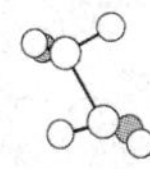

场的作用下，粉末粒子飞向接地的工件上，当粉末涂覆一定厚度时，后来的粉末由于同性相斥而不能被吸附，使膜厚均匀地覆盖工件。被喷涂的工件在固化炉中将粉层熔融、流平和固化，形成均匀的膜层。

(2) 硫化床法是在容器内装一多孔板(孔径为0.4～0.8μm)，在板上的粉末由于板下的压缩空气通入而产生沸腾状，加热后的工件浸入沸腾的粉层而粘附上粉末层，其厚度可根据工件浸入时间和工件预热温度来调整，然后再经过烘烤进行固化，形成平滑的膜层。

二、表面着色和染色

金属的着色是指通过化学或电化学等处理方法，使金属自身表面产生色调的变化，并保持金属光泽的工艺。金属经着色后，表面产生的有色膜或干扰膜很薄，它们的光反射与金属光反射相互干扰，形成不同的色彩。因此随着膜层厚度的变化、色调也随之变化。

金属着色的方法有：

① 化学法。是利用溶液与金属表面产生的化学反应生成氧化物、硫化物等有色化合物。

② 置换法。是溶液中金属离子进行化学置换反应并沉积在工件表面，形成有色薄膜。

③ 热处理法。是将工件置于一定环境氛围中热处理，使其表面形成具有适当结构和色彩的氧化膜。

④ 电解法。是将工件置于一定的电解液中进行电解处理，使金属表面形成多孔、无色的氧化膜，然后再进行着色或染色处理，形成各种色彩的膜层。

某些金属的着色工艺(例如钢铁)往往先进行电镀，然后再着色处理，会收到更好的效果。金属制品着色后，表面要涂覆一层透明的保护层，增加制品的使用效果。

金属的染色是通过金属表面的微孔或吸附作用和化学反应将染料均匀地涂覆在金属表面，也可用电解法使金属离子与染料共同沉积在金属表面形成色彩。而金属表面需要经过化学氧化或阳极电解氧化处理，以获得大量吸附能力很强的微孔，有利于染料的吸附。有的金属或镀层需要经过化学钝化或电化学钝化处理，才能使其表面对染料具有强烈的吸附能力，例如钢的钝化处理是在3%～5%肥皂、温度为60℃～70℃的溶液中处理3～5min或在0.2%铬酐+0.1%磷酸、温度为60℃～70℃的溶液中处理0.5～1min。

思考与练习

5-1 表面处理的目的和作用是什么？通过表面处理可改变金属的哪些性能？

5-2 简述电镀和化学镀的基本原理。

5-3 什么是气相沉积？气相沉积的基本过程包括哪些基本步骤？

5-4 试比较CVD和PVD的工艺特点。

5-5 什么是化学转化膜技术？其基本原理是什么？

第六章 金属材料

第一节 概 述

一、金属材料的分类

金属是指具有良好的导电性和导热性，有一定的强度和塑性，并具有表面光泽的物质，如铁、铝和铜等。金属材料是由金属元素或以金属元素为主要材料组成的、并具有金属特性的工程材料。它包括纯金属和合金。

金属通常分为黑色金属和有色金属两大类。

(1) 黑色金属　以铁和以铁为主而形成的物质称为黑色金属，它包括钢和铁。

(2) 有色金属　除黑色金属以外的其他金属称为有色金属，如铜、铝和镁等。

在机械制造工业中，常用的金属材料如下所示：

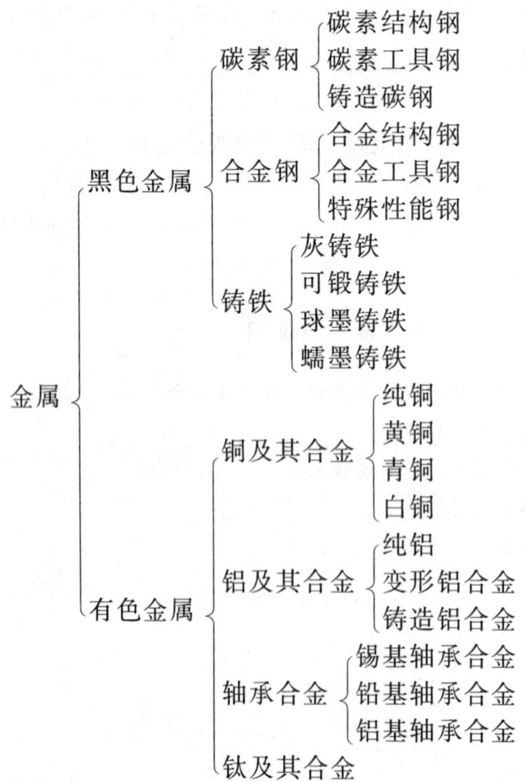

二、杂质元素和合金元素在钢中的作用

1. 杂质元素对钢的影响

碳素钢中除铁和碳两种元素外，还含有一些其他元素，如硅、锰、硫和磷等杂质元素。

（1）硅　硅来源于生铁和硅铁脱氧剂。进行脱氧后残留在钢中的硅溶于铁素体形成固溶体，产生固溶强化，提高钢的强度和硬度，所以硅是有益元素。但由于含量少，故其强化作用不大，钢中的硅含量通常小于0.5%，碳素镇静钢中一般控制在0 .17%～0.37%之间。

（2）锰　锰主要是来自炼钢脱氧剂，脱氧后残留在钢中的锰可溶于铁素体和渗碳体中，使钢的强度和硬度提高。锰还和硫形成MnS，从而减轻对钢的危害。所以锰是钢中的有益元素，在钢中锰的含量一般为0.25%～0.8%。

（3）硫　硫主要是由生铁和燃料带入钢中的杂质。它在钢中与铁生成化合物FeS，FeS与铁形成共晶体（Fe－FeS），它的熔点低，约为985℃。当钢材加热到1000℃～1200℃进行轧制或锻造时，沿晶界分布的Fe－FeS共晶体已经熔化，各晶粒间的连接被破坏，导致钢材开裂，这种现象称热脆。因此，S是有害元素，钢的含硫量不得超过0.05%。钢中加入锰，可从FeS中夺走硫而形成MnS，消除硫的有害影响。

（4）磷　磷主要来源于炼钢原料生铁。磷部分溶解在铁素体中形成固溶体，部分在结晶时形成脆性很大的化合物（Fe_3P），使钢在室温下（一般为100℃以下）的塑性和韧性急剧下降，这种现象称为冷脆。因此，磷是一种有害元素，应严格控制其含量，一般小于0.04%。

钢中的硫和磷是有害元素，应严格控制它们的含量。但在易切削钢中，适当地提高硫、磷的含量，增加钢的脆性，反而有利于形成崩碎切屑，从而提高切削效率和延长刀具寿命。

2. 合金元素在钢中的作用

为了改善钢的性能，在熔炼时有目的地加入一定比例的合金元素，在钢中，通常加入的合金元素有硅、锰、铬、镍、钨、钼、钒、钴、铝、钛和稀土元素等合金元素。

（1）合金元素对钢中基本相的影响

① 形成合金铁素体。除铅外，大多数合金元素都能溶于铁素体，形成合金铁素体。合金元素溶入铁素体后，必然引起铁素体晶格畸变，产生固溶强化，使铁素体强度、硬度提高，塑性、韧性有所下降。

② 形成碳化物。碳化物是钢中的重要相之一，碳化物的种类、数量、大小、形状及其分布对钢的性能有重要的影响。碳化物形成元素，在元素周期表中都位于铁以左的过渡族金属，越靠左，形成碳化物的倾向越强。合金元素在钢中形成的碳化物可分为合金渗碳体和特殊碳化物。弱碳化物形成元素形成的合金渗碳体的熔点较低，硬度较低，稳定性较差。中强碳化物形成元素形成合金渗碳体的熔点、硬度、耐磨性以及稳定性都比较高。强碳化物形成元素在钢中优先形成特殊碳化物，如VC、NbC和TiC等，它们的稳定性最高，不易分解，熔点、硬度和耐磨性高，它们弥散分布于钢的基体上，能显著提高钢的强度、硬度和耐磨性。

（2）合金元素对钢热处理和力学性能的影响

合金钢一般都需经过热处理后使用，主要是通过热处理改变钢的组织来显示合金元素的作用。

① 减缓奥氏体化过程。大多数合金元素（除镍、钴）都会减缓奥氏体化过程。

② 细化晶粒。几乎所有的合金元素都能抑制钢在加热时的奥氏体长大的作用，达到细

化晶粒的目的。强碳化物形成元素形成的碳化物，它们弥散地分布在奥氏体的晶界上，均能强烈地阻碍奥氏体晶粒长大，使合金钢在热处理后获得比碳钢更细的晶粒。

③ 提高钢的淬透性。大多数合金元素(除钴外)溶解于奥氏体中后，均可增加过冷奥氏体的稳定性，使C曲线右移，减小淬火临界冷却速度，从而提高钢的淬透性。往往，单一合金元素对淬透性的影响没有多种合金元素联合作用效果显著，通过复合元素，采用多元少量的合金化原则，对提高钢的淬透性会更有效。

④ 提高钢的回火稳定性。淬火钢在回火时抵抗硬度下降的能力称为回火稳定性。合金钢在回火过程中，由于合金元素的阻碍作用，使马氏体不易分解，碳化物不易析出，即使析出后也难于聚集长大，从而提高了钢的回火稳定性。

第二节 碳 钢

碳钢是指含碳量大于0.0218%而小于2.11%且不含有特意加入合金元素的铁碳合金。碳钢冶炼方法简单，容易加工，价格低廉，具有较好的力学性能和工艺性能，因此在机械制造、交通运输等许多部门中得到广泛的应用。

一、碳钢的分类

碳钢的分类方法很多，常见的分类方法如下：

(1) 按钢的含碳量分类

低碳钢：$0.218\% < w_C < 0.25\%$；

中碳钢：$0.25\% \leqslant w_C \leqslant 0.6\%$；

高碳钢：$0.6\% < w_C < 2.11\%$。

(2) 按钢的质量等级分类(主要根据钢中所含杂质S、P的量来分)

普通钢：S≤0.05%， P≤0.045%；

优质钢：S≤0.035%， P≤0.035%；

高级优质钢：S≤0.025%， P≤0.025%；

特级优质钢：S≤0.015%， P<0.025%。

(3) 按钢的用途分类

碳素结构钢：主要用于制各种工程构件和机器零件，$w_C < 0.7\%$；

碳素工具钢：主要用于制造各种刀具、量具、模具，$w_C > 0.7\%$。

此外，按冶炼方法不同，分为平炉钢、转炉钢和电炉钢；按冶炼时脱氧程度不同，分为沸腾钢、镇静钢和半镇静钢等。

二、碳素结构钢

碳素结构钢含碳量在0.06%～0.38%之间，其中有害元素S≤0.05%和P≤0.045%。这类钢强度和硬度不高，但冶炼方便，产量大，价格便宜，有良好的塑性和焊接性。一般以热轧空冷状态供应。适用于一般工程结构、桥梁、船舶和厂房等建筑结构，或用于力学性能要求不高的机械零件(如螺钉、螺母和铆钉等)。

碳素结构钢的牌号表示为“Q+屈服点数值—质量等级·脱氧程度符号”。其中Q代表

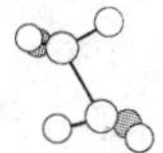

屈服点，质量等级有 A(S≤0.05%、P≤0.045%)、B(S≤0.045%、P≤0.045%)、C(S≤0.040%、P≤0.040%)、D(S≤0.035%、P≤0.035%)，脱氧方法用汉语拼音字首表示，如“F”表示沸腾钢、“b”表示半镇静钢、“Z”表示镇静钢、“TZ”表示特殊镇静钢。例如 Q235－A·F 表示 $\sigma_s \geqslant 235$MPa、质量等级为 A 级、脱氧程度为沸腾钢的碳素结构钢。

GB/T700－1988 标准规定了碳素结构钢的具体牌号、化学成分和力学性能等技术条件，见表 6－1。

表 6－1　碳素结构钢的具体牌号、化学成分和力学性能等技术条件

牌号	等级	化学成分/%			力学性能			应用举例
		C	S	P	σ_S/MPa	σ_b/MPa	δ/%	
			不大于					
Q195	—	0.06～0.12	0.050	0.045	195	315～390	33	用于制作开口销、铆钉、垫片及载荷较小的冲压件。
Q215	A	0.09～0.15	0.050	0.045	215	335～10	31	
	B		0.045					
Q235	A	0.14～0.22	0.050	0.045	235	375～460	26	用于制作后桥壳盖、内燃机支架、制动器底板、发电机机架、曲轴前挡油盘。
	B	0.12～0.20	0.045					
	C	≤0.18	0.040	0.040				
	D	≤0.17	0.035	0.035				
Q255	A	0.18～0.28	0.050	0.045	235	410～510	24	用于制作拉杆、心轴、转轴、小齿轮、销、键
	B		0.045					
Q275	—	0.28～0.38	0.050	0.045	275	490～610	20	

三、优质碳素结构钢

这类钢硫、磷含量均小于 0.035%，有害杂质元素含量低，塑性和韧性较好，主要制作较重要的机械零件，常常用来制作轴类、齿轮、弹簧等零件。这类钢经热处理后具有良好的综合力学性能。

优质碳素结构钢的牌号用两位数表示钢中平均含碳量的万分之几。如 45 钢，表示平均 $w_C=0.45\%$的优质碳素结构钢。钢中含锰较高($w_{Mn}=0.7\%\sim1.2\%$)时，在数字后面附以符号“Mn”，如 65Mn 钢，表示平均 $w_C=0.65\%$，并含有较多锰($w_{Mn}=0.9\%\sim1.2\%$)的优质碳素结构钢。高级优质钢在数字后面加“A”，特级优质钢在数字后面加“E”，沸腾钢在数字后面加“F”，半镇静钢在数字后面加“b”。

GB/T699－1996 标准规定了优质碳素结构钢的牌号、化学成分和力学性能等，详见表 6－2。

08～25 钢属于低碳钢。此类钢含碳量低，因此强度、硬度较低，塑性、韧性好，具有良好的焊接性能和塑性变形能力，常常轧制成薄板或钢带。主要用于制造冷冲压零件、焊接结构件以及强度要求不太高的机械零件及表面硬而心部有良好韧性的渗碳零件。如各种仪表板、容器、内燃机机油盆、油箱、小轴、销子、螺钉、螺母等。

30～55 钢属于中碳钢。这类钢具有较高的强度和硬度，且切削性能良好，其塑性和韧性随含碳量的增加而逐步降低。此类钢经调质处理后可获得较好的综合力学性能。主要用来制作齿轮、连杆、轴类、套类等零件，其中 40 钢、45 钢应用广泛。

60～85 钢属于高碳钢。这类钢具有较高的强度、硬度和良好的弹性，但焊接性和冷变形塑性较差，切削性能不好。主要用来制造具有较高强度、耐磨性和弹性的零件，如弹簧、弹簧垫圈等零件。其中 65Mn 作为弹簧钢应用较多。

表 6－2　优质碳素结构钢的牌号、化学成分和力学性能

牌号	化学成分/%			力学性能					应用举例
				σ_s	σ_b	δ	ψ	a_k	
	C	Si	Mn	MPa		%		J/cm^2	
				不小于					
08F	0.05～0.11	≤0.03	0.25～0.50	175	295	35	60	—	塑性高，焊接性好，宜制造冲压件、焊接件及强度要求不高的机械零件和渗碳件，如一般螺钉、铆钉、垫圈等
08	0.05～0.12	0.17～0.35	0.35～0.65	195	325	33	60	—	
10F	0.07～0.14	≤0.07	0.25～0.50	185	315	33	55	—	
10	0.07～0.14	0.17～0.37	0.35～0.65	205	335	31	55	—	
15F	0.12～0.19	≤0.07	0.25～0.50	205	355	29	55	—	
15	0.12～0.19	0.17～0.37	0.35～0.65	225	375	27	55	—	
20	0.17～0.24	0.17～0.37	0.35～0.65	245	410	25	55	—	
25	0.22～0.30	0.17～0.37	0.50～0.80	275	450	23	50	88.3	
30	0.27～0.35	0.17～0.37	0.50～0.80	295	490	21	50	78.5	优良的综合力学性能，宜制作受力较大的机械零件，如齿轮、连杆、活塞杆、轴类零件及联轴器等零件
35	0.32～0.40	0.17～0.37	0.50～0.80	315	530	20	45	68.5	
40	0.37～0.45	0.17～0.37	0.50～0.80	335	570	19	45	58.8	
45	0.42～0.50	0.17～0.37	0.50～0.80	355	600	16	40	49	
50	0.47～0.55	0.17～0.35	0.50～0.80	375	630	14	40	39.2	
55	0.52～0.60	0.17～0.37	0.50～0.80	380	645	13	35	—	
60	0.57～0.65	0.17～0.37	0.50～0.80	400	675	12	35	—	屈服点高，弹性好，宜制造弹性元件（如各种螺旋弹簧、板簧等）及耐磨零件
65	0.62～0.70	0.17～0.37	0.50～0.80	410	695	10	30	—	
70	0.67～0.75	0.17～0.37	0.50～0.80	420	715	9	30	—	
75	0.72～0.80	0.17～0.37	0.50～0.80	880	1080	7	30	—	
80	0.77～0.85	0.17～0.37	0.50～0.80	930	1080	6	30	—	
85	0.82～0.90	0.17～0.37	0.50～0.80	980	1130	6	30	—	
15Mn	0.12～0.19	0.17～0.37	0.70～1.00	245	410	26	55	—	用于渗碳零件、受磨损零件及较大尺寸的各种弹性元件等
20Mn	0.17～0.24	0.17～0.37	0.70～1.00	275	450	24	50	—	
25Mn	0.22～0.30	0.17～0.37	0.70～1.00	295	490	22	50	88.3	
30Mn	0.27～0.19	0.17～0.37	0.70～1.00	315	540	20	45	78.5	
35Mn	0.32～0.40	0.17～0.37	0.70～1.00	335	560	18	45	68.5	
40Mn	0.37～0.45	0.17～0.37	0.70～1.00	335	590	17	45	58.7	
45Mn	0.42～0.50	0.17～0.37	0.70～1.00	375	620	15	40	49	
50Mn	0.47～0.55	0.17～0.37	0.70～1.00	390	645	13	40	39.2	
60Mn	0.57～0.65	0.17～0.37	0.70～1.00	410	695	11	35	—	
65Mn	0.62～0.70	0.17～0.37	0.90～1.20	430	735	9	30	—	
70Mn	0.67～0.75	0.17～0.37	0.90～1.20	450	785	8	30	—	

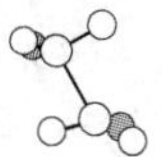

四、碳素工具钢

碳素工具钢的含碳量为0.65%～1.35%，均属于优质钢或高级优质钢。这类钢经热处理后具有较高的硬度和耐磨性，主要用于制作低速切削刀具，以及对热处理变形要求低的一般模具、低精度量具。

表6-3　碳素工具钢的具体牌号、化学成分和力学性能

钢　号	化学成分/%			硬　度		用途举例
	C	Si	Mn	退火后HB(不大于)	淬火后HRC(不小于)	
T7 T7A	0.65～0.74	≤0.35	≤0.40	187	62	承受冲击、韧性较好、硬度适当的工具，如扁铲、手钳、大锤、旋具、木工工具
T8 T8A	0.75～0.84	≤0.35	≤0.40	187	62	承受冲击、要求较高硬度的工具，如冲头、压缩空气工具、木工工具
T8Mn T8MnA	0.80～0.90	≤0.35	0.40～0.60	187	62	承受冲击、要求较高的工具，如冲头、压缩空气工具、木工工具，但淬透性较大，可制造断面较大的工具
T9 T9A	0.85～0.94	≤0.35	≤0.40	192	62	韧性中等、硬度高的工具，如冲头、木工工具、凿岩工具
T10 T10A	0.95～1.04	≤0.35	≤0.40	197	62	不受剧烈冲击、高硬度耐磨的工具，如车刀、刨刀、丝锥、钻头、手锯条
T11 T11A	1.05～1.14	≤0.35	≤0.40	207	62	不受剧烈冲击、高硬度耐磨的工具，如车刀、刨刀、丝锥、手锯条
T12 T12A	1.15～1.24	≤0.35	≤0.40	207	62	不受冲击、要求高硬度耐磨的工具，如锉刀、刮刀、精车刀、丝锥、量具
T13 T13A	1.25～1.35	≤0.35	≤0.40	217	62	不受冲击、要求高硬度和耐磨的工具，如锉刀、刮刀、精车刀、丝锥、量具，要求耐磨的工具，如刮刀、剃刀

碳素工具钢在锻、轧后进行的预备热处理为球化退火，目的是降低硬度，改善切削加工性能，并为淬火作组织准备。最终热处理为淬火＋低温回火。淬火温度约为780℃，回火温度约为180℃，组织为回火马氏体＋粒状渗碳体＋少量残余奥氏体。碳素工具钢红硬性（金属材料高温下保持高硬度的能力）低，一般工作温度为200℃以下，只适用制作低速刀具。

碳素工具钢的牌号用“T＋数字”表示。其中T代表碳素工具钢，数字表示钢中平均含碳量的千分之几。如T10表示平均 $w_C=1.0\%$ 的碳素工具钢。若在牌号后加字母A，则表示为高级优质碳素工具钢，如T12A表示平均 $w_C=1.2\%$ 的高级优质碳素工具钢。

GB/T1298—1986标准规定了碳素工具钢的具体牌号、化学成分和力学性能，见表6-3。

五、铸造碳钢

铸钢的 $w_C=0.2\%\sim0.6\%$。主要用来制作形状复杂、难以进行锻造或切削加工，且要求较高强度和韧性的零件。

铸造碳钢的牌号表示为“ZG＋数字—数字”。其中ZG表示铸钢，第一组数字表示最低屈服点数值，第二组数字表示最低抗拉强度数值。如ZG270—500表示屈服点不小于270MPa，抗拉强度不小于500MPa的铸造碳钢。

GB/T11352—1989标准规定了铸造碳钢的具体牌号、化学成分和力学性能等，见表6-4。

表6-4 铸造碳钢的具体牌号、化学成分和力学性能

牌号	化学成分/%				力学性能					应用举例
	C	Si	Mn	P和S	σ_s	σ_b	δ	ψ	a_k	
					MPa		%		J/cm²	
	不大于				不小于					
ZG200—400	0.20	0.50	0.80	0.04	200	400	25	40	60	机座和减速器箱体
ZG230—450	0.30	0.50	0.90	0.04	230	450	22	32	45	轴承盖、阀体、外壳、底板
ZG270—500	0.40	0.50	0.90	0.04	270	500	18	25	35	轧钢机机架、连杆、箱体、缸体、曲轴、轴承座、飞轮
ZG310—570	0.50	0.60	0.90	0.04	310	570	15	21	30	大齿轮、制动轮、汽缸体
ZH340—640	0.60	0.60	0.90	0.04	340	640	12	18	20	齿轮、联轴器、棘轮

第三节　合 金 钢

一、合金钢的分类

合金钢的分类方法有很多，常用的分类方法有两种。

1. 按合金钢的用途分

① 合金结构钢：用于制造机械零件和工程构件的合金钢。

② 合金工具钢：用于制造各种工具的合金钢。

③ 特殊性能钢：具有某种特殊性能的合金钢，如不锈钢、耐磨钢、耐热钢等。

2. 按合金钢中合金元素总量分

① 低合金钢：合金元素总量低于5%的合金钢。

② 中合金钢：合金元素总量为5%～10%的合金钢。

③ 低合金钢：合金元素总量高于10%的合金钢。

二、合金钢的牌号

国家标准规定，我国合金钢牌号采用国际化学元素符号和汉语拼音字母并用的原则，以含碳量、合金元素的种类及含量、质量等级来编号，简单实用。

1. 合金结构钢

合金结构钢的牌号采用"两位数字(碳含量)＋化学元素符号＋数字"表示。前面"两位数字"表示钢的平均含碳量的万分之几，"化学元素符号"表示钢中含有的主要合金元素，其后面"数字"则标明该元素的含量百分之几。当合金元素的平均含量小于1.5%时，牌号中仅标明元素符号，不标注含量，如果平均含量为1.5%～2.5%，2.5%～3.5%，3.5%～4.5%，…时，则相应地标以2，3，4，…依此类推。例如，40Cr钢表示平均含碳量为0.40%，主要合金元素为铬，其含量在1.5%以下的合金结构钢。若合金结构钢为高级优质钢，则在牌号后加注A；若为特级优质钢则加注E。

2. 合金工具钢

合金工具钢的牌号和结构钢的区别仅在于碳含量的表示方法，它用一位数字表示平均含碳量千分之几，当碳含量≥1.0%时，不予标出。如：9CrSi钢，表示平均含碳量为0.90%，主要合金元素为铬和硅，其含量都在1.5%以下的低合金工具钢；Cr12MoV钢，表示平均含碳量≥1.0%，主要合金元素铬的平均含量为12%，钼和钒的含量均小于1.5%的高合金工具钢。高速钢牌号的表示方法略有不同，其含碳量≤1.0%也不予标出，合金元素及其含量的标注与合金工具钢相同。如W18Cr4V表示平均含碳量为0.7%～0.8%，平均含钨量为18%，平均含铬量为4%，含钒量<1.5%的高速工具钢。

3. 特殊性能钢

特殊性能钢牌号表示方法与合金工具钢的表示方法基本相同。如不锈钢4Cr13，表示平均含碳量为0.4%，平均含铬量为13%的不锈钢。

4. 滚动轴承钢

轴承钢的牌号表示为"G＋Cr＋数字"，其中G表示"滚"字的汉语拼音字母字头，Cr表示铬元素,“数字”表示含铬量的千分之几,其他元素含量仍按百分数表示。GCr15SiMn,表示平均含铬量为1.5%,硅、锰含量均小于1.5%的滚动轴承钢。

三、合金结构钢

合金结构钢是机械制造、交通运输、石油化工及建筑工程等方面应用最广,用量最大的一类合金钢。合金结构钢是在优质碳素结构钢的基础上加入一些合金元素而形成的。

1. 低合金结构钢

低合金结构钢是在碳素结构钢的基础上加入少量合金元素而制成的工程用钢,是一种低碳($w_c \leqslant 0.2\%$)和低合金钢(合金总量$\leqslant 3\%$)。这类钢比相同含碳的碳素结构钢的强度要高得多,并且有良好的塑性、韧性、耐蚀性和焊接性。以少量锰为主加元素,含硅量较碳素结构钢高,以提高钢的强度;并辅加某些其他合金元素(如铜、钛、钒、稀土等),以提高钢的耐蚀性和淬透性。

低合金结构钢大多数是在热轧、正火状态下使用,组织为铁素体+珠光体。在强度级别较高的低合金结构钢中,也加入铬、钼、硼等元素,主要是为了提高钢的淬透性,以便在空冷条件下得到比碳素钢更高的力学性能。

2. 合金渗碳钢

合金渗碳钢是用来制造既要有优良的耐磨性、耐疲劳性,又能承受冲击载荷作用、有足够的韧性和足够高强度的零件,如汽车、拖拉机中的变速齿轮,内燃机上的凸轮轴、活塞销等。

合金渗碳钢的含碳量在0.10%～0.20%之间,以保证心部有足够高的塑性和韧性,加入铬、镍、锰、硅、硼等合金元素以提高钢的淬透性,使零件在热处理后,表层和心部都得到强化,加入钒、钛等合金元素,可以阻碍奥氏体晶粒长大,起细化晶粒作用。

3. 合金调质钢

合金调质钢是指经调质后使用的钢,主要用于制作要求综合力学性能好的重要零件。这类钢含碳量一般为0.20%～0.50%。含碳量过低,硬度不足;含碳量过高,则韧性不足。

合金调质钢中常加入铬、锰、硅、硼等合金元素以增加钢的淬透性,使铁素体强化并提高韧性。加入少量钼、钒、钨、钛等碳化物形成元素,可阻止奥氏体晶粒长大和提高钢的回火稳定性,进一步改善钢的性能。

40Cr钢是最常用的合金调质钢,其强度比40钢提高20%。

合金调质钢的热处理工艺是淬火后高温回火,处理后获得回火索氏体组织,使零件具有良好的综合性能。若要求零件表面有很高的耐磨性,可在调质后再进行感应淬火或渗氮。

4. 合金弹簧钢

合金弹簧钢主要用于制造各种机械和仪表中的弹簧。弹簧是利用弹性变形吸收能量以缓和振动和冲击,或依靠弹性贮存能量来起驱动作用。因此,制造弹簧的材料应具有高的弹性极限和高的屈强比,高的疲劳极限与足够的塑性和韧性。

合金弹簧钢的碳含量为0.50%～0.70%。加入合金元素锰、硅、铬、钼、钒等,主要是提高其淬透性、抗回火稳定性和强化铁素体。经热处理后有高的弹性和屈强比,但硅易使钢脱碳和产生石墨化倾向,使疲劳强度降低。加入少量铬、钼、钒,可防止脱碳,并能细化晶粒,提高屈强比、弹性极限和高温强度。

弹簧钢按加工和热处理分为以下两种：

(1) 热成型弹簧钢　当弹簧直径或板簧厚度大于10mm时，常采用热态下成型，即将弹簧加热至比正常淬火温度高50℃～80℃进行热卷成型，然后利用余热立即淬火、中温回火，获得回火托氏体，硬度为40～48HRC，具有较高的弹性极限、疲劳强度和一定的塑性与韧性。

(2) 冷成型弹簧钢　当弹簧直径或板簧厚度小于8～10mm时，常用冷拉弹簧钢丝或弹簧钢带冷卷成型。由于弹簧钢丝在生产过程中已具备了很好的性能，所以冷绕成型后不再淬火，采用250℃～300℃的去应力退火，以消除在冷绕过程中产生的应力，并使弹簧定型。

5. 滚动轴承钢

滚动轴承钢用来制造各种轴承的滚珠、滚柱和内外套圈，也用来制造各种工具和耐磨零件。由于滚动轴承在工作时受到交变载荷的作用，套圈和滚动体之间产生强烈摩擦。因此滚动轴承钢必须具有高接触疲劳强度、高的弹性极限、高的硬度和耐磨性，并有足够的韧性、淬透性和一定的耐蚀性。

滚动轴承钢是高碳铬钢，含碳量为0.95%～1.05%，含铬量为0.40%～1.65%。加入合金元素铬是为了提高淬透性，并在热处理后形成均匀分布的碳化物，以提高钢的硬度、接触疲劳极限和耐磨性。制造大型轴承时，为了进一步提高淬透性，还可以加入硅、锰等元素。

滚动轴承钢的热处理包括预备和最终热处理。预备热处理是为了获得球状珠光体组织的球化退火。其目的是降低锻造后钢的硬度，便于切削加工，并为淬火作好组织上的准备。最终热处理为淬火＋低温回火，其目的是获得极细的回火马氏体和细小均匀分布的碳化物组织，以提高轴承的硬度和耐磨性，硬度可达61～65HRC。

目前应用最多的滚动轴承钢有GCr15(主要用于中小型滚动轴承)、GCr15SiMn(主要用于较大的滚动轴承)。

由于滚动轴承钢的化学成分和主要性能与低合金工具钢相近，故一般工厂常用它来制造刀具、冷冲模、量具及性能要求与滚动轴承相似的耐磨零件。

四、合金工具钢

工具钢可分为碳素工具钢和合金工具钢两种。碳素工具钢容易加工，价格便宜。但是淬透性差，容易变形和开裂，而且当切削过程温度升高时容易软化。因此，尺寸大精度高和形状复杂的模具、量具以及切削速度较高的刀具，都要采用合金工具钢来制造。

合金工具钢按用途可分为刃具钢、模具钢、量具钢。

1. 合金刃具钢

合金刃具钢主要用来制造车刀、铣刀、拉刀、钻头等各种金属切削刀具。刀具钢要求高硬度、耐磨、红硬性、足够的强度以及良好的塑性和韧性。

合金刃具钢分为低合金刃具钢和高速钢两种。

(1) 低合金刃具钢　低合金刃具钢是在碳素工具钢的基础上加入少量合金元素的钢。钢中主要加入铬、锰、硅等元素，其目的是为了提高钢的淬透性，同时还能提高钢的强度。加入钨、钒等强碳化物元素，是为了提高钢的硬度和耐磨性，并防止加热时过热，保持晶粒细小。但由于合金元素加入量不大，一般工作温度不得超过300℃。

低合金刃具钢的预备热处理是球化退火，最终热处理为淬火＋低温回火。

最常用的低合金刃具钢是 9SiCr 钢、CrWMn 钢和 9Mn2V 钢。

9SiCr 钢由于加入铬和锰，使其有较高的淬透性和回火稳定性，碳化物细小均匀，红硬性可达 300℃。因此，9SiCr 适用于刀刃细薄的低速刀具，如丝锥、扳牙、铰刀等。

CrWMn 钢的含碳量为 0.90%～1.05%，铬、钨、锰同时加入，使钢具有更高的硬度和耐磨性，但红硬性不如 9SiCr。但 CrWMn 钢热处理后变形小，故称微变形钢。主要用来制造较精密的低速刀具，如拉刀、铰刀等。

(2) 高速钢　用于制造高速切削工具的钢称为高速钢，又称锋钢。高速钢是一种含有钨、钒、铬、钼等多种元素的高合金工具钢。高速钢的碳含量一般＞0.70%，最高可达 1.5% 左右。钢中较多的碳和大量的钨、铬、钒、钼等碳化物形成元素，形成大量的合金碳化物，使高速钢具有高的硬度和耐磨性。这些碳化物较稳定，回火时要在 550℃以上才发生显著的聚集和长大，具有良好的红硬性，其工作温度高达 600℃。

高速钢经高温锻造后必须进行退火处理。为了缩短时间，一般采用等温退火，以降低硬度、消除应力、改善切削加工性能，且为淬火作组织上的准备。

高速钢的导热性差，淬火温度又高，所以淬火加热时必须进行一次预热(800℃～850℃)或二次预热(500℃～600℃，800℃～850℃)。高速钢中含有大量的钨、钼、钒、铬等难熔碳化物，它们只有在 1200℃以上才能大量溶入奥氏体中，以保证淬火、回火后获得高的红硬性。因此高速钢的淬火加热温度高，一般为 1220℃～1280℃。高速钢常在油中淬火，淬火组织为马氏体＋残余奥氏体＋碳化物，此时钢的硬度尚不够高。

高速钢淬火后必须在 550℃～570℃进行多次回火，此时由马氏体中析出极细碳化物，并使残余奥氏体转变成回火马氏体，以进一步提高钢的硬度和耐磨性，使钢的硬度达 63～66HRC。

常用高速钢有钨系高速钢和钨钼系高速钢两类。钨系高速钢的典型代表是 W18Cr4V 钢，简称 18－4－1；钨钼系高速钢的典型代表是 W6Mo5Cr4V2 钢，简称 6－5－4－2。由于我国钨资源丰富，因此 W18Cr4V 钢应用最广泛。

2. 合金模具钢

合金模具钢按使用条件不同分为冷作模具钢、热作模具钢和塑料模具钢。

(1) 冷作模具钢　冷作模具钢用于制造在冷态下分离和成型的模具，如冷冲模、冷镦模、冷挤压模。这类模具工作时，要求有高的硬度和耐磨性，足够的强度和韧性。大型模具用钢还应具有良好的淬透性，热处理变形小等性能。冷作模具钢的含碳量高，一般碳含量≥1.0%，有时高达 2.0%，其目的是为了获得高硬度和耐磨性。加入合金元素铬、钼、钨、钒等，目的是提高耐磨性、淬透性和耐回火稳定性。

冷作模具钢最终热处理一般为淬火＋低温回火。回火后组织为回火马氏体＋碳化物＋残余奥氏体，硬度达 60～62HRC。

目前应用较广的是 Cr12 型钢，如 Cr12MoV 钢等。Cr12MoV 钢具有很高的硬度和耐磨性、较高的强度和韧性、热处理变形小等特点。主要用于制造截面较大，形状复杂的冷作模具。

(2) 热作模具钢　热作模具钢是用来制造使金属在高温下成型的模具。如热锻模、热挤压模、压铸模等。热作模具是在高温下工作，承受很大的冲击力。因此要求热作模

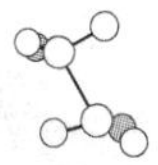

具钢具有高的热强性和红硬性、高温耐磨性和高的抗氧化性，以及较高的抗热疲劳性和导热性。

热作模具钢一般采用中碳（w_c=0.30%～0.60%）合金钢制成。含碳量会使韧性下降，导热性也差，含碳量太低则不能保证钢的强度和硬度。加入合金元素铬、镍、锰、硅等，目的是为了强化钢的基体和提高钢的淬透性。加入钼、钨、钒等是为了提高钢的回火稳定性和耐磨性。

目前常采用5CrMnMo和5CrNiMo钢制作热锻模，采用3Cr2W8V钢制作挤压模和压铸模。

热作模具钢的最终热处理是淬火＋中温回火（高温回火），以保证其有足够的韧性。

（3）塑料模具钢　塑料模具钢是指制造塑料模具用的钢种。因塑料制品的强度、硬度和熔点比钢低，所以塑料模具失效形式是表面质量的下降。由塑料模具的工作特点可知，塑料模具钢应具备以下性能：

① 良好的加工性能，容易蚀刻出各种图案、文字和符号，且清晰、美观。

②良好的抛光性，抛光时应容易使模具表面达到高镜面度。

③ 良好的热处理性能，热处理后表面硬度应达到45～55HRC以上，要求热处理变形小，变形方向性小。

④ 良好的焊接性能，应易于对模具进行补焊，保证补焊质量，补焊后应能顺利进行切削加工。

⑤ 良好的耐磨性，足够的强度和韧性。还具有良好的耐蚀性和表面易于装饰处理的性能。

一般中小型且形状不复杂的塑料模具，可用T7A、T8A、12CrMo、CrWMn、20Cr、40Cr等。这些模具钢很难全面具备上述性能要求，因此我国发展了自己的塑料模具钢系列。

3. 合金量具钢

量具钢主要用于制造测量零件尺寸的各种量具，如卡尺、千分尺、塞规、样板等。由于量具在使用过程中经常与被测零件接触，易受到磨损或碰撞；量具本身应具有非常高的尺寸精度和恒定性。因此，要求量具有高的硬度、耐磨性、尺寸稳定性和足够的韧性。同时还要求有良好的磨削加工性，以便达到很低的表面粗糙度要求。

量具钢含碳量高，一般碳含量在0.90%～1.5%之间，以保证较高的硬度和耐磨性；加入铬、钨、锰等合金元素，以形成合金碳化物，提高钢的淬透性和耐磨性，减少淬火变形及应力，提高马氏体的稳定性，从而获得较高的尺寸稳定性。

量具钢的热处理往往预先热处理是球化退火，最终热处理是淬火＋低温回火。为了提高量具尺寸的稳定性，对精密量具在淬火后应立即进行冷处理，然后在150℃～160℃下低温回火；低温回火后还应进行一次人工时效，尽量使淬火组织转变为较稳定的回火马氏体，并消除淬火应力。量具精磨后要在120℃下人工时效2～3h，以消除磨削应力。

常用量具钢目前没有专用钢种，对一般要求的量具，可用碳素工具钢，合金工具钢和滚动轴承钢制造；精度要求较高的量具，均采用微变形合金工具钢CrMn、CrWMn等制成。

五、特殊性能钢

用于制造在特殊工作条件或特殊环境下工作，具有特殊性能要求的机械零件的钢材，称特殊性能钢。工程中常用的特殊性能钢有不锈钢、耐热钢、耐磨钢等。

1. 不锈钢

不锈钢是具有抵抗大气或某些化学介质腐蚀作用的合金钢。按其组织不同分为以下3类：

(1) 铁素体不锈钢　这类钢的含碳量<0.12%，铬含量在16%～18%，加热时组织无明显变化，为单相铁素体组织，故不能用热处理强化，通常在退火状态下使用。这类钢耐蚀性、高温抗氧化性、塑性和焊接性好，但强度低。主要制作化工设备的容器和管道等。常用牌号为1Cr17钢等。

(2) 马氏体不锈钢　这类钢的碳含量为0.10%～0.40%，随含碳量增加，钢的强度、硬度和耐磨性提高，但耐蚀性下降。钢中铬的含量在12%～14%。这类钢在大气、水蒸气、海水、氧化性酸等氧化性介质中有较好的耐蚀性。淬火+低温回火可获得回火马氏体组织，硬度可达50HRC左右，具有较高的硬度和耐磨性，用于制造要求力学性能较高，并有一定耐蚀性的零件，如医疗器械、量具、轴承、阀门等。常用牌号有1Cr13、3Cr13钢等。

(3) 奥氏体不锈钢　奥氏体不锈钢含碳量低，含铬量为18%，含镍量为8%～11%，也称18—8型不锈钢。镍可使钢在室温下呈单相奥氏体组织。铬、镍使钢有好的耐蚀性和耐热性，较高的塑性和韧性。加入钛，主要是防止钢产生晶间腐蚀。

为得到单一的奥氏体组织，提高耐蚀性，应采用固溶处理，即将钢加热到1050℃～1150℃，使碳化物全部溶于奥氏体中，然后水淬快冷至室温，得到单相奥氏体组织。经固溶处理后的钢具有高的耐蚀性，好的塑性和韧性，但强度低。为了提高其强度，可以通过冷变形强化方法得以实现。

常用的奥氏体不锈钢的牌号主要有0Cr18Ni9、1Cr18Ni9、2Cr18Ni9、0Cr19Ni9Ti、1Cr19Ni9Ti等。奥氏体不锈钢主要用于制造在强腐蚀介质中工作的各种设备和零件，如贮槽、吸收塔、化工容器和管道等。此外、由于奥氏体不锈钢没有磁性，还可用于制造仪表、仪器中防磁零件。

2. 耐热钢

耐热钢是指具有高温抗氧化性和热强性的钢。高温抗氧化性是金属材料在高温下对氧化作用的抗力。为提高钢的抗氧化能力，向钢中加入合金元素铬、硅、铝等，使其在钢的表面形成一层致密的氧化膜，保护金属在高温下不再继续被氧化。热强性是指钢在高温下对机械负荷作用有较高抗力。高温下金属原子间结合力减弱，强度降低，此时金属在恒定应力作用下，随时间的延长会产生缓慢的塑性变形，称此现象为“蠕变”。为提高高温强度，防止蠕变，可向钢中加入铬、钼、钨、镍等元素，以提高钢的再结晶温度，或加入钛、铌、钒、钨、铬等元素，形成稳定且均匀分布的碳化物，产生弥散强化，从而提高高温强度。

耐热钢按组织不同分为4类：

(1) 珠光体型耐热钢　这类钢合金元素总量为3%～5%，是低合金耐热钢。常用牌号有15CrMo钢、12CrMoV钢、30CrMoV钢等，主要用于制作锅炉炉管、耐热紧固件、汽轮机转子、叶轮等。

(2) 马氏体型耐热钢　这类钢通常是在Cr13型不锈钢的基础上加入一定量的钼、钨、钒等元素。钼钨可提高再结晶温度，钒可提高高温强度。此类钢淬火+回火后，组织与性能稳定，一般使用温度<650℃，常用于制作承载较大的零件，如汽轮机叶片等。

(3) 奥氏体型耐热钢　这类钢含有较多的铬和镍。铬可提高钢的高温强度和抗氧化性，镍可促使形成稳定的奥氏体组织。常用牌号有4Cr14Ni14W2Mo和0Cr18Ni11Ti，工作

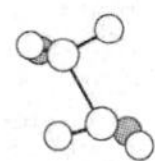

温度在600℃～800℃之间，钢中含有大量的合金元素，尤其含有较多Cr和Ni，其总量大大超过10%，一般进行固溶处理或固溶加时效处理。这类钢广泛应用于航空、航海、石油及化工等工业部门，用于制造汽轮机、燃气轮机、电炉等部件。

(4) 铁素体型耐热钢　这类钢主要含有铬，以提高钢的抗氧化性。钢经退火后可制作在900℃以下工作的耐氧化零件，如散热器等。常用牌号有1Cr17钢等。

3. 耐磨钢

在强烈冲击和磨损条件下具有良好韧性和高耐磨性的钢称为耐磨钢。

典型的耐磨钢是高锰钢，钢中的含碳量为1.0%～1.3%，含锰量为11%～14%，因此称为高锰耐磨钢。由于高锰耐磨钢板易冷作硬化，很难进行切削加工，因此大多数高锰耐磨钢件采用铸造成型。高锰耐磨钢铸态组织中存在许多碳化物，因此钢硬而脆，为改善其组织以提高韧性，将铸件加热至1000℃～1100℃，使碳化物全部溶入奥氏体中，然后水冷得到单相奥氏体组织，称此处理为“水韧处理”。铸件经“水韧处理”后，强度、硬度不高，塑性、韧性好，工作时，若受到强烈冲击、巨大压力或摩擦，则因表面塑性变形而产生明显的冷变形强化，同时还发生奥氏体向马氏体转变，使表面硬度和耐磨性大大提高，而心部仍保持奥氏体组织和良好韧性和塑性，有较高的抗冲击能力。

耐磨钢主要用于制造在强烈冲击载荷和严重磨损下工作的机械零件，如球磨机的衬板、挖掘机的铲斗、各种碎石机的颚板、铁道上的道岔、拖拉机和坦克的履带板、主动轮和履带支承滚轮等。常用牌号有ZGMn13—1铸钢和ZGMn13—2铸钢。

第四节　铸　铁

铸铁是含碳量大于2.11%的铁碳合金。工业上常用的铸铁含碳量一般在2.5%～4.0%的范围内，此外还含有硅、锰、硫、磷等元素。

铸铁具有良好的铸造性能，生产成本低，用途广。在一般的机械中，铸铁约占机器总质量的40%～70%，在机床和重型机械中高达80%～90%。近年来，铸铁组织进一步改善，热处理对基体的强化作用也更明显，因此，铸铁日益成为物美价廉、应用广泛的结构材料。

根据铸铁中石墨形态的不同，铸铁可分为下列几种：

(1) 白口铸铁　碳主要以渗碳体形式存在，其断口呈银白色，所以称为白口铸铁。这类铸铁的性能既硬又脆，很难进行切削加工，所以很少直接用来制造机器零件。

(2) 灰铸铁　石墨以片状存在于铸铁中。

(3) 可锻铸铁　石墨以团絮状存在于铸铁中。

(4) 球墨铸铁　石墨以球状存在于铸铁中。

(5) 蠕墨铸铁　石墨以蠕虫状存在于铸铁中。

一、铸铁的石墨化

铸铁中的石墨可以从液体中或奥氏体中直接析出，也可以先结晶出渗碳体，再由渗碳体在一定条件下分解而得到($Fe_3C \rightarrow 3Fe + C$)。铸铁中的碳以石墨形态析出的过程称为石墨化。影响石墨化的主要因素是铸铁的成分和冷却速度。

(1) 成分的影响　铸铁中的元素按其对石墨化的作用可以分为两大类。一类是促石墨化元素，如碳、硅、铝、镍等，其中碳和硅是强烈的促进石墨化元素。碳、硅含量高，析出的石墨量多，石墨片的尺寸粗大。适当降低碳、硅含量能使石墨细化。另一类是阻碍石墨化的元素，如铬、钨、钼、钒、锰、硫等，它们均阻碍渗碳体分解，阻碍石墨化。

(2) 冷却速度的影响　冷却速度对石墨化的影响也很大，当铸铁结晶时，缓慢冷却有利于扩散，石墨化过程可充分进行，结晶出的石墨又多又大；而快冷则阻碍石墨化，促使白口化。铸铁的冷却速度主要决定于铸件的壁厚和铸型材料。例如铸铁在砂型中冷却比在金属型中冷却慢，铸件越厚，冷却越慢，这样的铸件有利于石墨化。

二、常用铸铁

1. 灰铸铁

灰铸铁中的碳多以片状石墨形式存在，它是铸铁中用量最大的一种，在铸铁生产中，约占 80%以上。

(1) 灰铸铁的组织与性能　灰铸铁的化学成分：C 为 2.7%～3.6%，Si 为 1.0 %～2.2%，Mn 为 0.4%～1.2%，S 小于 0.15%，P 小于 0.3%。

灰铸铁的组织可看成是碳钢的基体加片状石墨。按基体组织不同分为铁素体灰铸铁、铁素体—珠光体灰铸铁、珠光体灰铸铁。

由于灰铸铁内分布着许多片状石墨，而石墨的强度很低，塑性、韧性几乎为零。它的存在，相当于在钢的基体上分布了许多细小的裂纹，割裂了基体的连续性，减小了有效承载面积，而且石墨的尖角处易产生应力集中，所以灰铸铁的强度、塑性、韧性均比同基体的钢低。石墨片数量越多，尺寸越大，分布越不均匀，灰铸铁的抗拉强度越低。灰铸铁的硬度和抗压强度与同基体的钢差不多，石墨对其影响不大。灰铸铁的抗压强度约为其抗拉强度的 3～4 倍，故广泛用于制造受压构件。

石墨虽然降低了铸铁的强度、塑性和韧性，但却使铸铁获得了下列优良性能：

① 铸造性能好，灰铸铁熔点低、流动性好。在结晶过程中析出体积较大的石墨，部分补偿了基体的收缩，所以收缩率较小。

② 良好的减振性和吸振性。石墨割裂了基体，阻止了振动的传播，并将振动能量转变为热能而消耗掉，其减振能力比钢高 10 倍左右。

③ 良好的减摩性。石墨本身有润滑作用，石墨从基体上剥落后所形成的孔隙有吸附和储存润滑油的作用，可减少磨损。

④ 有良好的切削加工性能。片状石墨割裂了基体，使切屑易脆性断裂，且石墨有减摩作用，减小了刀具的磨损。

⑤ 缺口敏感性低。铸铁中石墨的存在相当于许多微裂纹，致使外来缺口的作用相对减弱。

(2) 灰铸铁的孕育处理　为提高灰铸铁的力学性能，生产中常采用孕育处理，即在浇注前往铁水中投加少量的硅铁、硅钙合金等作孕育剂，以获得大量的、高度弥散分布的人工晶核，使石墨片及基体组织得到细化。

经过孕育处理后的铸铁称为孕育铸铁，其强度较高，塑性和韧性有所提高。因此，孕育铸铁常用作力学性能要求较高，截面尺寸变化较大的大型铸件。

(3) 灰铸铁的牌号及用途　灰铸铁的牌号由“灰铁”两字的汉语拼音字母字头“HT”及后面一组数字组成，数字表示最低抗拉强度。表 6－5 是灰铸铁的牌号和应用。

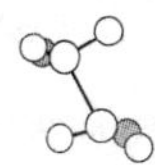

（4）灰铸铁的热处理　灰铸铁可以通过热处理改变基体组织，但不能改变石墨的形态和分布，因而对提高灰铸铁的力学性能作用不大。灰铸铁的热处理常常为减小铸件内应力的去应力退火，提高表面硬度和耐磨性的表面淬火，以及消除铸件白口、降低硬度的石墨化退火。

表 6－5　灰铸铁的牌号和应用

牌号	铸件壁厚/mm		最小抗拉强度 σ_b/MPa	应用范围及举例
	大于	至		
HT100	2.5	10	130	适用于制造盖、外罩、手轮、支架、重锤等负载小，对摩擦、磨损无特殊要求的零件
	10	20	100	
	20	30	90	
	30	50	80	
HT150	2.5	10	175	适用于制造支柱、底座、工作台等承受中等载荷的零件
	10	20	145	
	20	30	130	
	30	50	120	
HT200	2.5	10	220	适用制造气缸、活塞、齿轮、轴承座、联轴器等承受较大负荷和较重要的零件
	10	20	195	
	20	30	170	
	30	50	160	
HT250	4	10	270	
	10	20	240	
	20	30	220	
	30	50	200	
HT300	10	20	290	适用于制造齿轮、凸轮、车床卡盘、高压液压筒和滑阀壳体等承受高负荷的零件
	20	30	250	
	30	50	230	
HT350	10	20	340	
	20	30	290	
	30	50	260	

2. 球墨铸铁

铁水经过球化处理而使石墨大部分或全部呈球状的铸铁称为球墨铸铁。

球化处理是在铁水浇注前加入少量的球化剂及孕育剂，使石墨以球状析出。

（1）球墨铸铁的成分、组织与性能　球墨铸铁的化学成分：C 为 3.6%～3.9%，Si 为 2.0%～2.8%，Mn 为 0.6%～0.8%，S 小于 0.07%，P 小于 0.1%。与灰铸铁相比，它的碳、硅含量较高，有利于石墨球化。

球墨铸铁按基体组织的不同分为铁素体球墨铸铁、铁素体—珠光体球墨铸铁和珠光体球墨铸铁。

由于球墨铸铁中的石墨呈球状，其割裂基体的作用及应力集中现象大为减小，可以充分发挥金属基体的性能，它的强度和塑性超过灰铸铁，接近铸钢。

(2) 球墨铸铁的牌号及用途　球墨铸铁的牌号是由“球铁”两字的汉语拼音的第一个字母“QT”及后面的两组数字组成，两组数字分别表示其最低抗拉强度和最小伸长率。如QT450—10表示其最低抗拉强度为450MPa、最小伸长率为10%的球墨铸铁。

球墨铸铁的牌号、组织、力学性能见表6-6。

表6-6　球墨铸铁的牌号、组织、力学性能

牌号	σ_b/MPa	$\sigma_{0.2}$/MPa	δ/%	硬度/HBS	主要金相组织
	不小于				
QT400—18	400	250	18	130～180	铁素体
QT400—15	400	250	15	130～180	
QT450—10	450	310	10	160～210	
QT500—7	500	320	7	170～230	铁素体+珠光体
QT600—3	600	370	3	190～270	珠光体+铁素体
QT700—2	700	420	2	225～305	珠光体
QT800—2	800	480	2	245～335	珠光体或回火组织
QT900—2	900	600	2	280～360	贝氏体或回火马氏体

由于球墨铸铁具有良好的力学性能和工艺性能，并能通过热处理改善其力学性能。因此，球墨铸铁可以代替碳素铸钢、可锻铸铁，制造一些受力复杂，强度、硬度、韧性和耐磨性要求较高的零件，如内燃机曲轴、凸轮轴、连杆等。

(3) 球墨铸铁的热处理　由于球状石墨对基体的割裂作用小，所以通过热处理改变球墨铸铁的基体组织，对提高其力学性能有重要作用。常用的热处理工艺有以下几种：

① 退火。退火的主要目的是为了得到铁素体基体的球墨铸铁，以提高球墨铸铁的塑性和韧性，改善切削加工性能，消除内应力。

② 正火。正火的目的是为了得到珠光体基体的球墨铸铁，从而提高其强度和耐磨性。

③ 调质。调质的目的是为了得到回火索氏体基体的球墨铸铁，从而获得良好的综合力学性能。

④ 等温淬火。等温淬火是为了获得下贝氏体基体的球墨铸铁，从而获得高强度、高硬度、高韧性的综合力学性能。对于一些要求综合力学性能好、形状复杂、热处理易变形开裂的重要零件，常采用等温淬火。

3. 可锻铸铁

可锻铸铁是将白口铸铁通过石墨化或氧化脱碳退火处理，改变其金相组织或成分而获得有较高韧性的铸铁，其石墨形态呈团絮状。

(1) 可锻铸铁的生产过程、化学成分及组织　可锻铸铁的生产过程首先是浇注成白口

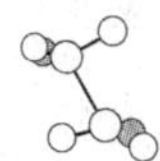

铸铁件，然后再经石墨化退火，使渗碳体分解为团絮状石墨，即可制成可锻铸铁。

可锻铸铁的化学成分：C 为 2.2%～2.8%，Si 为 1.0%～1.8%，Mn 为 0.4%～0.6%，S 小于 0.25%，P 小于 0.1%。为了保证得到白口组织，保证退火时渗碳体分解迅速，必须严格控制铁水中的化学成分，尤其是碳和硅的含量。

根据白口铸铁退火的工艺不同，可形成铁素体可锻铸铁和珠光体基体的可锻铸铁。铁素体基体的可锻铸铁，因其断口心部呈灰黑色，表层呈灰白色，故又称为黑心可锻铸铁。珠光体基体的可锻铸铁称为白心可锻铸铁。

(2) 可锻铸铁的性能、牌号和用途　由于石墨形状的改变，减轻了石墨对基体的割裂作用。与灰铸铁相比，可锻铸铁的强度高，塑性和韧性好，但并没有到达可以锻造的地步，注意可锻铸铁不可以锻造。与球墨铸铁相比，可锻铸铁具有质量稳定、铁液处理简单、易于组织流水线生产等优点。

可锻铸铁的牌号是由三个字母及两组数字组成。前面两个字母是“KT”是“可铁”两字的汉语拼音的第一个字母，第三个字母代表可锻铸铁的类别。后面两组数字分别代表最低抗拉强度和最小伸长率的数值。

可锻铸铁的牌号、性能及用途见表 6-7。

表 6-7　可锻铸铁的牌号、性能及用途

<table>
<tr><th rowspan="3">牌号</th><th rowspan="3">试样直径
d/mm</th><th>σ_b</th><th>σ_s</th><th rowspan="2">δ/%</th><th rowspan="3">硬度
HBS</th><th rowspan="3">应用</th></tr>
<tr><th colspan="2">MPa</th></tr>
<tr><th colspan="3">不小于</th></tr>
<tr><td>KTH300－6</td><td rowspan="8">12 或 15</td><td>300</td><td>—</td><td>6</td><td rowspan="4">不大于
150</td><td>适用于管道配件、中低压阀门等气密性要求高的零件</td></tr>
<tr><td>KTH330－08</td><td>330</td><td>—</td><td>8</td><td>适用于扳手、车轮壳、钢丝绳接头承受中等动载和静载的零件</td></tr>
<tr><td>KTH350－10</td><td>350</td><td>220</td><td>10</td><td rowspan="2">适用于汽车轮壳、差速器壳、制动器等承受较高冲击、振动及扭转负荷的零件</td></tr>
<tr><td>KTH370－12</td><td>370</td><td>—</td><td>12</td></tr>
<tr><td>KTZ450－06</td><td>450</td><td>270</td><td>6</td><td>150～200</td><td rowspan="4">适用于曲轴、凸轮轴、连杆、齿轮、摇臂等承受较高载荷、耐磨损且要求有一定韧性的重要零件</td></tr>
<tr><td>KTZ550－04</td><td>550</td><td>340</td><td>4</td><td>180～230</td></tr>
<tr><td>KTZ650－02</td><td>650</td><td>430</td><td>2</td><td>210～260</td></tr>
<tr><td>KTZ700－20</td><td>700</td><td>530</td><td>20</td><td>240～290</td></tr>
</table>

可锻铸铁具有铁水处理简单、质量稳定、容易组织流水生产、低温韧性好等优点，广泛应用于汽车、拖拉机制造行业，常用来制造形状复杂、承受冲击载荷的薄壁、中小型零件。

4. 蠕墨铸铁

在一定成分的铁液中加入适量的蠕化剂和孕育剂，使石墨的形态呈蠕虫状的铸铁称蠕墨铸铁。蠕墨铸铁中的碳主要以蠕虫状石墨形态存在。其石墨的形态介于片状石墨和球状石墨之间，形状与片状石墨类似，但片短而厚，端部圆滑。因此，这种铸铁的性能介于优质灰铸铁和球墨铸铁之间。抗拉强度和疲劳强度相当于铁素体球墨铸铁，减震性、导热性、耐磨性、切削加工性和铸造性能近似于灰铸铁。

蠕墨铸铁主要应用于承受循环载荷、组织致密、强度较高、形状复杂的零件，如汽缸盖、进排气管、钢锭模和阀体等。

三、合金铸铁

合金铸铁是指常规元素高于普通铸铁规定含量或含有其他合金元素，具有较高力学性能或某些特殊性能的铸铁，如耐磨铸铁、耐热铸铁、耐蚀铸铁等。

1. 耐磨铸铁

提高铸铁耐磨的方法有许多。普通白口铸铁脆性大，不能承受冲击载荷，因此常采用"激冷"的方法，即在型腔中加入冷铁，使灰铸铁表面产生白口化，硬度和耐磨性大为提高，而其心部仍保持灰口组织，从而在具有一定的韧性和强度的同时，又具有高耐磨性，使其具有"外硬内韧"的特点，可承受一定的冲击。这种因表面凝固速度快，碳全部或大部分呈化合态而形成一定深度的白口层，中心为灰口组织的铸铁称为冷硬铸铁。

在普通灰铸铁的基础上将含磷量提高到 0.5%～0.8%，就可获得高磷耐磨铸铁，具有高硬度和高耐磨性的磷共晶均匀分布在晶界处，使铸铁的耐磨性大为提高。在普通高磷耐磨铸铁的基础上，再加入 Cr、Mn、Cu、V、Ti 和 W 等元素，就构成了高磷合金铸铁，这样既细化和强化了基体组织，也进一步提高了铸铁的力学性能和耐磨性。生产上常用其制造机床导轨、汽车发动机缸套等。

我国研制的中锰耐磨球墨铸铁，铸态组织为马氏体、奥氏体、碳化物和球状石墨，这种铸铁具有较高的耐磨性和较好的强度和韧性，不需贵重合金元素，熔炼简单，成本低。这种铸铁可代替高锰钢或锻钢制造承受冲击的一些抗磨零件。

2. 耐热铸铁

耐热铸铁具有良好的耐热性，可以代替耐热钢制造加热炉底板、坩埚、废气道、热交换器及压铸模等。

高温工作的许多零件都要求具有良好的耐热性，铸铁的耐热性主要是指它在高温下抗氧化的能力。在铸铁中加入合金元素铝、硅、铬等能提高其耐热性。合金元素在铸铁表面可生成 Al_2O_3、SiO_2 和 Cr_2O_3 等保护膜，保护膜非常致密，可阻止氧原子穿透而引起铸铁内部的继续氧化；另一方面，铬可形成稳定的碳化物，含铬越多，铸铁热稳定性越好。硅、铝可提高铸铁的临界温度，促使形成单相铁素体组织，因此在高温使用时，这些铸铁的组织很稳定。

3. 耐蚀铸铁

耐蚀铸铁广泛应用于化工部门，制作管道、阀门、泵体等。即在铸铁中加入硅、铝、铬、镍、铜等合金元素，使铸铁的表面形成一层致密的保护性氧化膜，使铸铁组织成为单相基体上分布着数量较少且彼此孤立的球状石墨，提高铸铁基体组织的电极电位，从而提高其耐蚀性。

耐蚀铸铁和种类很多，如高硅、高镍、负铝、高铬等耐蚀铸铁，其中应用最广泛的是高硅耐蚀铸铁，碳含量小于 1.2%，硅含量为 14%～18%。为改善铸铁在碱性介质中的耐蚀性，可向铸铁中加入 6.5%～8.5%的 Cu；为改善铸铁在盐酸中的耐蚀性，可向铸铁中加入

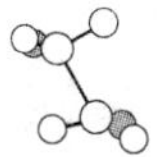

2.5%～4.0%的 Mn；为进一步提高耐蚀性，还可向铸铁中加入微量的硼和稀土镁合金进行球化处理。

第五节　有色金属及粉末冶金材料

除钢铁材料以外的其他金属统称为有色金属。与钢铁材料相比较，有色金属具有某些特殊性能，因而成为现代工业不可缺少的材料。有色金属种类繁多，本节重点介绍铝及铝合金、铜及铜合金、轴承合金及硬质合金。

一、铝及铝合金

铝是自然界中储量最丰富的金属元素之一，在工业中成为仅次于钢铁材料的一种重要工业材料，铝及铝合金具有许多优良的性能，在机械、电力、航空、航天等领域中有广泛的应用，也是日常生活用品中不可缺少的材料。

1. 工业纯铝

工业中使用的纯铝是银白色的金属。其纯度为 98%～99.7%，熔点为 660℃，密度为 2.7g/cm^3。纯铝的导电性、导热性好，仅次于铜、银、金，居第四位。纯铝有良好的耐蚀性，纯铝与氧的亲和力很大，在空气中其表面生成一层致密的 Al_2O_3 薄膜，隔绝空气，故在大气中有良好的耐蚀性。

纯铝的强度、硬度很低（σ_b＝80～100MPa、20HBS），但塑性高（δ＝50%，ψ＝80%）。通过冷变形强化可提高纯铝的强度，但塑性有所下降。

铝中的杂质主要是铁和硅，它们以游离或化合物等形式存在。这些杂质的存在使铝的塑性和强度下降，也使铝的耐蚀性下降，因此其含量必须加以限制。

纯铝的主要用途可代替贵重的铜，制作导线、电器零件、电缆。加入合金元素可制成铝合金形成质轻、导热、耐腐蚀而强度要求不高的用品和器具。

2. 铝合金

纯铝的强度低，不适宜用作结构材料。为了提高其强度，一般向铝中加入适量的硅、铜、镁、锰等合金元素，形成铝合金。许多铝合金经冷变形强化或热处理，可进一步提高强度。铝合金具有密度小，耐腐蚀，导热和塑性好等性能。

常用的铝合金按其成分和工艺特点不同可分为变形铝合金和铸造铝两大类。

(1) 变形铝合金　变形铝合金分为防锈铝合金（LF）、硬铝合金（LY）、超硬铝合金（LC）和锻铝合金（LD）等几类。

① 防锈铝合金：它是铝锰系和铝镁系合金，不能通过热处理强化，其特点是有很好的耐蚀性，故称为防锈铝合金。这类合金还有良好的塑性和焊接性能，但强度较低，切削加工性能较差，只能通过冷变形方法进行强化。防锈铝合金主要用于制作需要弯曲或冷拉伸的高耐蚀容器，以及受力小、耐蚀的制品与结构件。常用的有 LF5、LF11、LF21 等。

② 硬铝合金：它是铝—铜—镁系合金，还含有少量的锰。这类合金可以通过固溶处理、时效处理显著提高强度，σ_b可达 420MPa，故称硬铝。硬铝的耐蚀性差，尤其不耐海水腐蚀，所以硬铝合金板材的表面常包一层纯铝，以增加其耐蚀性。包铝板材在热处理后强度稍低。常用的有 LY1、LY2、LY12 等。

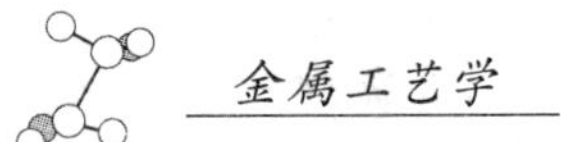

③ 超硬铝合金:它是铝—铜—镁—锌系合金。这类合金经固溶处理和人工时效后,其强度比硬铝合金更高,σ_b可达 680MPa,故称超硬铝合金,它是强度最高的一种铝合金。超硬铝合金的耐蚀性也较差,可用包铝法提高其耐蚀性。

超硬铝合金主要用于飞机上受力较大的结构件,常用的有 LC4 和 LC6 等。

④ 锻铝合金:它是铝—铜—镁—镍—铁系合金。尽管在合金中的元素种类多,但每种元素的含量都较少,它具有良好的锻造性能、铸造性能、热塑性和较高的力学性能。锻铝合金主要用作航空及仪表工业基础中形状复杂、强度较高、密度较小的锻件。常用的有 LD5、LD7 和 LD10 等。

常用变形铝合金的代号、牌号、成分、力学性能及用途见表 6-8。

表 6-8 变形铝合金的代号、牌号、成分、力学性能及用途

类别	原牌号	新牌号	半成品种类	状态	力学性能		用途
					σ_b/MPa	δ/%	
防锈铝合金	LF2	5A02	冷轧板材	0	167～226	16～18	适用于在液体中工作的中等温度的焊接件、冷冲压件和容器、骨架零件等
			热轧板材	H112	117～157	6～7	
			挤压板材	0	≤226	10	
	LF21	3A21	冷轧板材	0	98～147	18～20	适用于要求高的可塑性和良好的焊接性、在液体或气体介质中工作的低载荷零件
			热轧板材	H112	108～118	12～15	
			挤制厚壁管材	H112	≤167	—	
硬度铝合金	LY11	2A11	冷轧板材（包铝）	0	226～235	12	适用于要求中等强度的零件和构件、冲压的连接部件、空气螺旋桨叶片、局部镦粗和零件
			挤压棒材	T4	353～373	10～12	
			拉挤制管材	0	≤245	10	
	LY12	2A12	冷轧板材（包铝）	T4	407～427	10～13	用量最大。适用于要求高载荷的零件和构件
			挤压棒材	T4	255～275	8～12	
			拉挤制管材	0	≤245	10	
	LY8	2B11	铆钉线材	T4	J225	—	主要用作铆钉材料
超硬铝合金	LC3		铆钉线材	T6	J284	—	适用于受力结构和铆钉
	LC4 LC9	7A04 7A09	挤压棒材	T6	490～510	5～7	适用于飞机大梁等承力构件和高载荷零件
			冷轧板材	0	≤240	10	
			热轧板材	T6	490	3～6	
锻铝合金	LD5	2A50	挤压棒材	T6	353	12	适用于形状复杂和中等强度的锻件和冲压件
	LD7	2A70	挤压棒材	T6	350	8	
	LD8	1A80	挤压棒材	T6	441～432	8～10	
	LD10	2A14	热轧板材	T6	432	5	适用于高负荷和形状简单的锻件和模锻件

(2) 铸造铝合金　铸造铝合金有良好的铸造性能,可浇注成各种形状复杂的铸件。常用的铸造铝合金有铝硅系、铝铜系、铝镁系和铝锌系 4 大类。

铸造铝合金的代号用“铸铝”两字的汉语拼音字母 ZL 及后面三位数字表示。第一位数字表示铝合金的类别,其中有 1 为铝硅合金、2 为铝铜合金、3 为铝镁合金、4 为铝锌合金;第二位、第三位数字表示顺序号,如 ZL102、ZL401 等。

① 铝硅系铸造铝合金:它是最常用的铸造铝合金,俗称硅铝明。这种合金有着优良的铸造性能,铸件不易发生热裂,是目前工业上最常用的铸造铝合金之一,广泛用来制造形状复杂的零件。

铝硅合金抗拉强度很低,伸长率不高。为了改善铝硅合金的力学性能,可对合金进行变质处理。通过变质处理,硅晶体成为极细小的粒状,均匀分布在铝基体上,从而提高了合金的力学性能。为了进一步提高铝硅合金的强度,还可加入铜、镁等元素,通过淬火、时效以提高强度。

② 铝铜系铸造铝合金:这是一种比较陈旧的铸造铝合金,由于合金中只含有少量的共晶体,故铸造性能不好,而耐蚀性也不及优质的硅铝明。目前大部分已由其他铝合金所代替。其中 ZL201 在室温下的强度、塑性较好,可用于制作在 300℃以下工作的零件;ZL202 的塑性较好,多用于高温下不受冲击的零件。

③ 铝镁系铸造铝合金:铝镁合金的强度高、密度小、耐蚀性好,但铸造性和耐热性较差。铝镁合金可进行时效强化,通常是自然时效。主要用于承受冲击载荷,在腐蚀性介质中的工作零件,如船舶的配件、氨用泵体等。

④ 铝锌系铸造铝合金:铝锌合金的铸造性能好,价格便宜,经变质处理和时效强化后,强度较高,但耐蚀性差,热裂倾向大。主要用于制造汽车、拖拉机的发动机零件及形状复杂的仪表零件。

二、铜及铜合金

1. 工业纯铜

工业纯铜又称紫铜,密度为 8.9g/cm^3,熔点为 1083℃,其导电性和导热性仅次于金和银,是最常用的导电、导热材料。具有良好的耐蚀性和塑性,但强度、硬度低,不能通过热处理强化,只能通过冷变形强化,但塑性降低。

工业纯铜的纯度为 99.95%～99.5%,主要杂质元素有铅、铋、氧、硫、磷等,杂质含量越多,其导电性越好,并易产生热脆和冷脆。工业纯铜的代号用 T(铜的汉语拼音字首)及顺序号(数字)表示,如 T1、T2、T3,其后数字越大,纯度越低。

纯铜广泛用于制造电线、电缆、电刷、铜管及配制合金,不宜制造受力的结构件。

2. 铜合金

工业上广泛采用的是铜合金。常用的铜合金可分为黄铜、青铜和白铜三类。一般工业机械中常用的是黄铜、青铜,白铜是制造精密机械与仪表的耐蚀件及电阻器、热电偶等。

(1) 黄铜　黄铜是锌为主加元素的铜合金。按其化学成分不同分为普通黄铜和特殊黄铜;按生产方法不同分为压力加工黄铜和铸造黄铜。

① 普通黄铜:普通黄铜又分为单相黄铜和双相黄铜,当锌含量小于 39%时,锌全部溶于铜中形成 α 固溶体,即单相黄铜;当锌含量大于等于 39%时,除了有 α 固溶体外,组织中还

出现以化合物 CuZn 为基体的 β 固溶体，即 α+β 的双相黄铜。锌对黄铜力学性能有很大影响。当锌含量为 32%以下时，随锌含量的增加，黄铜的强度和塑性不断提高，当锌含量达到 30%～32%时，黄铜的塑性最好；当锌含量超过 39%以后，由于出现了 β 相，强度继续升高，但塑性迅速下降；当锌含量大于 45%以后，强度也开始急剧下降，在生产上无实用价值。

普通黄铜的牌号用"H+数字表示"。其中 H 为"黄"字汉语拼音的字头，数字表示平均含铜量的百分数。如 H62 表示铜的含量为 62%，其余元素为锌，锌的含量为 38%的黄铜。

普通黄铜的耐蚀性良好，与纯铜接近，超过铁、碳钢及许多合金钢。普通黄铜具有良好的压力加工性能、铸造性能，但易形成集中缩孔。

常用黄铜的牌号、化学成分、力学性能及用途见表 6-9。

表 6-9 常用黄铜的牌号、化学成分、力学性能及用途

组别	牌号	化学成分/%		力学性能			用途
		Cu	其他	σ_b/MPa	δ/%	HBS	
普通黄铜	H90	88.0～91.0	余量 Zn	260	45	53	双金属片、供水和排水管、工作证章
	H68	67.0～70.0	余量 Zn	320	55	—	复杂的冲压件、散热器外壳体波纹管、轴套、弹壳
	H62	60.5～63.5	余量 Zn	330	49	56	销钉子、铆钉、螺钉、螺母、垫圈、夹线板式弹簧
特殊黄铜	HSn90－1	88.0～91.0	0.25～0.75Sn 余量 Zn	280	45	—	船舶零件、汽车和拖拉机的弹性套管
	HSi80－3	79.0～81.0	2.5～4.0Si 余量 Zn	300	58	90	船舶零件、蒸汽条件(小于 265℃)下工作的零件、弱电电路用的零件
	HMn58－2	57.0～60.0	1.0～2.0Mn 余量 Zn	400	40	85	弱电电路用的零件
	HPb59－1	57.0～60.0	0.8～1.9Pb 余量 Zn	400	45	44	热冲压及切削加工零件
	HA159－3－2	57.0～60.0	2.5～3.5Al 2.0～3.0Ni 余量 Zn	380	50	75	船舶、电机及其他在常温下工作的高强度、耐蚀零件
	ZCuZn38	60.0～63.0	余量 Zn	295	30	60	法兰、阀座、手柄、螺母
	ZCu40Mn2	57.0～60.0	1.0～2.0Mn 余量 Zn	345	20	80	在淡水、海水、蒸汽中工作的零件
	ZCuZn33Pb2	63.0～67.0	1.0～3.0Pb 余量 Zn	180	12	50	煤气和给水设备壳体、仪器的构件

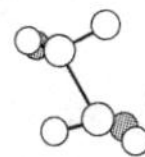

铸造黄铜的代号表示方法由“ZCu＋主加元素符号＋主加元素的含量＋其他加入元素符号及含量”组成。如 ZCuZn40Mn2，表示主加元素为锌，锌的含量 40％，其他元素为锰，锰的含量为 2％的铸造黄铜。

② 特殊黄铜：在普通黄铜中加入其他合金元素所组成的多元合金，称为特殊黄铜，常加入的元素有锡、铅、硅、锰和铁等，分别称为锡黄铜、铅黄铜、硅黄铜和锰黄铜等。铅使黄铜的力学性能变差，但却能改善其切削加工性能。硅能提高黄铜的强度和硬度，与铅一起还能提高黄铜的耐磨性。锡可以提高黄铜的强度和在海水中的抗蚀性，锡黄铜又称海军黄铜。

特殊黄铜又分特殊压力加工黄铜和特殊铸造黄铜两种。特殊压力加工黄铜的牌号用“H＋主加元素符号＋铜含量的百分数＋主加元素含量的百分数”表示。如 HMn58—2 表示铜含量为 58％，锰含量为 2％的锰黄铜。特殊黄铜的牌号用“ZCu＋主加元素的元素符号＋主加元素含量的百分数＋其他加入元素的符号及含量的百分数”表示。如 ZCuZn40Mn2 表示锌含量为 40％，锰含量为 2％的铸造黄铜。

（2）青铜　除了黄铜和白铜外，所有的铜基合金都称为青铜。其中含有锡元素的称为锡青铜，不含有锡元素的称为无锡青铜。常用青铜有锡青铜、铝青铜、铍青铜、铅青铜等。按生产方式不同，可分为压力加工青铜和铸造青铜。

青铜的牌号用“Q＋主加元素的元素符号及含量的百分数＋其他加入元素的含量百分数”表示，其中 Q 表示“青”字汉语拼音的字头。如 QSn4－3 表示含锡 4％，含锌 3％，其余为铜的锡青铜。铸造青铜的牌号用“ZCu＋主加元素的符号＋主加元素含量的百分数＋其他加入元素的元素符号及含量的百分数”表示，如 ZCuSn10Pb1 表示锡的含量为 10％，铅的含量为 1％的铸造青铜。

① 锡青铜：以锡为主要合金元素的铜合金称为锡青铜。锡对铸造锡青铜力学性能的影响如表 6－10 所示。当含锡量较小时，青铜的强度和塑性增加，当锡含量超过 5％～6％时，合金的塑性急剧下降，但强度继续增高。含锡量达 10％时，塑性已显著降低。含锡量大于 20％时，合金变得又脆又硬，强度也迅速下降，已无实用价值。故工业上用的锡青铜，其含量一般在 3％～14％，其中含锡量小于 5％的锡青铜适于冷加工，含锡量 5％～7％的锡青铜适用于热加工，含锡量大于 10％的锡青铜只适用于铸造。

锡青铜在铸造时因体积收缩小，易形成分散细小的缩孔，可铸造成形的铸件，但铸件的致密性差，在高压下易渗漏，故不适合制造密封性要求高的铸件。

锡青铜在大气及海水中的耐蚀性好，故广泛用于制造耐蚀零件。在锡青铜中加入磷、锌、铅等元素，可以改善锡青铜的耐磨性、铸造性及切削加工性，使其性能更佳。

② 铝青铜：通常铝青铜的含铝量为 5％～12％。铝青铜比黄铜和锡青铜具有更好的耐蚀性、耐磨性和耐热性，并具有更好的力学性能，还可以进行淬火和回火以进一步强化其性能，常用来铸造承受重载、耐蚀和耐磨和零件。

③ 铍青铜：以铍为主要添加元素的铜合金称为铍青铜。一般铍的含量为 1.7％～2.5％，铍青铜经固溶处理和时效处理后具有高的硬度、强度和弹性极限，同时铍青铜还具有良好的耐蚀性、导电性、导热性和工艺性，无磁性、耐寒、受冲击时不产生火花等优点。可进行冷、热加工和铸造成形。主要用于制造仪器、仪表中的重要弹性元件和耐蚀、耐磨零件，如钟表齿轮、航海罗盘、电焊机电极、防爆工具等。但铍青铜成本高，应用受到限制。

④ 硅青铜：以硅为主要合金元素的铜合金称为硅青铜。硅在铜中的最大溶解度为

4.6%，室温时下降到3%。硅青铜具有比锡青铜更高的力学性能，有良好的铸造性和冷、热加工性，而且价格较低。向硅青铜中加入1%～1.5%的锰，可以显著提高合金的强度和耐磨性；加入适量的铅可以大大提高合金的耐磨性，能代替磷青铜与铅青铜制成高级轴瓦。

常用青铜的牌号、化学成分、力学性能及用途见表6-10。

表6-10　常用青铜的牌号、化学成分、力学性能及用途

牌　号	化学成分/%		力学性能			用　途
	主加元素	其　他	σ_b/MPa	δ/%	HBS	
QSn4－3	Sn 3.5～4.5	2.7～3.3Zn 余量Cu	350	40	60	弹性元件、管配件、化工机械中的耐磨零件及抗磁零件
QSn6.5－0.1	Sn 6.0～7.0	0.1～0.25P 余量Cu	350～450 700～800	60～70 7.5～12	70～90 160～200	弹簧、接触片、振动片、精密仪器中的耐磨零件
QSn4－4－4	Sn 3.0～5.0	3.5～4.5Pb 3.0～5.0Zn 余量Cu	220	5	80	重要的减磨零件，如轴承、轴套、蜗轮、丝杠、螺母
QA17	A1 6.0～8.0	余量Cu	470	70	70	重要用途的弹性元件
QA19－4	A1 8.0～10.0	2.0～5.0Fe 余量Cu	550	5	110	耐磨零件，在蒸汽及海水中工作的高强度、耐磨零件
QBe2	Be 1.8～2.1	0.2～0.5Mn 余量Cu	500	40	84	重要的弹性元件、耐磨件及高温高压高速工作下的轴承
QSi3－1	Si 2.7～3.5	1.0～1.5Mn 余量Cu	370	55	80	弹性元件及在腐蚀介质下工作的耐磨零件
ZCuSn5－Pb5Zn5	Sn 4.0～6.0	4.0～6.0Zn 4.0～6.0Pb 余量Cu	200	13	60	较高负荷、中速的耐磨、耐蚀零件
ZCuSn10－Pb1	Sn 9.0～11.5	0.5～1.0Pb 余量Cu	200	3	80	高负荷、高速的零件

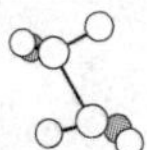

（续表）

牌　号	化学成分/%		力学性能			用　途
	主加元素	其　他	σ_b/MPa	δ/%	HBS	
ZCuPb30	Pb 27.0～33.0	余量 Cu			—/25	高速双金属轴瓦
ZCuA19－Mn2	A1 8.0～10.0	1.5～2.5Mn 余量 Cu	390	20	85	耐蚀、耐磨件

三、滑动轴承合金

用来制造滑动轴承轴瓦和内衬的合金称轴承合金。滑动轴承是机床、汽车和拖拉机的重要零件。当轴旋转时，在轴与轴之间有很大摩擦，并承受轴颈传递的交变载荷。因此，轴承合金应具有下列性能：

① 足够的强度和硬度，以承受轴颈较大的压力。

② 高的耐磨性，摩擦系数小，并能保留润滑油，以减轻磨损。

③ 足够的塑性和韧性，较高的抗疲劳强度，以承受轴颈的交变载荷，并抵抗冲击和振动。

④ 良好的导热性及耐蚀性，以利于热量的散失和抵抗润滑的腐蚀。

⑤ 良好的磨合性，使其与轴颈能较快地紧密配合。

常用的轴承合金有锡基轴承合金、铅基轴承合金、铜基轴承合金和铝基轴承合金四类。

1. 锡基轴承合金

这类轴承合金具有适中的硬度、小的摩擦系数、较好的塑性和韧性、优良的导热性和耐蚀性等优点，常用于重要的轴承。由于锡是较贵的金属，因此限制了它广泛应用。

锡基轴承合金的牌号是以“铸承”两字的汉语拼音的字头“Zch”＋基体元素和主加元素符号＋主加元素与辅加元素含量的百分数。如 ZchSnSb11—6 表示主加元素锑的含量为 11%，辅加元素铜的含量为 6%，其余为锡的锡基轴承合金。

2. 铅基轴承合金

铅基轴承合金是以铅锑为基，加入锡、铜等元素组成的轴承合金，是软基体硬质点类型的轴承合金。铅基轴承合金的强度、硬度、韧性均低于锡基轴承合金，且摩擦因数较大，故只用于中等负荷的轴承。由于其价格便宜，在可能的情况下，应尽量代替锡基轴承合金。

铅基轴承合金的牌号表示方法与锡基轴承合金相同。如 ZchPbSb16—2 表示主加元素锑的含量为 16%，铜的含量为 2%，其余为铅和铅基轴承合金。

3. 铜基轴承合金

有些青铜（铅青铜和锡青铜）又可制造轴承，故称为铜基轴承合金。

如铅青铜 ZCuPb30，由于固态下铅与铜互不溶解。因此，其组织为硬的铜基体上均匀分布着软的铅颗粒。铅青铜的疲劳强度、承载能力高，导热性和塑性好，摩擦系数小，能在 250℃左右温度下工作，故广泛用于制造高速、重载下工作的轴承，如航空发动机、高速柴油机的轴承等。

4. 铝基轴承合金

铝基轴承合金密度小，导热性、耐热性、耐蚀性好，疲劳强度高，价格低，但膨胀系数大，抗咬合性差。目前采用较多的有高锡铝基轴承合金和铝锑镁轴承合金。

四、粉末冶金材料

粉末冶金材料是指用几种金属粉末或金属与非金属粉末作原料，通过配料、压制成形、烧结等工艺过程而制成的材料。

粉末冶金既能制取有某些特殊性能的材料，又是一种无切削屑或少切削屑的加工。它具有生产率高和材料利用率高，节省机床和生产占地面积等优点，但金属粉末和模具费用高，制品大小和形状受到一定限制，韧性较差。

常用的粉末冶金材料有硬质合金、减摩材料、结构材料、摩擦材料、难熔金属材料等。

1. 硬质合金

硬质合金是将一种或几种难熔的高硬度的碳化物（如碳化钨、碳化钛、碳化钽）的粉末作为主要成分，加入起粘结作用的钴、镍粉末经混合、压制成形，再在高温下烧结制成的一种粉末冶金材料。

(1) 硬质合金的性能

① 硬度高、红硬性好、耐磨性好。由于硬质合金是以高硬度、高耐磨、极为稳定的碳化物为基体，在常温下的硬度可达 75HRC 以上，在 900℃～1000℃时仍有较高的硬度。故硬质合金刀具在使用时，其切削速度、耐磨性与寿命都比高速钢有显著的提高，这是硬质合金最突出的优点。

② 抗压强度高，可达 6000MPa，但抗弯强度较低，为高速钢的 1/3～1/2，韧性差，为淬火钢的 30%～50%。

② 耐蚀性（大气、酸、碱）和抗氧化性良好。

④ 线膨胀系数小，但导热性差。

硬质合金材料不能用一般切削方法加工，只能采用电加工或砂轮磨削。

(2) 常用硬质合金

① 钨钴类硬质合金：钨钴类硬质合金的主要成分是碳化钨及钴。其牌号用“YG＋数字”表示，其中“YG”为“硬”、“钴”两字汉语拼音字头，表示为钨钴类硬质合金，数字表示含钴量的百分数。如 YG8 表示含钴量为 8%的钨钴类硬质合金。常用的有 YG6 和 YG8 等。

② 钨钴钛类硬质合金：钨钴钛硬质合金的主要成分是碳化钨、碳化钛及钴。其牌号用“YT＋数字”表示，其中“YT”为“硬”、“钛”两字汉语拼音字头，表示钨钴钛类硬质合金，数字表示碳化钛的含量。如 YT15 表示碳化钛的含量为 15%，其余为碳化钨及钴的钨钴钛类硬质合金。常用的有 YT15 和 YT30 等。

在硬质合金中，碳化物含量越多，钴含量越少，则合金的硬度、红硬性及耐磨性就越高，但强度和韧性却越低。当含钴量相同时，钨钴钛类合金由于碳化钛的加入，具有较高的硬度和耐磨性，同时，由于这类合金表面会形成一层氧化钛薄膜，切削时不易粘刀，故具有较高的红硬性，但其强度和韧性比钨钴类合金低。因此，钨钴类硬质合金有较好的强度和韧性，适用于加工铸铁等脆性材料，而钨钴钛类合金适宜加工塑性材料。同一类硬质合金中，含钴量较高的适宜制造粗加工刃具，含钴量低的适宜制造精加工刃具。

③ 通用硬质合金：这类硬质合金以碳化钽或碳化铌取代硬质合金中的部分碳化钛。它

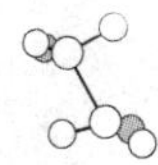

适用于切削各种钢材，特别对于切削不锈钢、耐热钢、高锰钢等难加工的钢材，效果较好。它也可以代替 YG 类硬质合金加工铸铁等脆性材料。通用硬质合金牌号用“YW＋数字”表示，其中“YW”是“硬”、“万”两字汉语拼音的字头，数字表示顺序号。

常用硬质合金的牌号、化学成分、力学性能及用途见表 6－11。

表 6－11　常用硬质合金的牌号、化学成分、力学性能及用途

类　别	牌　号	化学成分/%				力学性能		用　途
		WC	TiC	TaC	Co	HRA	σ_b/MPa	
钨钴类合金	YG3X	96.5	—	＜0.5	3	92	1000	用于制造精车铸铁、有色金属的刀片
	YG6	94.0	—	—6	89.5	1450		
	YG6X	93.5	—	＜0.5	6	91	1400	用于制造精车、半精车铸铁、耐热钢、有色金属、高锰钢及淬火钢的刀片
	YG6A	91.0	—	3	6	91.5	1400	
	YG8	92.0	—	—	8	89	1500	用于制造精车铸铁、有色金属的刀片
	YG15	85.0	—	—	15	87	2100	用于制造冲击工具
钨钴钛类合金	YT5	85.0	5	—	10	88.5	1400	适于制造碳钢、合金钢的粗车、半精车、粗铣、钻孔、粗刨、半精刨的刀具
	YT15	79.0	15	—	6	91	1130	
	YT30	66.0	30	—	4	92.5	880	适用于制造精加工刀具
通用合金	YW1	84.0	6	4	6	92	1230	适用于加工各种材料的刀片
	YW2	82.0	6	4	8	91.5	1470	

2. *烧结减摩材料*

一般用于制造滑动轴承。这种材料压制成轴承后，放在润滑油中，因毛细现象可吸附润滑油，故称含油轴承。轴承在工作时，由于发热、膨胀，使孔隙容积变小；轴旋转时带动轴承间隙中的空气层，降低了摩擦表面的静压力，在粉末孔隙内外形成压力差，使润滑油被抽到工作表面。停止工作时，润滑油又渗入孔隙中，故含油轴承自动润滑。一般用于中速、轻载荷的轴承，特别适用于不能经常加油的轴承。如纺织机械、食品机械、家用电器等。常用的含油轴承材料有铁基和铜基两种。

(1) 铁基含油轴承　常用的是铁—石墨（石墨的含量为 0.5%～3%）粉末合金和铁—硫（硫的含量为 0.5%～1%）—石墨（石墨的含量为 1%～2%）粉末合金。前者的组织为珠光体（＞40%）＋铁素体＋渗碳体（＜5%）＋石墨＋孔隙，硬度为 30～110HBS。后者的组织与前者的组织相同以外，还有硫化物可进一步改善减摩性能，硬度为 35～70HBS。

(2) 铜基含油轴承　常用的是 QSn6—6—3 青铜与石墨的粉末合金，硬度为 20～40HBS。其成分与 QSn6—6—3 青铜相近，但其中有 0.5%～2%的石墨，组织是 α 固溶体＋石墨＋铅＋孔隙，有较好的导热性、耐蚀性、抗咬合性，但承压能力较铁基含油轴承小。

3. 烧结铁基结构材料

一般是以碳钢粉末或合金钢粉末为主要原料，采用粉末冶金制成的粉末合金钢。这类结构零件的优点是制品的精度较高、不需或只需少量切削加工、零件精度高、表面粗糙度小，并且还可以通过淬火＋低温回火和渗碳提高强度和耐磨性。可浸润滑油，具有减摩、减振、消音等作用。

粉末中含碳量低的，可用来制造受力不大零件或渗碳件、焊接件。含碳量较高的，可制造淬火后有一定强度或耐磨零件。粉末合金钢有铜、钼、硼、锰、镍、铬、硅、磷等合金元素，这些元素可强化基体，提高淬透性。铜还可以提高耐蚀性。粉末合金钢制品淬火后强度可达 500～800MPa，硬度 40～50HRC，可制造受力较大的结构零件，如油泵齿轮，差速器齿轮、止推环等。

4. 烧结摩擦材料

摩擦材料广泛用于机轮刹车材料、离合器摩擦材料。作为制动用的机轮刹车盘是机轮刹车装置的核心。刹车材料的摩擦性能决定着刹车装置的特性，同时它也是大量消耗的关键材料。制动器在制动时要吸收大量的动能，使摩擦表面温度急剧上升，可达 1000℃，故材料极易磨损。因此，对摩擦材料性能要求是：①较大的摩擦系数；②较高的耐磨性；③足够的强度；④良好的磨合性和抗咬性。

烧结摩擦材料通常是以强度高、导热性好、熔点高的金属（如铁、铜）为基体，加入能提高摩擦系数的摩擦组元（如 Al_2O_3、SiO_2 及石棉等）及能抗咬合的润滑组元（如铅、锡、石墨等）经烧结而成，因此，它能满足摩擦材料性能的要求。其中，铁基粉末冶金摩擦材料多用于各种高速重载机器的制动器；铜基粉末冶金摩擦材料常用于汽车、拖拉机、锻压机床的离合器与制动器。

思考与练习

6-1　碳素钢中硅、锰、硫、磷等常存元素对钢的性能有何影响？其中哪些是有益元素，哪些是有害元素？

6-2　合金元素对钢的组织和性能有何影响？

6-3　碳素结构钢、优质碳素结构钢、碳素工具钢及铸造碳钢的牌号如何表示？

6-4　简述合金结构钢和合金工具钢的牌号编制原则。

6-5　机械制造用钢按用途和热处理特点可分为哪几种？简述它们的含碳量和主要用途。

6-6　试述高速钢的主要特性、成分特点及热处理特点。

6-7　何谓特殊性能钢？常用的特殊性能钢有哪几类？

6-8　写出典型耐磨钢的牌号。耐磨钢为何耐磨、耐冲击且具有很好的韧性？

6-9　火花鉴别是根据火花的哪些特征进行鉴别的？

6-10　试述常见碳素钢的火花特征。

6-11　化学成分和冷却速度对铸铁的石墨化有何影响？

6-12　什么是铸铁？铸铁分哪几类？

6－13　灰铸铁有何特点？为何机床床身常用灰铸铁制造？

6－14　可锻铸铁的生产方式分哪两个阶段？

6－15　球墨铸铁有何优点？为什么其强度和韧性要比灰铸铁和可锻铸铁高？

6－16　球墨铸铁一般采用哪些热处理工艺？

6－17　常见的特殊性能铸铁有哪几种？

6－18　工业纯铝有何性能特点？

6－19　试述铝合金的分类及其热处理特点。

6－20　常见的变形铝合金有哪几类？各有何特点？

6－21　纯铜有何性能特点？

6－22　黄铜分哪几类？各有何特点？

6－23　轴承合金有何性能要求？常见的轴承合金有哪些？

6－24　常见的硬质合金有几类？试举例说明其牌号及用途。

6－25　解释下列材料牌号的含义，并举例说明各自的主要用途。

Q235　45　60Mn　08F　T10A　ZG270－500　20CrMnTi　9SiCr　GCr15　60SiMn　W18Cr4V　ZGMn13　1Cr18Ni9　3Cr13　Cr12MoV　HT200　QT450－10　KTH300－10　RuT300　LF11　ZL104　H68　QSn4－4－4　ZchPbSb16－16－2　YG15　YT15　YW2

第七章 非金属材料

非金属材料在广义上是指金属及合金以外的一切材料的总称，通常都具有某些特殊性能，更适合制造具有特定性能要求的制品和构件。由于非金属材料的原料来源广泛，成型工艺简单，并具有金属材料所不及的某些特殊性能，所以应用日益广泛。目前已成为机械工程材料不可缺少的、独立的组成部分。机械工程上常用的非金属材料主要有高分子材料、陶瓷材料和复合材料 3 大类型。

第一节 高分子材料

高分子材料是以高分子化合物为主要组分的一类非金属材料，主要有塑料、橡胶、胶粘剂 3 种类型。

一、塑料

塑料是指以合成树脂为主要成分，加入某些添加剂之后且在一定温度、压力下塑制成形的材料或制品的总称。

1. 塑料的组成

（1）合成树脂　树脂的种类、性能、数量决定了塑料的性能。因此，塑料基本上是以树脂的名称命名的，如聚乙烯塑料就是以树脂聚氯乙烯命名的。工业中用的树脂主要是合成树脂。

（2）添加剂　塑料有多种添加剂，其作用各不相同。根据要求性能的不同，可加入一种或几种添加剂。常用的添加剂有以下几种：

① 填料：是塑料的重要组成部分，一般占总量的 40%～70%。它可以起增强作用或赋予塑料新的性能，还可以减少树脂用量、降低成本。例如，加入石棉，可以提高塑料的热硬性；加入云母可以提高塑料的电绝缘性；加入磁铁粉可以制成磁性塑料；加入玻璃纤维，可以提高塑料强度、硬度等。

② 增塑剂：通常是用低熔点的固体或高沸点的液体，加入量占塑料总量 5%～20%。可以增强树脂的可塑性、柔软性，降低脆性，改善加工性能。常用的增塑剂有磷酸脂类化合物、甲酸脂类化合物、氯化石蜡等。

③ 稳定剂：稳定剂用以增加塑料对光、热、氧等老化作用的抵抗力，延长塑料寿命。常用的稳定剂有硬脂酸盐、铅的化合物、环氧化合物等。

④ 润滑剂：为了防止塑料在加工成形过程中粘在模具或其他设备上，需要加入极少量润滑剂，此举还可使制品表面泡沫美观。常用的润滑剂有硬脂酸及盐类。

⑤ 着色剂：为了使塑料制品具有美观色彩并适合某些使用要求，通常在塑料中加入有

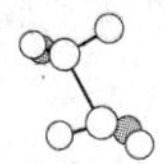

机染料或无机颜料着色。对有机染料要求是着色力强、色泽鲜艳、耐温和耐光性好。

此外，还有些特殊性能的添加剂，如固化剂、发泡剂、催化剂、阻燃剂、防静电剂等。

2. 塑料的分类

(1) 按树脂在加热和冷却时所表现出的性能，将塑料分为热塑性和热固性塑料两种。

热塑性塑料的分子结构主要是链状的线型结构，其特点是加热时软化，可塑造成型，冷却后则变硬，此过程可反复进行，其基本性能不变。这类塑料有较高的力学性能，且成型工艺简便，生产率高，可直接注射、挤出、吹塑成型。但耐热性、刚性较差，使用温度＜1200℃。

热固性塑性的分子结构为体型，其特点是初加热时软化，可塑制成型，冷凝固化后成为坚硬的制品，若再加热，则不软化，不溶于溶剂中，不能再成型。这类塑料具有抗蠕变性强，受压不易变形，耐热性较高等优点，但强度低，成型工艺复杂，生产率低。

(2) 按塑料应用范围分为通用塑料和工程塑料两种。

通用塑料是指产量大、用途广、通用性强、价格低的一类塑料。主要制作生活用品、包装材料和一般小型零件。

工程塑料是指具有优异的力学性能、绝缘性、化学性能、耐热性和尺寸稳定性的一类塑料。与通用塑料相比，工程塑料的产量较小，价格较高。主要制作机械零件和工程结构件。

3. 塑料的特性

① 密度小、比强度高。不加任何填料或增强材料的塑料，其密度为 0.9～2.2g/cm^3。常用塑料中的聚丙烯，其密度只有 0.9～0.91g/cm^3；泡沫塑料的密度仅在 0.02～0.2g/cm^3 之间。虽然塑料的强度比金属低，但由于密度小，故比强度高。

② 耐蚀性好。一般塑料对酸、碱、油、水及某些溶剂等有良好的耐蚀性能。如聚四氟乙烯能耐各种酸、碱甚至“王水”的腐蚀。

③ 优异的电绝缘性。多数塑料有很好的电绝缘性，可与陶瓷、橡胶等绝缘材料相媲美。

④ 减摩、耐磨性好。塑料的硬度比金属低，但多数塑料的摩擦系数小。另外，有些塑料本身有自润滑能力。

⑤ 消声吸振性好。

⑥ 成形加工性好。大多数塑料都可直接采用注射或挤出工艺成形，方法简单，生产率高。

⑦ 耐热性低。多数塑料只能在 100℃左右使用，少数塑料可在 200℃左右使用。塑料在室温下受载后容易产生蠕变现象，载荷过大时甚至会发生蠕变断裂；易燃烧，易老化，导热性差，热膨胀系数大。

4. 常用工程塑料

(1) 常用热塑性塑料见表 7－1。

(2) 常用热固性塑料见表 7－2。

二、橡胶

橡胶是以生胶为主要原料，加入适量配合剂而制成的高分子材料。

(1) 生胶　未加配合剂的天然或合成橡胶统称为生胶，是橡胶制品的主要组分。生胶不仅决定橡胶制品的性能，不同生胶可制成不同性能的橡胶制品，而且还能把各种配合剂和增强材料粘成一体。

(2) 配合剂　是指为改善和提高橡胶制品性能而加入的物质。配合剂种类很多,一般有:

① 硫化剂:所谓硫化,就是在生胶中加入硫化调料和其他配料。经硫化处理后,可提高橡胶制品的弹性、强度、耐磨性、耐蚀性和抗老化能力。

② 硫化促进剂:能加速发挥硫化促进剂的作用。常用硫化促进剂有 MgO、ZnO 和 CaO 等。

③ 增塑剂:可增强橡胶塑性,改善附着力,降低硬度,提高耐寒性。常用的有硬脂酸、精制蜡、凡士林等。

④ 填充剂:主要作用是提高橡胶强度和降低成本,常用的有碳黑,MgO、ZnO、$CaCO_3$、滑石粉。

⑤ 防老剂:为了防止或延缓橡胶老化,延长橡胶制品的使用寿命,在生产中可以加入石蜡、密蜡或其他比橡胶更易氧化的物质,在橡胶表面形成较稳定的氧化膜,抵抗氧的侵蚀。

此外,为了使橡胶具有某些特殊性能,还可以加入着色剂、发泡剂、电磁性调节剂等。

常用热橡胶的名称、性能和用途见表 7-3。

表 7-1　常用热塑性塑料的名称、性能和用途

名称(代号)	主要性能	用途举例
聚乙烯(PE)	按合成方法不同,分低、中、高压三种。低压聚乙烯质地坚硬,有良好的耐磨性、耐蚀性和电绝缘性;高压聚乙烯化学稳定性高、良好的绝缘性、柔软性、耐冲击和透明性,无毒等	低压聚乙烯用于制造塑料管、塑料板、塑料绳、承载不高的齿轮、轴承等;高压聚乙烯用于制作塑料薄膜、塑料瓶、茶杯、食品袋以及电线、电缆包皮等
聚氯乙烯(PVC)	分为硬质和软质两种。硬质聚氯乙烯强度较高,绝缘性、耐蚀性好,耐热性差。在−15℃～60℃使用;软质聚氯乙烯强度低于硬质,但伸长率大,绝缘性较好,耐蚀性差,可在−15℃～60℃使用	硬质聚氯乙烯用于化工耐蚀的结构材料,如输油管、容器、离心泵、阀门管件等;软质聚氯乙烯用于制作电线、电缆的绝缘包皮,农用薄膜,工业包装。但因有毒,不能包装食品
聚苯乙烯(PS)	耐蚀性、绝缘性、透明性好,吸水性小,强度较高,耐热性差,易燃,易脆裂,使用温度<80℃	制作绝缘件,仪表外壳,灯罩,玩具,日用器皿,装饰品,食品盒等
聚丙烯(PP)	密度小,强度、硬度、刚性、耐热性均优于低压聚乙烯,电绝缘性好,且不受湿度影响,耐蚀性好,无毒、无味,但低温脆性大,不耐磨,易老化,可在 100℃～120℃使用	制作一般机械零件,如齿轮、接头;耐蚀件,如泵叶轮、化工管道、容器;绝缘件,如电视机、收音机、电扇等壳体;生活用具,医疗器械,食品和药品包装等
聚酰胺(通称尼龙)(PA)	强度、韧性、耐磨性、耐蚀性、吸振性、自润滑性良好,成形性好,摩擦系数小,无毒、无味。但蠕变值较大,导热性较差,吸水性高,成形收缩率大,可在<100℃使用	常用的有尼龙 6、尼龙 66、尼龙 610、尼龙 1010 等。用于制作耐磨、耐蚀的某些承载和传动零件,如轴承、机床导轨、齿轮、螺母;高压耐油密封圈或喷涂在金属表面作防腐、耐磨涂层

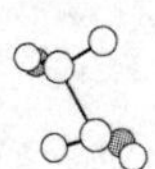

（续表）

名称（代号）	主要性能	用途举例
聚甲基丙烯酸甲脂（俗称有机玻璃）	绝缘性、着色性和透光性好，耐蚀性、强度、耐紫外线、抗大气老化性较好。但脆性大，易溶于有机溶剂中，表面硬度不高，易擦伤，可在－60℃～100℃使用	制作航空、仪器、仪表、汽车和无线电工业中的透明件和装饰件，如飞机座窗、灯罩，电视和雷达的屏幕，油标、油杯，设备标牌等
丙烯腈（A）—丁二烯（B）—苯乙烯（S）（ABS）	韧性和尺寸稳定性高，强度、耐磨性、耐油性、耐水性、绝缘性好。但长期使用易起层	制作电话机、扩音机、电视机、电机、仪表外壳，齿轮，泵叶轮，轴承，把手，管道，贮槽内衬，仪表盘，轿车车身，汽车挡泥板，扶手等
聚甲醛（POM）	耐磨性、尺寸稳定性、减摩性、绝缘性、抗老化性、疲劳强度好，摩擦系数小。但热稳定性较差，成形收缩率较大，可在－40℃～100℃长期使用	制作减摩、耐磨及传动件，如轴承、齿轮、滚轮，绝缘件，化工容器，仪表外壳，表盘等。可代替尼龙和有色金属
聚四氟乙烯（F—4）	耐蚀性、绝缘性、自润滑性、耐老化性好，不吸水，摩擦系数小，耐热性和耐寒性好，可在－195℃～250℃长期使用。加工成形性不好，抗蠕变性差，强度低，价格较高	制作耐蚀件、减摩件、密封件、绝缘件，如高频电缆、电容线圈架、化工反应器、管道、热交器等
聚碳酸脂（PC）	强度高，尺寸稳定性、抗蠕变性、透明性好。耐磨性和耐疲劳性不如尼龙和聚甲醛，可在－60℃～120℃长期使用	制作齿轮、凸轮、涡轮，电气仪表零件，大型灯罩，防护玻璃，飞机挡风罩，高级绝缘材料等

表 7－2 常用热固性塑料的名称、性能和用途

名称（代号）	主要性能	用途举例
酚醛塑料（俗称电木）（PF）	耐热性、绝缘性好，化学稳定性及尺寸稳定性和抗蠕变性均优于许多热塑性塑料。电性能及耐热性与填料性能有关，调频绝缘性好，耐潮湿、耐冲击、耐酸耐水、耐霉菌，可在140℃以下使用	做一般机械零件、绝缘件、耐蚀件、水润滑轴承
氨基塑料（俗称电玉）	颜色鲜艳，半透明如玉，绝缘性好。但耐水性差，可在<80℃长期使用	做一般机械零件、电绝缘件、装饰件
环氧塑料（俗称万能胶）（EP）	强度最突出，电绝缘性优良，高频绝缘性好，耐有机溶剂。因填料不同，性能有差异。有好的胶接力，收缩性好	用于塑料模、电气、电子元件及线圈的灌封与固定，修复机件

表 7－3　常用热橡胶的名称、性能和用途

类别	橡胶品种	主要性能	用途举例
通用橡胶	天然橡胶	弹性高，最大弹性伸长率可达 1000%；耐低温性、耐磨性、耐屈挠性好；易于加工；耐氧及臭氧性差，不耐油，只适于 100℃以下使用	轮胎、胶带、胶管等通用制品
	丁苯橡胶	耐磨性突出，热硬性、耐油、耐老化性能均优于天然橡胶；但耐寒性、耐屈挠性及加工性能不如天然橡胶，尤其是自粘性差，生胶强度低	轮胎、胶板、胶布和各种硬质橡胶制品
	顺丁橡胶	弹性和耐磨性突出，耐磨性优于丁苯橡胶，耐寒性较好，易于与金属粘合；加工性能较差，自粘性和抗撕裂性差	轮胎、耐寒胶带、橡胶弹簧、减震器、耐热胶管、电绝缘制品
	氯丁橡胶	耐油性良好，耐氧、耐臭氧及耐候性优良，阻燃性、耐热性良好；电绝缘性、加工性能较差	耐油、耐蚀胶管，运输带；各种垫圈、油封衬里、胶粘剂、各种压制品、汽车等门窗嵌件
特种橡胶	聚氨酯橡胶	耐磨性高于其他各种橡胶，抗拉强度高达 3.5MPa；耐油性优良。耐酸碱、耐水性、热硬性较差，动态生热大	胶辊，实心轮胎、同步齿形带及耐磨制品
	硅橡胶	耐高温、低温性突出，可在－70℃～280℃范围内使用。耐臭氧、耐老化、电绝缘性优良，耐水性优良，且无味，无毒。常温下力学性能较低，耐油、耐溶剂性差	各种管道系统接头、高温使用的各种垫圈、衬垫、密封件、各种耐高温电线、电缆包皮等
	氟橡胶	耐磨蚀性突出，耐酸碱及耐强氧化剂能力在各类橡胶中最好。热硬性接近硅橡胶，但价格高，耐寒性及加工性较差，仅限于某些特殊用途的制品	发动机上耐热、耐油制品

三、胶粘剂

胶粘剂是以黏性物质环氧树脂、酚醛树脂、聚脂树脂、氯丁橡胶、丁腈橡胶等为基础，加入需要的添加剂（填料、固化剂、增塑剂、稀释剂等）组成的，俗称为胶。

胶粘剂按黏性物质化学成分不同，分为有机胶粘剂和无机胶粘剂。有机胶粘剂又分为天然胶粘剂和合成胶粘剂。工程上应用最广的是合成胶粘剂。

工程中用胶粘剂连接两个相同或不同材料制品的工艺方法称为胶接。胶接可代替铆接、焊接、螺纹连接，具有重量轻，粘接面应力分布均匀，强度高，密封性好，操作工艺简便，成本低等优点，但胶接接头耐热差，易老化。选择胶粘剂时，主要应考虑胶接材料的种类、受力条件、工作温度和工艺可行性等因素。

第二节　陶瓷材料

陶瓷是指使用天然材料(黏土长石和石英)经烧结成形的陶器与瓷器的总称。

一、陶瓷的分类

陶瓷按原料不同,分为普通陶瓷和特种陶瓷;按用途不同,分为工业陶瓷和日用陶瓷。

① 普通陶瓷:一般采用黏土、长石和石英等经天然烧结而成。这类陶瓷按其性能、特点和用途又可分为日用陶瓷,建筑陶瓷、电绝缘陶瓷和化工陶瓷等。

② 特种陶瓷:是指采用高纯度人工合成原料制成并具有特殊物理化学性能的新型陶瓷。除了具有普通陶瓷性能外,至少还具有一种适应工程上需要的特殊性能,如氧化物陶瓷、氮化物陶瓷、碳化物陶瓷、金属陶瓷等。

二、陶瓷的性能

① 陶瓷的硬度高于其他材料,一般硬度＞1500HV,而淬火钢的硬度只有500～800HV;陶瓷室温下几乎无塑性,韧性极低,脆性大;陶瓷内部存在许多气孔,故抗拉强度低,抗弯性能差,抗压性能高;陶瓷有一定弹性,一般高于金属。

② 陶瓷的熔点一般高于金属,热硬性高,抗高温蠕变能力强,高温下抗氧化性好,抗酸、碱、盐腐蚀能力强,具有不可燃烧性和不老化性。

③ 大多数陶瓷绝缘性好。

第三节　复合材料

复合材料是由两种或两种以上性质不同的材料组合成的多相材料。

一、复合强化原理

不同的材料复合后,通常是其中一种为基体材料,起粘结作用;另一种作为增强剂材料起承载作用。它具有各组成材料的优点,能获得单一材料无法具备的优良综合性能。如混凝土脆性大,抗压强度高,钢筋韧性好,抗拉强度高,为使性能取长补短,制成了钢筋混凝土。

二、复合材料的分类

复合材料有以下几种分类方法:

① 按基体不同,分为非金属基体和金属基体两类。目前使用较多的是以高分子材料为基体的复合材料。

② 按增强相种类和形状不同,分为颗粒、层叠、纤维增强等复合材料。

③ 按性能不同,分为结构复合材料和功能复合材料两类。结构复合材料是指利用其力学性能,用以制作结构和零件复合材料。功能复合材料是指具有某种物理功能和效应的复合材料,如磁性复合材料。

三、复合材料的性能

① 比强度和比模量高。这是因为复合材料的增强剂和基体的密度都较小,而且增强剂

多为强度很高的纤维，所以多数复合材料都具有高的比强度和比模量。

② 抗疲劳性能好。因为复合材料中基体与增强纤维间的界面可有效地阻止疲劳裂纹的扩展，以及基体中密布着大量纤维，疲劳断裂时，裂纹的扩展要经历很曲折和复杂的路径，所以疲劳强度高。

③ 减振性好。构件的自振频率不但与构件的结构有关，而且与材料的比模量的平方根成正比。复合材料的比模量大，其自振频率很高，在一般加载荷速度或频率下不容易发生因共振而快速脆断。其次，基体和纤维之间的界面对振动有反射和吸收作用，而且基体材料的阻尼也较大，使复合材料的减振性比钢和铝合金等金属材料好。

④ 破损安全性好。复合材料每平方厘米面积上被基体隔离的独立纤维数达几千、几万根。当构件过载并有少量纤维断裂时，会迅速进行应力的重新分配，而由未破坏的纤维来承载，使构件在短时间内不会失去承载能力，安全性较好。

⑤ 高温性能好。一般铝合金在 400℃时弹性模量急剧下降并接近于零，强度也显著下降。但用碳或硼纤维增强的铝复合材料，在上述温度时，其弹性模量和强度基本不变。用钨纤维增强钴、镍或它们的合金时，可把这些金属的使用温度提高到 1000℃以上。

除上述几种特性外，复合材料的减摩性、耐蚀性和工艺性也都较好。若经过适当的“复合”也可改善其力学性能和物理性能。复合材料的缺点是各向异性，横向的抗拉强度和层间剪切强度比纵向低得多，伸长率和冲击韧度较低，成本高。但是，复合材料是一种新型的独特的工程材料，因此具有广阔的发展前景。

四、常用复合材料

（1）玻璃钢　用玻璃纤维增强工程塑料得到的复合材料，俗称玻璃钢。玻璃钢按照其基体分为热固性和热塑性两种。

热固性玻璃钢的主要优点是成形工艺简单、质轻、比强度高、耐腐蚀、介电性高、电波穿透性好，与热塑性玻璃钢相比，耐热性更高。主要缺点是弹性模量低、刚性差，耐热度不超过 250℃，易老化、蠕变。

热塑性玻璃钢种类较多，常用的有尼龙基、聚烯烃类、聚苯乙烯类、ABS、聚碳酸酯等。它们都具有高的力学性能、介电性能、耐热性和抗老化性能，工艺性能也好。同塑料本身相比，基体相同时，其强度和抗疲劳性能可提高 2～3 倍以上，冲击韧性提高 2～4 倍，蠕变抗力提高 2～5 倍。

（2）碳纤维复合材料　碳纤维是各种人造纤维或天然有机纤维，经过碳化或石墨化而制成。碳化后得到的碳纤维强度高，被称为高强度碳纤维。其优点是比强度、比弹性模量大，冲击韧性、化学稳定性好，摩擦系数小，耐水湿，耐热性高，耐 X 射线能力强；缺点是各向异性程度高，基体与增强体的结合力不够大，耐高温性能不够理想。常用于制造机器中的承载、耐磨零件及耐蚀件，如连杆、活塞、齿轮、轴承等，在航空、航天、航海等领域内用作某些要求比强度、比弹性模量高的结构件材料。

碳纤维树脂复合材料的基体为树脂，目前应用最多的是环氧树脂、酚醛树脂和聚四氟乙烯。这类材料的性能普遍优于玻璃钢，是一种新型的特种工程材料。除了具有石墨的各种优点外，此种材料强度和冲击韧性比石墨高 5～10 倍，刚度和耐磨性高，化学稳定性、尺寸稳定性好。石墨纤维金属复合材料是石墨纤维增强铝基复合材料，基体可以是纯铝、变形铝合金和铸造铝合金。当用于结构材料时，可作飞机蒙皮、直升机旋翼桨叶以及重返大气层运载

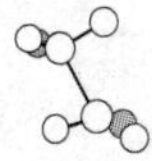

工具的防护罩等。碳纤维陶瓷复合材料是我国研制的一种石英玻璃复合材料，同石英玻璃相比，它的抗弯强度提高了约 12 倍，冲击韧性提高了 40 倍，热稳定性也非常好，是极有前途的新型陶瓷材料。

(3) 夹层增强复合材料　工业上用的夹层板是将几种性质不同的板材经热压或胶合而成，并获得某种使用目的。夹层结构复合材料一般具有密度小，刚度高和抗压稳定性好，以及绝热、绝缘、隔音等特殊性能。

(4)夹芯材料增强复合材料　夹芯材料是由薄而强的面板与轻而弱的芯材组成。而板可用树脂基复合材料板、铝合金板、不锈钢板、钛合金或高温合金板；芯材可采用泡沫塑料、蜂窝夹芯和波纹板。面板与芯材的连接方法，一般用胶粘剂胶接；金属材料也可用焊接。以泡沫塑料和蜂窝为芯材复合材料已大量用作天线罩、雷达罩、飞机机翼、冷却塔、保温隔热装置等。

除上述纤维增强和夹层增强复合材料外，还有细粒增强复合材料(包括金属粒与塑料、陶瓷粒与金属复合以及弥散强化复合等)以及骨架增强复合材料，都是从不同的途径和方法克服单一材料的缺陷，并获得单一材料通常不具备的一些新的特点和功能，以满足各个工业部门对材料性能要求日益提高及多样化需要。

思考与练习

7-1　什么是非金属材料？非金属材料的类型有哪几种？

7-2　什么是热固性塑料和热塑性塑料？试举例说明其用途。

7-3　塑料是由哪些组成物组成？其特性如何？

7-4　试举出五种常见工程塑料及其在工业中的应用实例。

7-5　什么是橡胶？其性能如何？举出三种常用橡胶在工业中的应用实例。

7-6　什么是陶瓷？其性能如何？举出三种常用陶瓷在工业中的应用实例。

7-7　什么是复合材料？其性能如何？举出三种常用复合材料在工业中的应用实例。

第八章 铸造工艺基础

铸造是一种液态成型方法。指将熔融的金属浇入铸型的型腔，待其冷却凝固后获得一定形状和性能铸件的成型方法。

同其他机械加工相比，铸造具有独特的优点：

① 可铸造各种形状复杂的零件，特别是内腔复杂的零件。

② 可铸造各种尺寸的零件(从几毫米～几十米)。

③ 适应绝大多数金属、合金以及各种生产类型。

但铸造也具有一定的缺点：

① 铸造过程中会有铸造缺陷产生，如气孔、砂眼等。

② 铸件的力学性能低于锻件。

③ 铸件表面较粗糙，尺寸精度不高。

④ 工人劳动条件较差，劳动强度大。

铸造的方法很多，通常分为砂型铸造和特种铸造两大类。由于砂型铸造成本较低，适应性较强，因此应用最为广泛。特种铸造是指除砂型铸造外的各种铸造方法。随着现代科学技术的发展，特种铸造的应用越来越广泛。特种铸造不仅具备砂型铸造的优点，而且克服了砂型铸造存在的不足之出。

第一节　合金的铸造性能

铸造性能是指合金在铸造的过程中的难易程度，是合金在铸造生产中所表现出来的工艺性能。合金的铸造性能对铸件的质量，铸造的工艺及铸件的结构等有很大的影响，通常用流动性、收缩、吸气性和偏析等来衡量。

一、合金的流动性

1. 流动性的概念

合金的流动性是指融化的金属在铸型型腔中的流动能力。它是影响合金熔液充型能力的重要指标之一。流动性好的合金，容易获得尺寸准确、轮廓清晰的铸件，流动性好还有利于合金液体中杂质和气体的排除。

为了了解影响流动性的各种因素，比较不同合金的充型能力，我们常设计各种测定合金流动性的试样，试样的种类很多，有螺旋形、楔形、U 形、圆形等。其中最常见的是螺旋形，如图 8 - 1 所示。

螺旋形试样多采用砂型铸造，试样上每隔 50mm 做一个凸点。试验时，将合金熔液倒入试样铸型中，冷却后，测定浇出的螺旋线长度，就是流动性读数。

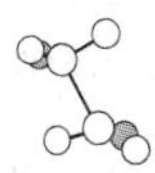

2. 影响合金流动性的因素

合金的流动性不仅和合金的物理性能(如溶点、黏度等)化学成份相关，还和铸件的结构及工艺相关。总之，凡是能使延长液态时间和加速合金液体流动的因素，都能提高流动性，反之，则降低流动性。

(1) 化学成分对合金流动性的影响　不同种类的合金的流动性是不同的，根据合金的流动试验，灰铸铁的流动性最好，铜合金的流动性次之，铝合金第三，铸钢的流动性最差。

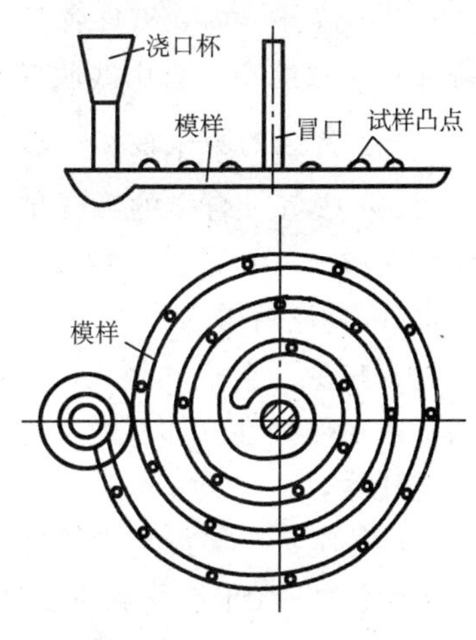

图 8-1　螺旋形试样示意图

金属的初晶形状和结晶温度范围对流动性的影响很大，合金的结晶温度范围越宽，固相和液相的共存的时间越长，枝晶也越发达，则合金的流动性越差。

(2) 浇注温度对流动性的影响　在一定范围内，提高浇注温度可以降低合金溶液的黏度，使合金在液态时间延长，使流动性提高。但是，如果超过其界限，随着浇注温度的提高，合金液体收缩增加，吸气增多，氧化严重，流动性会下降。因此每种合金都有其一定的浇注温度范围，如铸铁为 1230℃～1450℃，铸钢为 1500℃～1650℃，铸铝为 680℃～780℃。一般情况下，厚大零件取下限，薄壁、形状复杂的零件取上限。

(3) 铸型性质的影响　造型所用材料不同，对合金的流动性也有影响，造型所用材料导热能力越强，金属溶液散热则越快，流动性就越差。因此，砂型比金属型、干型比湿型、热型比冷型的流动性好。

3. 合金的流动性对铸件的质量影响

(1) 流动性好的铸造合金，容易获得尺寸准确、轮廓清晰的铸件。

(2) 流动性好的铸造合金，铸造的质量容易保证。

二、合金的收缩

合金的收缩是指合金从液态冷却到室温的过程中，体积和尺寸缩小的现象。收缩的过程中铸件易产生缩孔、缩松、变形、裂纹等缺陷。

1. 收缩的三个阶段

(1) 液态收缩　金属在液态时由于温度的降低而发生的体积收缩称为液态收缩。由于此时合金全部处于液态，体积的缩小仅表现为型腔内液面的降低。

(2) 凝固收缩　熔融金属在凝固阶段的体积收缩称为凝固收缩。纯金属及恒温结晶的合金，其凝固收缩单纯由液—固相变引起；具有一定结晶温度范围的合金，除液—固相变引起的收缩之外，还有因凝固阶段温度下降产生的收缩。

(3) 固态收缩　金属在固态，由于温度下降而发生的体积收缩称为固态收缩。表现为零件的三个方向的线尺寸的缩小。

2. 影响收缩的因素

(1) 合金的种类和化学成分　不同种类的合金具有不同的收缩率。同类合金中化学成分不同其收缩率也是不同的。在常用铸造合金中，铸钢的收缩最大，灰铸铁最小。

(2) 浇铸温度　浇铸温度越高，收缩率越大。

(3) 铸件结构　铸件各部分尺寸不同,其收缩率也不同,因此各部分之间相互影响。故铸件实际收缩率比自由线收缩率小。

三、合金的吸气性和偏析

(1) 吸气　合金的吸气是指合金在熔炼和浇注时吸收气体的能力。合金的吸气可导致铸件内形成气孔,气体主要来源于炉料熔化和燃烧时产生的各种氧化物和水气;造型材料中的水分;浇注时带入型腔中的空气等。气体在合金中的溶解度随温度和压力的提高而增加。

为减少合金中的吸气,应尽量减低熔炼时间,选用烘干的炉料,控制溶液的温度;在覆盖剂下或在保护性气体介质中或在真空中熔炼;降低铸型和型芯中的含水量;提高铸型和型芯的透气性。

(2) 偏析　偏析是指铸件中各部分化学成分、晶相组织不一致的现象。偏析影响铸件的力学性能、加工性能和抗腐蚀性,严重时可造成废品。

偏析产生的原因是结晶时晶体成长过程中,结晶速度大于元素的扩散速度。可采用退火或在浇铸时充分搅拌和加大合金液体的冷却速度的方法来克服偏析。

第二节　砂型铸造

铸造的方法很多,通常分为砂型铸造和特种铸造两大类。由于砂型铸造适应性较强,成本低廉,因此是现阶段最基本,应用最为广泛的铸造方法。用砂型铸造生产的铸件占铸件总数的 90%。特种铸造是指除砂型铸造外的其他各种铸造方法。

砂型铸造是指用型砂紧实成型的铸造方法。通常分为湿型铸造(砂型未经烘干处理)和干型铸造(砂型经烘干处理)两种。砂型铸造一般由制造砂型、制造型芯、烘干(用于干型)、合箱、浇铸、落砂及清理、铸件检验等工艺过程组成。如图 8-2 所示为齿轮的砂型铸造的工艺过程。

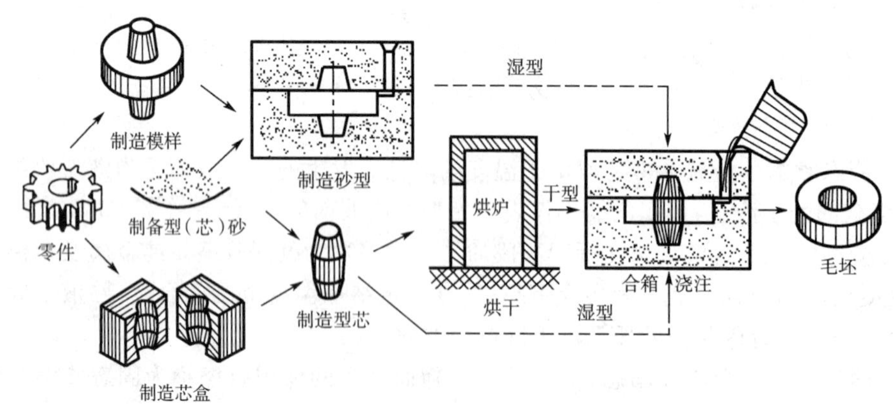

图 8-2　砂型铸造工艺过程

一、型砂和芯砂

型(芯)砂是制造砂型的最主要材料,其质量对铸造生产过程及铸件的质量有很大的影响。

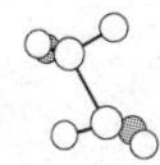

1. 型砂的性能

铸型在铸造过程中，要承受金属熔液的冲刷、高温、静压力的作用，并要排除大量的气体，型芯还要承受铸件凝固时的收缩压力。因此，型砂应满足如下的性能要求：

(1) 可塑性 型砂在外力的作用下可塑造成型，当外力消除后仍能保持外力作用下的形状，这种性能称为可塑性。可塑性好的型砂，易于成型，能获得型腔清晰的铸型。

(2) 强度 型砂(芯砂)抵抗外力破坏的能力称为强度。铸型必须有足够的强度，只有这样，在浇注时才能承受金属熔液的冲刷和压力，不致发生变形和损坏，从而防止铸件产生砂眼、夹砂等铸造缺陷。

(3) 耐火性 型(芯)砂在高温金属熔液的作用下，不熔融、烧结粘附在铸件表面上的性能称为耐火性。耐火性差会造成粘砂，增加清理和加工中的难度，严重时造成铸件的报废。

(4) 透气性 砂型在紧实后能使气体通过的能力称为透气性。当金属熔液浇入铸型后，在高温的作用下，砂型中会产生大量的气体，金属熔液中也会分离出大量的气体。如果透气性差，部分气体就会留在金属熔液中，铸件中就会产生气孔等缺陷。

(5) 退让性 铸件冷却收缩时，砂型和型芯的体积可以被压缩的性能称为退让性。退让性差时，铸件收缩困难，易产生内应力，造成铸件变形或裂纹等缺陷。

由于型芯在浇注时不被金属熔液冲刷和包围，因此，对芯砂的各种性质的要求更为严格，除满足以上要求之外，还应具备吸湿性小、发气量少、易于落砂清理等要求。

2. 型砂的组成

型砂是由原砂、旧砂、粘结剂、附加材料和水等混合搅拌而成。

(1) 原砂(新砂) 原砂就是天然砂，由岩石风化并可按颗粒分离的砂，主要成分为石英(SiO_2)。高质量的铸造用砂要求原砂中 SiO_2 的含量高(85%～97%)，砂粒呈圆形且大小均匀。对于高熔点合金的铸造用砂则须选用锆砂、镁砂、铬砂。

(2) 旧砂 已经使用过的型砂称为旧砂。旧砂经过磁选及过筛，除去杂物，仍可掺在新砂中使用。通常生产一吨铸件需要几吨型砂，故旧砂重复使用具有很大的经济意义。

(3) 粘结剂 粘结剂是指能使砂粒相互粘结的物质。常用的粘结剂为高岭土和膨润土。高岭土又称普通粘土或白泥，一般用于干型的型砂中。膨润土又叫陶土，常用于湿型的型砂中。当型芯形状复杂或有特殊要求时，可用水玻璃、桐油、树脂等

(4) 水 水被用来将原砂和粘土混为一体而制成具有一定强度、透气性的型(芯)砂。水分应适当。水分过少，砂型强度低，易破碎，造型起模困难；水分过多，砂型湿度大，透气性下降，造型时易粘模，浇注时会产生大量的气体。

(5) 附加材料 附加材料是指除粘结剂以外能改善型(芯)砂性能而加入的物质。通常加入的有煤粉、重油、木屑等。加入煤粉和重油可以防止铸件粘砂，并可提高铸件的表面粗糙度，加入木屑可提高砂型的退让性和透气性。

(6) 涂料 涂料是型腔和型芯表面涂附的材料，其用途是提高表层的耐火性、保湿性、表面光滑程度及化学稳定性。通常，铸铁件中干型表面常涂用石墨粉加粘结剂加水调成的涂料，湿型表面铺撒一层石墨粉或滑石粉；铸钢件的干型(芯)表面常涂用一层用石英粉加粘土加水调成的涂料，而湿型(芯)表面常撒石英粉。

3. 型砂的种类

型砂按用途不同，可分为面砂、填充砂、单一砂及型芯砂。

（1）面砂　铸型表面直接与金属熔液接触的一层型砂称为面砂。它应具有较高的可塑性、耐火性和强度，才能保证铸件的质量。面砂一般厚度为20～30mm，通常都是新砂。

（2）填充砂　用来充填砂箱中除面砂以外的其余部分的砂，称为填充砂，又叫背砂。它只要求有较好的透气性和一定的强度，一般是将旧砂处理后，可作为填充砂使用。

（3）单一砂　单一砂是指造型时，不分面砂和填充砂，砂型由同一种砂制造而成。它适宜大批量生产，机械化程度较高的小型铸件的造型。

（4）型芯砂　在铸造过程中型芯处于金属熔液的包围中，工作条件恶劣，因此，型芯砂应具有更高的强度、耐火性、透气性和退让性。

4. 型（芯）砂的制备

铸造合金不同，铸件的大小不同，对型（芯）砂的性能要求均不相同。为保证铸造的要求，型（芯）砂应选用不同的原材料，按不同的比例配制。

例如，小型铸铁件湿型型砂的配比是：新砂10%～20%，旧砂80%～90%，膨润土2%～3%，煤粉2%～3%，水4%～5%；铸铁中小件芯砂的配比是：新砂40%，旧砂60%，粘土5%～7%，纸浆2%～3%，水7.5%～8.5%。

二、模样和芯盒

模样和芯盒是由木材、金属或其他材料制成，用来形成铸型型腔和型芯的工艺装备。

铸件的大小和生产规模不同，制造模样和芯盒的材料也有所不同。单件小批量生产时，一般用木材制造模样和芯盒。大量生产时，常采用金属（铝合金，铜合金，铸铁）或塑料等制造模样和芯盒。

模样是根据零件图绘制成的铸造工艺图制造的，制造模样时应注意以下几点：

（1）分型面　分型面是砂箱之间铸型的分界面。合理的分型面可以保证造型方便，取模容易，并可保证铸件的质量。

（2）收缩和加工余量　铸件在冷凝过程中，体积必然收缩。另外铸件还需要机械加工。因此在制造模样时必须考虑加入收缩和加工余量。不同的金属材料的收缩率是不同的。一般情况下，铸铁为0.5%～1%，铸钢为1.5%～2%，铜合金为1.2%～1.6%，铝合金为1%～1.2%。加工余量的大小根据铸件的铸造精度决定的。一般小型铸件的加工余量为2～6mm。

（3）起模斜度　为了便于模样从砂型中取出，型芯容易从芯盒中取出，在模样上沿分型面的垂直侧壁和芯盒的内壁均做出一定的斜角，即起模斜度。一般为0.5°～3°。

（4）铸造圆角　制造模样时，凡是相邻表面的交角均应作成圆角。这样可以防止粘砂。

（5）型芯头　型芯头是便于型芯在型腔中的定位。为此，砂型型腔中应作出安置型芯的凹坑，因此在模样上应作出相对应的凸起部分。

三、造型

1. 砂箱和造型工具

手工造型常用的砂箱和工具如图8-3所示。

2. 手工造型

手工造型方法简便，是目前单件小批量生产铸件的主要方法，手工造型的方法很多，常见的有整模造型、分模造型、挖砂造型、假箱造型、活块造型、三箱造型、刮板造型、地坑造型、

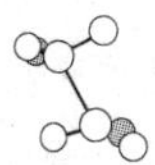

组芯造型等(见表 8-1)。

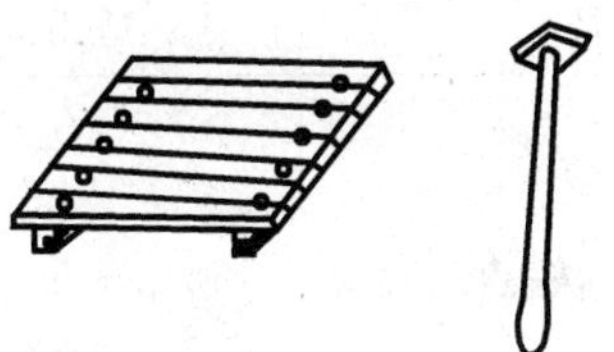

a)底板
放置模样用

b)舂砂锤
用尖头锤舂砂,用平头锤打紧砂箱顶部的砂

c)通气针
扎砂型通气作用

d)起模针
比通气针粗,起模用

e)皮老虎
用来吹去模样上的分型砂及散落在型腔中的散砂

f)镘刀
修平面及挖沟槽用

g)秋叶
修凹的曲面用

h)提钩
修凹的底部或侧面及钩出砂型中散砂用

i)半圆
修圆柱形内壁和内圆角用

图 8-3　手工造型常用工具

表 8-1　常见的手工造型方法

造型方法	简　图	主要特征	适用范围
整模造型	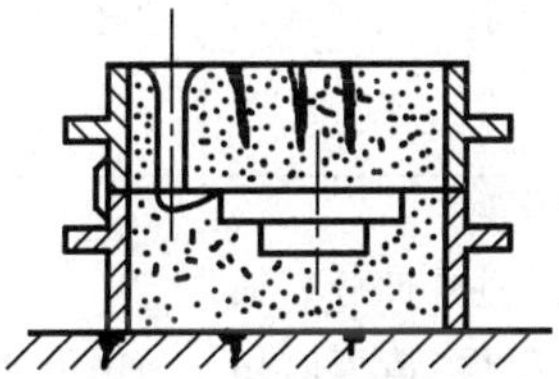	模样是一个整体,通常型腔全部放在一个砂箱内,分型面为平面	适用于铸件最大截面在一端,且为平面的铸件
分模造型	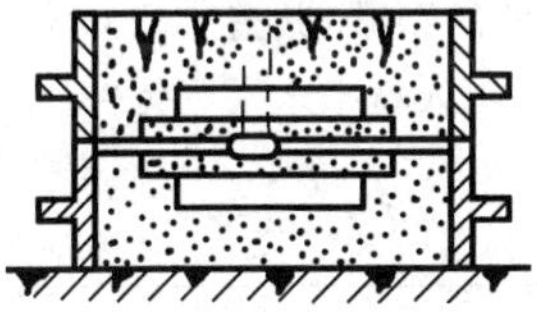	模样沿最大截面处分为两半,型腔位于上下两个砂箱内	适用于各种生产批量和各种大小的铸件
活块造型	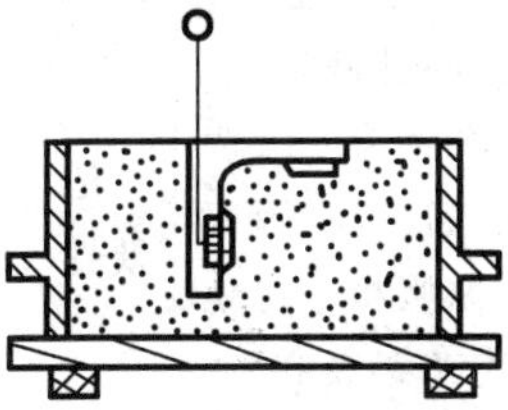	将铸件上妨碍起模的凸台,肋条等部分做成活块,起模时,先取出主体模样,再从侧面取出活块	适用于单件小批量生产
多箱造型	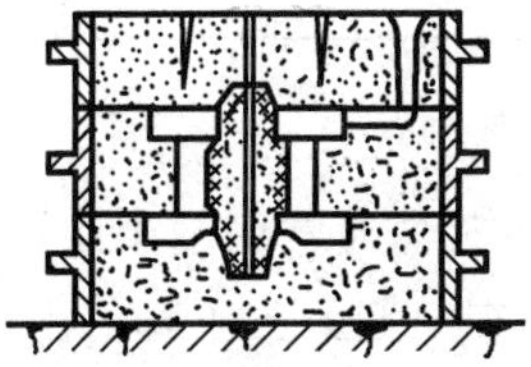	多个分型面,模样从各部分砂型中取出;有些铸件比较高大,造型时为了便于捣砂、修型、开浇口、安放型心等工作,也必须采用多箱造型	适用于具有两个分型面,单件小批量生产

（续表）

造型方法	简　　图	主要特征	适用范围
刮板造型	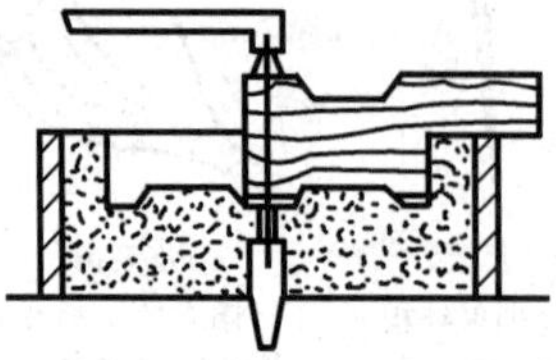	利用刮板代替实体模样，刮板绕垂直轴旋转造型	适用于批量较小，尺寸较大的回转体零件
组芯造型	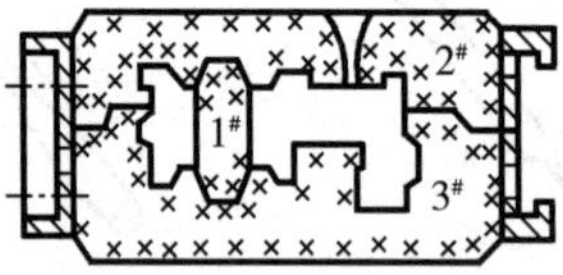 1#　2#　3#	若干块砂芯组合成铸型，造型时只需芯盒，不用模样，砂芯装配好后，用夹具夹紧	适用于难以找出合适分型面的复杂铸件的生产
地坑造型	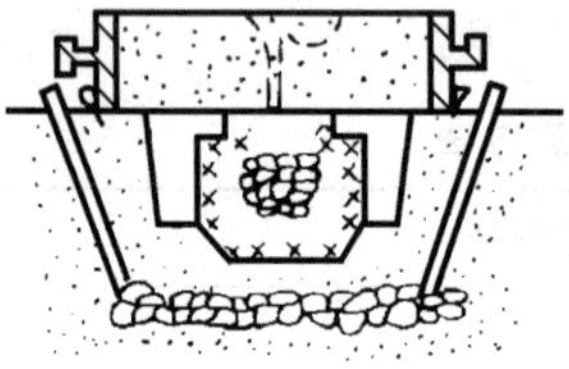	作为铸型的下箱。大铸件需在砂床下面铺以焦炭，埋上出气管。以便浇注时引气。地坑造型仅用或不用上箱即可造型，因而减少了造砂箱的费用和时间，但造型费工、生产率低，要求工人技术水平高	适用于砂箱不足，或生产批量不大、质量要求不高的中、大型铸件，如砂箱、压铁、炉栅、芯骨等
挖砂造型	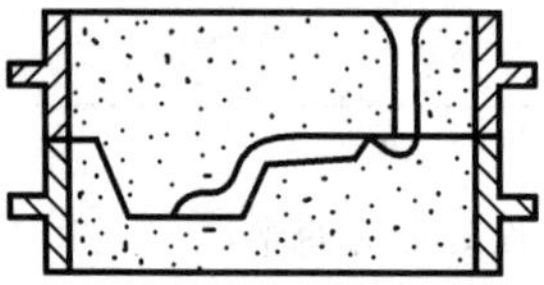	模样是整体的，但铸件分型面是曲面。为便于起模，造型时用手工挖去阻碍起模的型砂，其造型费工、生产率低，工人技术水平要求高	用于分型面不是平面的单件、小批量生产铸件
假箱造型	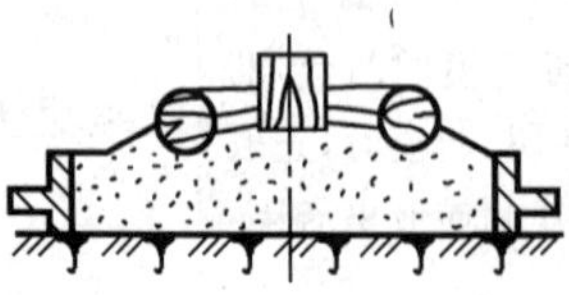	为克服挖砂造型的挖砂缺点，在造型前预先做个底胎（即假箱），然后在底胎上制下箱，因底胎不参与浇注，故称假箱。比挖砂造型操作简单，分型面整齐	适用于成批生产中需要挖砂的铸件

3. 造芯

(1) 手工造芯　常用的手工造型方法是芯盒造芯。芯盒通常由两半组成，如图 8－4 所示为芯盒造芯。形状复杂的型芯可分块制造，然后再粘在一起。为了降低生产成本，一些旋转体型芯可以利用刮板造芯，图 8－5 为用导向刮板制造的管子弯头的型芯。

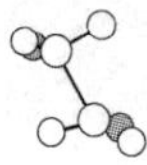

手工造芯主要应用在单件小批量生产中。

(2) 机器造芯　机器造芯可使用造芯机一次完成。生产效率高,型芯质量好,适用于大量生产。

型芯成型后一般都要进行烘干,目的是为了增加强度和透气性,减少型芯的发气量。强度要求较高的型芯还须加入芯骨。

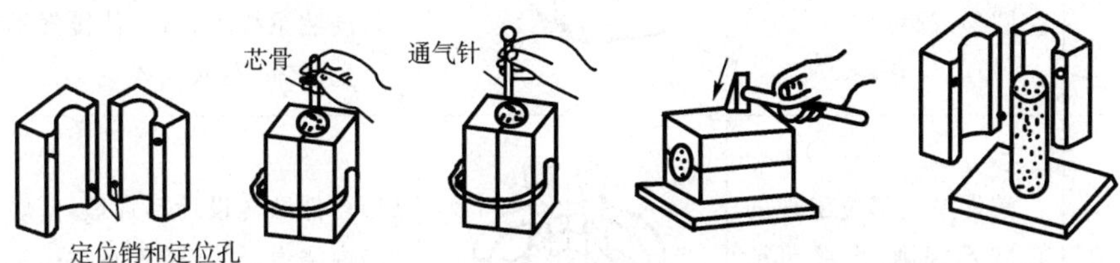

图 8-4　芯盒造芯

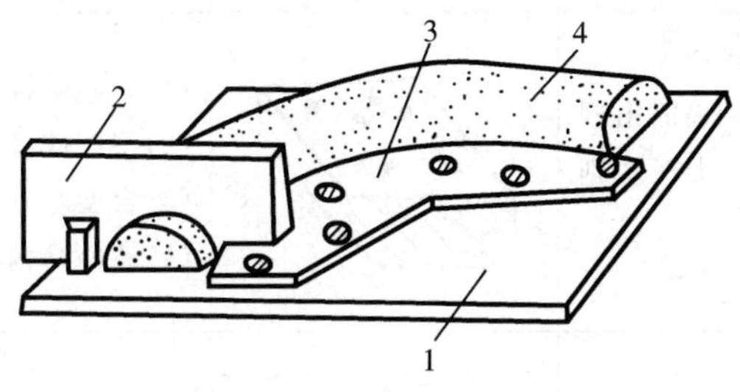

图 8-5　刮板造芯

1—底板　2—刮板　3—模板　4—型芯

4. 机器造型

机器造型是指用机器全部完成或至少完成紧砂工作的造型工序。和手工造型相比,机械造型可以改善劳动条件,提高劳动效率,提高铸件的精度和表面质量,但因为其设备、模板及专用砂箱的投资较大,故只适用于大量生产。

按紧砂方法不同,机器造型有震压造型、高压造型、抛砂造型、射砂造型等。

5. 合箱

砂型的装配工序简称合箱。合箱前应对砂型和型芯进行检验,若有损坏需要进行修理。合箱时必须保证上下型的准确定位。合箱后两箱必须卡紧并在砂箱上放置压箱铁,以防止造成抬箱、射箱或跑火等事故。

6. 浇注、落砂和清理

(1) 浇注　将熔融的金属从浇包注入铸型的操作叫浇注。浇注的主要工艺指标包括浇注温度、浇注速度、浇注时间,这三个条件对铸件质量有很大的影响。

(2) 落砂和清理　将已经冷凝的铸件从砂型中取出的过程叫落砂。一般浇注后应尽快把铸件取出。清理是除去铸件的浇口、冒口、表面粘砂和毛刺。铸件上的浇冒口可采用敲击、气割、锯等方法去除。铸件上的粘砂常用清砂滚筒等清理,毛刺常用砂轮、錾子等清除。

7. 铸件的质量检验

铸造的缺陷很多,常见的铸造缺陷及产生原因见表 8-2。

表 8-2 常见铸件缺陷的特征及产生原因

类别	名称	特征及图例		主要原因分析
孔眼类缺陷	气孔	铸件内部和表面的孔洞。孔洞内壁光滑，多呈圆形或梨形		(1)舂砂太紧或型砂透气性太差； (2)型砂含水过多或起模、修型刷水过多； (3)型芯未烘干或通气孔堵塞； (4)浇注系统不合理，使排气不畅通或产生涡流，卷入气体
	缩孔	铸件厚大部位出现的形状不规则、内壁粗糙的孔洞	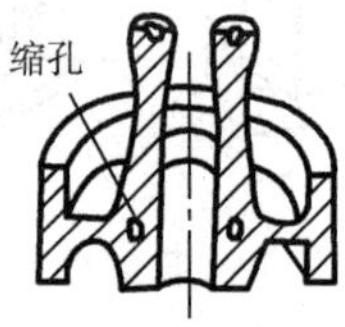	(1)铸件结构设计不合理，壁厚不均匀； (2)内浇道、冒口位置不对； (3)浇注温度过高，合金成分不对
	砂眼	铸件内部和表面出现充塞型砂、形状不规则的孔洞	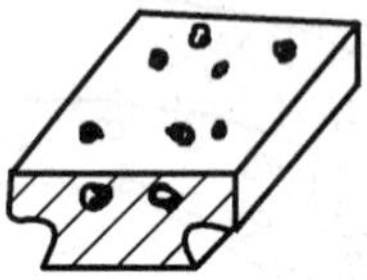	(1)型芯砂强度不够，被金属液冲坏； (2)型腔或浇注系统内散砂没吹净； (3)合型时砂型局部损坏； (4)铸件结构不合理
	渣孔	铸件内部和表面出现充塞熔渣、形状不规则的孔洞		(1)浇注系统设计不合理； (2)浇注温度太低，熔渣不易上浮排除
表面类缺陷	粘砂	铸件表面粗糙，粘有烧结砂粒		(1)浇注温度过高； (2)型、芯砂耐火度低； (3)砂型、型芯表面未涂涂料
	夹砂	铸件表面有一层突起的金属片状物，在金属片与铸件之间夹有一层型砂	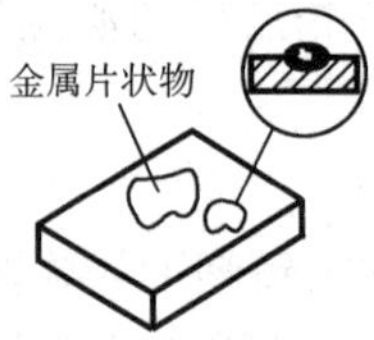	(1)砂型含水过多，粘土过多； (2)砂型紧实不均匀； (3)浇注温度过高或速度太慢； (4)浇注位置不当
	冷隔	铸件表面有未完全熔合的缝隙，其交接边缘圆滑		(1)浇注温度过低； (2)浇注速度太慢； (3)内浇道位置不当或尺寸过小； (4)铸件结构不合理，壁厚过小

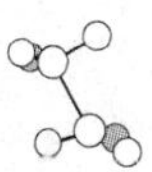

（续表）

类别	名称	特征及图例	主要原因分析
形状尺寸不合格	偏芯	铸件上的孔出现偏斜或轴线偏移	(1)型芯变形； (2)浇口位置不当，金属液将型芯冲倒； (3)型芯座尺寸不对
	错型	铸件沿分型面有相对位置错移	(1)合型时上下型未对准； (2)定位销或泥号不准； (3)模样尺寸不正确
	浇不足	铸件未浇满	(1)浇注温度过低； (2)浇注速度过慢或金属液不足； (3)内浇道尺寸过小； (4)铸件壁厚太薄
	裂纹	热裂是铸件开裂，裂纹表面氧化，冷裂是铸件开裂，裂纹表面不氧化或仅有轻微氧化	(1)铸件结构不合理，尺寸相差太大； (2)砂型退让性太差； (3)浇口位置开设不当； (4)合金含硫磷较多
其他		铸件的化学成分、组织和性能不合格	炉料成分质量不符合要求，熔化时配料不准，铸件结构不合理，热处理方法不正确

第三节　特种铸造

砂型铸造是目前生产中应用最广泛的一种铸造方法，它可以生产形状非常复杂的零件，特别是大铸件，但铸件尺寸精度低，表面粗糙，力学性能低。随着生产技术的发展，特种铸造的方法已得到了日益广泛的应用。常用的特种铸造方法有熔模铸造、压力铸造、金属型铸造、低压铸造和离心铸造等。

一、熔模铸造

熔模铸造是指用易熔材料（如蜡料）制成模样，在模样上包覆若干层耐火材料，经过干燥、硬化制成型壳，然后加热型壳，模样熔化流出后，经高温熔烧而成为耐火型壳，将液体金属浇入型壳中，金属冷凝后敲掉型壳获得铸件的方法。由于石蜡－硬脂酸是应用最广泛的易熔材料，故这种方法又叫“石蜡铸造”。

1. 熔模铸造的工艺过程

熔模铸造的工艺过程如图 8-6 所示。

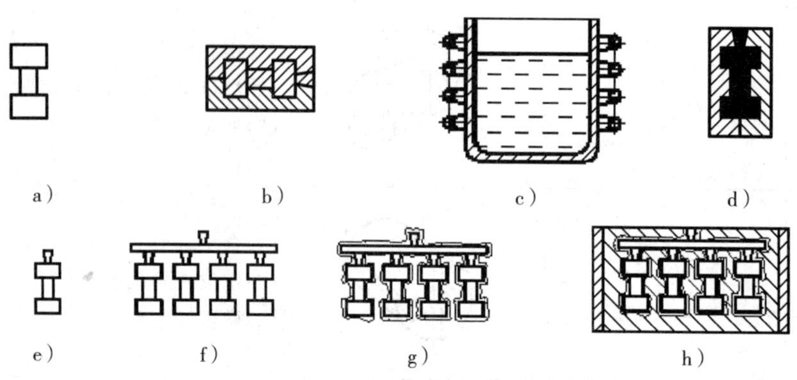

图 8-6 熔模铸造工艺过程图

a)母模 b)压型 c)熔蜡 d)造蜡模 e)单个蜡模

f)蜡模组 g)制造型壳,熔去蜡模 h)填砂,浇注

2. 熔模铸造的特点及应用范围

由于熔模铸造采用可熔化的一次模,无需起模,故型壳为一整体而无分型面,而且型壳是由耐火度高的材料制成,因此熔模铸造具有以下优点:

① 铸件尺寸精度高,表面粗糙度低,且可生产出形状复杂、轮廓清晰、薄壁铸件。目前铸件的最小壁厚为 0.25～0.4mm。

② 可以铸造各种合金铸件,包括铜、铝等有色合金,各种合金钢,镍基、钴基等特种合金(高熔点难切削加工合金)。对于耐热合金的复杂铸件,熔模铸造几乎是唯一的生产方法。

③ 生产批量不受限制,能实现机械化流水作业。

但是熔模铸造工序繁多,工艺过程复杂,生产周期较长(4～15 天),铸件不能太长、太大(受蜡模易变形及型壳强度不高的限制),质量多为几十克到几千克,一般不超过 25 kg。某些模料、粘结剂和耐火材料价格较贵,且质量不够稳定,因而生产成本较高。

熔模铸造也常常被称为“精密铸造”,是少切削和无切削加工工艺的重要方法。它主要用于生产汽轮机、涡轮发动机的叶片与叶轮,纺织机械、拖拉机、船舶、机床、电器、风动工具和仪表上的小零件及刀具、工艺品等。

近年来,国内外在熔模铸造技术方面发展很快,新模料、新粘结剂和制壳的新工艺不断涌现,并已用于生产。目前正在研究与开发熔模铸造与消失模样铸造法的综合新工艺,即用发泡模代替蜡模的新工艺。

二、金属型铸造

金属型铸造是指金属液在重力作用下浇入金属铸型中,以获得铸件的方法。金属型常用铸铁、铸钢或其他合金制成。金属型可以反复使用,所以,又有“永久型铸造”之称。

1. 金属型的构造

金属型的结构按分型面的不同分为整体式、垂直分型式、水平分型式和复合分型式。其中垂直分型式金属型(如图 8-7 所示)便于开设浇口和取出铸件,易于实现机械化,故应用校多。

金属型的材料根据浇注的合金种类而定,浇注低熔点合金(锡合金、锌合金、镁合金等)

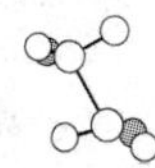

铸件可用灰铸铁;浇注铝合金、铜合金铸件可用合金铸铁;浇注铸铁和铸钢件需用碳钢及镍铬合金钢等做铸型。铸件的内腔由型芯制成,形状简单的用金属型芯;形状复杂或高熔点合金则用砂芯。

金属型本身没有透气性,为便于排出型腔内的气体,在型腔上部型壁上开排气孔,在分型面上开设通气槽或使用排气塞等措施。在高温下,为便于取出铸件,大多数金属型都设有顶出铸件的机构。

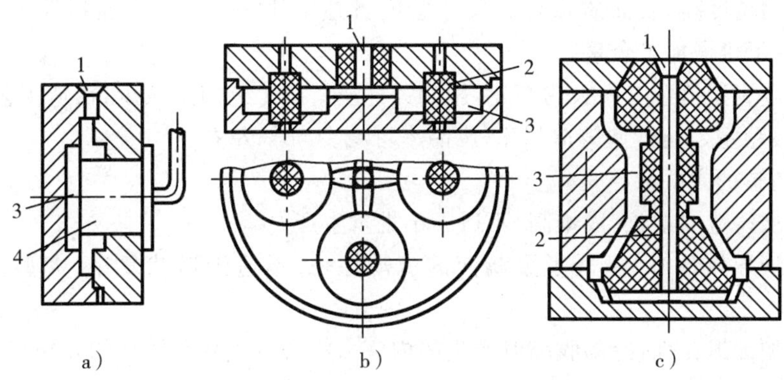

图 8-7　金属型的构造类型

a)垂直分型　b)水平分型　c)复合分型

1—浇口　2—砂型　3—型腔　4—金属芯

2. 金属型铸造的工艺特点

金属型铸造工艺中最大的特点是金属型导热快,且无退让性和透气性。因此,铸件易产生冷隔、浇不足、裂纹等缺陷,灰铸铁件还常常出现白口组织。此外,受到高温金属液的反复冲刷,型腔易损坏而影响铸件表面质量和铸型使用寿命。因此,生产时应采取以下工艺措施:

① 将金属型预热。使其保持在一定温度下工作,以减缓铸型的冷却速度,从而有利于金属液的充填和铸铁的石墨化,并延长铸型的使用寿命。预热温度与合金种类、铸件形状、壁厚等有关,一般铸件为 250℃～350℃,有色金属为 100℃～250℃,连续工作中铸型吸热而温度过高时,则应进行强制冷却(有利于水冷或气冷装置)。

② 型腔表面需喷涂涂料。涂料层的主要作用是减少高温液体对金属型的“热击”作用,降低金属型壁的内应力,避免金属液与铸型的直接作用,防止发生熔焊现象,降低铸件冷却速度,控制凝固方向以及易于取出铸件。对于铸铁件还可以防止白口。

③ 选择合理的浇注温度。金属型导热能力强,为保证金属液顺利充型,浇注温度应比砂型铸造高出 20℃～35℃。若浇注温度过低,会使铸件产生白口、冷隔、浇不足等缺陷,此外,还可能产生气孔。浇注温度过高时,由于金属液析出气体量增大和收缩增大,易使铸件产生气孔、缩孔,甚至裂纹,同时,也会缩短金属型的寿命。

④ 铸件需控制开型时间。由于金属型无退让性,铸件在铸型中不宜停留过久,否则,阻碍收缩引起的应力会造成铸件的变形、开裂,甚至发生开型困难、抽不出芯的现象;铸件在铸型中也不宜停留过短,不然,因金属在高温下强度较低,也易发生变形和开裂。合适的开型时间取决于铸造材料及铸件形状。一般,黑色金属开型温度高些,如铸铁件的开型温度为 780℃～950℃。

3. 金属型铸造的特点和应用

与砂型铸造相比,金属型铸造主要有以下优点:

① 金属型可承受多次浇注,实现了“一型多铸”,节约了大量的造型材料、工时、设备和占地面积,显著地提高了生产率,并减少了粉尘对环境的污染。

② 金属型导热性好,铸件冷却快,因而晶粒细,组织精密,力学性能好。如铝、铜合金铸件的力学性能比砂型铸造提高 20%以上。

③ 铸件的精度高,表面质量好。尺寸精度可达 IT14~IT12,表面粗糙度 R_a 达6.3~12.5μm,减少了机械加工余量。

④ 由于金属型铸造工序大为简化,影响铸件质量的工艺因素减少,铸造工艺容易控制,故铸件质量较稳定。与砂型铸造相比,废品率可减少 50%左右。

金属型铸造的主要缺点是:

① 金属型铸造周期长、成本高,不适于小批量生产。

② 金属型导热性好,降低了金属液的流动性,故不适于形状复杂、大型薄壁铸件的生产。

③ 金属型无退让性,冷却收缩时产生的内应力将会造成复杂铸件的开裂。

④ 型腔在高温下易损坏,因而不宜铸造高熔点合金。

由于上述缺点,金属型铸造的应用范围受到限制,通常主要用于大批量生产、形状简单的有色金属及其合金的中、小型铸件,如飞机、汽车、拖拉机、内燃机等的铝活塞、汽缸体、缸盖、油泵壳体、铜合金轴套、轴瓦等。有时也用于生产某些铸铁和铸钢件。

三、压力铸造

压力铸造(简称压铸)是在高压下快速地将液态或半液态金属压入金属型中,并在压力下凝固以获得铸件的方法。常用压铸的压力为 5~70MPa,有时可高达 200MPa;充型速度为 5~100m/s,充型时间很短,只有 0.1~0.2s。

1. 压力铸造的工艺过程

压铸机是压力铸造生产的主要设备,目前应用较多的是卧式冷压式压铸机(如图 8-8

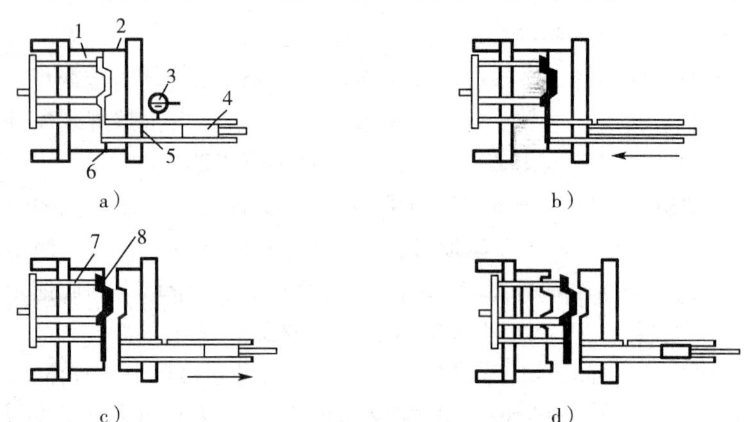

图 8-8 卧式压铸机的工作过程

a)合型和浇注 b)压入金属液 c)开型 d)顶出铸件

1—动型 2—静型 3—金属液 4—活塞 5—压室 6—分型面 7—顶杆 8—铸件

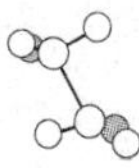

所示)，压铸所用铸型由定型和动型两部分组成。定型固定在压铸机的定模板上，动型则固定在压铸机的动模板上并可做水平移动。推杆和芯棒由压铸机上的相应机构控制，可自动抽出芯棒和顶出铸件。其压铸过程是：动型向左移合型，用定量勺向压室注入金属液(如图8－8a所示)；柱塞快速推进，将液态金属压入铸型(如图8－8b所示)；向外抽出金属棒，打开压型(如图8－8c所示)；柱塞退回，推杆将铸件顶出(如图8－8d所示)。

2. 压力铸造的特点和应用

压力铸造的主要特征是铸件在高压、高速下成形，与其他铸造方法相比，压力铸造具有以下优点：

① 铸件质量好，尺寸精度高，可达IT11～IT13级，有时可达IT9级。表面粗糙度 R_a 达0.8～3.2μm，有时 R_a 达0.4μm，产品互换性好。

② 生产率比其他铸造方法都高，可达50～500次/时，操作简便，易于实现自动化。

③ 可生产形状复杂、轮廓清晰、薄壁深腔的金属零件，可直接铸出细孔、螺纹、齿形、花纹、文字等，也可铸造出镶嵌件。

④ 压铸件组织致密，具有较高的强度和硬度，抗拉强度比砂型铸件提高20%～40%。

但是压铸机和压铸模费用昂贵，生产周期长，只适用于大批量生产。由于金属液在高压高速下充型，型内气体很难排出，压铸件内常有小气孔存在于表皮下面，故压铸件不允许有较大的加工余量，以防气孔外露，也不宜进行热处理或在高温下工作，以免气体膨胀而使铸件表面突起或变形。

压力铸造是近代金属加工工艺中发展较快的一种高效率、少无切削的金属成形精密铸造方法。由于上述压铸的优点，这种工艺方法已广泛应用在国民经济的各行各业中。压铸件除用于汽车、摩托车、仪表、工业电器外，还广泛应用于家用电器、农机、无线电、通信、机床、运输、造船、照相机、钟表、计算机、纺织器械等行业。其中汽车和摩托车制造业是最主要的应用领域，汽车约占70%，摩托车约占10%。目前生产的一些压铸零件最小的只有几克，最大的铝合金铸件质量达50kg，最大的直径可达2m。

四、离心铸造

离心铸造是将液态金属浇入高速旋转的铸型内，在离心力作用下充型、凝固后获得铸件的方法。铸件的轴线与旋转铸型的轴线重合。铸型可用金属型、砂型、陶瓷型、熔模壳型等。

1. 离心铸造的工艺过程

离心铸造一般多在离心机上进行。离心铸造机按其旋转轴空间位置的不同分为立式、卧式和倾斜式三种。立式离心铸造机的铸型是绕垂直轴旋转(如图8－9a所示)，由于金属液的重力作用，铸件的内表面呈抛物线形，故铸件不宜过高，它主要用于铸造高度小于直径的环类、套类及成形铸件。卧式离心铸造机的铸型是绕水平轴旋转(如图8－9b所示)，铸件的壁厚较均匀，主要用于长度大于直径的管类、套类铸件。

2. 离心铸造的特点和应用

与其他铸造方法比较，离心铸造有以下优点：

① 金属结晶组织致密，铸件内没有或很少有气孔、缩孔和非金属类夹杂物，因而铸件的力学性能显著提高。

② 铸造圆形中空铸件时，不用型芯和浇注系统，简化了工艺过程，降低了金属消耗。

③ 提高了金属液的充型能力，改善了充型条件，可用于浇注流动性较差的合金及薄壁

铸件。

④ 适应各种合金的铸造，便于铸造薄壁件和“双金属”件，如钢套内镶铜轴承等，其结合面牢固、耐磨，又可节约贵重金属材料。

但是离心铸造铸件内孔表面粗糙，孔径通常不准确。立式离心浇注的铸件内孔表面呈抛物面。离心铸造的铸件易产生比重偏析，因而不适合生产易偏析合金(如铅青铜)铸件，尤其不适合铸造杂质、比重大于金属液的合金铸件。

离心铸造通常用于各种套、管、环状零件的铸造，是铸铁管、气缸套、铜套、双金属轴承的主要生产方法，铸件的最大重量可达十几吨。在耐热钢辊筒、特殊钢的无缝管坯、造纸机烘缸等铸件生产中，离心铸造已被采用。

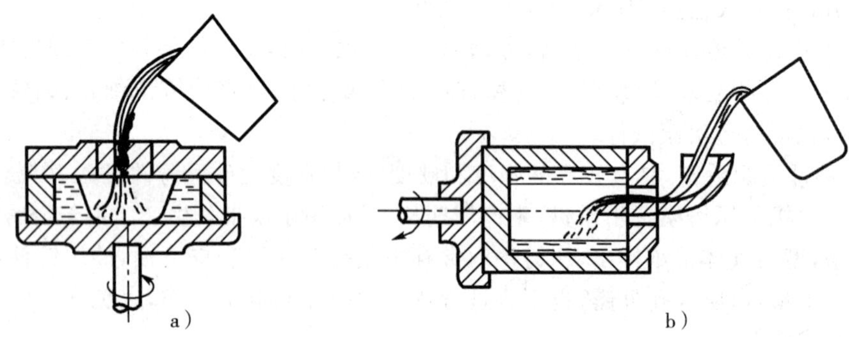

图 8-9　离心铸造

a) 立式离心铸造　b) 卧式离心铸造

五、低压铸造

低压铸造是指金属液在气体压力作用下完成充型和凝固的铸造方法，其压力为0.02～0.06MPa。

1. 低压铸造的工艺过程

如图 8-10 所示，铸型一般安置在储有金属液的密封坩锅上方，向坩锅中通入干燥的压缩空气(或惰性气体)，在金属液表面造成低压力，使金属液由升液管上升填充铸型，铸型充满后再保持一定压力(或适当增压)，使型内金属在压力下凝固，然后将坩锅上部与大气相通，随着压力消失，升液管和浇口中尚未凝固的金属液流回坩锅，打开铸型取出铸件。

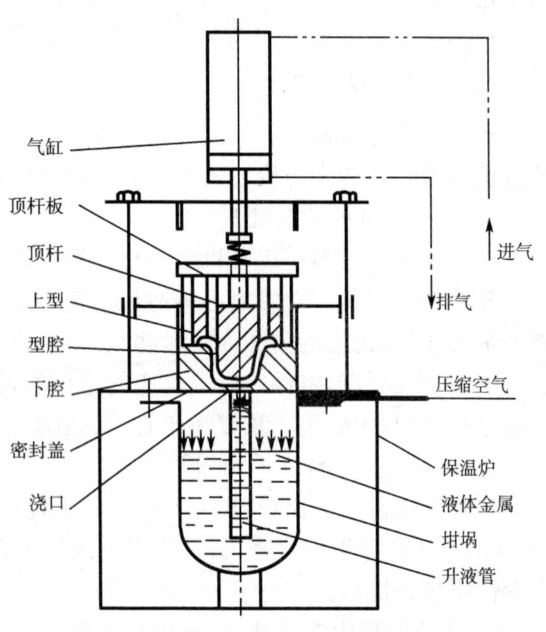

图 8-10　低压铸造工艺过程示意图

2. 低压铸造的工艺特点和应用范围

低压铸造是介于一般重力铸造(砂型、金属型等)与压铸之间的方法。它具有以下优点：

① 铸件的组织致密，力学性能较高。对于铝合金针孔缺陷的防止和铸件气密

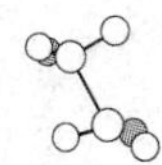

性的提高，效果尤其显著。铸件的表面质量高于金属型。

② 充型压力和速度便于控制，可适应各种铸型（砂型、金属型、熔模型壳等）。由于充型平稳，冲刷力小，且液流与气流的方向一致，故气孔、夹渣等缺陷较少。

③ 由于简化浇冒口系统，浇口余头小，故金属的实际利用率高（可达95%）。

④ 设备简单，投资少，操作简单，劳动条件好，易于实现机械化和自动化。

但由于坩锅及升液管长期受金属液的浸蚀，寿命较短。低压铸造的生产率低于压力铸造。

低压铸造目前主要用于生产铸造质量要求高的铝合金、镁合金铸件，如汽缸体、缸盖、高速内燃机的铝活塞、带轮、变速箱壳体、医用消毒缸等形状较复杂的薄壁铸件。

第四节　铸造成形工艺设计

生产铸件时，首先要根据铸件的结构特点、技术要求、生产批量及生产条件等进行铸造工艺设计，其内容包括确定铸造方案和工艺参数，绘制图样和标注符号，编制工艺卡和工艺规程等。

一、浇注位置与分型面的选择

浇注位置是指浇注时铸件在铸型内所处的位置。分型面是指上、下砂型的接触表面。浇注位置确定即确定了铸件在浇注时所处的空间位置，分型面的确定则决定了铸件在造型时的位置。

1. 浇注位置的选择原则

铸件的浇注位置要符合铸件的凝固顺序，保证铸件的充型，选择时注意以下几个原则：

① 铸件的主要工作面和重要加工面应朝下或位于侧面，如图8－11所示。这是因为铸件上表面易产生气孔、夹渣、砂眼等缺陷，组织不如下表面致密。若铸件有多个加工面，应将较大的面朝下，其他表面加大加工余量来保证铸造质量。

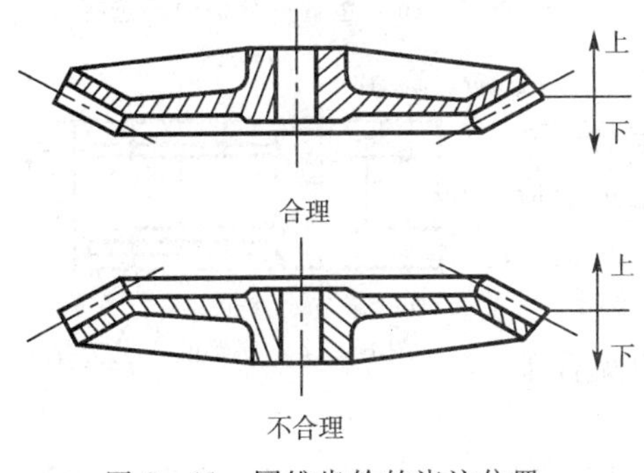

图8－11　圆锥齿轮的浇注位置

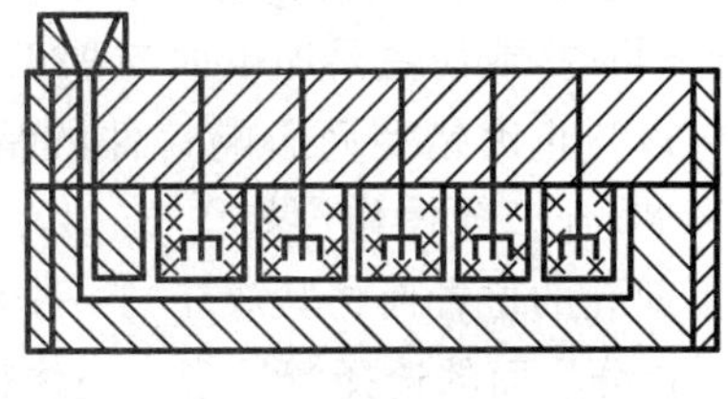

图8－12　平板的浇注位置

② 铸件的大平面应朝下或采用倾斜浇注，如图8－12所示，以避免因高温金属液对型腔上表面过热而使型砂开裂，造成夹砂、结疤等缺陷。

③ 铸件的薄壁部分应朝下或位于侧面或倾斜浇注，如图8－13所示，以避免产生冷隔或浇不足现象。

④ 铸件厚大的部分应朝下或位于侧面，如图 8－14 所示，以便于设置浇冒口进行补缩。

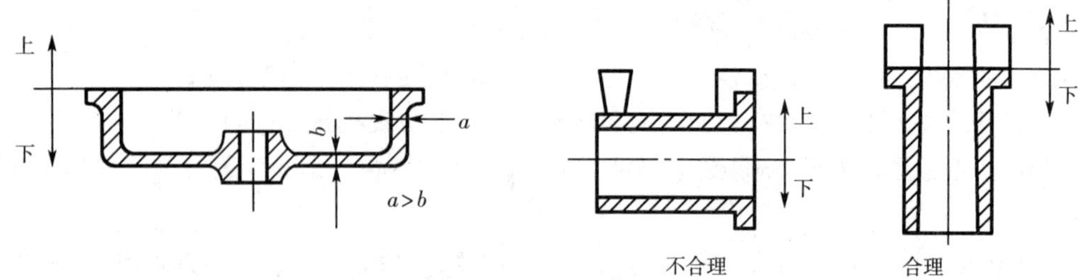

图 8－13　电机端盖的浇注位置

图 8－14　吊车卷筒的浇注位置

2．分型面选择原则

① 分型面应选择在模型的最大截面处，以便于取模。但要注意不要让模样在一个砂型内过高。如图 8－15 所示，采用方案 2 可以减小下箱模样的高度。

② 成批、大量生产时应避免采用活块造型和三箱造型。

③ 应使铸件中重要的机加工面朝下或垂直于分型面。因为浇注时，液体金属中的渣子、气泡总是浮在上面，铸件的上表面缺陷较多，铸件下表面和侧面的质量较好，所以使重要的加工面朝下或位于垂直位置，易于保证铸件的质量，如图 8－16 所示。

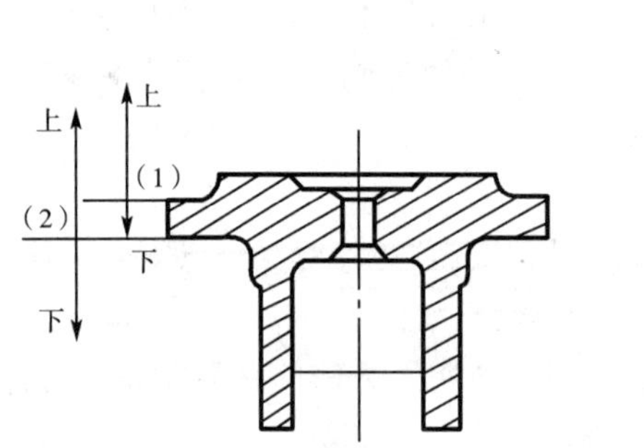

图 8－15　方案 2 可以减小模样在下箱的高度

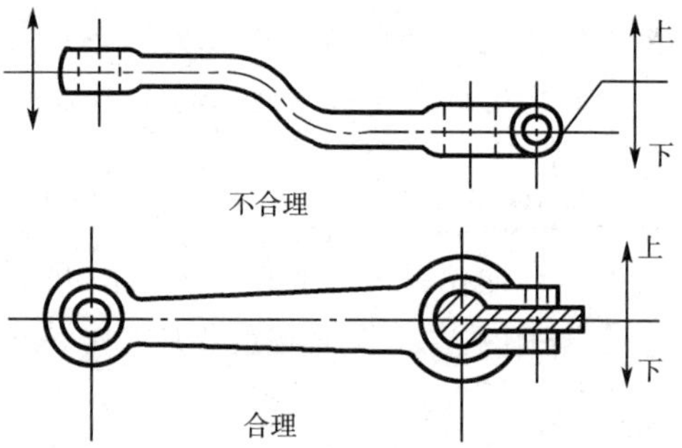

上
下
不合理
上
下
合理

图 8－16　起重臂分型面的选择

④ 应尽量使铸件的全部或大部分处于同一砂箱，且位于下箱内，或使主要加工面与加工基准面处于同一砂箱中，以防止因错型而影响铸件的精度，同时也便于造型、下芯、合箱等操作。如图 8－17 所示为了保证支架上、下两孔的位置而将其放在同一个型腔中。

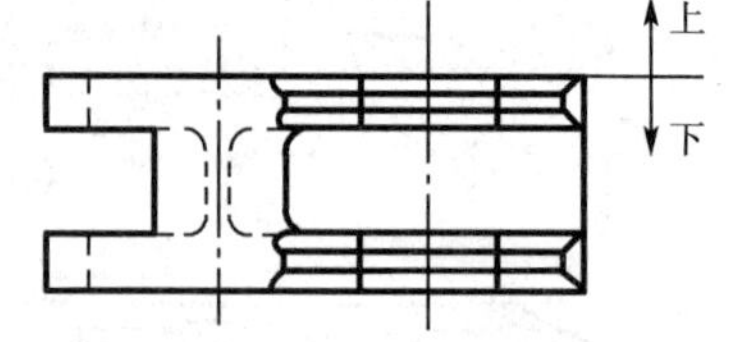

图 8－17　支架的工艺方案

⑤ 分型面的选择应尽量与浇注位置一致，以免合箱后再翻转砂箱。

上述各原则，对于具体铸件而言很难全面满足，有时甚至于互相矛盾，因此，必须抓住主要矛盾，全面考虑，选出最优方案。

二、浇注系统

浇注系统是指为填充型腔和冒口而设于铸型中的一系列通道。其作用是：能够平稳、迅速地注入液体金属；挡渣，防止渣子、砂粒等进入型腔；调节铸件各部分温度，起“补缩”作用。

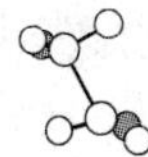

正确地设置浇注系统，对保证铸件质量，降低金属的消耗量有重要的意义。浇注系统设置不当，铸件易产生冲砂、砂眼、渣眼、浇不足、气孔和缩孔等缺陷。

1．浇注系统各部分的作用

典型的浇注系统由外浇口、直浇道、横浇道和内浇道四部分组成，如图 8－18 所示。对形状简单的小铸件可以省略横浇道。

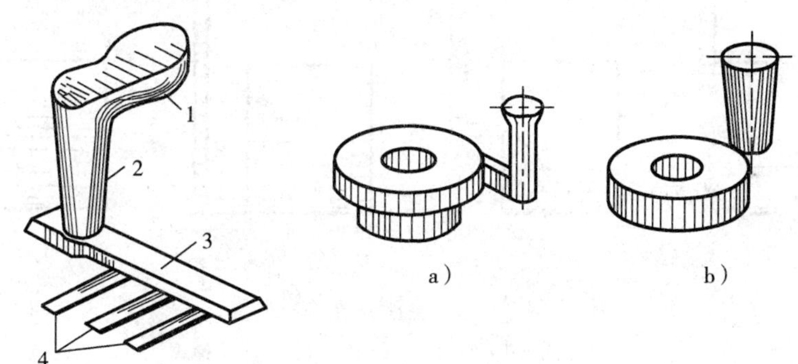

图 8－18　浇注系统

a）直浇道直通内浇道　b）直浇道直通型腔

1—浇口盆　2—直浇道　3—横浇道　4—内浇道

（1）外浇口　多为漏斗形或盆形，其作用是缓和液体金属浇入的冲力，使之平稳地流入直浇口。漏斗型外浇口用于中小型铸件。盆形外浇口用于大型铸件。

（2）直浇道　是浇注系统中的垂直通道，断面多为圆形，上大下小，通常带有一定锥度，开在上砂型内，用于连接外浇道和横浇道。其作用是使液体产生一定的静压力，能迅速充满型腔。如果直浇口的高度或直径太小，会使铸件产生浇不足的缺陷。

（3）横浇道　是浇注系统中的水平通道部分，一般开在上箱分型面上，其断面通常为高梯形。它将金属液由直浇道导入内浇道，并起挡渣作用，还能减缓金属液流的速度，使金属液平稳流入内浇道。

（4）内浇道　是浇注系统中引导液态金属进入型腔的部分，截面形状有扁梯形、月牙形，也可用三角形。其作用是控制金属液流入型腔的速度和方向，调节铸件各部分的冷却速度。内浇道的形状、位置和数目，以及导入液流的方向，是决定铸件质量的关键之一。开设内浇道应尽可能使金属液快而平稳地充型，但要使金属液顺着型壁流动，避免直接冲击芯和砂型的突出部分，如图 8－19 所示。另外，内浇道一般不应开在铸件的重要部位，其截面形状还要考虑清理方便。

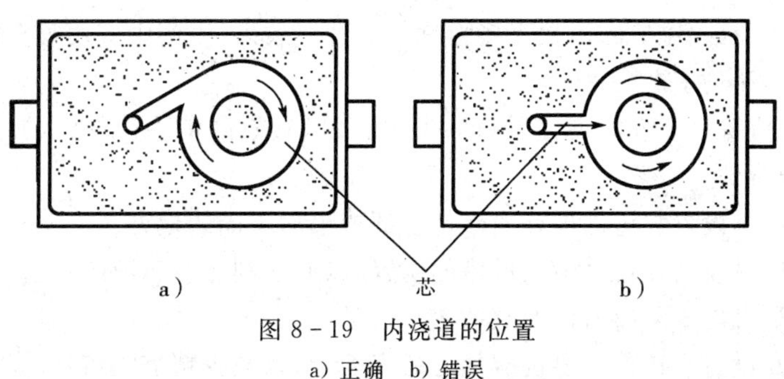

图 8－19　内浇道的位置

a）正确　b）错误

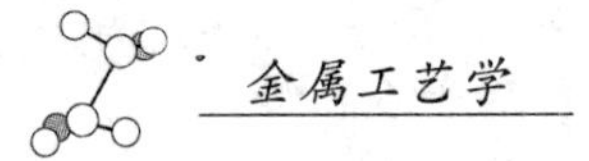

2. 浇注系统的类型

按金属液注入的方式不同，浇注系统分为顶注式、底注式、阶梯式和中间注入式等（如图8-20所示）。

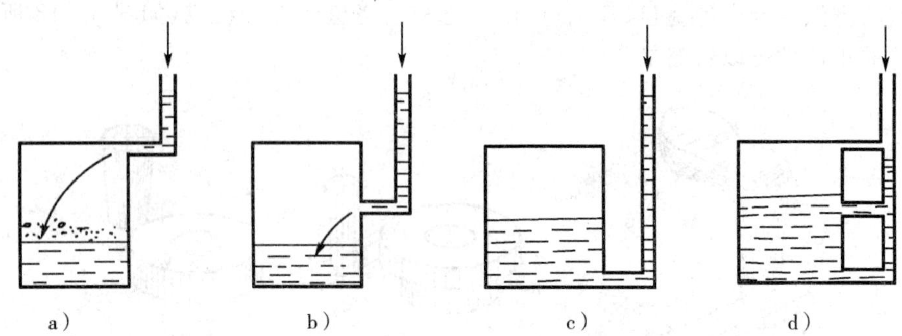

图8-20 浇注系统的分类

a）顶注式 b）中间式 c）底注式 d）阶梯式

（1）顶注式 液体金属容易充满薄壁铸件，补缩作用好，金属消耗少，但容易冲坏铸型和产生飞溅，主要用于不太高而形状简单、薄壁及中等壁厚的铸件。

（2）底注式 液体金属流动平稳，不易冲砂，但是补缩作用较差，对薄壁铸件不易浇满。这种浇注系统主要用于中、大型厚壁、形状较复杂、高度较大的铸件和某些易氧化的合金铸件。

（3）中间式 是介于顶注式和底注式之间的一种浇注系统，开设很方便，应用最普遍。多用于一些中型、不很高的水平尺寸较大的铸件。

（4）阶梯式 主要用于高大的铸件（一般高度大于800mm）。此类浇注系统能使金属液自下而上地进入型腔，兼有顶注式和底注式的优点。

3. 冒口

有些铸件要开设冒口，冒口是在铸型内储存供补缩铸件和金属液的空腔。有时还起排气集渣的作用。冒口应开在型腔的最厚实和最高的部位，以使冒口内金属液最后凝固达到补缩目的。其形状多为圆柱形、方形或腰圆形，其大小、数量和位置视具体情况而定。

（1）冒口的设置原则 冒口的设置一般应遵循以下原则：

① 凝固时间应大于或等于铸件的凝固时间。

② 有足够的金属补充铸件的收缩。

③ 与铸件上被补缩部位之间必须存在补缩通道。

（2）冒口的形状 冒口的形状直接影响它的补缩效果，生产中应用最多的是圆柱形、腰圆柱形，球顶圆柱形，如图8-21所示。

（3）冒口的位置 合理的设置冒口的位置，可以有效的消除铸件中的缩松、缩孔缺陷。一般应遵循以下原则：

① 冒口应尽量设置在铸件被补缩部位上部或最后凝固的地方。

② 冒口应尽量设置在铸件最高最厚的位置，以便于利用金属液的自重进行补缩。

③ 冒口应尽可能不阻碍铸件的收缩。

④ 冒口最好设置在铸件需要机械加工的表面上，以减少精加工铸件的工时。

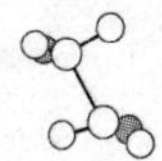

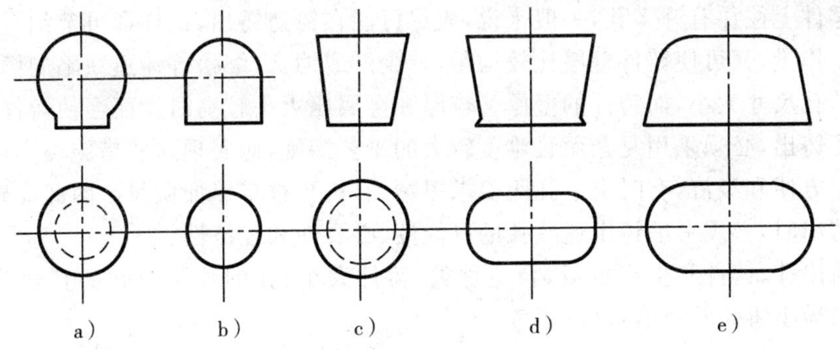

图 8-21　常用冒口的形状

a)球形　b) 球顶圆柱形　c) 圆柱形　d) 腰圆柱形(明)　e) 腰圆柱形(暗)

三、工艺参数的选择

铸造工艺参数通常是指铸型工艺设计时需要确定的某些工艺数据,这些工艺参数一般都与模样和芯盒尺寸有关,即与铸件的精度有关,同时也与造型、制芯、下芯及合箱的工艺过程有联系。铸造工艺参数包括加工余量、最小铸孔的尺寸、收缩余量、起模斜度、型芯头尺寸等。工艺参数选择的合适,不仅使铸件的尺寸、形状精确,而且造型、制芯、下芯、合箱都大为简便,有利于提高生产率,降低成本。

1. 加工余量和铸孔

加工余量是指为保证铸件加工面尺寸和零件精度,在铸件工艺设计时预先增加而在机械加工时切去的金属层厚度。其大小取决于铸件的材料、铸造方法、加工面在浇注时的位置、铸件结构、尺寸、加工质量要求等。与铸钢件相比,灰铸铁表面平整,精度较高,加工余量小;而有色金属铸件加工余量比灰铸铁还小。与手工造型相比,机器造型的精度高,加工余量小。尺寸大、结构复杂、精度不易保证的铸件比尺寸小、形状简单的铸件加工余量要大些。表 8-3 列出了灰口铸铁的机械加工余量,详见 GB/T11350—1989。

表 8-3　与铸件尺寸公差配套使用的铸件机械加工余量

CT		11		12			13			14		15	
MA		G	H	G	H	J	G	H	J	H	J	H	J
基本尺寸		加工余量数值											
大于	至												
—	100	4.0 3.0	4.5 3.5	4.5 3.0	5.0 3.5	6.0 4.5	6.0 4.0	6.5 4.5	7.5 5.5	7.5 5.0	8.5 6.0	9.0 5.5	10 6.5
100	160	4.5 3.5	5.5 4.5	5.5 4.0	6.5 5.0	7.5 6.0	7.0 4.5	8.0 5.5	9.0 6.5	9.0 6.0	10 7.0	11 7.0	12 8.0
160	250	6.0 4.5	7.0 5.5	7.0 5.0	8.0 6.0	9.5 7.5	8.5 6.0	9.5 7.0	11 8.5	11 7.5	13 9.0	13 8.5	15 10
250	400	7.0 5.5	8.5 7.0	8.0 6.0	9.5 7.5	11 9.0	9.5 6.5	11 8.0	13 10	13 9.0	15 11	15 10	17 12
400	630	7.5 6.0	9.5 8.0	9.0 6.5	11 8.5	14 11	11 7.5	13 9.5	16 12	15 11	18 13	17 12	20 14

注:表中每栏有两个加工余量数值,上面数值是一侧为基准,另一侧进行单侧加工的加工余量值;下面数值是进行双侧加工的加工余量值。

机械零件上往往有许多孔，一般来说，应尽可能在铸造铸出，这样即可节约金属，减少机械加工的工作量，又可使铸件壁厚比较均匀，减少形成缩孔、缩松等铸造缺陷的倾向。但是，当铸件上的孔尺寸太小，而铸件的壁厚又较厚和金属压力头较高时反而会使铸件产生粘砂。有的孔为了铸出，必须采用复杂而且难度较大的工艺措施，而实现这些措施还不如机械加工的方法制出方便和经济，有时由于孔距要求很精确，铸孔很难保证质量。因此在确定零件上的孔是否铸出时，必须考虑铸出这些孔的可能性、必要性和经济性。

最小铸出孔、铸件和生产批量、合金种类、铸件大小、孔的长度及孔的直径等有关。表 8-4所列出最小铸孔的数值，仅供参考。

表 8-4　铸件的最小铸出孔径

生产批量	最小铸出孔直径/mm	
	灰铸铁件	铸钢件
大量生产	12～15	
成批生产	15～30	30～50
单件小批生产	30～50	50

注：(1)若是加工孔，则孔的直径应为加上加工余量后的数值；
(2)有特殊要求的铸件例外。

2. 收缩余量

收缩余量是指为了补偿铸件收缩，模样比铸件尺寸增大的数值。收缩余量一般根据线收缩率来确定，即

$$\varepsilon=\frac{L_{模}-L_{件}}{L_{件}}\times 100\%$$

式中 $L_{模}$ 和 $L_{件}$ 分别表示模样和铸件的尺寸。

收缩余量大小与合金的种类有关，同时还受铸件结构、大小、壁厚、铸型种类及收缩时受阻情况等因素的影响。表 8-5 为砂型铸造时各种合金的铸造收缩率的经验数据。

表 8-5　铸造合金的线收缩率

铸件种类			收缩率/%	
			阻碍收缩	自由收缩
灰铸铁	中小型铸件		0.8～1.0	0.9～1.1
	大中型铸件		0.7～0.9	0.8～1.0
	特大型铸件		0.6～0.8	0.7～0.9
球墨铸铁	珠光体球墨铸铁件		0.6～0.8	0.9～1.1
	铁素体球墨铸铁件		0.4～0.6	0.8～1.0
蠕墨铸铁	蠕墨铸铁件		0.6～0.8	0.8～1.2
可锻铸铁	墨心可锻铸铁件	壁厚＞25mm	0.5～0.6	0.6～0.8
		壁厚＜25mm	0.6～0.8	0.8～1.0
	白心可锻铸铁件		1.2～1.8	1.5～1.0
铸钢	碳钢与合金结构钢铸件		1.3～1.7	1.6～2.0
	奥氏体、铁素体钢铸件		1.5～1.9	1.8～2.2
	纯奥氏体钢铸件		1.7～2.0	2.0～2.3

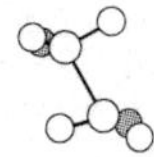

3. 起模斜度(拔模斜度)

起模斜度是指为使模样容易从铸型中取出或型芯自芯盒脱出,平行于起模方向,在模样或芯盒壁上所增加的斜度。起模斜度的大小与模样壁的高度、模样的材料、造型方法等有关,通常为15′~3°。壁愈高,斜度愈小;外壁斜度比内壁小;金属模的斜度比木模小;机器造型的比手工造型的小。

起模斜度的设计方法:对于加工面,当壁厚<8mm时可采用增加壁厚法;当壁厚为8~12mm时可采用加减壁厚法。对于非加工面,常采用减少壁厚法。

4. 芯头

芯头是指伸出铸件以外不与金属接触的砂芯部分。作用是定位、支撑和排气。为了承受砂芯本身重力及浇注时液体对砂芯的浮力,芯头的尺寸应足够大才不致破损;浇注后砂芯所产生的气体,应能通过芯头排至铸型以外。在设计芯头时,除了要满足上面的要求外,还要考虑到下芯、合箱方便,应留有适当斜度,芯头与芯座之间要留有1~4mm的间隙。图8-22为芯头的类型及芯头与芯座之间间隙。

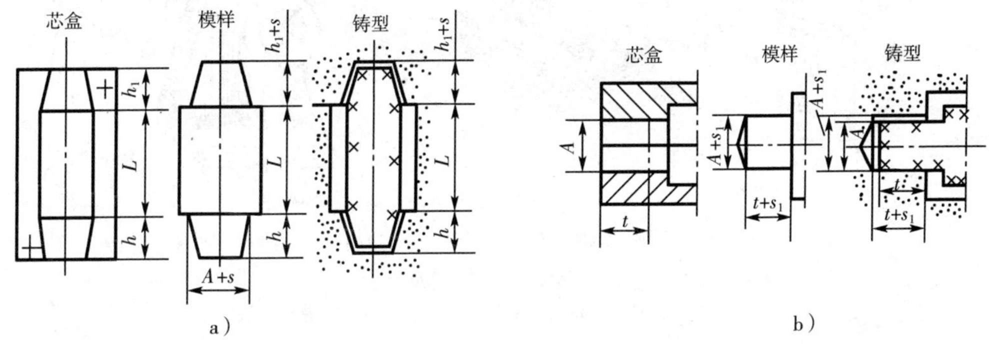

图8-22 芯头和芯座之间的间隙

a) 垂直芯头 b) 水平芯头

四、铸造工艺图

铸造工艺图是表示分型面、砂芯的结构尺寸、浇冒口系统和各需工艺参数的图形。单件小批量生产时,铸造工艺图是用红蓝色线条按JB2435—78规定的符号和文字画在零件图上,如图8-23所示。

① 标出分型面。分型面的位置,在图上用红色线条加箭头 $\updownarrow$ 上/下 表示,并注明上箱和下箱。

② 确定加工余量。加工余量在工艺图中用红色线条标出,剖面用红色全部涂上。

③ 标出起模斜度。在垂直于分型面的模样表面上应绘制起模斜度。起模斜度用红色线条表示。

④ 铸造圆角。为了便于造型和避免产生铸造缺陷,在零件图上两壁相交之处做成圆角称铸造圆角。在铸造工艺图上用红线表示。

⑤ 给出型芯头及型芯座,用蓝色线条给出。此时应注意,型芯座应比型芯头稍大,二者之差即为下型芯时所需要的间隙。

⑥ 不铸出的孔,零件上较小的孔、槽,铸造中不易铸出时,在铸造工艺图上将相应的孔

位置用红线打叉。

⑦ 标注收缩率。用红字标注在零件图的右下方。

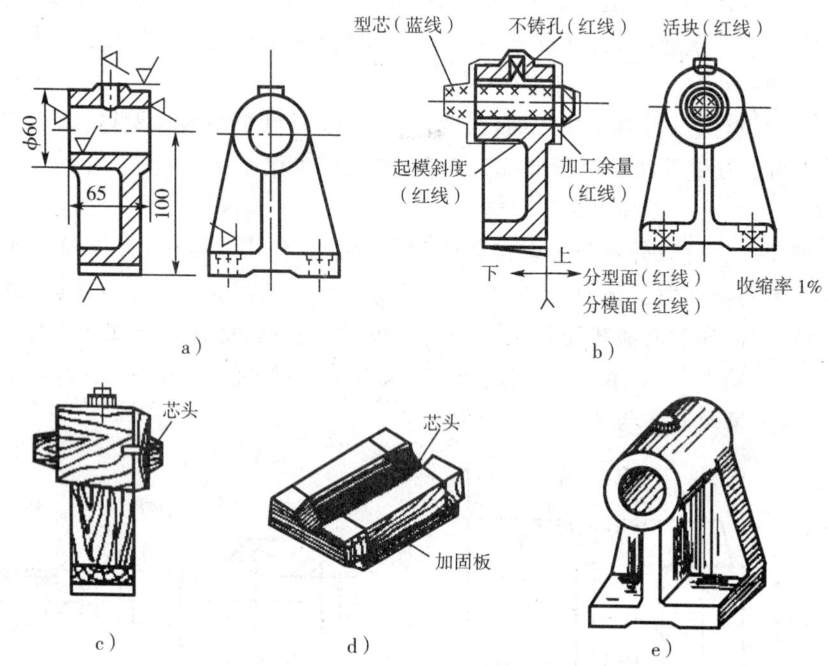

图 8－23 滑动轴承座的铸造工艺图和模样结构图

a）零件图 b）铸造工艺图

c）模样结构图 d）芯盒结构 e）铸件

第五节 铸件的结构工艺性

进行铸件结构设计时，不仅要考虑能否满足使用性能的要求，还必须考虑结构是否符合铸造工艺和铸件质量的要求。合理的铸件结构将简化铸造工艺过程，减少和避免产生铸造缺陷，提高生产率，降低材料消耗及生产成本。

一、铸件质量对结构的要求

为了避免铸造缺陷的产生，在设计铸件结构时，根据铸造质量的要求，考虑以下因素：

① 铸件的壁厚应合理。铸件壁厚过薄易产生浇不足、冷隔等缺陷；过厚易在壁中心处形成粗大晶粒，并产生缩孔、缩松等缺陷。因此铸件壁厚应在保证使用性能的前提下合理设计。

每一种铸造合金钢，采用某种铸造方法，要求铸件有其合适的壁厚范围。因此每种铸造合金在规定的铸造条件下所浇注铸件的“最小壁厚”均不同（见表 8－6）；相应地各种铸造合金也有一个最大临界壁厚，超过此壁厚，铸件承载能力不再按比例地随壁厚的增加而增加。通常，最大临界壁厚约为最小壁厚的三倍。为使铸件各部分均匀冷却，一般外壁厚度大于内壁，内壁大于肋，外壁、内壁、肋之比约为 1∶0.8∶0.6。

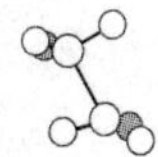

表 8-6　铸造合金在规定的铸造条件下所浇注铸件的最小壁厚

铸型种类	铸件尺寸(长×宽)	铸　钢	灰铸铁	球墨铸铁	可锻铸铁	铝合金	铜合金
砂　型	<200×200	6～8	5～6	6	4～5	3	3～5
	200×200～500×500	10～12	6～10	12	5～8	4	6～8
	>500×500	18～25	15～20	—	—	5～7	—
金属型	<70×70	5	4	—	2.5～3.5	2～3	3
	70×70～150×150	—	5	—	3.5～4.5	4	4～5
	>150×150	10	6	—	—	5	6～8

注:(1) 结构复杂的铸件及高强度灰铸铁件,选取较大值。

(2) 最小壁厚是指未加工壁的最小壁厚。

为保证铸件的强度和刚度,又要避免过大的截面,一般可根据载荷的性质,将铸件截面设计成 T 字形、工字形、槽形或箱形等结构,在脆弱处可设置加强肋如图 8-24 所示。

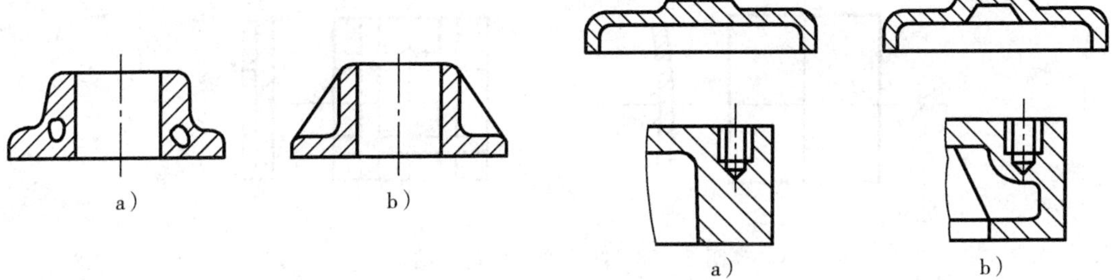

图 8-24　加强肋的应用示例

a) 不合理　b) 合理

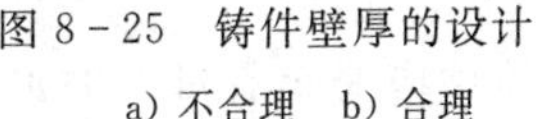

图 8-25　铸件壁厚的设计

a) 不合理　b) 合理

② 铸件壁厚力求均匀。铸件各部位壁厚若相差过大,由于各部位冷却速度不同,易形成热应力而使厚壁与薄壁连接处产生裂纹,同时在厚壁处形成热节而产生缩孔、缩松等缺陷。因此应取消不必要的厚大部分,减小、减少热节,如图 8-25 所示。

③ 铸件壁的连接和圆角。铸件的壁厚应力求均匀,如果因结构所需,不能达到厚薄均匀,则铸件各部分不同壁厚的连接应采用逐渐过渡。壁厚过渡形式如图 8-26 所示。图8-27列举了两种铸钢件的结构。其中图 8-27a 所示结构由于两截面交接处成直角形拐弯而形成热节,故在此处易形成热裂。若设计成如图 8-27b 所示结构,采用圆角过渡可以有效地消除热裂倾象。

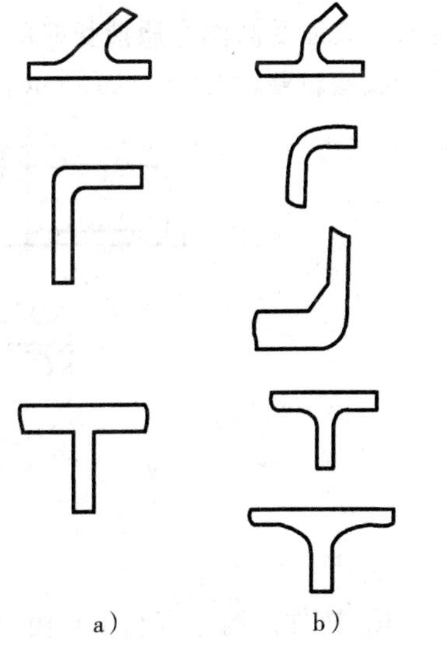

图 8-26　常见连接的几种形式

a) 不合理　b) 合理

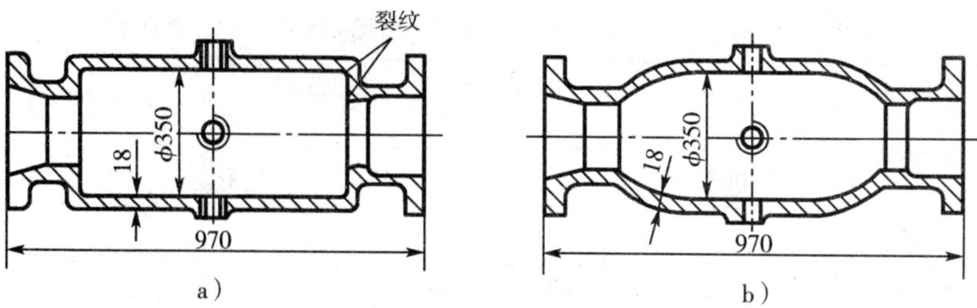

图 8-27　铸钢件结构对热裂影响

a) 不合理　b) 合理

④ 防止铸件产生变形。为了防止某些细长易挠曲的铸件产生变形,应将其截面设计成对称结构,利用对称截面的相互抵消作用减小变形。为防止大而薄的平板铸件产生翘曲变形,可设置加强肋以提高其刚度,防止变形,如图 8-28 所示。

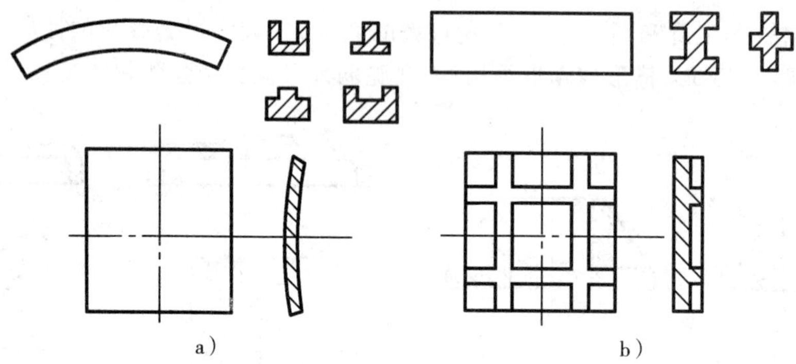

图 8-28　防止变形的铸件结构

a) 不合理　b) 合理

⑤ 铸件应避免有过大的水平面。铸件上过大的水平面不利于金属液的充填,不利于气体和夹杂物的排除,容易使铸件产生冷隔、浇不足、气孔、夹渣等缺陷。并且,铸型内水平型腔的上表面受高温金属液长时间烘烤,易开裂而产生夹砂、结疤等缺陷。因此,应尽量将其设计成倾斜壁,如图 8-29 所示。

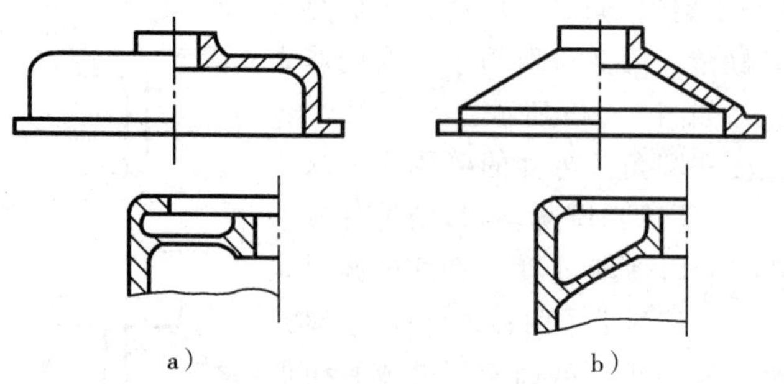

图 8-29　过大水平面的设计

a) 不合理　b) 合理

⑥ 铸件结构应有利于自由收缩。铸件收缩受到阻碍时将产生应力,当应力超过合金的强度极限时将产生裂纹。因此设计铸件时应尽量使其自由收缩。如图 8-30a 所示轮形铸件的轮辐为偶数、直线形,对于线收缩很大的合金,会因为应力过大而产生裂纹。将其改为

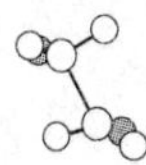

奇数轮辐，或如图 8-30b、c 所示的带孔辐板和弯曲轮辐，则采用轮辐和轮缘的微量变形来减小应力，防止裂纹。

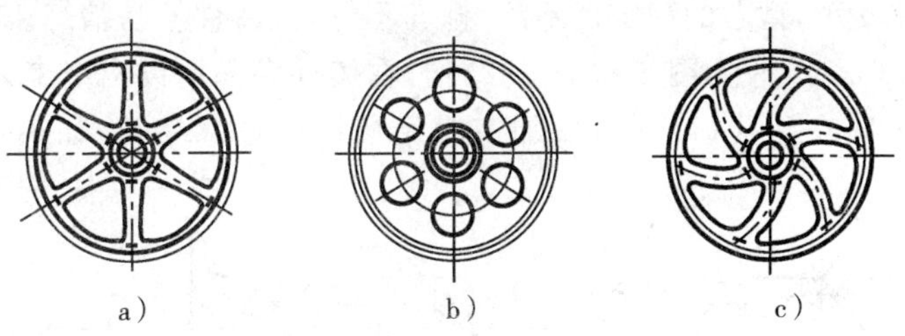

图 8-30　轮辐的设计

a) 偶数直线轮轴　b) 带孔辐板　c) 弯曲轮幅

二、铸造工艺对结构的要求

在满足使用性能的前提下，铸件结构应尽量简化制模、造型、制芯、合箱和清理等铸造生产工序。设计铸件结构时，应考虑以下因素：

① 尽量减少分型面的数量，并使分型面为平面。分型面的数量少，可相应减少砂箱数量，以避免因错型而造成的尺寸误差，提高铸件精度，如图 8-31 所示。分型面为平面可省去挖砂等操作，简化造型工序。

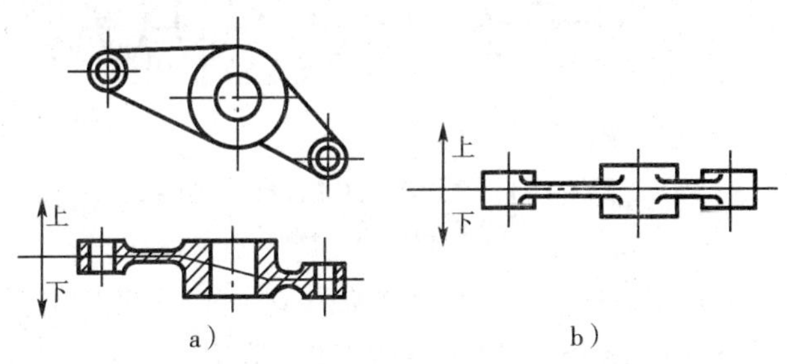

图 8-31　摇臂铸件的结构设计

a) 改进前　b) 改进后

② 尽量取消铸件外表侧凹。铸件侧凹入部分则必然妨碍起模，这时需要增加砂芯才能形成凹入部分的形状，如若改进铸件结构，即能避免侧凹部分，如图 8-32 所示。

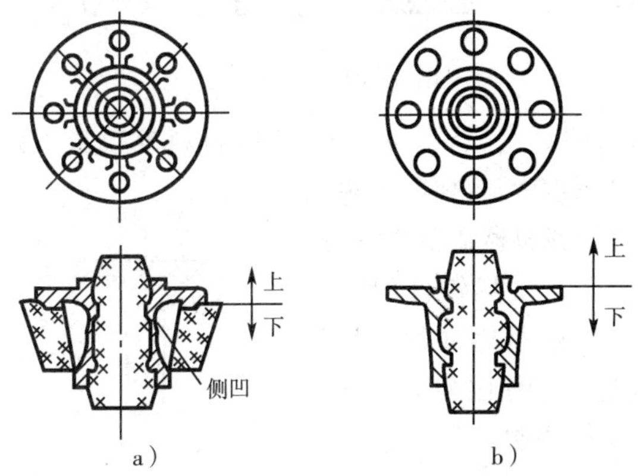

图 8-32　带有外表侧凹的铸件结构改进

a) 不合理　b) 合理

③ 有利于型芯固定、排气和清理。将轴承支架的原设计图 8－33a 改为图 8－33b 的结构，型芯为具有三个芯头的整体结构，避免了原设计中型芯难以固定、排气和清理的问题。型芯只能用型芯撑支承，型芯的稳定性不够，排气不好，且铸件不易清理。在不影响使用性能的前提下，将图 8－34a 改为图 8－34b 的结构，在铸件底部增设两个工艺孔，可简化铸造工艺。若零件不允许有此孔，可在机械加工时用螺钉或柱塞堵死，如为铸钢件可用钢板焊死。

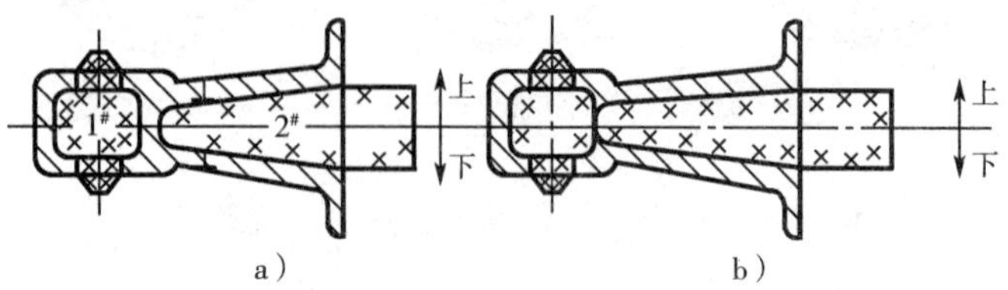

图 8－33 轴承支架的结构设计

a) 不合理 b) 合理

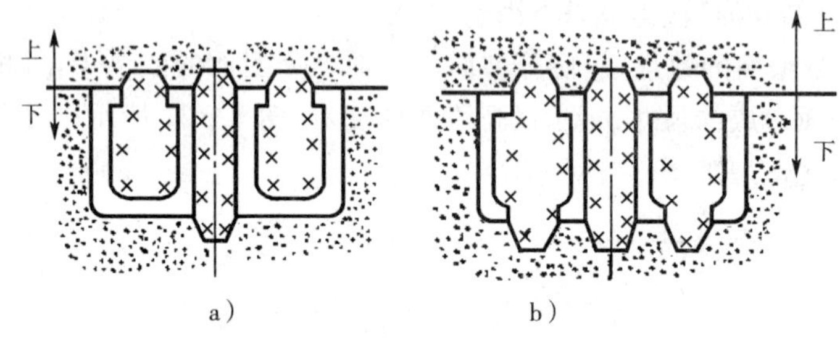

图 8－34 增设工艺孔的铸件结构

a) 不合理 b) 合理

④ 结构斜度。铸件上凡垂直于分型面的非加工表面均应设计出斜度，即结构斜度，如图 8－35。结构斜度使起模方便，不易损坏型腔表面，延长模具使用寿命；起模时模样松动小，铸件尺寸精度高；有利于采用吊砂或自带型芯；还可以使铸件外形美观。

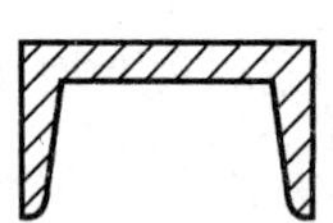
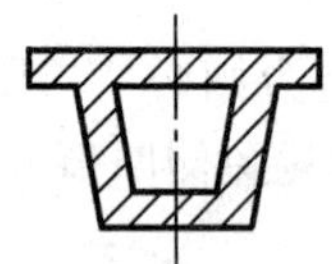
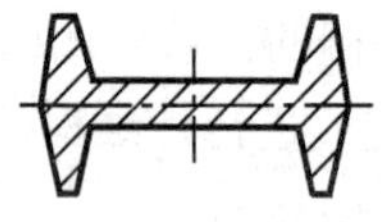

图 8－35 拔模斜度

结构斜度的大小与壁的高度、造型方法、模样的材料等很多因素有关。随铸件高度增加，其斜度减小；铸件内侧斜度大于外侧；木模或手工造型的斜度大于金属模或机器造型的斜度。

⑤ 去除不必要的圆角。虽然铸件的转角处几乎都希望圆角相连接，这是铸件的结晶和凝固合理性决定的。但是有些外圆角对铸件质量影响并不大，但却对造型或制芯等工艺过程有不良影响，这时就应将圆角取消。如图 8－36 所示。

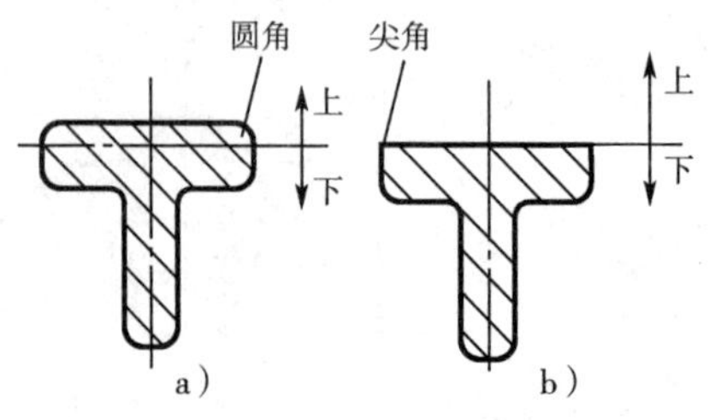

图 8－36 去除不必要的铸造圆角

a) 不合理 b) 合理

第六节　铸造成型技术发展简介

铸造是人类掌握比较早的一种金属热加工工艺，已有约6000年的历史。中国约在公元前1700～前1000年之间已进入青铜铸件的全盛期，工艺上已达到相当高的水平。中国商朝的重875kg的司母戊方鼎，战国时期的曾侯乙尊盘，西汉的透光镜，都是古代铸造的代表产品。

早期的铸件大多是农业生产、宗教、生活等方面的工具或用具，艺术色彩浓厚。那时的铸造工艺是与制陶工艺并行发展的，受陶器的影响很大。

中国在公元前513年，铸出了世界上最早见于文字记载的铸铁件——晋国铸型鼎，重约270kg。欧洲在公元8世纪前后也开始生产铸铁件。铸铁件的出现，扩大了铸件的应用范围。例如在15～17世纪，德、法等国先后敷设了不少向居民供饮用水的铸铁管道。18世纪的工业革命以后，蒸汽机、纺织机和铁路等工业兴起，铸件进入大工业服务的新时期，铸造技术开始有了大的发展。

进入20世纪，铸造的发展速度很快，其重要因素之一是产品技术的进步，要求铸件各种机械物理性能更好，同时仍具有良好的机械加工性能；另一个原因是机械工业本身和其他工业如化工、仪表等的发展，给铸造业创造了有利的物质条件。如检测手段的发展，保证了铸件质量的提高和稳定，并给铸造理论的发展提供了条件；电子显微镜等的发明，帮助人们深入到金属的微观世界，探查金属结晶的奥秘，研究金属凝固的理论，指导铸造生产。

在这一时期内开发出大量性能优越，品种丰富的新铸造金属材料，如球墨铸铁，能焊接的可锻铸铁，超低碳不锈钢，铝铜、铝硅、铝镁合金，钛基、镍基合金等，并发明了对灰铸铁进行孕育处理的新工艺，使铸件的适应性更为广泛。

20世纪50年代以后，出现了湿砂高压造型，化学硬化砂造型和造芯，负压造型以及其他特种铸造、抛丸清理等新工艺，使铸件具有很高的形状、尺寸精度和良好的表面光洁度，铸造车间的劳动条件和环境卫生也大为改善。20世纪以来铸造业的重大进展中，灰铸铁的孕育处理和化学硬化砂造型这两项新工艺有着特殊的意义。这两项发明，冲破了延续几千年的传统方法，给铸造工艺开辟了新的领域，对提高铸件的竞争能力产生了重大的影响。

铸造一般按造型方法来分类，习惯上分为普通砂型铸造和特种铸造。普通砂型铸造包括湿砂型、干砂型、化学硬化砂型三类。特种铸造按造型材料的不同，又可分为两大类：一类以天然矿产砂石作为主要造型材料，如熔模铸造、壳型铸造、负压铸造、泥型铸造、实型铸造、陶瓷型铸造等；一类以金属作为主要铸型材料，如金属型铸造、离心铸造、连续铸造、压力铸造、低压铸造等。

铸造工艺可分为三个基本部分，即铸造金属准备、铸型准备和铸件处理。铸造金属是指铸造生产中用于浇注铸件的金属材料，它是以一种金属元素为主要成分，并加入其他金属或非金属元素而组成的合金，习惯上称为铸造合金，主要有铸铁、铸钢和铸造有色合金。

金属熔炼不仅仅是单纯的熔化，还包括冶炼过程，使浇进铸型的金属，在温度、化学成分和纯净度方面都符合预期要求。为此，在熔炼过程中要进行以控制质量为目的的各种检查测试，液态金属在达到各项规定指标后方能允许浇注。有时，为了达到更高要求，金属液在出炉后还要经炉外处理，如脱硫、真空脱气、炉外精炼、孕育或变质处理等。熔炼金属常用的设备有冲天炉、电弧炉、感应炉、电阻炉、反射炉等。

不同的铸造方法有不同的铸型准备内容。以应用最广泛的砂型铸造为例，铸型准备包括造型材料准备和造型造芯两大项工作。砂型铸造中用来造型造芯的各种原材料，如铸造砂、型砂粘结剂和其他辅料，以及由它们配制成的型砂、芯砂、涂料等统称为造型材料，造型材料准备的任务是按照铸件的要求、金属的性质，选择合适的原砂、粘结剂和辅料，然后按一定的比例把它们混合成具有一定性能的型砂和芯砂。常用的混砂设备有碾轮式混砂机、逆流式混砂机和叶片沟槽式混砂机。后者是专为混合化学自硬砂设计的，连续混合，速度快。

造型造芯是根据铸造工艺要求，在确定好造型方法，准备好造型材料的基础上进行的。铸件的精度和全部生产过程的经济效果，主要取决于这道工序。在很多现代化的铸造车间里，造型造芯都实现了机械化或自动化。常用的砂型造型造芯设备有高、中、低压造型机、抛砂机、无箱射压造型机、射芯机、冷和热芯盒机等。

铸件自浇注冷却的铸型中取出后，有浇口、冒口及金属毛刺披缝，砂型铸造的铸件还粘附着砂子，因此必须经过清理工序。进行这种工作的设备有抛丸机、浇口冒口切割机等。砂型铸件落砂清理是劳动条件较差的一道工序，所以在选择造型方法时，应尽量考虑到为落砂清理创造方便条件。有些铸件因特殊要求，还要经铸件后处理，如热处理、整形、防锈处理、粗加工等。

铸造是比较经济的毛坯成形方法，对于形状复杂的零件更能显示出它的经济性。如汽车发动机的缸体和缸盖，船舶螺旋桨以及精致的艺术品等。有些难以切削的零件，如燃汽轮机的镍基合金零件不用铸造方法无法成形。另外，铸造的零件尺寸和重量的适应范围很宽，金属种类几乎不受限制；零件在具有一般机械性能的同时，还具有耐磨、耐腐蚀、吸震等综合性能，是其他金属成形方法如锻、轧、焊、冲等所做不到的。因此在机器制造业中用铸造方法生产的毛坯零件，在数量和吨位上迄今仍是最多的。

铸造生产有与其他工艺不同的特点，主要是适应性广、需用材料和设备多、污染环境。铸造生产会产生粉尘、有害气体和噪声对环境的污染，比起其他机械制造工艺来更为严重，需要采取措施进行控制。

铸造产品发展的趋势是要求铸件有更好的综合性能，更高的精度，更少的余量和更光洁的表面。此外，节能的要求和社会对恢复自然环境的呼声也越来越高。为适应这些要求，新的铸造合金将得到开发，冶炼新工艺和新设备将相应出现。

铸造生产的机械化自动化程度在不断提高的同时，将更多地向柔性生产方面发展，以扩大对不同批量和多品种生产的适应性。节约能源和原材料的新技术将会得到优先发展，少产生或不产生污染的新工艺新设备将首先受到重视。质量控制技术在各道工序的检测和应力测定等方面，将有新的发展。

铸造工作者在电子技术和测试手段不断进步的条件下，将对金属结晶凝固和型砂紧实等理论进行更深入的探索，以研究提高铸件性能和内部质量的有效途径。机器人和电子计算机在铸造生产和管理领域里的应用，也将日益广泛。

计算机在铸造生产中广泛使用，成功地采用 EPC 技术大批量生产汽车汽缸体、缸盖等

复杂铸件,生产率达 180 型/h。在工艺设计、模具加工中,采用 CAD/CAM/RPM 技术;在铸造机械的专业化、成套化制备中,开始采用 CIMS 技术。用计算机求解铸造过程的数值解被称为铸造过程计算机数值模拟。应用这种数值计算方法,可以对极其复杂的铸造过程进行定量描述。铸造过程计算机数值模拟技术是利用数值分析技术、数据库技术、可视化技术并结合经典传热、流动及凝固理论对铸件成型过程进行仿真,以模拟出铸件充型、凝固及冷却中的各种物理场,并据此对铸件进行质量预报的技术。实际生产中铸造工艺的制订主要依靠经验,评价一个工艺是否可行则要领先实际浇注进行验证。对一个铸件来说,一个满意工艺的最后获得,常要通过多次的修改。通过采用计算机数值模拟技术,可以在制造铸造工艺装备及浇注铸件之前,综合评价各种铸造工艺方案与铸件质量的关系。并在计算机屏幕上显示出铸造全过程、预测铸造缺陷。这样可以使铸造工艺人员能够根据所存在的问题及时修改方案,从而确保获得合格铸件。

铸造过程计算机数值模拟技术的实质是对铸件成型系统进行几何上的有限离散,在物理模型的支持下,通过数值计算来分析铸造过程有关物理场(如流场、温度场、应力场等)的变化特点,并结合有关铸造缺陷的形成判据来预测铸件质量。这项技术正在得到工程应用领域的充分重视。

铸造技术的发展必然要为社会进步和经济发展的大局所左右,“绿色铸造”的概念体现了高速发展着的文明进程的人性化特征和经济可持续发展的总体要求。随着公众环境意识的不断提高及国家环境保护法律法规的进一步完善,“绿色铸造”的呼声正在迅速成为铸造技术发展的指挥棒,特别是国际标准化组织发布的有关环境管理体系的 ISO14000 系列标准,也在推动着“绿色铸造”的强势发展,目标都是使铸件从设计、制造、包装、运输、使用到报废处理的整个“产品生命”周期中,对环境的负面影响最小,资源效率最高。从而使企业经济效益和社会效益达到最优化。“绿色铸造”是社会可持续发展战略在制造业中的一个体现,是一种可持续发展的企业组织、管理和运行的新模式。和传统铸造生产模式相比,“绿色铸造”模式对企业信息化运作水平提出了相当高的要求,“绿色铸造”模式下铸件生产面临的关键是采用先进适用的铸造新技术来实现铸件“绿色生命周期”的全过程。

思考与练习

8-1 什么叫铸造,有何优缺点?

8-2 型砂是由哪些材料组成的?应具备哪些性能?

8-3 什么是合金的铸造性能?包含哪些内容?

8-4 常见的砂型铸造有哪些?

8-5 为什么会有铸造应力的产生?采取何种方法克服?

8-6 何谓浇注系统?共有哪几部分组成?各部分的作用是什么?

8-7 缩孔和缩松是如何形成的?采取何种方法防止?

8-8 铸造应力按其形成原因分为几种?如何防止和减少铸造应力?

8-9 铸造时对铸件的工艺结构有何要求?

8-10 砂型铸造中造型的方法有几种?各适应何种环境?

8-11 试述手工砂箱造型的过程。

8-12 浇注位置选择原则是什么?

8-13 分型面选择原则是什么？

8-14 铸造的缺陷有哪几种？产生的原因是什么？如何防止？

8-15 离心铸造的特点是什么？

8-16 溶模铸造的特点是什么？适应何种场合？

8-17 分别说明金属型铸造和压力铸造的特点。

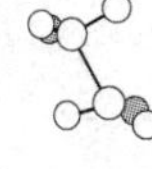

第九章 锻压成形

第一节 锻压成形工艺基础

一、概述

1. 锻压成形的性质

锻压是对坯料施加外力，使其产生塑性变形，改变尺寸、形状及改善性能，用以制造机械零件或毛坯的成型方法。锻压是锻造和冲压的总称。锻压和轧制、挤压、拉拔同属于金属塑性加工(或金属压力加工)，轧制、挤压、拉拔主要用于生产型材、板材、线材等。

2. 锻压成形加工的特点和应用

(1) 锻压成形加工的特点

① 锻压加工后，可使金属获得较细密的晶粒，可以压合铸造组织内部的气孔等缺陷，并能合理控制金属纤维方向，使纤维方向与应力方向一致，以提高零件的性能。

② 锻压加工后，坯料的形状和尺寸发生改变而其体积基本不变，与切削加工相比可节约金属材料和加工工时。

③ 除自由锻造外，其他锻压方法如模锻、冲压等都有较高的劳动生产率。

④ 能加工各种形状、重量的零件，使用范围广。

⑤ 由于锻压是在固态下成形，金属流动受到限制，因此锻件形状所能达到的复杂程度不如铸件。此外，一般铸件的精度和表面质量还需要进一步提高。

(2) 锻压成形加工的应用

锻压是生产零件或毛坯的主要方法之一，金属锻压成形在机械制造、汽车、拖拉机、仪表、电子、造船、冶金工程及国防等工业中有着广泛的应用。机械中受力大而复杂的零件，一般都采用锻件作毛坯，如主轴、曲轴、连杆、齿轮、凸轮、叶轮、炮筒等。飞机的锻压件重量占全部零件重量的80%，汽车上70%的零件均是由锻压加工成形的。

二、金属的塑性变形

1. 金属塑性变形原理

金属在外力作用下产生弹性变形和塑性变形，塑性变形是锻压成形的基础，塑性变形引起金属尺寸和形状的改变，对金属组织和性能有很大影响，具有一定塑性变形的金属才可以在热态或冷态下进行锻压成形。

单晶体在外力 F 作用下被拉伸或压缩时，如图 9-1 所示，作用在某一晶面 $M-N$ 上的拉力 F 可分解为垂直于该晶面的正应力 σ 和平行于该晶面的切应力 τ。正应力只能造成晶体的弹性变形或断裂，而切应力才会使晶体产生塑性变形。

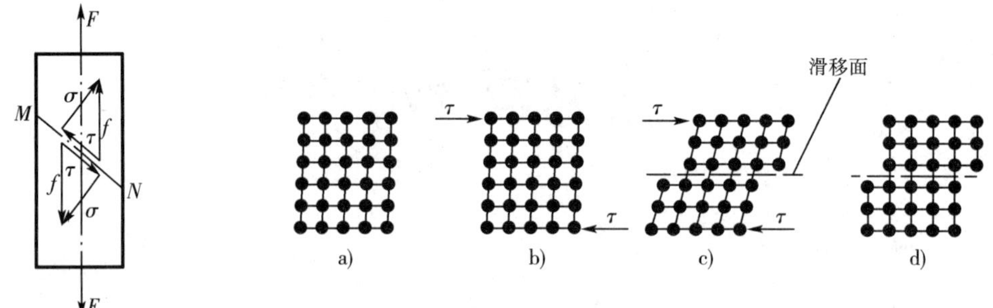

图 9－1　单晶体拉伸示意图　　　图 9－2　单晶体的变形过程

如图 9－2 所示为单晶体的变形过程，晶体未受到切应力作用时原子处于平衡状态，如图 9－2a 所示。在切应力作用下，原子离开原来的平衡位置，改变了原子间的相互距离，产生了变形，原子位能增高。由于处于高位能的原子具有返回到原来低位能平衡位置的倾向，所以当应力去除后变形也随之消失，这种变形称为弹性变形，如图 9－2b 所示。当切应力增加到大于原子间的结合力后，使某晶面两侧的原子产生相对滑移，如图 9－2c 所示。滑移后，若去除切应力，晶格歪扭可恢复，但已滑移的原子不能恢复到变形前的位置，被保留的这部分变形即塑性变形，如图 9－2d 所示。

单晶体的滑移是通过晶体内的位错运动来实现的，而不是沿滑移面所有的原子同时作刚性移动的结果，所以滑移所需要的切应力比理论值低很多。位错运动滑移机制的示意图如图 9－3 所示。

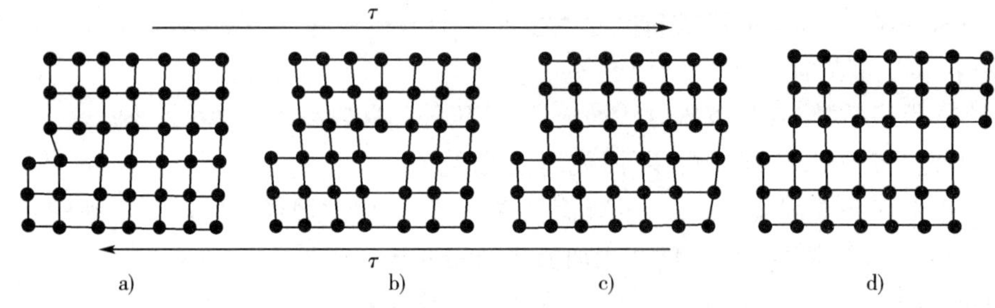

图 9－3　位错运动引起塑性变形

常用金属一般都是多晶体，其塑性变形可以看成是由许多单个晶粒产生塑性变形的综合作用。多晶体变形首先从晶格位向有利于滑移的晶粒内开始，然后随切应力增加，再发展到其他位向的晶粒。由于多晶体晶粒的形状、大小和位向各不相同，以及在塑性变形过程中还存在晶粒与晶粒之间的滑动与转动，即晶间变形，所以多晶体的塑性变形比单晶体要复杂的多。多晶体塑性变形中，晶内变形是主要的，晶间变形很小。

2. 金属塑性变形后组织和性能的变化

(1) 冷塑性变形后的组织变化　金属在常温下经塑性变形，其显微组织出现晶粒伸长、破碎、晶粒扭曲等特征，并伴随着内应力的产生。

(2) 冷变形强化(加工硬化)　冷变形时，随着变形程度的增加，金属材料的所有强度指标和硬度都有所提高，但塑性有所下降，如图 9－4 所示，这种现象称为冷变形强化。冷变形强化是由于塑性变形时，滑移面上产生了很多晶格位向混乱的微小碎晶块，滑移面附近晶格

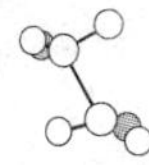

也处于强烈的歪扭状态，产生了较大的应力，增加了继续滑移的阻力所造成的。

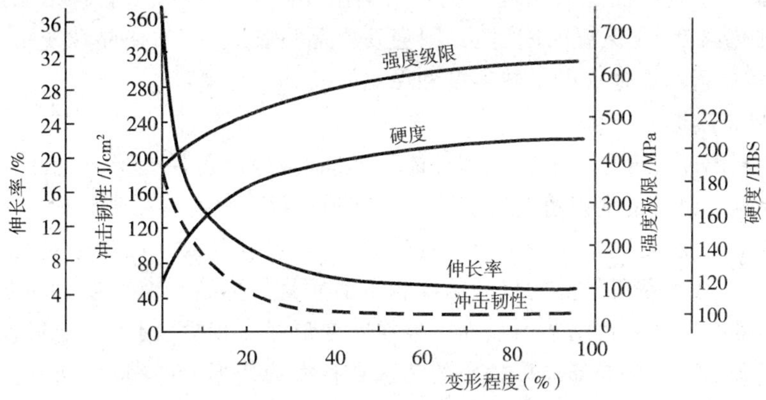

图 9-4 塑性变形对低碳钢性能的影响

冷变形强化在生产中很有实用意义，它可以强化金属材料，特别是一些不能用热处理进行强化的金属，如纯金属、奥氏体不锈钢、形变铝合金等，都可以用冷轧、冷挤、冷拔或冷冲压等加工方法来提高其强度和硬度。但是，冷变形强化会给金属进一步变形带来困难，所以常在变形工序之间安排中间退火，以消除冷变形强化，恢复金属塑性。

(3) 回复与再结晶 冷变形强化的结果使金属的晶体结构处于不稳定的应力状态，畸变的晶格中处于高位能的原子有恢复到稳定平衡位置上去的倾向。但在室温下原子扩散能力小，这种不稳定状态能保持较长时间而不发生明显变化。只有将它加热到一定温度，使原子加剧运动，才会发生组织和性能变化，使金属恢复到稳定状态。

当加热温度不高时，原子扩散能力较弱，不能引起明显的组织变化，只能使晶格畸变程度减轻，原子回复到平衡位置，残留应力明显下降，但晶粒形状和尺寸未发生变化，强度、硬度略有下降，塑性稍有升高，这一过程称为回复(或称为恢复)。使金属得到回复的温度称为回复温度，用 $T_{回}$ 表示。纯金属 $T_{回}=(0.25\sim0.30)T_{熔}$($T_{熔}$ 为纯金属的熔点温度)。

生产中常利用回复现象对工件进行去应力退火，以消除应力，稳定组织，并保留冷变形强化性能。如冷拉钢丝卷制成弹簧后为消除应力使其定形，需进行一次去应力退火。

当加热到较高温度时，原子扩散能力增强，因塑性变形而被拉长的晶粒重新形核、结晶，变为等轴晶粒，消除了晶格畸形边、冷变形强化和应力，使金属组织和性能恢复到变形前状态，这个过程称为再结晶。开始产生再结晶现象的最低温度称为再结晶温度，用 $T_{再}$ 表示，纯金属再结晶温度 $T_{再}\approx0.40T_{熔}$。

如图 9-5 所示，为冷变形后金属在加热过程中发生回复和再结晶的组织变化示意图。

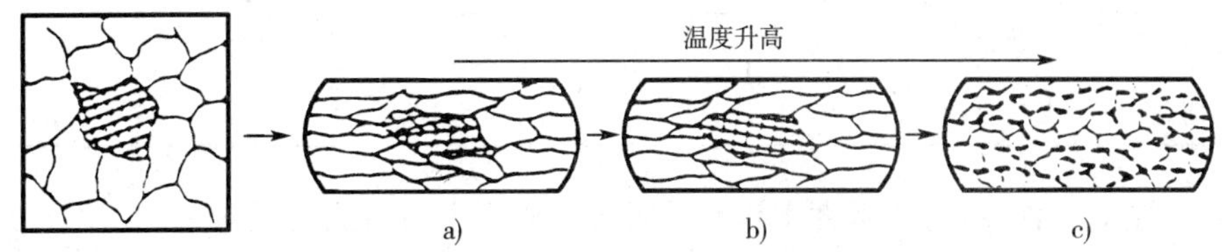

图 9-5 金属回复和再结晶过程中组织变化

a)塑性变形后的组织 b)回复后的组织 c)再结晶组织

再结晶是以一定速度进行的，因此需要一定时间。再结晶速度取决于变形时的温度和预先变形程度，变形金属加热温度越高，变形程度越大，再结晶过程所用时间越短。生产中为加快再结晶过程，再结晶退火温度要比再结晶温度高 100～200℃。再结晶过程完成后，若继续升高加热温度，或保温时间过长，则会发生晶粒长大现象，使晶粒变粗、力学性能变坏，故应正确掌握再结晶退火的加热温度和保温时间。

3. 冷变形和热变形

金属在不同温度下变形后的组织和性能是不同的，因此塑性变形分为冷变形和热变形两类。再结晶温度以下的变形称为冷变形。冷变形过程中只有冷变形强化而无回复与再结晶现象。冷变形时变形抗力大，变形量不宜过大，以免产生裂纹。因变形是在低温下进行，无氧化脱碳现象，故可获得较高的尺寸精度和表面质量。再结晶温度以上的变形称为热变形。热变形后的金属具有再结晶组织而不存在冷变形强化现象，因为冷变形强化被同时发生的再结晶过程消除。热变形能以较小的功达到较大的变形，变形抗力通常只有冷变形的1/5～1/10，所以金属压力加工多采用热变形。但热变形时因产生氧化脱碳现象，工件表面粗糙，尺寸精度较低。

三、锻造流线与锻造比

热变形使铸锭中的脆性杂质粉碎，并沿着金属主要伸长方向呈碎粒状分布，而塑性杂质则随金属变形，并沿着主要伸长方向呈带状分布，金属中的这种杂质的定向分布通常称为锻造流线。

热变形对金属组织和性能的影响主要取决于热变形的程度，而热变形的大小可用锻造比 γ 来表示。锻造比是金属变形程度的一种表示方法，通常用变形前后的截面比、长度比或高度比来计算，即

$$\gamma_{拔长}=A_0/A=L/L_0,\quad \gamma_{镦粗}=h_0/h$$

式中：A_0、A——分别为坯料拔长变形前、后的截面积；

L_0、L——分别为坯料拔长变形前、后的长度；

h_0、h——分别为坯料镦粗变形前、后的高度。

锻造比愈大，热变形程度愈大，则金属的组织、性能改善愈明显，锻造流线也愈明显。

锻造流线使金属的性能呈各向异性。当分别沿着流线方向和垂直流线方向拉伸时，前者有较高的抗拉强度。当分别沿着流线方向和垂直方向剪切时，后者有较高的抗剪强度。

锻造流线使锻件在纵向（平行流线方向）上塑性增加，而在横向（垂直流线方向）上塑性和韧性降低。强度在不同方向上差别不大。表 9-1 为 45 钢力学性能与流线方向的关系。

表 9-1　45 钢力学性能与锻造流线方向的关系

取样方向	σ_b/MPa	σ_s/MPa	δ/%	ψ/%	A_{KV}/J
纵向（平行流线方向）	715	470	17.5	62.8	49.6
横向（垂直流线方向）	675	440	10	31	24

设计和制造零件时，应使零件工作时的最大正应力方向与流线方向平行，最大切应力方向与流线方向垂直，从而得到较高的力学性能。流线的分布应与零件外轮廓相符而不被切断。

如图 9-6a 所示为采用棒料直接用切削加工方法制造的螺栓，受横向切应力时使用性

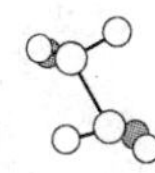

能好，受纵向切应力时易损坏；若采用如图 9－6b 所示局部镦粗方法制造的螺栓，则其受横、纵切应力时使用性能均好。图 9－7a 是用棒料直接切削成形的齿轮，齿根产生的正应力垂直纤维方向，质量最差，寿命最短；图 9－7b 是用扁钢经切削加工的齿轮，齿 1 的根部正应力与纤维方向平行，切应力与纤维方向垂直，力学性能好。齿 2 的情况正好相反，性能差，该齿轮寿命也短；图 9－7c 是用棒料镦粗后再经切削制成的齿轮，纤维方向呈放射状（径向），各齿的切应力方向均与纤维方向近似垂直，强度和寿命较高；图 9－7d 是热轧成形的齿轮，纤维方向与齿廓一致，且纤维完整未被切断，质量最好，寿命最长。

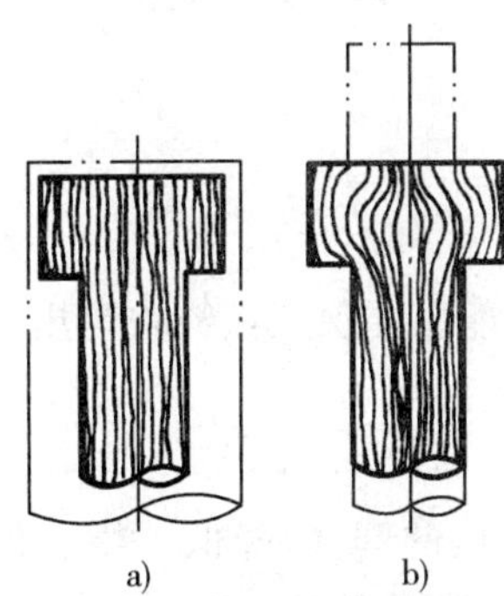

图 9－6　螺栓的纤维组织与加工方法关系

a）用切削加工法制造的螺栓毛坯

b）用局部镦粗法制造的螺栓毛坯

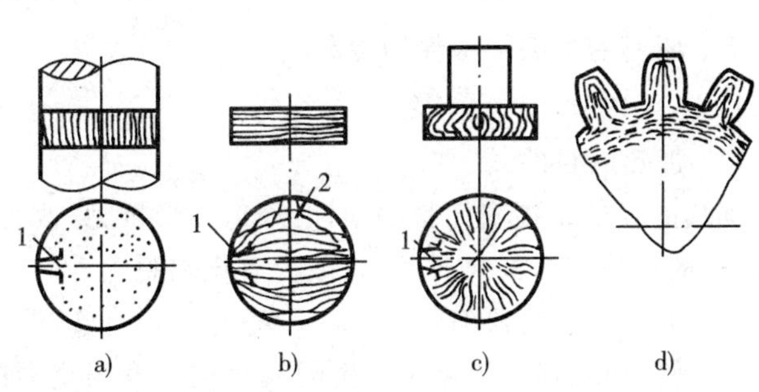

图 9－7　不同成形工艺齿轮的纤维组织分布

a）棒料经切削成形　b）扁钢经切削成形

c）棒料镦粗再经切削成形　d）热轧成形

四、金属的锻压性能

金属锻压变形的难易程度称为金属的锻压性能。金属塑性越好，变形抗力越小，则金属的锻压性能越好。反之，锻压性能差。金属锻压性能是金属材料重要的工艺性能，金属的内在因素和外部条件是影响锻压性能的主要因素。

1. 化学成分

纯金属的锻压性能比其合金好。碳素钢随含碳量增加，锻压性能变差。合金钢中合金元素种类和含量越多，锻压性能越差。特别是加入能提高高温强度的元素，如钨、钼、钒、钛等，锻压性能更差。

2. 组织结构

固溶体（如奥氏体等）锻压性能好，化合物（如渗碳体等）锻压性能很差。单相组织的锻压性能比多相组织好。铸态的柱状组织及粗晶粒组织不如晶粒细小而均匀组织的锻压性能好。

3. 变形温度

在不产生过热的条件下，提高金属变形温度，可使原子动能增加，结合力减弱，塑性增加，变形抗力减小。高温下再结晶过程很迅速，能及时克服冷变形强化现象。因此，适当提高变形温度可改善金属锻压性能。

4. 变形速度

变形速度即单位时间内的相对变形量。随着变形速度的提高，金属的回复和再结晶不能及时克服冷变形强化现象，使塑性下降，变形抗力增加，锻压性能变差。但是，当变形速度超过临界值后，由于塑性变形的热效应，使金属温度升高，加快了再结晶过程，使塑性增加，变形抗力减小。

5. 应力状态

用不同的锻压方法使金属变形时，其内部也可能不同。挤压是三向压应力状态；拉拔是轴向受拉，径向受压；自由锻镦粗时，锻件是三向压应力，而侧表面层，水平方向的压应力转化为拉应力。实践证明，变形区的金属在三个方向上的压应力数目越多，塑性越好，但压应力增加了金属内部摩擦，使变形抗力增大；受拉应力数目越多，塑性越差。这是因为拉应力易使滑移面分离，使缺陷处产生应力集中，促成裂纹的产生和发展，而压应力的作用与拉应力相反。

五、坯料的加热和锻件的冷却

1. 坯料的加热

(1) 加热的目的

加热的目的是提高坯料的塑性，降低变形抗力，改善锻压性能。在保证坯料均匀热透的条件下，应尽量缩短加热时间，以减少氧化和脱碳，降低燃料消耗。

(2) 加热导致的缺陷

① 氧化和脱碳。氧化时产生的氧化皮硬度很高，加剧了锻模的磨损，降低了模锻件精度和表面质量。脱碳使工件表层变软，强度和耐磨性降低。但脱碳层厚度小于加工余量时，不影响锻件质量。减少氧化和脱碳的方法是严格控制送风量，快速加热，或采用少、无氧化加热等。

② 过热和过烧。过热使金属的锻压性能和力学性能降低，应尽量避免。过热的工件可通过反复锻击把晶粒打碎，或锻后进行热处理，将晶粒细化。过烧破坏了晶体间的连接，使金属完全失去塑性。过烧的坯料无法挽救，只能报废。

③ 裂纹。在加热过程中，热应力和相变应力超过金属本身的抗拉强度时将产生裂纹。

(3) 加热规范

规定坯料装炉时的炉温，预热、升温和保温时间以及锻造温度范围，是提高锻压质量的保证。

① 始锻温度。坯料开始锻造时的温度，称始锻温度。在不出现过热的前提下，应尽量提高始锻温度以使坯料具有最佳的锻压性能，并能减少加热次数，提高生产率。碳钢的始锻温度比固相线低 200℃左右，如图 9-8 所示。

② 终锻温度。坯料锻造成形后，停锻时的瞬时温度，称终锻温度。终锻温度应高于再结晶温度，以保证金属有足够的塑性以及锻后能获得再结晶组织。但终锻温度过高，易形成粗大晶粒，降低力学性能；终锻温度过低，锻压性能变差。碳钢的终锻温度为 800℃左右，如图 9-8 所示。

锻造时的温度可用仪表测量，但生产中一般用观察金属火色来大致判断。常用金属材料的锻造温度见表 9-2。

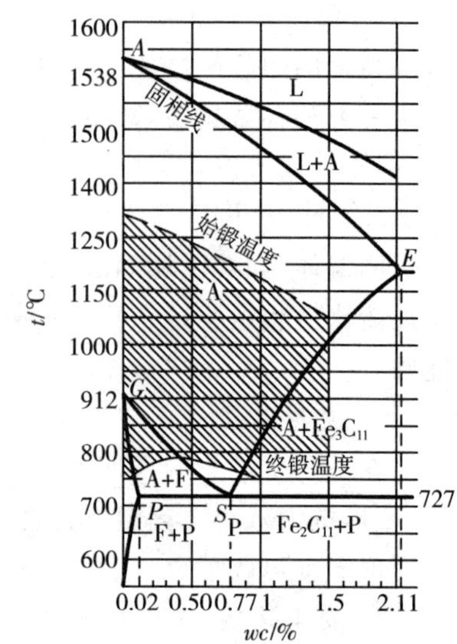

图 9-8 碳钢的锻造温度范围

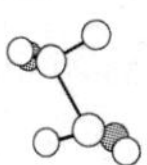

表 9-2　常用金属材料的锻造温度范围

金属材料	始锻温度/℃	终锻温度/℃	金属材料	始锻温度/℃	终锻温度/℃
碳素结构钢	1200～1250	800～850	高速工具钢	1100～1150	900
碳素工具钢	1050～1150	750～800	弹簧钢	1100～1150	800～850
合金结构钢	1100～1200	800～850	轴承钢	1080	800
合金工具钢	1050～1150	800～850	硬铝	470	380

2. 锻件的冷却

锻件冷却是锻造工艺过程中必不可少的工序。若锻件冷却不当，易产生翘曲，表面硬度增高，甚至产生裂纹。一般，碳及合金元素含量越高，锻件尺寸越大，形状越复杂，冷却速度应越慢。锻件冷却方式主要有以下三种：

① 空冷。是指热态锻件在空气中冷却的方法。空冷速度较快，多用于碳钢和低合金钢小型锻件的冷却。

② 坑冷。是指热态锻件埋在地坑或铁箱中缓慢冷却的方法。常用于碳素工具钢和合金钢锻件的冷却。

③ 炉冷。是指锻后的锻件放入炉中缓慢冷却的方法。常用于合金钢大型锻件，高合金钢重要锻件的冷却。

第二节　自由锻

自由锻是利用冲击力或压力使金属在上、下两个抵铁之间产生塑性变形，从而得到所需锻件的锻造方法。

自由锻分手工锻造和机器锻造两种。手工锻造只能生产小型锻件，生产率也较低。机器锻造则是自由锻的主要生产方法。

自由锻工艺灵活，所用工具、设备简单，通用性大，成本低，可锻造小至几克大到数百吨的锻件。但自由锻尺寸精度低，加工余量大，生产率低，劳动条件差，劳动强度大，要求工人技术水平较高。

水轮发电机机轴、涡轮盘、发动机曲轴、轧辊等重型锻件在工作中都承受很大的载荷，要求具有较高的力学性能，而用自由锻方法来制造的毛坯，力学性能都较高，自由锻是唯一可行的生产方法，所以在重型机械制造厂中占有重要的地位。

一、自由锻设备

1. 自由锻锤

自由锻锤是利用其冲击力锻造坯料的设备。自由锻锤的规格以其下落部分的总重量来表示。落下部分产生的能量并非全部消耗在坯料的变形上，其中一部分消耗于锻造工具的弹性变形和砧座的振动中，砧座的重量越大，打击效率越高。

(1) 空气锤　空气锤的结构由锤身、压缩缸、工作缸、传动机构、操纵机构、落下部分及砧座几个部分组成。锤身、压缩缸及工作缸铸成一体，传动机构包括减速机构、曲柄连杆机构等，操纵机构包括操纵手柄（或踏杆），上、下旋阀及其连接杠杆，落下部分包括工作缸活塞、锤杆、锤头及上砧铁，如图 9－9 所示。电动机 3 通过减速器 2 带动活塞 5 上下往复运动。作为动力介质的空气通过旋转气阀 7、10 交替地进入工作汽缸 8 的上部或下部，使活塞 9 连同上砧铁 11 一起作上下运动。控制旋转气阀的位置，可使锤头完成上悬、下压、单次打击和连续打击等动作。

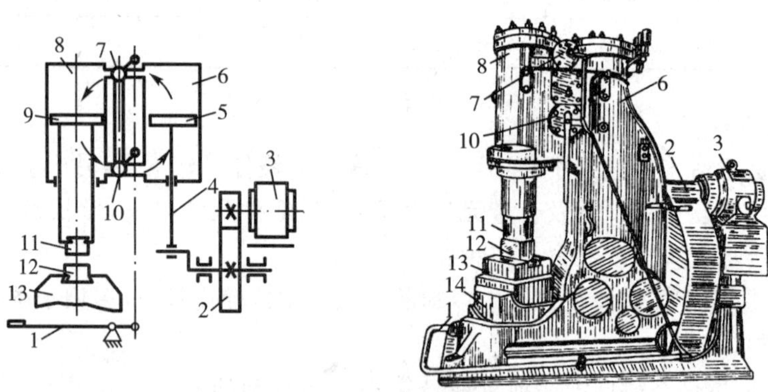

图 9－9　空气锤

1—踏杆　2—减速器（齿轮）　3—电动机　4—连杆　5—压缩活塞　6—压缩汽缸　7、10—旋转气阀　8—工作汽缸　9—工作活塞　11—上砧铁　12—下砧铁　13—砧垫　14—砧座

该空气锤结构简单、操作方便、设备投资少、维修容易，其规格为 650～7500N，适用于锻造 50kg 以下的小型锻件。

(2) 蒸汽—空气自由锻锤　是利用压力为 0.70～0.90MPa 的蒸汽或压缩空气为动力的锻锤。蒸汽—空气锤主要由机架、工作缸、落下部分和配汽机构等几部分组成，如图 9－10 所示。按机架结构形式不同分为单柱式、双柱拱式和桥式三种。

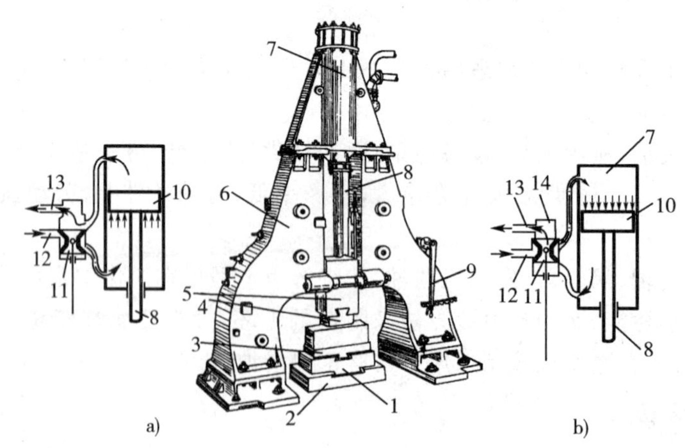

图 9－10　蒸汽—空气锤

1—砧垫　2—底座　3—下砧　4—上砧　5—锤头　6—机架　7—工作汽缸　8—锤杆　9—操纵手柄　10—活塞　11—滑阀　12—进气管　13—排气管　14—滑阀汽缸

蒸汽或压缩空气从进气管 12 经滑阀 11 的中间细颈与阀套壁所形成的气道，进入活塞 10 的下面，使锤杆 8、锤头 5、上砧 4 向上运动，如图 9－10a 所示。汽缸上部的蒸汽经排气管 13 排出。提起滑阀 11，蒸汽进入汽缸 7 上部，使锻锤向下运动，如图 9－10b 所示。汽缸下

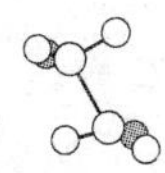

部蒸汽经滑阀内孔从排气管 13 排出。操纵手柄使滑阀上、下运动，可完成各种动作。

该锻锤结构紧凑，刚度好。锤头两旁有导轨，可保证锤头运动的准确性，打击时较为平稳，但操作空间较小。蒸汽—空气锤规格为 10～50kN，可锻造中等重量(50～700kg)的锻件。

2. 水压机

水压机是用静压力使金属变形的锻压设备，与锻锤相比，有以下特点：工作时没有震动，不需沉重的砧座作基础，锻锤的打击能量大部分传到地基和地上，因而效率比水压机低，由于水压机震动小，能量消耗也小，水压机变形速度较慢，有利于金属的再结晶，提高了塑性，降低了变形抗力，并使锻件易锻透。故目前大型和重型锻件，大都用水压机锻造。自由锻造用的水压机有两种，即纯水压式及蒸汽水压式两种，目前纯水压式水压机应用较多，其结构如图 9－11 所示。

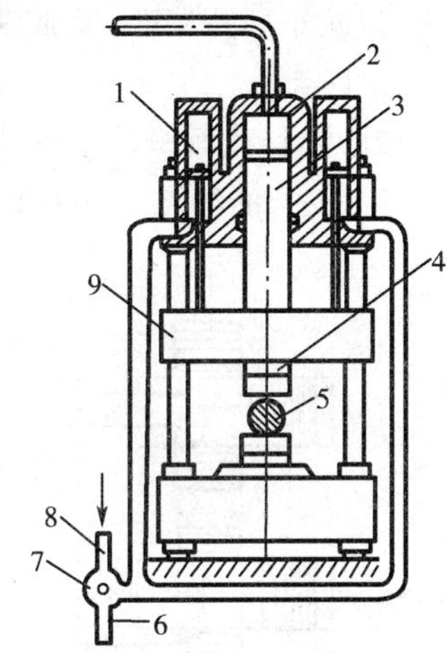

图 9－11　水压机

1—回升筒　2—工作缸　3—柱塞　4—上砧铁　5—坯料　6—出口　7—阀　8—进口　9—横梁

水压机是根据帕斯卡原理工作的，其加在密闭容器中液体的压强，能够按照它原来的大小由液体向各个方向传递。水压机的高压水由高压水泵供给，泵室和水压机工作缸通过管道连接成密闭的连通容器。当需要锻压金属时，高压水沿着管道进入工作缸，在水压作用下，柱塞上部就产生增大的压力，而使金属坯料变形。当需要将活动横梁上升时，转动配水阀使高压水由导管进入提升缸，将柱塞向上推起，因而带动活动横梁上升。

水压机的规格用其产生的最大压力来表示，一般为 5000～125000kN(500～12500t)，主要用于大型锻件和高合金钢锻件的锻造。

二、自由锻工序

自由锻工序分为基本工序、辅助工序和精整工序。基本工序包括镦粗、拔长、冲孔、切割和弯曲等。辅助工序包括压钳口、倒棱、压肩等。精整工序是对已成形的锻件表面进行平整，清除毛刺和飞边等，使其形状、尺寸符合要求的工序。

1. 镦粗

使坯料的整体或一部分高度减小、断面积增大的工序称为镦粗。

(1) 镦粗的种类　分为完全镦粗、局部镦粗和垫环镦粗等，如图 9－12 所示。

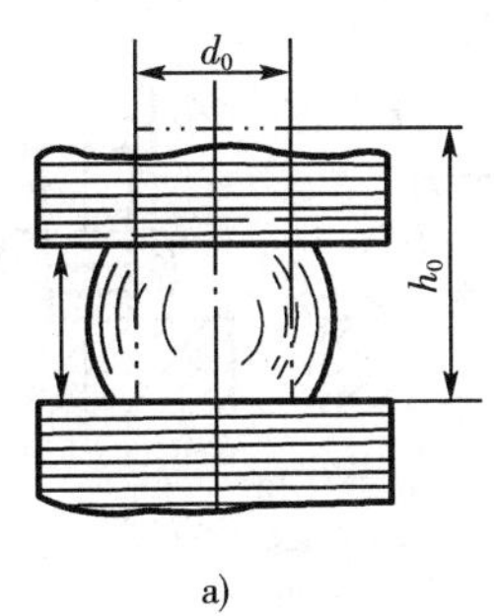

a)

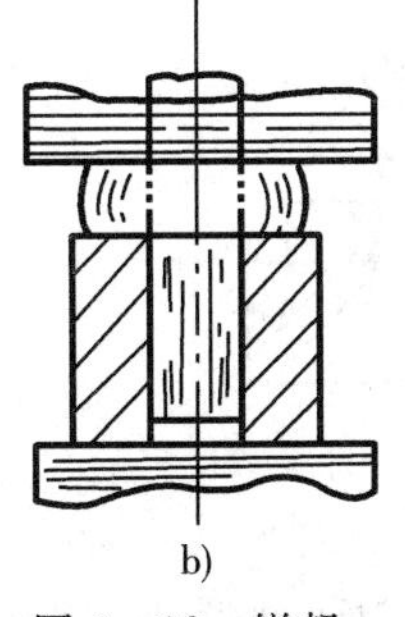

b)

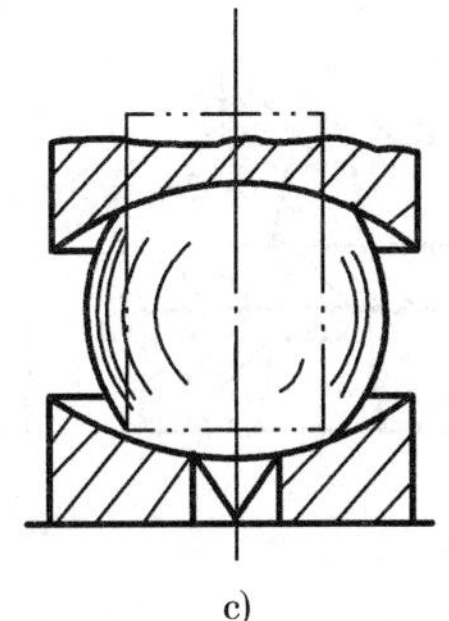

c)

图 9－12　镦粗

a)完全镦粗　b)局部镦粗　c)垫环镦粗

（2）镦粗操作要点　坯料高径比 $h_0/d_0 \leqslant 2.5$，以免镦弯；坯料两端面要平整且垂直于轴线；坯料加热要均匀，且锻打时经常绕自身轴线旋转，以使变形均匀。

（3）镦粗的应用　制造高度小、截面大的盘类工件，如齿轮、圆盘等；作为冲孔前的准备工序，以减小冲孔深度；增加某些轴类工件的拔长锻造比，提高力学性能，减少各向异性。

2. 拔长

减小坯料截面积、增加其长度的工序称为拔长。

（1）拔长的种类　有平砥铁拔长、芯棒拔长、芯棒扩孔等，如图 9－13 所示。

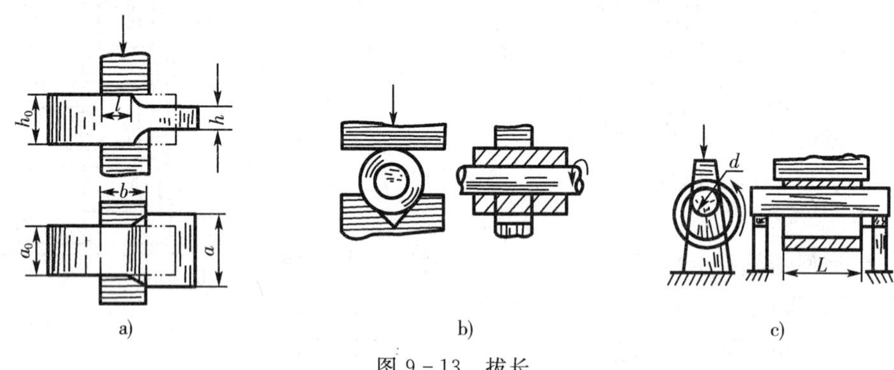

图 9－13　拔长

a)平砥铁拔长　b)芯棒拔长　c)芯棒扩孔

（2）拔长的操作要点　坯料在平砥铁上拔长时应反复作 90°翻转，圆轴应逐步成形最后摔圆；应选用适当的送进量，以提高拔长效率，一般取送进量 $l=(0.4\sim0.8)b$；拔长后的宽高比 $a/h \leqslant 2.5$，以免翻转 90°后再拔长时弯折；芯棒上扩孔时，芯棒要光滑，而且直径 $d \geqslant 0.35L$。

（3）拔长的应用　主要用于制造长轴类的实心或空心工件，如轴、拉杆、曲轴、炮筒、套筒以及大直径的圆环等。

3. 冲孔

在实心坯料上冲出通孔或不通孔的工序称为冲孔。

（1）冲孔的种类　有空心冲子冲孔、板料冲孔等，其中实心冲子冲孔有单面冲孔和双面冲孔，如图 9－14 所示。

（2）冲孔的操作要点　冲孔前应先镦平端面；采用双面冲孔时，正面冲到底部留 $\Delta h=(0.15\sim0.2)h$ 时，将坯料翻转后再冲通，如图 9－14a 所示；直径 $d<25\text{mm}$ 的孔一般不冲出；直径 $d<450\text{mm}$ 的孔用实心冲子冲孔；直径 $d>450\text{mm}$ 的孔用空心冲子冲孔。

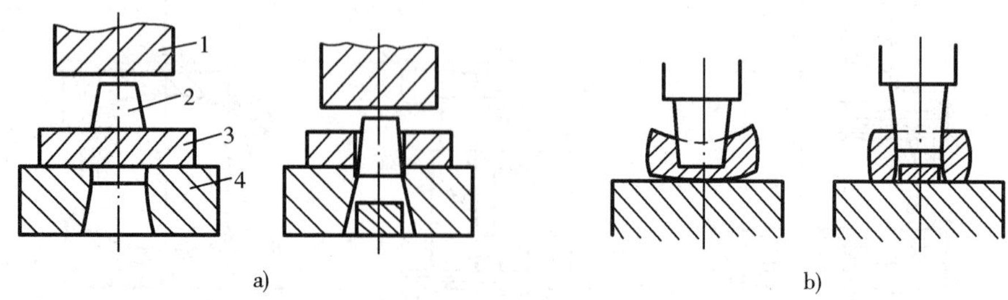

图 9－14　冲孔

a)实心冲子单面冲孔　b)空心冲子双面冲孔

1—上砧　2—冲子　3—坯料　4—漏盘

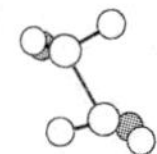

(3) 冲孔的应用　主要用于制造空心工件,如齿轮坯、圆环、套筒等。有时也用于去除铸锭中心质量较差的部分,以便锻制高质量的大工件。

4. 切割

切割是将坯料分割开或部分割裂的锻造工序。最常用的为单面切割法,如图 9-15a 所示,利用剁刀 1 锤击切入坯料 3,直至仅存一层很薄连皮时加以翻转,锤击方铁 2 除去连皮。方铁应略宽于连皮,避免产生毛刺。薄坯料亦用直接锤击刀口略有错开的两个方铁 2 的剪性切割法,如图 9-15b 所示。

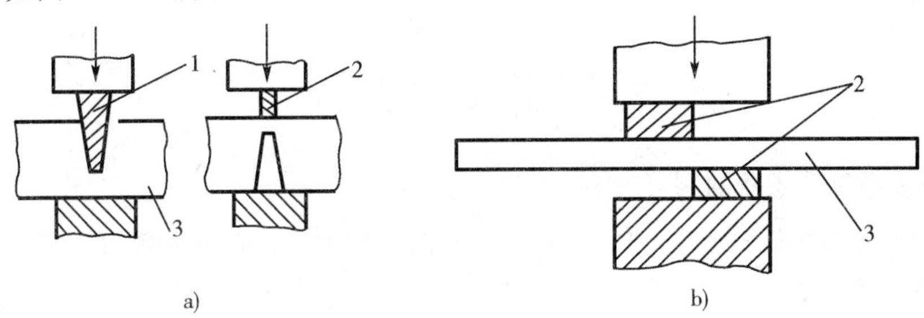

图 9-15　切割

a)单面切割法　b)剪性切割法

1—剁刀　2—方铁　3—坯料

5. 弯曲

将坯料弯成所需形状的锻造工序。与其他工序联合使用,可以得到如吊钩、舵杆、角尺、曲栏杆等弯曲形状的锻件。弯曲方法如图 9-16 所示,可以在砧角上用大锤弯曲,也可用吊车弯曲,近来广泛采用截面相适应的胎模弯曲。

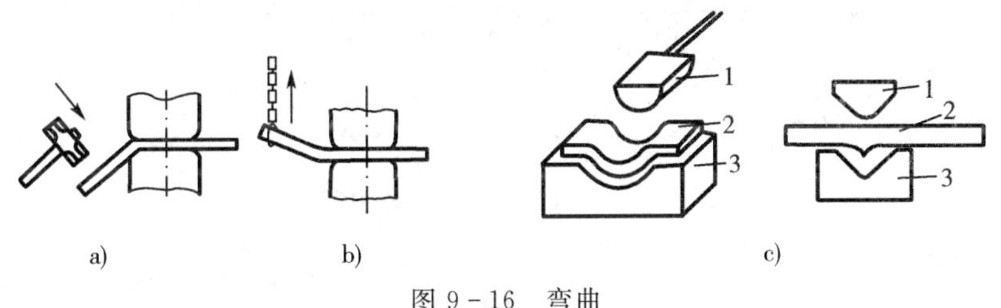

图 9-16　弯曲

a)大锤弯曲　b)吊车弯曲　c)胎模弯曲

1—成形压铁　2—坯料　3—胎模

6. 扭转

将坯料的一部分相对于另一部分绕其轴线旋转一定角度的锻造工序。扭转主要用于锻制曲柄位于不同平面内的曲轴,这时整个坯料首先在一个平面内锻造成形,然后用夹叉或扳手等扭转。由于扭转过程中金属变形剧烈,所受应力复杂,受扭部分应该加热到塑性最好的高温温度范围,并均匀热透,扭转后缓慢冷却,最好进行退火处理。

7. 错移

将坯料一部分相对于另一部分平行错开的锻造工序。错移前先在需错移的部分压痕,并用三角刀切肩。对于小型坯料通过锤击错移,如图 9-17a 所示,对于大型坯料通过水压机加压错移,如图 9-17b 所示。为防止坯料弯曲,可用链式垫块支承,随着错移的进行,逐渐去掉支承垫块。

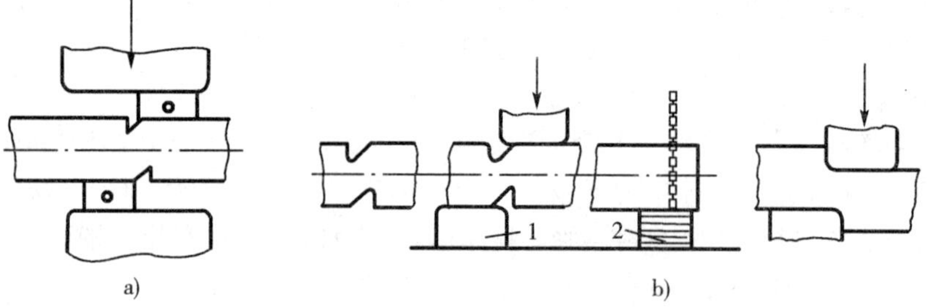

图 9－17 错移

a)小型坯料 b)大型坯料

1—下砧 2—链式垫块

三、自由锻工艺规程的制订

自由锻工艺规程是锻造生产的基本技术文件，自由锻工艺规程主要有以下内容：

1. 绘制锻件图

锻件图是锻造加工的依据，它是以零件图为基础并考虑机械切削加工余量、锻件公差、工艺余块等绘制的。绘制锻件图时，锻件形状用粗实线绘制，零件图外线用双点划线或细实线绘制，锻件尺寸和公差标注在尺寸线上面。零件尺寸加括号标注在尺寸线下面，如图 9－18所示。

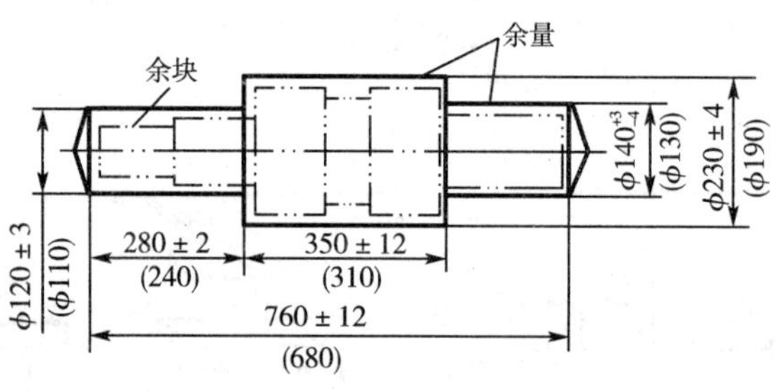

图 9－18 自由锻锻件图

(1) 机械切削加工余量 锻件上凡需切削加工的表面应留加工余量。加工余量大小与零件形状、尺寸、精度、表面粗糙度和生产批量有关，还受生产条件和工人技术水平等因素的影响。具体数值可参阅有关手册。

(2) 锻件公差 零件的基本尺寸加上机械切削加工余量，为锻件的基本尺寸。锻件实际尺寸超过基本尺寸的称上偏差，小于基本尺寸的称下偏差，上、下偏差的代数差的绝对值为锻件公差。一般公差值取加工余量的 1/4～1/3，具体数值可根据锻件形状、尺寸、生产批量、精度要求等，从有关手册中查出。

(3) 余块 在锻件的某些难以锻出的部分加添一些大于余量的金属体积，以简化锻件外形及锻件的制造过程，这种加添的体积叫做余块。

2. 计算坯料质量与尺寸

(1) 计算坯料质量 生产大型锻件用钢锭作坯料，中、小型锻件采用钢坯和各种型材，如方钢、圆钢、扁钢等。坯料的质量可按下式计算

$$m_{坯} = m_{锻} + m_{烧} + m_{芯} + m_{切}$$

式中：$m_{坯}$ —— 坯料质量；

$m_{锻}$ —— 锻件质量；

$m_{烧}$ —— 加热时坯料表面氧化烧损的质量，与坯料性质、加热次数有关；

$m_{芯}$ —— 冲孔时的芯料质量，与冲孔方式、冲孔直径和坯料高度有关；

$m_{切}$ —— 锻造过程中被切掉的多余金属质量，如修切端部产生的料头等。

(2) 确定坯料尺寸　确定坯料尺寸时，应满足锻造比要求，并考虑变形工序对坯料尺寸的限制。

① 采取镦粗法锻造时，为避免镦弯，坯料高径比 $h_0/d_0 \leqslant 2.5$。为下料方便，应使 $h_0/d_0 \geqslant 1.25$，将此关系代入体积计算公式，可求出坯料直径 d_0 或边长 l_0。

对于圆截面坯料：$d_0 = (0.8 \sim 1.0)\sqrt[3]{V_0}$；

对于方截面坯料：$l_0 = (0.75 \sim 0.90)\sqrt[3]{V_0}$。

② 采用拔长法锻造时，拔长后的最大截面积应达到规定的锻造比 γ，即 $A_0 = \gamma_{拔长} . A_{max}$（式中：$A_0$—— 坯料截面积；$A_{max}$—— 坯料经过拔长后最大截面积，$\gamma_{拔长}$ 取 1.1 ~ 1.3）。由此公式求出 A_0，再求出坯料直径 d_0 或边长 l_0。

对于圆截面坯料：$d_0 = 1.13\sqrt{A_0}$；

对于方截面坯料：$l_0 = \sqrt{A_0}$。

初步算出直径或边长后，还应按照国家标准加以修正，选用标准值。最后，根据 V_0 和 A_0 算出坯料长度。

3. 选择锻造工序

锻造工序应根据锻件形状、尺寸、技术要求和生产批量等进行选择。其主要内容是：确定锻件成型所必须的工序；选择所用工具；确定工序顺序和工序尺寸等。自由锻件的分类及其所用基本工序见表 9－3。

表 9－3　自由锻件分类及锻造用工序

类　别	图　例	锻造用工序	实　例
轴类零件		拔长（镦粗及拔长）、压肩、锻台阶、滚圆	主轴、传动轴
轴杆类零件		拔长（镦粗及拔长）、压肩、锻台阶和冲孔	连杆等
曲轴类零件		拔长（镦粗及拔长）、错移、压肩、滚圆和扭转	曲轴、偏心轴等

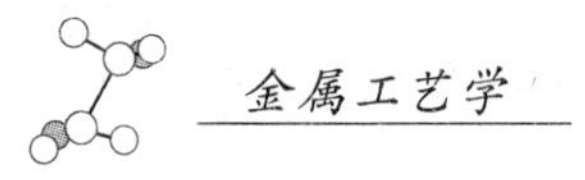

（续表）

类　别	图　例	锻造用工序	实　例
盘类、圆环类零件		镦粗（镦粗及拔长）、冲孔、在芯轴上扩孔、定径	圆环、齿圈、端盖、套筒
筒类零件		镦粗（镦粗及拔长）、冲孔、芯棒拔长、滚圆	圆筒、套筒等
弯曲件		拔长、弯曲	吊钩、弯杆、轴瓦盖等

四、自由锻零件的结构工艺性

按照自由锻特点和工艺要求，在满足使用性能要求的条件下，应使自由锻零件形状简单，易于锻造。自由锻零件的结构工艺性见表 9－4。

表 9－4　自由锻零件的结构工艺性

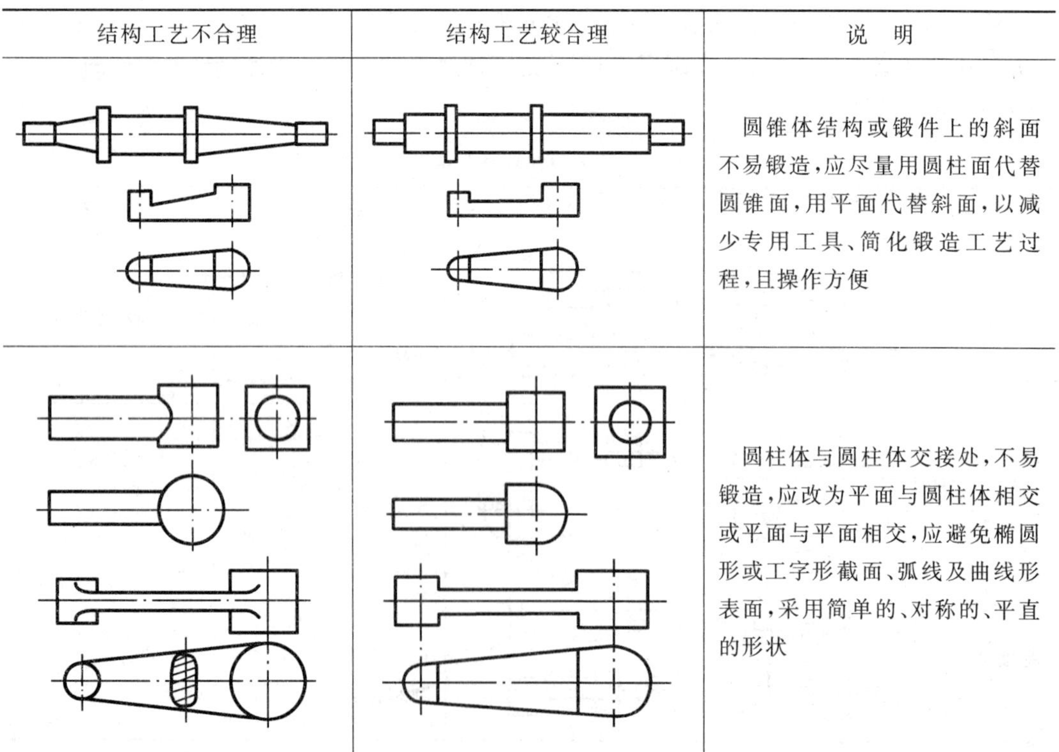

结构工艺不合理	结构工艺较合理	说　明
		圆锥体结构或锻件上的斜面不易锻造，应尽量用圆柱面代替圆锥面，用平面代替斜面，以减少专用工具、简化锻造工艺过程，且操作方便
		圆柱体与圆柱体交接处，不易锻造，应改为平面与圆柱体相交或平面与平面相交，应避免椭圆形或工字形截面、弧线及曲线形表面，采用简单的、对称的、平直的形状

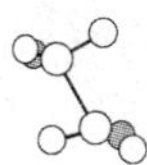

（续表）

结构工艺不合理	结构工艺较合理	说　明
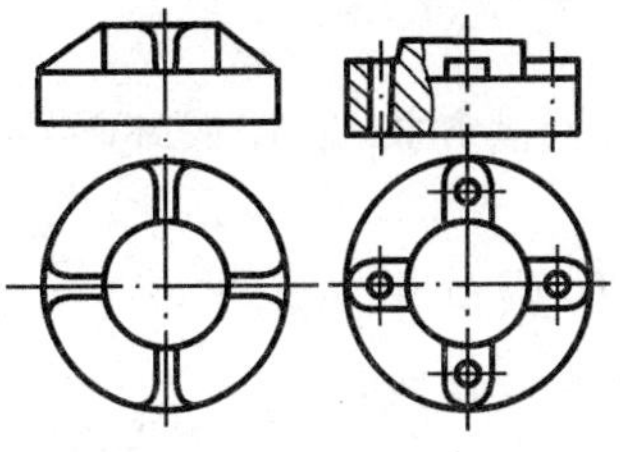	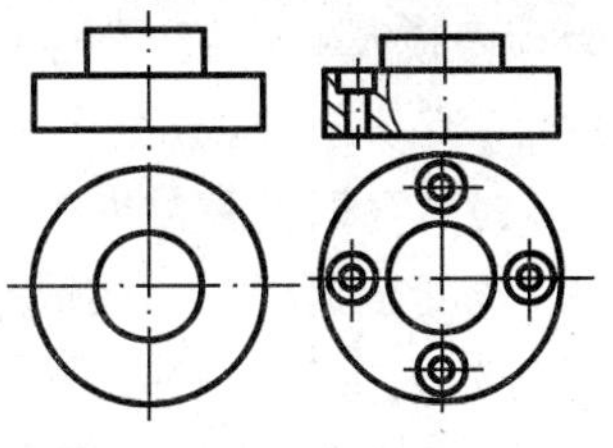	应避免加强筋板与表面凸台等结构，小孔和凹槽等结构可采用切削加工方法加工
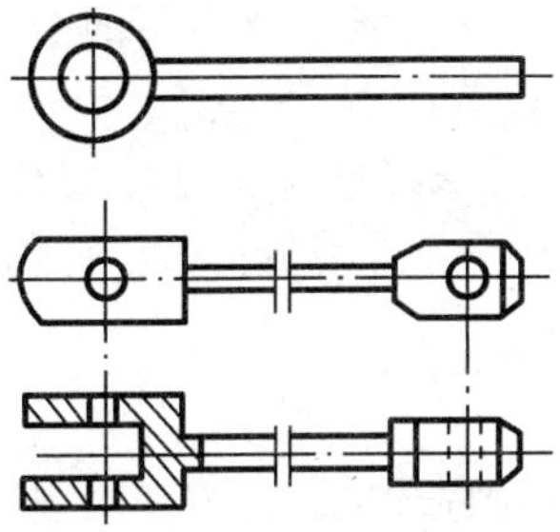	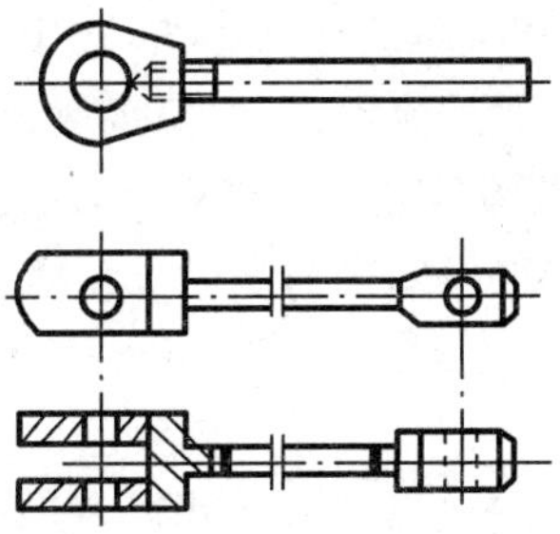	横截面急剧变化或形状复杂的零件，应当分成几个简单的部分进行锻造，然后再用焊接或机械连接方法组合成整体零件

第三节　模　锻

模锻是利用高强度的模具使坯料变形而获得锻件的锻造方法。模锻与自由锻相比，其优点是，锻件尺寸精度高，表面粗糙度值小，能锻出形状复杂的锻件；余量小，公差仅是自由锻件公差的 1/3～1/4，材料利用率高，节约机加工工时；锻造流线分布更合理，力学性能高；生产率高，操作简单，易于机械化，锻件成本低。但模锻设备投资大，锻模成本高，每种锻模只可加工一种锻件；受模锻设备吨位的限制，模锻件重量一般在 150kg 以下。

模锻适用于中、小型锻件的成批和大量生产，广泛用于汽车、拖拉机、飞机、机床和动力机械等工业中。

一、锤上模锻

1. 模锻锤

锤上模锻所用设备主要是蒸汽—空气模锻锤，其工作原理与蒸汽—空气自由锻锤基本相同。但模锻锤的机架直接与砧座连接，形成封闭结构；锤头与导轨之间的间隙比自由锻锤小，提高了锤头运动的精确性，保证上、下模能对准。模锻锤的规格一般为 10～60kN，可锻造 0.5～150kg 的锻件。

2. 锻模

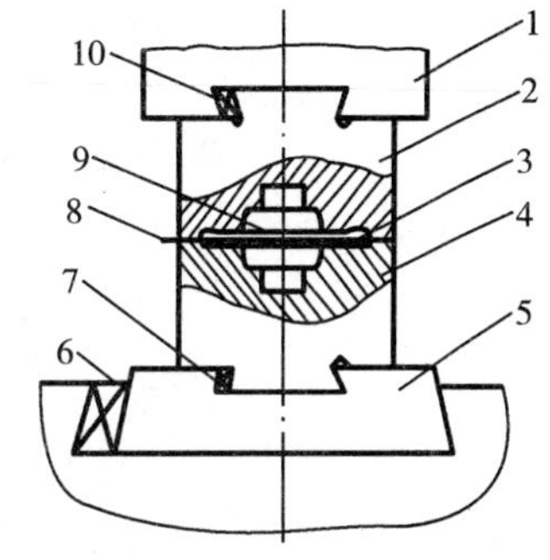

图 9－19　锤上模锻

1—锤头　2—上模　3—飞边槽　4—下模　5—模垫　6、7、10—紧固楔铁　8—分模面　9—模膛

锤上模锻用的锻模如图 9－19 所示。由上模 2 和下模 4 组成。上、下模接触时所形成的空间为模膛 9。根据功

用不同，锻模模膛分为制坯模膛和模锻模膛。

（1）制坯模膛　按锻件变形要求，对坯料体积进行合理分配的模膛，分为拔长模膛、滚压模膛、弯曲模膛等。

（2）模锻模膛　模锻模膛分为预锻模膛和终锻模膛两种。

① 预锻模膛。为改善终锻时金属流动条件，避免产生充填不满和折叠，使锻坯最终成形前获得接近终锻形状的模膛，它可提高终锻模膛的寿命。

预锻模膛比终锻模膛高度略大，宽度小，容积大，模锻斜度大，圆角半径大，不带飞边槽。对于形状复杂的锻件（如连杆、拨叉等），大批量生产时常采用预锻模膛预锻。

② 终锻模膛。模锻时最后成形用的模膛，和热锻件上相应部分的形状一致，但尺寸需要按锻件放大一个收缩量。沿模膛四周设有飞边槽，在上、下模合拢时能容纳多余的金属，飞边槽靠近模膛处较浅，可增大金属外流阻力，促使金属充满模膛。

（3）锻模类型　根据锻件的复杂程度，锻模又分为单膛锻模和多膛锻模。单膛锻模是在一副锻模上只有终锻模膛；多膛锻模则有两个以上模膛，如图 9－20 所示为弯曲连杆锻件的锻模及弯曲连杆的锻造工序。

3．模锻件图

根据零件图，考虑模锻工艺特点，绘制模锻件图。它是设计和制造锻模、计算坯料、检验锻件的依据，如图 9－21 所示。制定模锻件图时应考虑以下几个问题。

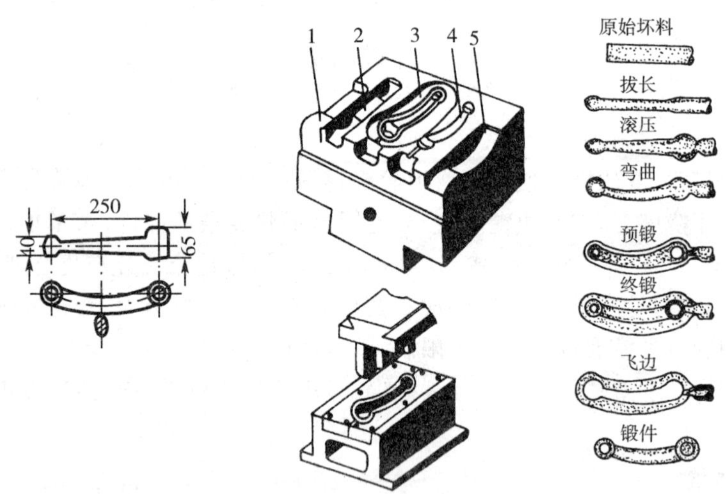

图 9－20　连杆的锻模过程

1—拔长模膛　2—滚压模膛　3—终锻模膛　4—预锻模膛　5—弯曲模膛

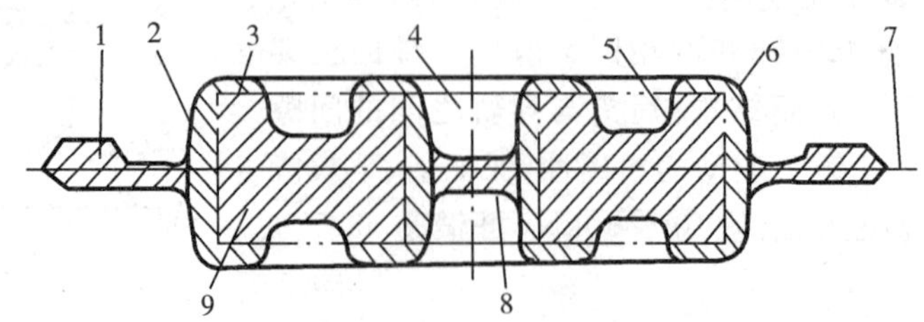

图 9－21　齿轮坯模锻件图

1—毛边　2—模锻斜度　3—加工余量　4—不通孔　5—凹圆角
6—凸圆角　7—分模面　8—冲孔连皮　9—零件

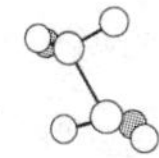

(1) 分模面　分模面即上、下模或凸、凹模的分界面，可以是平面，也可以是曲面。其选择原则是：

① 便于锻件从模膛中取出，一般分模面选在锻件最大尺寸的截面上，如图 9-22 所示。$a—a$ 处取不出锻件，$b—b$ 处模膛深度大，内孔余块多，$c—c$ 处不易发现错模，$d—d$ 处是合理的分模面。

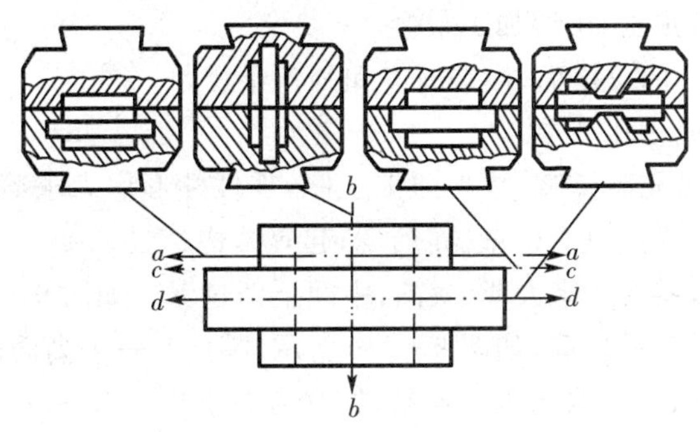

图 9-22　分模面的选择

② 保证金属易于充满模膛，有利于锻模制造，分模面应选在使模膛具有宽度最大和深度最浅的位置上。

③ 便于发现上、下模错移现象，分模面应使上、下模膛沿分模面具有相同的轮廓。

④ 分模面最好是平面，并使模膛上下深浅基本一致，以便于锻模制造。

⑤ 分模面应使锻件上所加的余块最少。

(2) 加工余量、公差、余块和连皮　模锻件加工余量一般为 1～4mm，偏差为±(0.3～3)mm。模锻件均为批量生产，应尽量减少或不加余块，以节约金属。

模锻时，锻件上的透孔不能直接锻出，只能锻成盲孔，中间留有一层较薄的金属，称为连皮，如图 9-23 所示。连皮不宜太薄，以免损坏模锻。连皮厚度 δ 与孔径 d 和孔深 H 有关，当 d=30～80mm 时，连皮厚度为 4～8mm。当 d<30mm 或冲孔深度大于冲头直径的 3 倍时，只在冲孔处压出凹穴，孔不锻出。连皮在锻造后与飞边一同切除。

(3) 模锻斜度　为便于锻件从模膛中取出，锻件与模膛侧壁接触部分需带一定斜度，此斜度成为模锻斜度，如图 9-23 所示。模锻斜度不包括在加工余量之内，一般取 5°、7°、10°、12°等标准值。模膛深度与宽度比值(h/b)越大，斜度值越大。内壁斜度 β 比外壁斜度 α 大。

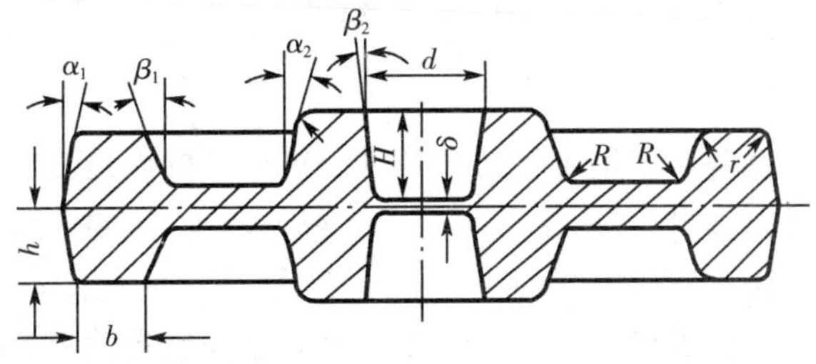

图 9-23　连皮、模锻斜度、圆角半径

(4) 圆角半径　锻件上两个面的相交处均应以圆角过渡，如图 9-23 所示。圆角可以减少坯料流入模槽的摩擦阻力，使坯料易于充满模膛，避免锻件被撕裂或流线被拉断，减少模具凹角处的应力集中，提高模具使用寿命等。圆角半径大小取决于模膛深度。外圆角半

径 r 取 1～12mm，内圆角半径 R 为 r 的 3～4 倍。

4. 模锻件的结构设计

对模锻件的结构进行设计时，为便于模锻件生产和降低成本，应根据模锻特点和工艺要求使其结构符合下列原则：

① 由于模锻件精度较高，表面粗糙度较低，因此零件的配合表面可留有加工余量；非配合表面一般不需要进行加工，不留加工余量。

② 模锻件要有合理的分模面、模锻斜度和圆角半径。

③ 应避免有深孔或多孔结构。

④ 为了使金属容易充满模膛、减少加工工序，零件外形应力求简单、平直和对称，尽量避免零件截面间相差过大或具有薄壁、高筋、凸起等结构。

如图 9－24a 所示，零件凸缘太薄、太高，中间下凹过深。如图 9－24b 所示，零件过于扁薄，金属易于冷却，不易充满模膛，如图 9－24c 所示，零件有一个高而薄的凸缘，不仅金属难以充填，模锻的制造和锻件的取出也不容易，如改为如图 9－24d 所示形状，就易于锻造。

⑤ 为减少余块，简化模锻工艺，在可能的条件下，尽量采用锻—焊组合工艺。如图 9－25所示。

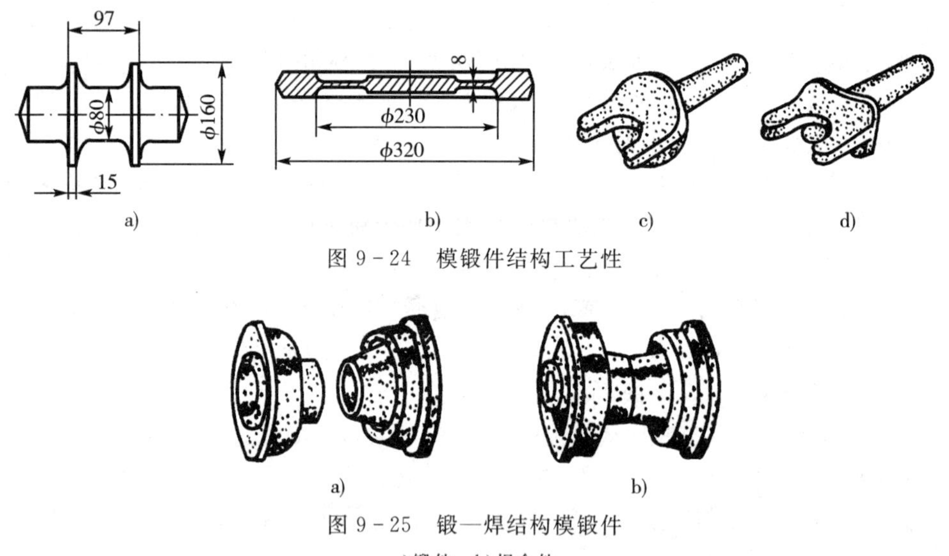

图 9－24　模锻件结构工艺性

图 9－25　锻—焊结构模锻件

a)锻件　b)焊合件

二、胎模锻

胎模锻是在自由锻设备上使用可移动模具生产模锻件的锻造方法。胎模锻一般用自由锻方法制坯，在胎模中最后成形。胎模固定在锤头或砧座上，需要时放在下砧铁上。

胎模锻与自由锻相比，具有生产率高，操作简便，锻件尺寸精度高，表面粗糙度值小，余块少，节省金属，锻件成本低等优点。与模锻相比具有胎模制造简单，不需贵重的模锻设备，成本低，使用方便等优点。但胎模锻件尺寸精度和生产率不如捶上模锻高，劳动强度较大，胎模寿命短。

胎模锻适于中、小批量生产，在缺少模锻设备的中小型工厂应用广泛。常用的胎模结构有以下 3 种：

① 扣模。扣模由上、下扣组成，如图 9－26a 所示，或只有下扣，上扣由上砧代替。锻造时锻件不转动，初步成形后锻件翻转 90°在锤砧上平整侧面。扣模常用来生产长杆非回转体锻件的全部或局部扣形，也可用来为合模制坯。

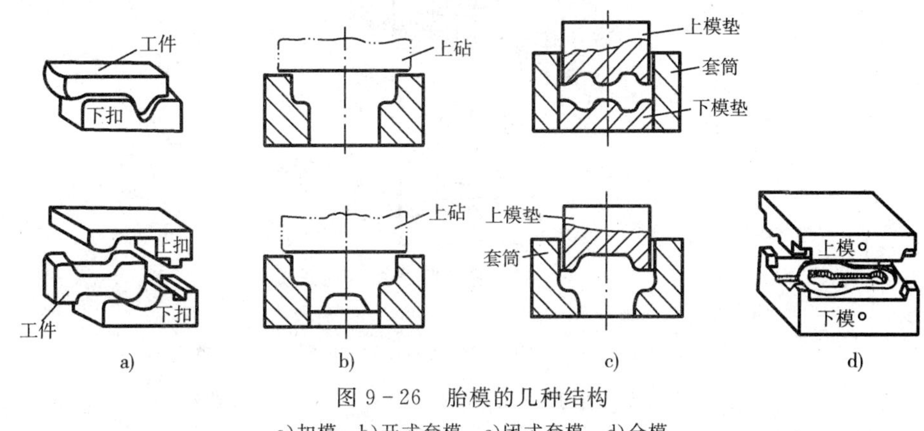

图 9－26 胎模的几种结构

a)扣模 b)开式套模 c)闭式套模 d)合模

② 套模。开式套模只有下模，上模用上砧代替，如图 9－26b。主要用于回转体锻件(如端盖、齿轮等)的最终成形或制坯。当用于最终成形时，锻件的端面必须是平面。闭式套模由套筒、上模垫及下模垫组成，下模垫也可由下砧代替，如图 9－26c 所示。主要用于端面有凸台或凹坑的回转体类锻件的制坯和最终成形，有时也用与非回转体类锻件。

③ 合模。合模由上、下模及导柱或导销组成，如图 9－26d 所示。合模适用于各类锻件的终锻成形，尤其是非回转体类复杂形状的锻件，如连杆、叉形件等。

如图 9－27 所示为端盖胎模锻过程。所用胎模为套筒模，它由模筒、模垫和冲头组成。原始坯料加热后，先用自由锻镦粗，然后将模垫和模筒放在下砧铁上，再将镦粗的坯料平放在模筒中，压上冲头后终锻成形，最后将连皮冲掉。

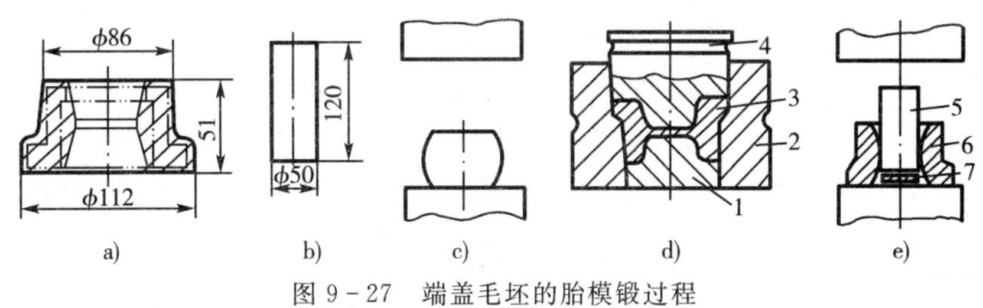

图 9－27 端盖毛坯的胎模锻过程

a)锻件图 b)下料、加热 c)镦粗 d)终锻成形 e)冲掉连皮

1－模垫 2－模筒 3、6－锻件 4－冲头 5－冲子 6－连皮

三、曲柄压力机上模锻

曲柄压力机上模锻传动系统如图 9－28 所示，曲柄压力机上的动力是电动机，通过减速和离合器装置带动偏心轴旋转，再通过曲柄连杆机构，使滑块沿导轨作上下往复运动。下模块固定在工作台上，上模块则装在滑块下端，随着滑块的上下运动，就能进行锻造。

曲柄压力机上模锻有以下特点：

① 曲柄压力机作用于金属上的变形力是静压力，且变形抗力由机架本身承受，不传给地基。因此，曲柄压力机工作时震动与噪音小，劳动条件好。

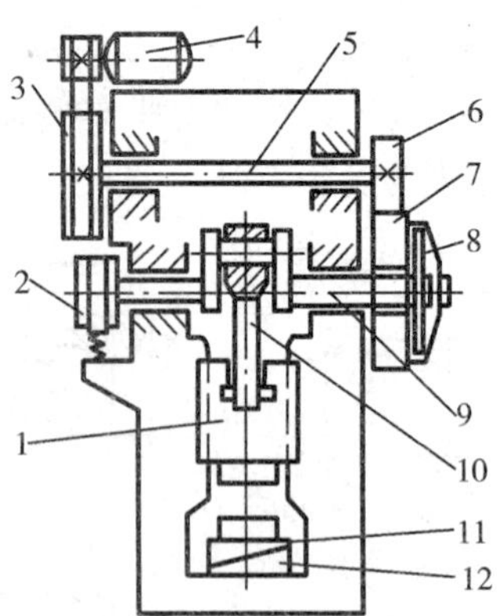

图 9-28 模锻曲柄压力机传动图

1—滑块 2—制动器 3—带轮 4—电机 5—转轴 6—小齿轮
7—大齿轮 8—离合器 9—曲轴 10—连杆 11—工作台 12—楔形垫块

② 曲柄压力机的机身刚度大,滑块导向精确,行程一定,装配精度高,因此能保证上下模膛准确对合在一起,不产生错模。

③ 锻件精度高,加工余量和公差小,节约金属。在工作台及滑块中均有顶出装置,锻造结束可自动把锻件从模膛中顶出,因此锻件的模锻斜度小。

④ 因为滑块行程速度低,作用力是静压力,有利于低塑性金属材料的加工。

⑤ 曲柄压力机上不适宜进行拔长和滚压工步,这是由于滑块行程一定,不论用什么模膛都是一次成形,金属变形量过大,不易使金属填满终锻模膛所致。因此,为使变形逐渐进行,终锻前常用预成形,预锻工步。

⑥ 曲柄压力机设备复杂,造价高,但生产率高,锻件精度高,适合于大批量生产。

四、平锻机上锻模

平锻机的锻模由固定模、活动模、凸模组成。固定模与活动模组成凹模,坯料被夹紧在凹模中,经凸模冲压成形。

平锻机传动系统如图 9-29 所示。电机 1 经带轮 5、齿轮 7 传至曲轴 8,带动主滑块 9 和凸模 10 作往复直线运动。同时通过一对凸轮 6、杠杆 14 带动副滑块和活动模 13,向固定模 12 运动。挡料板 11 通过辊子与主滑块上的轨道相连,当主滑块向前运动时,轨道斜面迫使辊子上升,并使挡料板绕其轴线转动,给凸模让出路来。

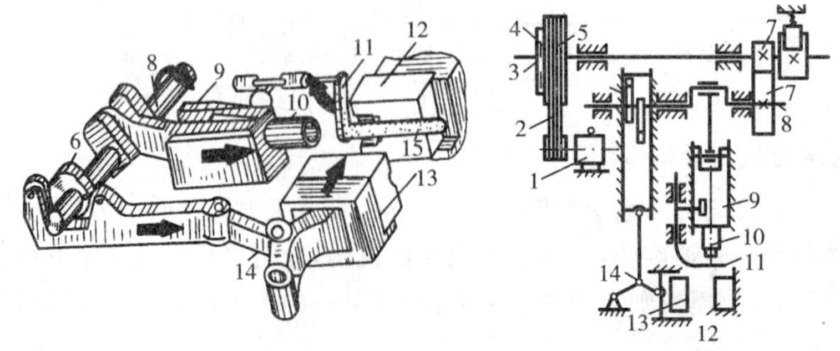

图 9-29 平锻机传动图

1—电机 2—V 带 3—传动轴 4—离合器 5—带轮 6—凸轮 7—齿轮 8—曲轴
9—主滑块 10—凸模 11—挡料板 12—固定模 13—副滑块和活动模 14—杠杆 15—坯料

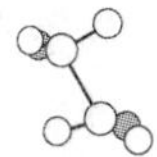

平锻机上模锻有如下特点：

① 扩大了模锻的范围，可以锻出锤上模锻和曲柄压力机上模锻无法锻出的锻件，还可以进行切飞边、切断和弯曲等工步。

② 锻件尺寸精确，表面粗糙度值小，生产率高。

③ 节省金属，材料利用率高。

④ 对非回转体及中心不对称的锻件较难锻造，平锻机的造价也较高，适用于大批量生产。

第四节　板料冲压

板料冲压是将板料经分离或成形而得到制件的加工方法。板料冲压一般在室温下进行，故又称冷冲压，简称冲压。当板料厚度超过 8～10mm 时，采用热冲压。板料冲压具有下列特点：

① 冲压件有较高的尺寸精度和表面质量，互换性能好，一般不需切削加工，且质量稳定。

② 操作简单，工艺过程便于实现机械自动化，生产率高，成本低。

③ 可生产各种平板类、空间类和形状复杂的零件，废料较少。零件重量从 1g 至几百千克，尺寸从 1mm 至几米。

④ 因冷变形强化和冲压件的空间几何形状，使冲压件重量轻、强度和刚度好，有利于减轻结构件重量。

⑤ 但冲模制造复杂、成本高。

冲压只有在大批量生产时，才能充分显示其优越性。板料冲压所用材料应具有良好塑性。常用的金属材料是低碳钢、低合金钢、铝、铜、镁等。广泛用于汽车、拖拉机、航空、电器、仪表、国防及日用品等工业。

一、冲压设备

常用的板料冲压设备有剪床、冲床。剪床是用来把板料剪切成一定宽度的条料，以供冲压工序使用。冲床是进行冲压加工的基本设备。

1. 剪床

剪床的用途是把板料切成一定宽度的条料，为冲压准备毛坯或用于切断工序。剪床传动系统如图 9－30 所示，电动机经带轮、齿轮、离合器使曲轴转动，带动装有刀片的滑块上、下运动。

平刃剪床的上、下刀刃互相平行，适于剪切宽度小而厚度较大的板料。上刀刃作成倾斜状的剪床称斜刃剪床，适于剪切宽而薄的板料。剪床的规格用能剪板料的厚度和长度表示。

2. 冲床

冲床规格用公称压力表示。公称压力是指冲床工作时，滑块上所允许的最大作用力。单柱冲床如图 9－31 所示，其规格一般为 60～2000kN。双柱冲床最大公称压力可达 40MN。

电动机 4 带动带传动减速装置，并经离合器 8 传给曲轴 7，曲轴和连杆 5 则把传来的旋转运动变成直线往复运动，带动固定上模的滑块 11，沿床身导轨 2 作上下运动，完成冲压动作。

冲床开始后尚未踩踏板 12 时，带轮 9 空转，曲轴不动。当踩下踏板时，离合器把曲轴和带轮连接起来，使曲轴跟着旋转，带动滑块连续上下动作。抬起脚后踏板升起，滑块便在制动器 6 的作用下，自动停止在最高位置上。

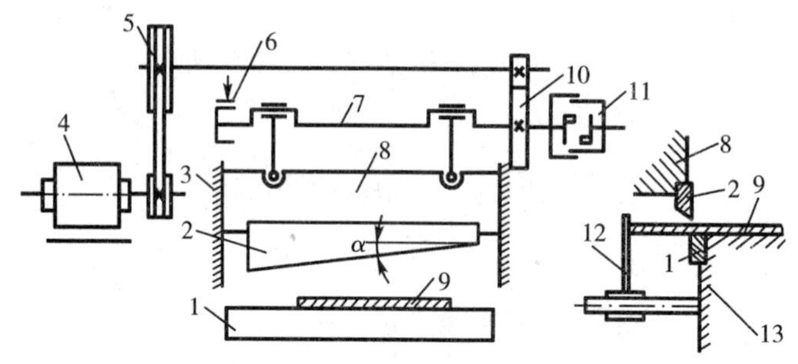

图 9－30　剪床传动图

1—下刀刃　2—上刀刃　3—导轨　4—电动机　5—带轮　6—制动器　7—曲轴
8—滑块　9—板料　10—齿轮　11—离合器　12—挡铁　13—工作台

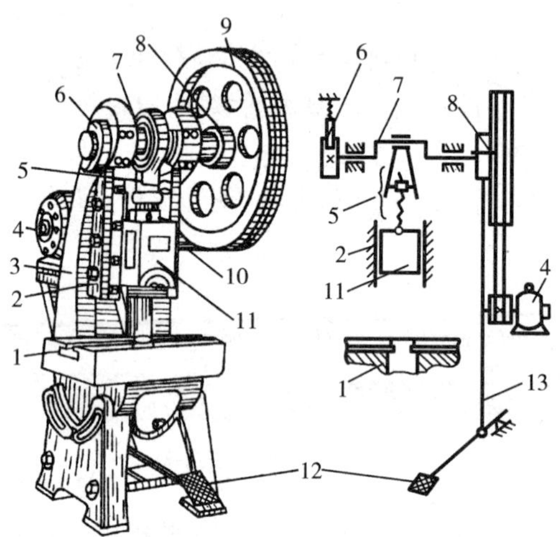

图 9－31　冲床

1—工作台　2—导轨　3—床身　4—电动机　5—连杆　6—制动器　7—曲轴
8—离合器　9—带轮　10—传动带　11—滑块　12—踏板　13—拉杆

二、板料冲压的基本工序

1. 分离工序

(1) 剪切　使板料按不封闭轮廓分离的工序，称为剪切。

(2) 落料与冲孔　利用冲模将板料以封闭的轮廓与坯料分离的一种冲压方法，称为冲载。利用冲载取得一定外形制件或坯料的冲压方法，称为落料。将冲压坯内的材料以封闭轮廓分离开，得到带孔制件的冲压方法，称为冲孔。冲孔时冲落的部分为废料，周边是成品；落料时冲落的部分为成品，周边是废料。

金属板料的冲载过程如图 9－32 所示。当凸模(冲头)接触板料向下运动时，板料受到挤压，先产生变形，如图 9－32a 所示；凸模继续压入，当板料应力达到屈服点时发生塑性变形，部分板料陷入凹模中。但变形达到一定程度时，位于凸、凹模刃口处材料的冷变形强化

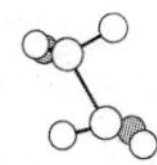

和应力集中现象加剧，出现微裂纹，如图 9－32b 所示；凸模继续压入，上、下微裂纹逐渐扩大，直至上、下裂纹会合，板料被剪断分离，如图 9－32c 所示。

如图 9－32d 所示，塌角是由于凸模压入板料时，刃口附近的材料被牵连拉入变形形成的；光亮带是凸模挤压切入材料时，出现微裂纹前形成的光滑表面；剪裂带是微裂纹扩展形成的撕裂面，其表面粗糙并略带斜度，不与板料平面垂直。

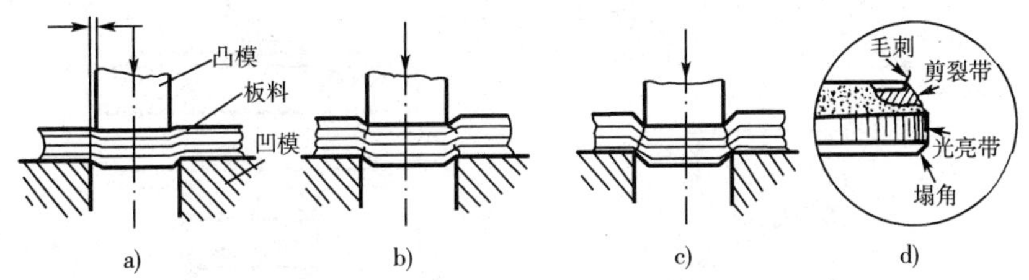

图 9－32 金属板料的冲载分离过程

a)弹性变形 b)塑性变形 c)分离 d)落下部分的放大图

塌角、剪裂带和毛刺都使冲载件质量下降，光亮带质量最好。这四部分在件冲载上所占的比例与板料性能、厚度、模具结构、凸凹模间隙和刃口锋利程度有关。

冲载时，凸模与凹模之间应有合理的间隙 z 和锋利的刃口。断面质量要求较高时，应选较小的间隙；反之，应加大间隙，以提高冲模寿命。一般低碳钢、铝合金、铜合金取 $z=(0.06\sim0.1)\delta$（δ——板料厚度）；高碳钢取 $z=(0.08\sim0.12)\delta$。

(3) 整修工序　冲裁件的尺寸精度一般在 IT10 以下，R_a 值大于 6.3μm。如工件质量要求较高，可进行整修，如图 9－33 所示。整修是指利用修边模从冲载件的内外轮廓上修切下一薄层金属，以获得规整的棱边、光洁的剪切面（断面）和较高尺寸精度的工序。整修时单边切除量为 0.05～0.2mm，整修后尺寸精度可达 IT7～IT6，R_a 值为 1.6～0.8μm。

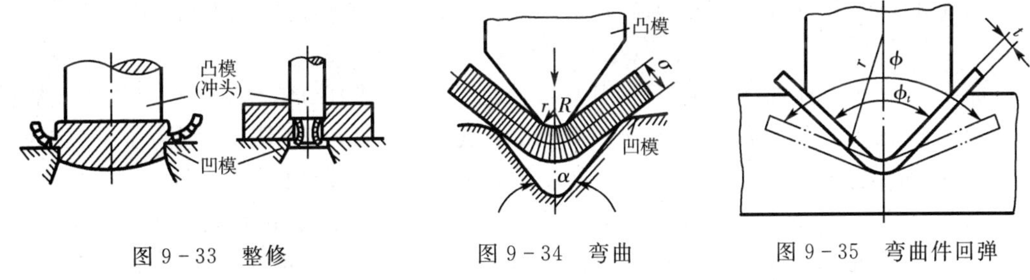

图 9－33 整修　　图 9－34 弯曲　　图 9－35 弯曲件回弹

2. 成形工序

(1) 弯曲　弯曲是将板料、型材或管材在弯矩作用下，弯成具有一定曲率和角度制件的成形方法，如图 9－34 所示。弯曲时塑性变形集中在与凸模接触的狭窄区域内。变形区内侧受压缩，外侧受拉伸。当外侧拉应力超过坯料抗拉强度时，会造成裂纹。为防止裂纹，应选用塑性好的材料；限制最小弯曲半径 r_{min}，使 $r_{min}\geqslant(0.1\sim1)\delta$；使弯曲时拉应力方向与坯料流线方向一致；防止坯料表面的划伤，以免产生应力集中。

去掉弯曲外力后，因弹性变形消失，使制件的形状和尺寸发生与加载时变形方向相反的变化，从而消去了一部分弯曲变形的效果，此现象称为回弹，如图 9－35 所示。回弹与材料力学性能、r/δ 和制件弯曲角度 α 有关，并随着这些参数的增大而增大，为抵消回弹影响，弯曲模的角度应比被弯曲角度小一个回弹角。回弹角一般为 0°～10°。

(2) 拉深(拉延)　变形区在拉、压应力作用下,使坯料成形为深的空心件而厚度基本不变的加工方法,称为拉深,如图 9-36 所示。

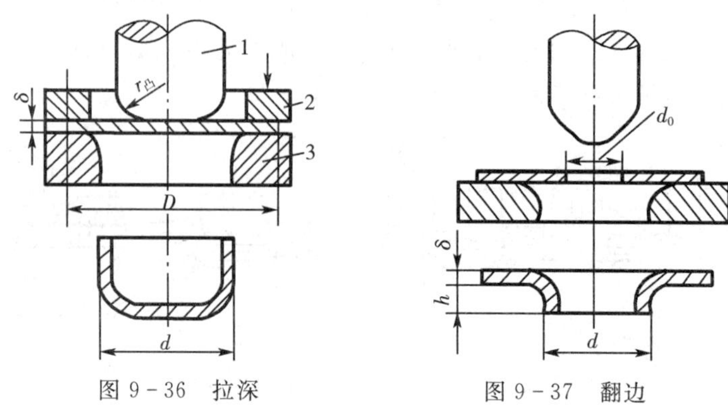

图 9-36　拉深　　　　图 9-37　翻边

拉深时,凸模与凹模边缘均做成圆角,以免将坯料拉裂。圆角半径 $r_{凸} \leqslant r_{凹}$,$r_{凹}=(5\sim15)\delta$,模具间隙 $z=(1.1\sim1.5)\delta$。拉深前要在坯料上涂润滑剂。拉深变形后制件的直径与其坯料直径之比(d/D)称为拉深系数 m,m 越小,变形越大,拉深应力也越大。因此,制定拉深工艺时必须使实际拉深系数大于极限拉深系数 m_{min}(保证危险断面不被拉裂的拉深系数最小值)。m_{min}与材料性质、板料相对厚度(δ/D)和拉深次数有关,一般取 0.55~0.8。

(3) 翻边　在毛坯的平面或曲面部分的边缘,沿一定曲线翻起竖立直边的加工方法,称为翻边。根据零件边缘的性质,翻边分为内孔翻边(又称翻孔)和外缘翻边(简称翻边)。内孔翻边,如图 9-37 所示,在生产中应用很广,翻孔变形程度用翻孔前孔径 d_0 与翻孔后孔径 d 的比值 K 表示,$K=d_0/d$ 称翻孔系数,K 越小,变形程度越大。对于镀锡铁皮 $K\geqslant0.65\sim0.7$;对于酸洗钢 $K\geqslant0.68\sim0.72$。

(4) 缩口　将管件或空心件的端部加压,使其径向尺寸缩小的加工方法,称为缩口如图 9-38所示。

(5) 压印　模具端面压入板坯,使其局部或全部表面受到压挤,改变板坯厚度而充满模腔,形成沟槽、花纹或字符的加工方法,称为压印。压印包括压筋、压坑(包括压字、压花)。如图 9-39 所示为软模压筋。软模是用橡胶等柔性物作凸模或凹模,可压印出复杂的形状,但寿命低。压印后的变形部位,因形状变化和冷变形强化,其强度、刚度提高了。

(6) 胀形　板料或空心坯料在双向拉应力作用下,使其产生塑性变形取得所需制件的加工方法。如图 9-40 所示是用硬橡胶为凸模的胀形,凹模是可拆卸的。

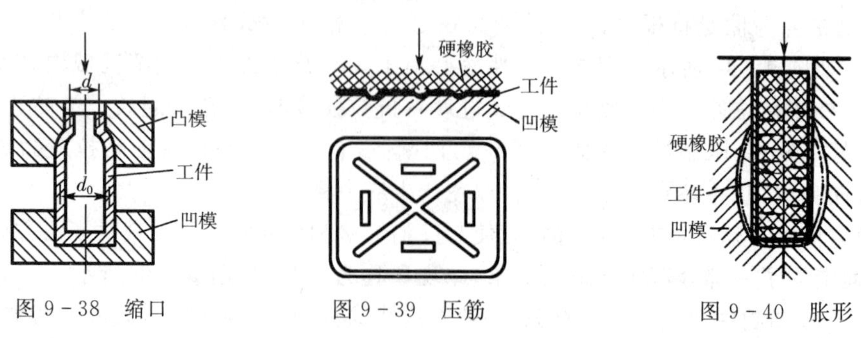

图 9-38　缩口　　　　图 9-39　压筋　　　　图 9-40　胀形

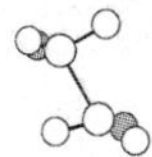

三、冲模

1. 单工序模

压机一次行程中只完成一道工序的模具，成为单工序模。如图 9－41 所示，上模板 2 通过模柄 1 与冲床滑块连接。操作时，条料沿两导料板 8 之间送进，碰到挡料销 9 为止。冲下的零件落入凹模孔，凸模返回时由卸料板 10 将坯料推下。继续进料至挡料销，重复上述动作。单工序模结构较简单，容易制造，成本低，维修方便，但生产率低，适用于小批量生产。

2. 级进模（连续模）

压机依次行程中，在模具不同部位上，同时完成数道冲压工序的模具，称为级进模，如图 9－42 所示。级进模生产率高，易于实现自动化，但要求定位精度高，结构复杂，难制造，成本较高。适于大批量生产精度要求不高的中、小型零件。

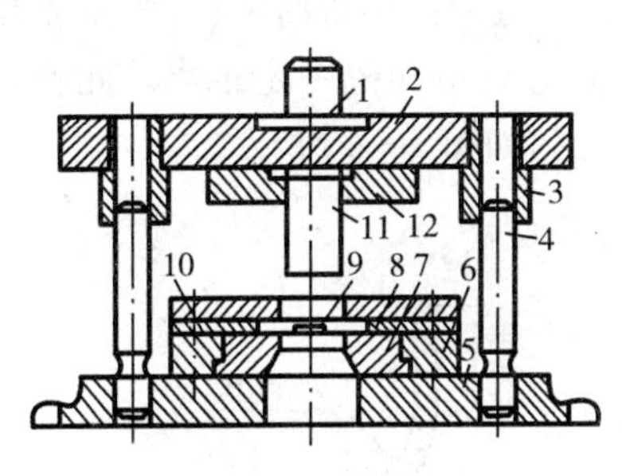

图 9－41　单工序模

1—模柄　2—上模板　3—导套　4—导柱
5—下模板　6—压板　7—凹模　8—导料板
9—挡料销　10—卸料板　11—凸模　12—压板

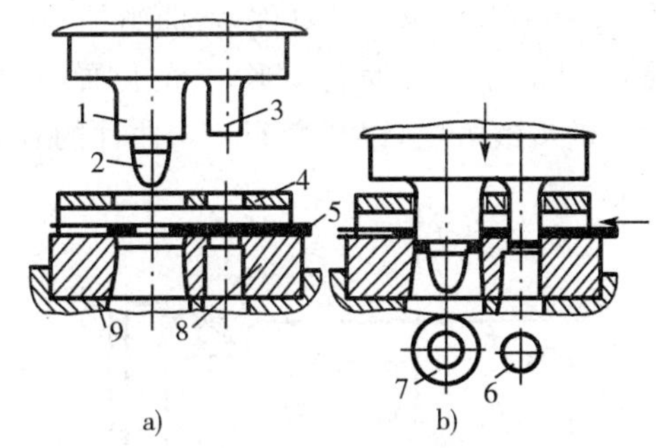

图 9－42　级进模

a)工作前　b)工作时
1—落料凸模　2—导正销　3—冲孔凸模　4—卸料板
5—坯料　6—废料　7—成品　8—冲孔凹模　9—落料凹模

3. 组合模（复合模）

压机一次行程中，在模具的同一位置上，完成两道以上冲压工序的模具称为组合模，组合模具有生产率高，零件加工精度高，平正性好等优点，但制造复杂，成本高，适合于大批量生产。

四、板料冲压件的结构工艺性

为满足冲压件的使用性能、节约材料、延长模具寿命、提高生产率、减低成本和具有良好的工艺性能，冲压件在进行结构设计时应考虑如下因素：

① 冲裁件形状应力求简单、对称，尽量用圆形、矩形等规则形状，并应便于合理排样（冲裁件在板料或带料上的布置方法，称为排样）。落料件的排样分有搭边和无搭边排样两种。

有搭边排样就是在各落料件之间、落料件与坯料边缘之间均留有一定距离，此距离为搭边。这种排样毛刺小、落料件尺寸准确、不易产生扭曲、质量高，但材料利用率低，如图 9－43a所示；无搭边排样是用落料件形状的一个边作为另一个落料件的边缘，如图 9－43b所示。这种排样废料少，但落料质量差。在孔距不变的情况下，图 9－43b 结构比图 9－43a 节省材料。

矩形件一般容易排样，产生的废料比其他形状的少；大孔圆形零件耗材较大，生产中常将一个零件的废料作为另一个小零件的坯料；冲压件端面的形状最好为平直端面，其次是倒角端面和圆形端面。为使冲模容易制造，延长寿命，冲压件上应避免有长槽与细长悬臂结构，一般圆形沟槽比矩形沟槽在制造上更为经济。

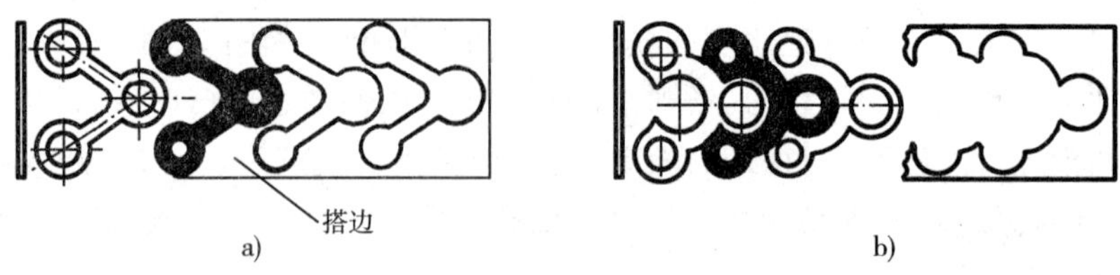

图 9－43　零件的排样

a)材料利用率为 38%　b)材料利用率为 79%

② 孔间距或孔与零件边缘距离不宜过小，孔径不能过小。冲压件转角处应以圆弧过渡代替尖角，可防止发生裂纹。有关尺寸限制，如图 9－44 所示。

③ 弯曲件形状应尽量对称，弯曲半径不能小于材料许可的最小弯曲半径；弯曲边尺寸 b 不宜过短；为避免弯曲时孔变形，孔的位置与弯曲半径圆心处应相隔一定距离。此外，还应考虑材料的流线方向，以免弯裂。弯曲件的有关尺寸限制，如图 9－45 所示。

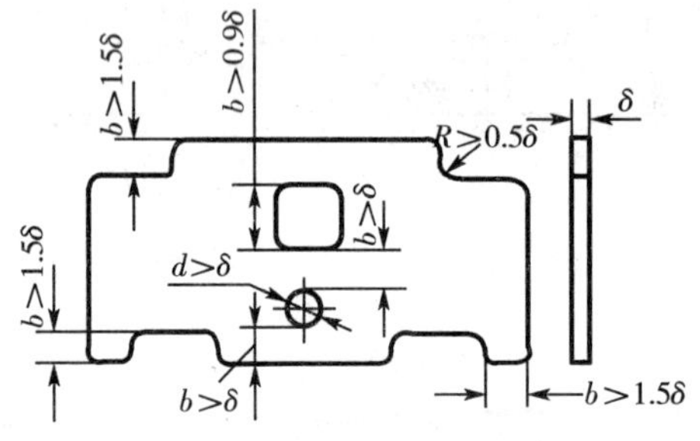

图 9－44　冲压件有关尺寸限制

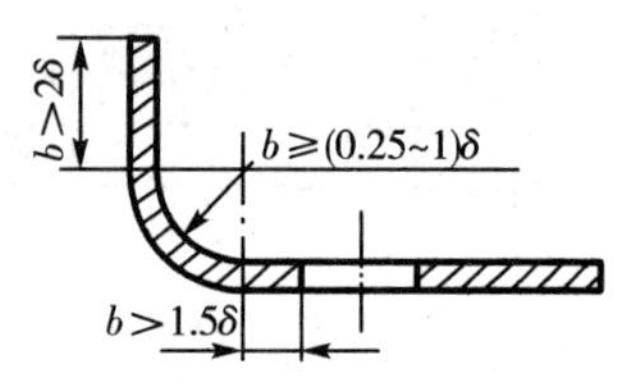

图 9－45　弯曲件有关尺寸限制

④ 拉深件外形应简单、对称，不要过深，以使模具制造简便、寿命长，并能减少拉深次数。零件的圆角半径应按图 9－46 确定，否则会增加拉深次数和整形工作或产生裂纹。

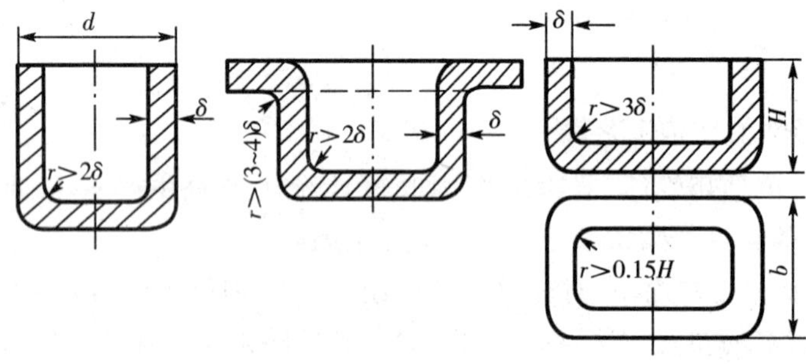

图 9－46　拉深件圆角半径

⑤ 为简化冲压工艺，节省材料，对于形状复杂的冲压件可先分别冲压成若干个简单件，然后再焊接成整体件，即采用冲—焊结构，如图 9－47 所示。

⑥ 应尽量采用薄板，以节约材料和减少冲压力。

⑦ 冲压件的精度要求，一般不能超过各冲压工序的经济精度。

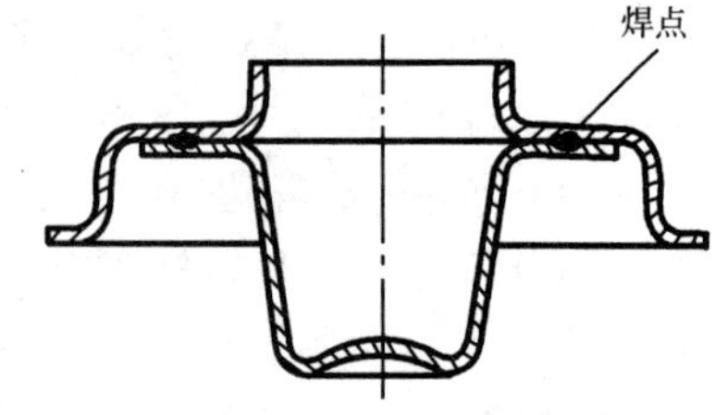

图 9－47　冲—焊接结构零件

第五节　挤压、轧制、拉拔、旋压

一、挤压

挤压是使坯料在挤压模中受强大的压力作用而变形的加工方法。挤压具有如下特点：

(1) 挤压时金属坯料在三向压应力作用下变形，因此可提高金属坯料的塑性。挤压材料不仅有铝、铜等塑性较好的有色金属，而且碳钢、合金结构钢、不锈钢及工业纯铁等也可以用挤压工艺成形。在一定的变形量下某些高碳钢、甚至高速钢等也可进行挤压。

(2) 可以挤压出各种形状复杂、深孔、薄壁、异型断面的零件。

(3) 零件精度高，表面粗糙度低。一般尺寸精度为IT6～IT7，表面粗糙度 R_a 为3.2～0.4，从而可达到少、无屑加工的目的。

(4) 零件的力学性能好。挤压变形后零件内部的纤维组织是连续的，基本沿零件外形分布而不被切断，从而提高了零件的力学性能。

(5) 节约原材料，材料利用率可达70%，生产率也很高，可比其他锻造方法高几倍。挤压按金属流动方向和凸模运动方向的不同，可分为以下四种：

① 正挤压。金属流动方向与凸模运动方向相同，如图9-48a所示。

② 反挤压。金属流动方向与凸模运动方向相反，如图9-48b所示。

③ 复合挤压。挤压过程中，一部分金属的流动方向与凸模运动方向相同，而另一部分金属流动方向与凸模运动方向相反，如图9-48c所示。

④ 静液挤压方法如图9-48d所示。静液挤压时凸模与坯料不直接接触，而是给液体施加压力(压力可达 3.04×10^8 Pa以上)，再经液体传给坯料，使金属通过凹模而成形。静液挤压由于在坯料侧面无通常挤压时存在的摩擦，所以变形较均匀，可提高一次挤压的变形量。挤压力也较其他挤压方法小10%～50%。

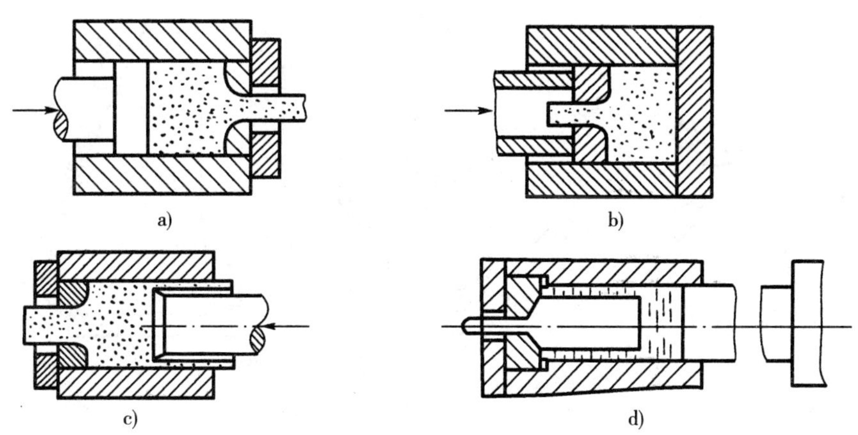

图9-48　挤压

a)正挤压　b)反挤压　c)复合挤压　d)静液挤压

挤压是在专用挤压机上进行的(有液压式、曲轴式、肘杆式等)，也可在经适当改进后的通用曲柄压力机或摩擦压力机上进行。

二、轧制成形

轧制方法除了生产型材、板材和管材外，近年来也用它生产各种零件，在机械制造中得到了越来越广泛的应用。零件的轧制具有生产率高、质量好、成本低，并可大量减少金属材料消耗等优点。

根据轧辊轴线与坯料轴线方向的不同，轧制分为纵轧、横轧、斜轧等。

1. 纵轧

纵轧是轧辊轴线与坯料轴线互相垂直的轧制方法。它包括各种型材轧制、辊锻轧制、辗环轧制等。

(1) 辊锻轧制　辊锻轧制是把轧制工艺应用到锻造生产中的一种新工艺。辊锻是使坯料通过装有圆弧形模块的一对相对旋转的轧辊时受压而变形的生产方法，如图 9-49 所示。既可作为模锻前的制坯工序，也可直接辊锻锻件。

目前，成形辊锻适用于生产以下三种类型的锻件：

① 扁断面的长杆件，如扳手、活动扳手、链环等。

② 带有不变形头部而沿长度方向横截面面积递减的锻件，如叶片等。叶片辊锻工艺和铣削工艺相比，材料利用率可提高近 4 倍，生产率可提高近 2.5 倍，而且还提高了叶片质量。

③ 连杆成形辊锻。国内已有不少工厂采用辊锻方法锻制连杆，生产率高，简化了工艺过程。但锻件还需用其他锻压设备进行精整。

(2) 辗环轧制　辗环轧制是用来扩大环形坯料的外径和内径，从而获得各种环状零件的轧制方法，如图 9-50 所示。图中驱动辊 1 由电动机带动旋转，利用摩擦力使坯料 5 在驱动辊和芯辊 2 之间受压变形。驱动辊还可由油缸推动作上下移动，改变 1、2 两辊间的距离，使坯料厚度逐渐变小、直径增大。导向辊 3 用以保持坯料正确运送。信号辊 4 用来控制环件直径。当环坯直径达到需要值与辊 4 接触时，信号辊旋转传出信号，使辊 1 停止工作。

这种方法生产的环类件，其横截面可以是各种形状的。如火车轮箍、轴承座圈、齿轮及法兰等。

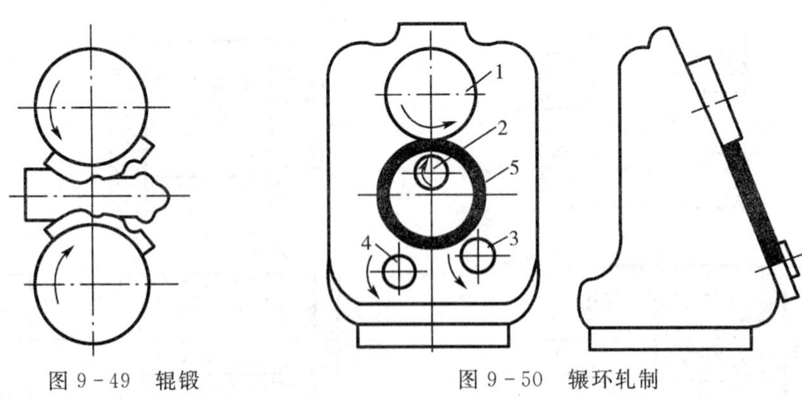

图 9-49　辊锻　　　图 9-50　辗环轧制

2. 横轧

横轧是轧辊线与坯料轴线互相平行的轧制方法。如齿轮轧制等。

齿轮轧制是一种无屑或少屑加工齿轮的新工艺。直齿轮和斜齿轮均可用热轧制造，如图 9-51 所示。在轧制前将毛坯外缘加热，然后将带齿形的轧轮 1 做径向进给，迫使轧轮与毛坯 2 对辗。在对辗过程中，毛坯上一部分金属受压形成齿谷，相邻部分的金属被轧轮齿部

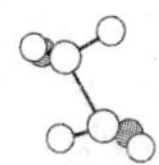

“反挤”而上升，形成齿顶。

3. 斜轧

斜轧亦称螺旋斜轧。它是轧辊轴线与坯料轴线相交一定角度的轧制方法。钢球轧制如图 9 - 52a 所示，周期轧制如图 9 - 52b 所示。

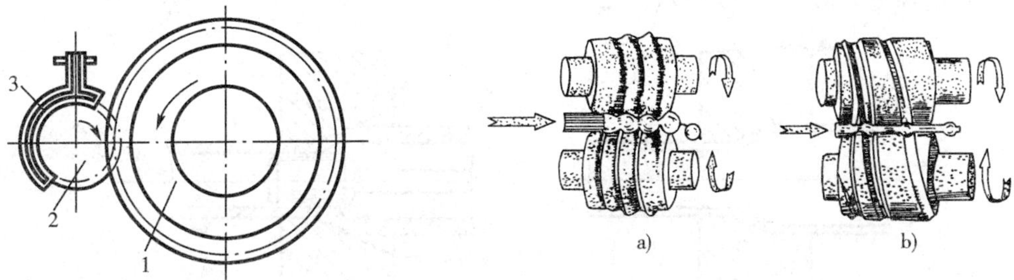

图 9 - 51　热轧齿轮

1—轧轮　2—毛坯　3—感应加热器

图 9 - 52　螺旋斜轧

螺旋斜轧采用两个带有螺旋型槽的轧辊，互相交叉成一定角度，并作同方向旋转，使坯料在轧辊间既绕自身轴线转动，又向前进，与此同时受压变形获得所需产品。

螺旋斜轧钢球是使棒料在轧辊间螺旋型槽里受到轧制，并被分离单球。轧辊每转一周即可轧制出一个钢球，轧制过程是连续的。

螺旋斜轧可以直接热轧出带螺旋线的高速钢滚刀、自行车后闸以及冷轧丝杆等。

三、拉拔

拉拔是将金属坯料拉过拉拔模的模孔，使其变形的塑性加工方法，如图 9 - 53 所示。

拉拔过程中坯料在拉拔模内产生塑性变形，通过拉拔模后，坯料的截面形状和尺寸与拉拔模模孔出口相同。因此，改变拉拔模模孔的形状和尺寸，即可得到相应的拉拔成形的产品。

目前的拉拔形式主要有线材拉拔、棒料拉拔、型材拉拔和管材拉拔。

线材拉拔主要用于各种金属导线（工业用金属线以及电器中常用的漆包线）的拉制成形，此时的拉拔也称为“拉丝”。拉拔生产的最细的金属丝直径可达 0.01mm 以下。线材拉拔一般要经过多次成形，且每次拉拔的变形程度不能过大，必要时要进行中间退火。否则将使线材拉断。

拉拔生产的棒料可有多种截面形状，如圆形、方形、矩形、六角形等。

型材拉拔多用于特殊截面或复杂截面形状的异形型材的生产，如图 9 - 54 所示。

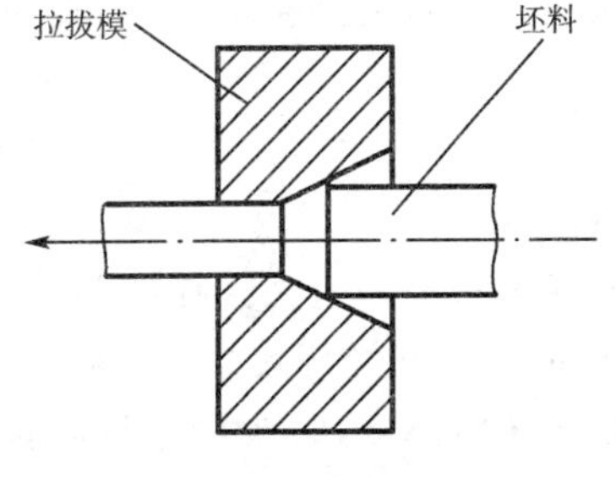

图 9 - 53　拉拔

图 9 - 54　拉拔型材截面形状

异形型材拉拔时，坯料的截面形状与最终型材的截面形状差别不宜过大。差别过大时，会在型材中产生较大的残余应力，导致裂纹以及沿型材长度方向上的形状畸变。管材拉拔以圆管为主，也可拉制椭圆形管、矩形管和其他截面形状的管材。管材拉拔后管壁将增厚，当不希望管壁厚度变化时，拉拔过程中要加芯棒，当需要管壁厚度变薄时，也必须加芯棒来控制壁管的厚度，如图 9－55 所示。

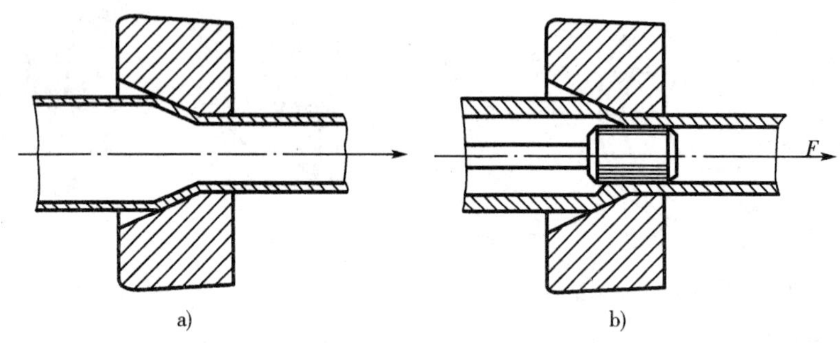

图 9－55　管材拉拔

a)不加芯棒　b)加芯棒

拉拔模在拉拔过程中会受到强烈的摩擦，生产中常采用耐磨的硬质合金(有时甚至用金刚石)来制作，以确保其精度和使用寿命。

四、旋压

旋压加工是一种综合了锻造、挤压、拉深、弯曲和滚压等工艺特点的少无切削加工的先进制造技术，旋压技术在机械制造中应用十分广泛。旋压加工是用一个或几个旋轮对旋转中的金属毛坯施以高压，使之逐点产生塑性变形，而达到所需要的形状和尺寸的空心薄壁回转零件，如图 9－56 所示。它适用于不同锥角的单锥、双锥及喇叭锥、双曲线等各种复杂形状的回转零件的加工。

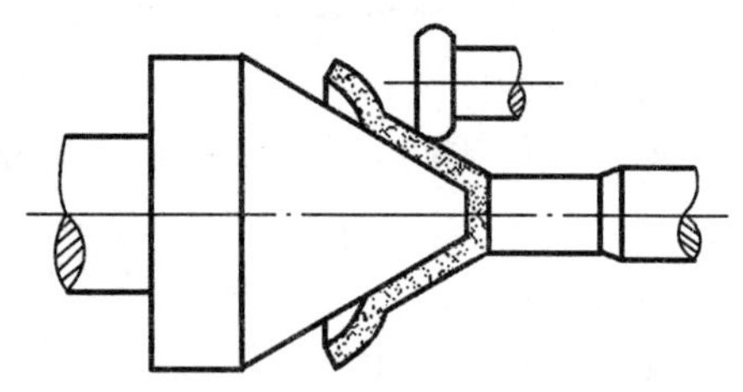

图 9－56　旋压加工

旋压加工主要特点如下：

① 旋压加工是一种少切削或无切削加工。

② 旋压属于局部连续性加工，瞬间的变形区小，所需总的变形力较小。

③ 有一些形状复杂的零件或高强度难变形的材料，传统工艺很难甚至无法加工，用旋压成形却可以方便地加工出来。

④ 旋压加工精度高，产品质量稳定，旋压件的尺寸公差等级可达 IT8 左右，表面粗糙度 $R_a < 3.2\mu m$，强度和硬度均有显著提高。

⑤ 旋压加工工装简单，加工周期短，生产效率高。

⑥ 旋压加工材料利用率高，模具成本低。

旋压加工的经济性与生产批量、工件结构、设备及劳动费用等有关。在许多情况下，旋压要与冲压的其他工艺方法配合应用，以获得最佳的产品质量和经济效益。

旋压成型有普通旋压和强力旋压成型两种。不改变坯料厚度，只改变坯料形状的旋压叫普通旋压成型，如图 9－57 所示。既改变坯料厚度，又改变坯料形状的旋压叫强力旋压成

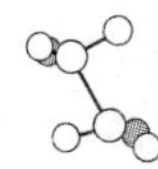

型。强力旋压成型所需要的旋压力较大，旋压机的结构一般也较复杂。强力旋压成型又依旋轮移动的方向与金属流动的方向，分为正旋和反旋。旋轮移动的方向与金属流动的方向相同，叫正旋；反之，称为反旋，如图 9-58 所示。同一种材料反旋成型所需的旋压力较大。采用哪种旋压方式成型，要依据零件的形状和工艺要求确定。

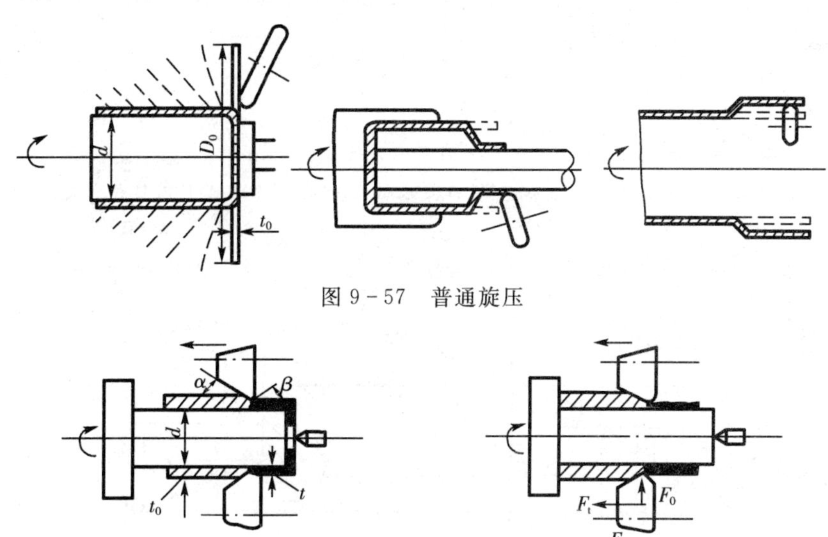

图 9-57　普通旋压

图 9-58　强力旋压

a)正旋　b)反旋

旋压加工的材料十分广泛，碳钢、合金钢、铜铝及其合金等材料均可旋压加工。它已经在各先进工业国家的工业部门中显示出其先进性，实用性，经济性。旋压技术和设备已成功地应用于军事、化工、冶金、机械制造、电子以及民用等行业中。它已经作为一项新技术与传统工艺并行发展着，并且已形成了近代金属压力加工的一个新分支。

旋压加工技术始于 20 世纪初，较早开始设计和制造各种旋压机，并从事旋压加工技术的国家有德国、美国、加拿大、俄罗斯等。目前，国外旋压技术已达到了一定的水平，不论在其工艺研究、设备设计制造，还是理论研究和应用等方面都有很大的发展。我国旋压加工技术自上世纪 60 年代开始，也得到了一定的发展，具有一定的科研技术队伍和生产能力，但仍然不能适应我国国民经济的发展需要，与国外相比，尚存在较大的差距，因此，有待进一步努力研究和推广。

思考与练习

9-1　为什么说锻压生产是机械制造中的重要加工方法，它有何特点？

9-2　何谓塑性变形？叙述单晶体及多晶体塑性变形的原理。

9-3　何谓冷变形强化？它对工件性能及加工过程有何影响？

9-4　何谓再结晶？再结晶对金属组织和性能有何影响？在生产中如何应用？

9-5　锻造流线是如何形成的？它对材料有何影响？如何利用它？

9-6　什么叫热变形？它与金属的熔点有什么关系？与冷变形相比，热变形有何优缺点？

9-7　何谓金属锻压性能？如何衡量其好坏？影响锻压性能的因素有哪些？

9-8　金属锻造时为什么要先加热？铸铁加热后是否也能锻造？为什么？

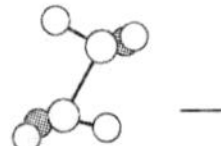

9-9 锻造比对锻件质量有何影响？锻造比越大，是否锻件质量越好？为什么？

9-10 什么是始锻温度和终锻温度？为什么坯料低于终锻温度后不宜继续锻造？

9-11 过热和过烧对锻件质量有什么影响？如何防止过热和过烧？

9-12 锻件有哪几种冷却方式？对于某些锻件，冷却速度过快时有哪些不良后果？

9-13 试述自由锻的特点和应用。自由锻有哪些基本工序？

9-14 设计自由锻零件结构时，应考虑哪些因素？

9-15 自由锻设备有哪些？生产中怎样选用？

9-16 试述模锻的特点和应用。

9-17 确定锤上锻模分模面时，应考虑哪些因素？为什么？

9-18 为什么模锻用的金属要比充满模膛所要求的多一些？飞边槽有何作用？是否各种模膛都要有飞边槽？

9-19 如图所示锻件结构是否适合锻模的工艺要求？为什么？试修改不合适的部位。

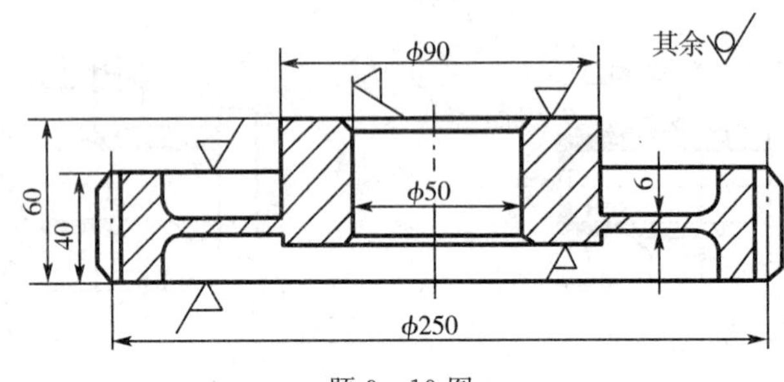

题 9-19 图

9-20 胎模锻与自由锻、锤上模锻相比，有哪些特点？适用于什么生产场合？

9-21 试述板料冲压的特点和应用。板料冲压有那些主要工序？

9-22 何谓回弹？影响回弹的因素及减少回弹的措施有哪些？

9-23 连续模和复合模的主要区别是什么？

9-24 试述辊锻、辗环、齿轮轧制的特点和应用。

9-25 轧制和拉拔有什么区别？它们各能生产哪些产品？

9-26 何谓挤压？挤压有何特点？挤压可以生产什么产品？

9-27 何谓回复、余块、连皮、模锻斜度、排样、冲孔、落料？

9-28 自行车上的锻压件有哪些(至少找出10个)？是用什么方法生产的？

第十章 焊　接

第一节　焊接工艺基础

一、概述

焊接是机械制造的重要组成部分，是现代工业中用来制造或维修各种金属结构和机械零件的主要方法之一，焊接的实质是使两个分离金属通过原子或分子间的相互扩散与结合而形成一个不可拆卸的整体的过程，为了实现这一过程可用加热、加压或同时加热加压等方法。

1. 焊接的种类

焊接的种类很多，按焊接过程的特点可分为 3 大类。

(1) 熔化焊　利用局部加热将两焊件的结合处加热成熔化状态，并形成熔池，一般还加填充金属，待凝固后形成牢固的焊接接头的方法。主要有气焊、电弧焊（包括手工电弧焊、自动埋弧焊、半自动埋弧焊）、电渣焊、等离子弧焊、气体保护焊（包括二氧化碳气体保护焊、氩弧焊）及激光焊等。

(2) 压力焊　利用加压（或同时加热）使两焊件结合面紧密接触并产生一定的塑性变形，形成焊接接头的方法。主要有电阻焊、（包括对焊、点焊、缝焊）、摩擦焊、气压焊、超声波焊等。

(3) 钎焊　加热焊接工件和作为填充金属的钎料，焊件金属不熔化，待熔点低的钎料被熔化后渗透到焊件接头之间，与固态的被焊金属相互溶解和扩散，钎料凝固后将两焊件焊接在一起的方法。主要有烙铁钎焊、火焰钎焊、高频钎焊等。

2. 焊接的特点

(1) 优点

① 能减轻结构重量，节省金属，降低成本。

② 节约工时，生产率高。

③ 便于自动化、机械化。

④ 接头致密性好，可通过控制工艺提高焊接质量。

(2) 缺点

① 焊接是局部加热的过程，冶金过程也很复杂，容易产生焊接应力和变形。

② 焊接结构不可拆，维修和更换不方便。

③ 焊接接头组织性能变坏，且易产生焊接接头缺陷。

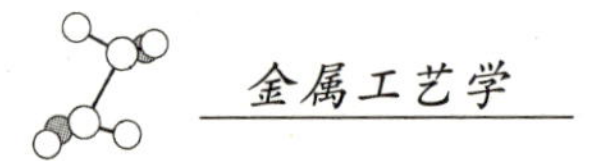

3. 焊接的应用

焊接在国民经济各个部门得到极为广泛的应用，占钢总产量50%～60%的钢材是经各种形式焊接而后投入使用的，例如，车辆、船舶、飞机、锅炉、高压容器、大型建筑结构等都需要进行焊接。

二、焊接冶金原理

1. 焊接电弧

焊接电弧是在电极与焊件间的气体介质中产生的强烈持久的放电现象。电极可以是碳棒、钨极或焊条。焊接电弧具有两个特性，即能放出强烈的光和大量的热。

(1) 焊接电弧引燃方法

① 接触短路引弧法。焊接时，先将焊条与焊件瞬间接触，由于短路产生高热，使接触处金属迅速熔化并产生金属蒸气，同时，将附近的金属强烈加热，当焊条迅速提起2～4mm时，焊条与焊件(两极)间充满了高温的、易电离的金属蒸气。由于质点热碰撞及焊接电压的作用，正离子奔向阴极，负离子及电子奔向阳极，并分别碰撞两极，产生高温，使气体介质进一步电离，从而在两极间产生强烈而持久的放电现象，即电弧。接触短路引燃法主要用于手工电弧焊和埋弧自动焊。

② 高频高压引弧法。利用高压(2000～3000V)直接将两电极间的空气间隙击穿电离，引燃电弧。通常高频为150～260kHz，高频高压引弧法主要用于氩弧焊、等离子电弧焊中。

(2) 焊接电弧结构

直流电弧是由阴极区、阳极区和弧柱三部分组成，如图10-1所示。

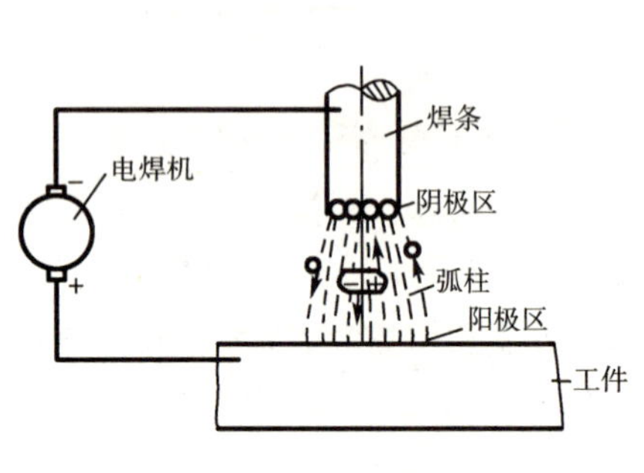

图10-1 焊接电弧的组成

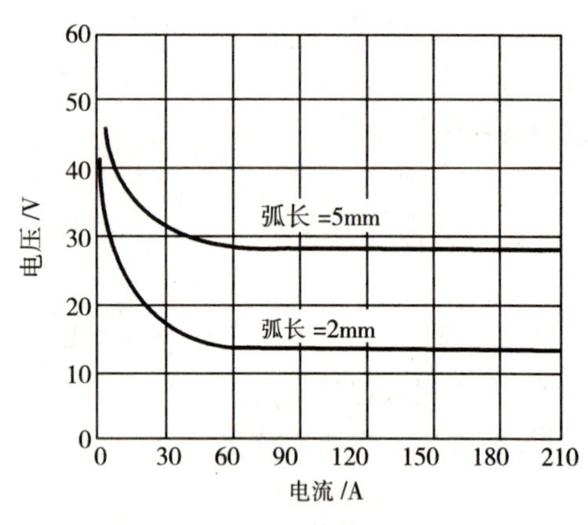

图10-2 电弧静特性曲线

① 阴极区是放射出大量电子的部分。要消耗一定的能量，产生热量较多，约占电弧中热量的38%，阴极区温度可达到2400K。

② 阳极区是电子撞击和吸入电子部分。获得很大的能量，放出热量较高，约占电弧总热量的42%，阳极区温度可达到2600K。

③ 弧柱是指两极之间气体空间区，温度可达到6000～8000K，热量约占20%。

(3) 电弧静特性

电弧引燃后为了维持继续稳定燃烧，需要一定的电弧电压。电弧电压与焊接电流之间的关系称为电弧静特性。电弧静特性曲线如图10-2所示。由图可知，当焊接电流小于30～50A时，电弧电压随电流增大而急剧降低；当电流大于30～50A时，电流变化而电弧电压几乎不变。

(4) 电弧电压与弧长的关系

当电弧弧长增加时，电弧电压相应增加；电弧越短，电压越低。在正常焊接时，弧长为2～4mm，电压为16～35V。

(5) 电弧电源

① 电弧电源接法：由于电弧发出的热量在阴极区和阳极区有差异，因此，在用直流电弧焊电源焊接时，就有两种不同的接法，即正接和反接。

正接是焊件接正(+)极，焊条接负(−)极，称为正接法。正接时，热量大部分集中在焊件上，可加速焊件熔化，有较大熔深，这种应用的最多。

反接是焊件接负(−)极，焊条接正(+)极，称为反接法。反接常用于薄板钢材、铸铁、有色金属焊件，或用于低氢型焊条焊接的场合。

当进行交流电焊接时，由于电流方向交替变化，两极温度大致相等，不存在正接、反接的问题。

② 空载电压：为了保证引弧和保证焊工的安全，要求有适当的引弧电压，即空载电压。我国有关标准中规定最大空载电压$U_{空最大}$为：弧焊变压器$U_{空最大}\leqslant 80V$；弧焊整流器$U_{空最大}\leqslant 90V$；弧焊发电机$U_{空最大}\leqslant 100V$。

③ 电源外特性：焊接电源输出电压与输出电流之间的关系称为电源外特性。电源外特性曲线如图10－3所示。在引弧时电源能供给较高的电压和较小的电流，当电弧稳定燃烧时，电流增大，适应电弧降特性特点，电压急剧降低。当焊条与焊件短路时，短路电流不应超过工作电流1.5倍。在手工焊时，焊工手的抖动，或焊件表面不平整，弧长可能有一些变化，此时，要求焊接电流变化要小。因此，必须具有陡降外特性的电源，才能满足这些要求。

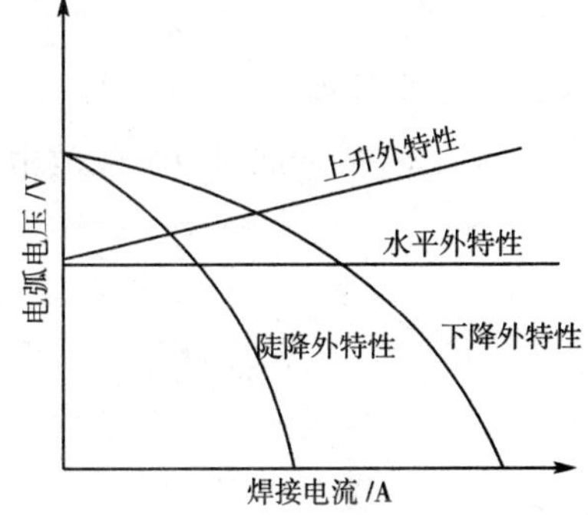

图10－3 电源外特性曲线

2. 焊接冶金过程

焊接过程中，熔化金属、熔渣和气体间进行着复杂的物理、化学反应，这一高温下的相互作用过程称为焊接冶金过程。

(1) 冶金特点

焊接电弧和熔池金属的温度高于一般的冶炼温度，金属烧损严重，产生的有害杂质较多；金属熔池体积小，熔池四周是冷金属，凝固速度快，各种反应为非平衡反应，容易产生化学成分不均、气体和夹渣等缺陷。

针对以上问题，提高焊缝质量的有效措施为：

① 造成有效的保护，限制空气浸入焊接区。焊条药皮、自动焊熔剂和惰性保护气体都起这个作用。

② 在焊条药皮中(或焊剂)中加入有用合金元素(如铁、锰等)以保证焊缝的化学成分。

③ 在药皮或焊剂中加入锰铁、硅铁等进行脱氧、脱硫和脱磷。

(2) 冶金反应

① 金属氧化：焊接过程中，空气中的O_2等气体在电弧高温作用下发生分解，形成原子与金属和碳发生反应。

$$Fe + O \longrightarrow FeO$$
$$C + O \longrightarrow CO$$
$$Mn + O \longrightarrow MnO$$
$$Si + 2O \longrightarrow SiO_2$$
$$2Cr + 3O \longrightarrow Cr_2O_3$$

上述反应的结果，使 Fe、C、Mn、Si、Cr 等元素大量烧损，产生的氧化物等熔渣来不及析出而残留在焊缝中，使焊缝金属含氧量大大增加，显著降低焊缝的机械性能。

氮、氢也会影响焊缝金属的机械性能。氮在高温时能溶解于液态金属中，当熔池冷凝时将产生氮气孔而降低焊缝金属的性能；氮还能与铁化合生成 Fe_4N、Fe_2N，增加焊缝脆性。氢在熔池冷凝时未析出而残留在焊缝中，造成气孔，增加焊缝的脆性。

② 焊缝脱氧：要提高焊缝质量，除了要采取一些保护措施外，还要对焊缝进行脱氧、脱硫、脱磷、去氢等。常用的脱氧方法是采用锰铁、硅铁、钛铁、铝铁等脱氧剂脱氧。

第二节　常用焊接方法

一、手工电弧焊

手工电弧焊是利用电弧放电时产生的热量来熔化焊条和焊件，从而获得牢固焊接接头的方法。手工电弧焊是焊接中最基本的方法。

1. 手工电弧焊设备和工具

(1) 手工电弧焊设备　手工电弧焊设备分为直流弧焊机和交流弧焊机两类。直流弧焊机又有弧焊发电机和弧焊整流器两种。

① 直流弧焊发电机是由一台异步电动机和一台弧焊发电机组成，为了获得陡降特性，通常利用磁场或电枢反应的相互作用来调节电流，此种直流弧焊机有结构复杂、噪声大、成本高及维修较困难等缺点。常用的有 $AX-320$、AX_1-500 型直流弧焊机，如图 10－4 所示。

② 弧焊整流器是一种将交流电经变压、整流转换成直流电的弧焊设备，它与直流弧焊发电机相比，具有重量轻、结构简单、噪声小、制造维修方便等优点。有代替部分弧焊发电机的趋势，其外型如图 10－5 所示。

线圈抽头
(粗调电流)
焊接电源两极
(接焊件和焊条)
调节手柄
(细调电流)
接地螺钉

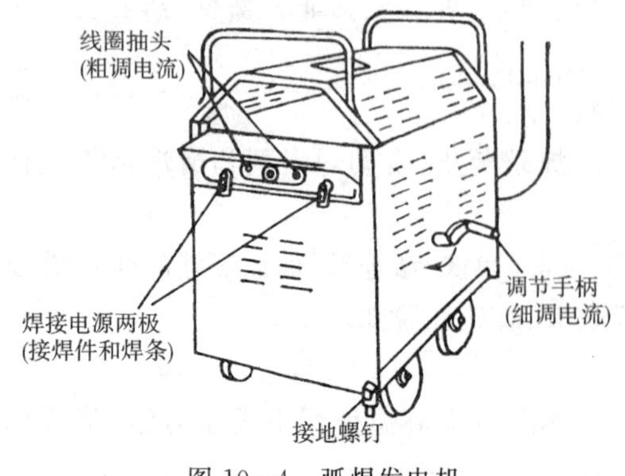

图 10－4　弧焊发电机

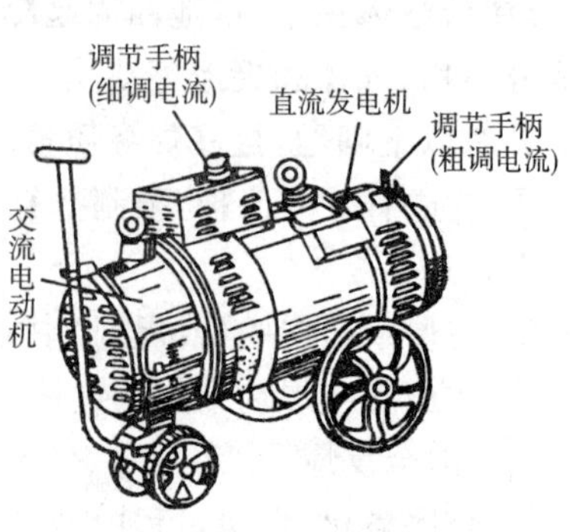

调节手柄
(细调电流)
直流发电机
调节手柄
(粗调电流)
交流电动机

图 10－5　弧焊整流器

③ 交流弧焊机是一种具有下降外特性的降压变压器，是手工电弧焊的常用设备。焊接空载电压为60～80V，工作电压为20～30V，短路时焊接电压会自动降低，趋近于零，使短路电流不致过大，电流调节范围可从十几安到几百安。常用的有BX－500、BX_1－300交流弧焊机，其外型如图10－6所示。

交流弧焊机的结构简单、制造方便、成本低、使用可靠，同时维修方便，但电弧稳定性较直流弧焊机差。

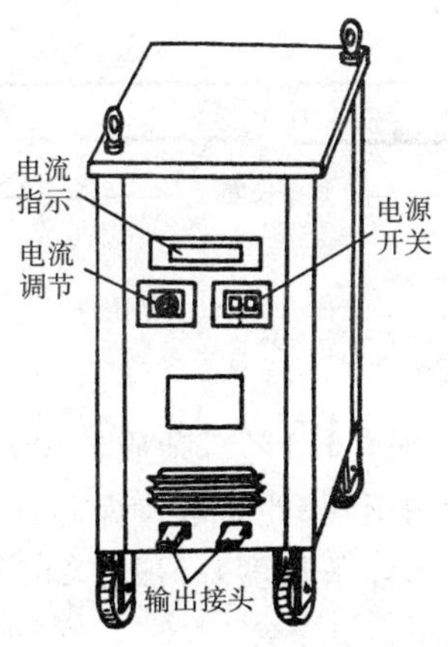

图10－6　交流弧焊机

(2) 手工电弧焊工具　手工电弧焊工具有电焊钳、焊接电缆、面罩、焊条保温筒和干燥筒等。

① 焊钳用于夹持焊条和传导电流，具有良好的导电性，不易发热，重量轻，夹持焊条紧，更换方便，常用的有300A和500A两种规格，如图10－7所示。

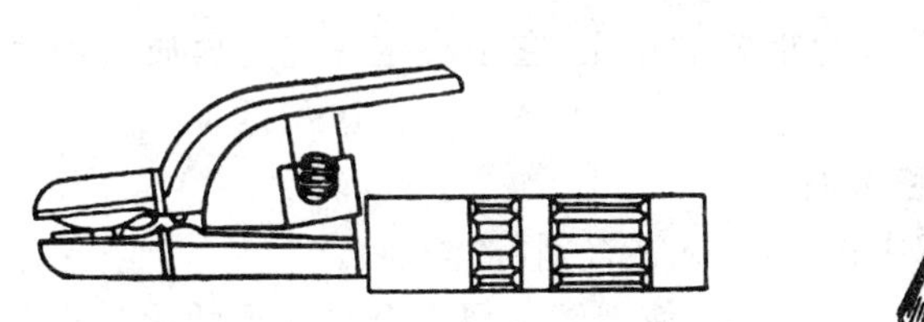

图10－7　焊钳

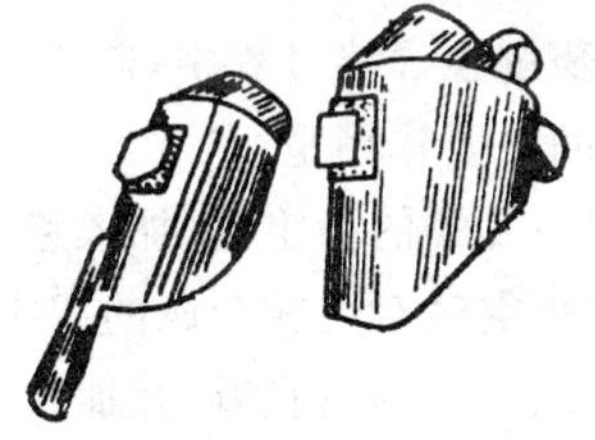

图10－8　面罩

② 焊接电缆用于连接焊条、焊接件、焊接机，传导焊接电流，外表必须绝缘，导电性能好，规格按使用的电流大小选择，通常焊接电缆的长度不超过20～30m，中间接头不超过2个，接头处要保证绝缘可靠。

③ 面罩用于遮挡飞溅的金属和弧光，保护面部和眼睛，有头戴式和手持式两种。护目玻璃用来减弱弧光强度，吸收大部分红外线和紫外线，保护眼睛，护目玻璃的颜色和深浅按焊接电流大小进行选择，如图10－8所示。

④ 焊条保温筒是用于加热存放焊条，以达到防潮的目的。干燥筒是利用干燥剂吸潮，防止使用中的焊条受潮。

⑤ 其他工具还有手锤、钢丝刷等。

2. 焊条

手工电弧焊焊条由焊芯和药皮两部分组成。焊条中被药皮包覆的金属芯称焊芯，起着导电和填充焊缝金属作用。压涂在焊芯表面的涂料层称为药皮，用以保证焊接顺利进行并得到质量良好的焊缝金属。焊条前端药皮有 45°左右的倒角，便于引弧，尾部有一段裸焊芯，占焊条总长的 1/16，便于焊钳夹持，并有利于导电，如图 10－9 所示。

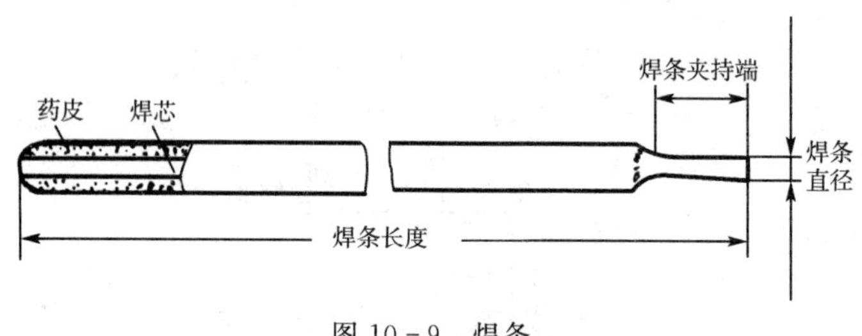

图 10－9 焊条

(1) 焊芯

焊芯（焊丝）的含碳量较低（一般≤0.1%），杂质较少，是经过特殊冶炼而成的。其化学成分应符合 GB1300－1977《焊接用钢丝》的要求。焊芯直径（即焊条直径）有1.6、2.0、2.5、3.2、4、5、6（mm）等几种，其长度（即焊条长度）一般在 250～450（mm）之间。部分碳钢焊条的直径和长度规格见表 10－1。

表 10－1 部分碳钢焊条的直径和长度规格

焊条直径（mm）	2.0	2.5	3.2	4.0	5.0	6.0
焊条长度（mm）	250 300	250 300	350 400	350 400	400 450	400 450

(2) 药皮

焊条药皮在焊接过程中，起着极为重要的作用，它是决定焊缝金属质量的主要因素之一。药皮的主要作用是：

① 提高燃弧的稳定性（加入稳弧剂）。

② 防止空气对熔融金属的有害作用（加入造气剂、造渣剂）。

③ 保证焊缝金属脱氧，并加入合金元素，使焊缝金属有合乎要求的化学成分和力学性能（加入脱氧剂、合金剂）。

④ 为使药皮牢固地粘在焊芯上，要加粘结剂。

⑤ 为使改善熔渣的性质，还加入稀渣剂等。

(3) 电焊条的分类、型号、牌号及选用

① 电焊条的分类

按焊条药皮的主要成分，焊条可以分为氧化钛型、氧化钛钙形、氧化铁型、纤维素型、低氢型、石墨型及盐基型等。其中，石墨型药皮主要用于铸铁焊条，盐基型药皮主要用于铝及合金等有色金属焊条，其余均属于碳钢焊条。

按熔渣的碱度，可将焊条分为酸性焊条和碱性焊条两大类。酸性焊条的药皮中含有较多的氧化硅、氧化钛等酸性氧化物，氧化性较强、焊接过程中合金元素烧损较多，焊缝金属中氧和氢的含量较多，焊缝金属的力学性能特别是韧性较差，但电弧稳定性好，可以交直流两用。氧化钛钙型焊条是典型的酸性焊条。碱性焊条的药皮中含有较多的大理石和萤石，具有脱氧、除硫、除磷和较强的除氢作用，焊缝金属中氧和氢的含量较少，杂质也少，具有较高的塑性和韧性。低氢型焊条是典型的碱性焊条，通常用于焊接重要的结构或钢性较大的结构。

按用途可分为结构钢焊条、耐热性焊条、不锈钢焊条、堆焊焊条、低温焊条、铸铁焊条、镍及镍合金焊条、铝及铝合金焊条及特殊用途焊条等。

② 焊条的型号及牌号

焊条的型号由国家标准规定，是反映焊条主要特性的编号方法。根据GB5117－85《碳钢焊条》标准的规定，型号编制方法为：字母 E 表示焊条；其后两位数字表示熔敷金属抗拉强度最小值；第 3 位数字表示焊接位置，其中“0”及“1”表示使用于全位置焊接，“2”表示使用于平焊及平角焊，“4”表示使用于立向下焊；第 4 位数字表示焊接电流种类和药皮类型。例如 E4303，E 表示焊条；“43”表示熔敷金属抗拉强度的最小值 43kgf/mm^2(420MPa)；“0”表示使用于全位置焊接；“3”表示药皮钛钙型，交直流电源、正反接均可。

焊条牌号是对焊条产品的具体命名，是根据焊条主要用途及性能编制的。一种焊条型号可以有几种焊条牌号。牌号通常以一个汉语拼音字母与 3 位数字表示。拼音字母表示焊条用途大类，例如，J(结)表示结构钢焊条，Z(铸)表示铸铁焊条。在结构钢焊条牌号的 3 位数字中，第 1 位、第 2 位数字表示熔敷金属抗拉强度等级，第 3 位数字表示各类焊条牌号的药皮类型及焊接电源。例如 J422 结构钢焊条，“42”表示焊缝金属抗拉强度最小值 420MPa (43kgf/mm^2)，“2”表示药皮为钛钙型，电源交直流均可。

部分结构钢焊条牌号的含义及与型号对照见表 10－2。

表 10－2 部分结构钢焊条牌号的含义及与型号对照表

牌 号	焊缝金属抗拉强度最小值 MPa(kgf/mm^2)	药皮类型	焊接电源种类	型 号 (GB5117－85，GB5118－85)
J421	420(43)	氧化钛型	交直流	E4313
J421Fe	420(43)	铁粉钛型	交直流	E4313
J422	420(43)	氧化钛钙型	交直流	E4303
J426	420(43)	低氢钾型	交直流	E4316
J427	420(43)	低氢钠型	直流	E4315
J507	490(50)	低氢钠型	直流	E5015
J507H	490(50)	低氢钠型	直流	E5015

③ 电焊条的选用

焊条种类很多，选用是否恰当直接影响焊接质量、劳动生产率和生产成本。通常应根据焊件的化学成分、力学性能、抗裂性、耐腐蚀性以及性能等要求，选用相应的焊条种类；再考虑焊接结构形状、受力情况、工作条件和焊接设备等方面来选用具体型号与牌号。

a. 低碳钢和低合金钢焊件，一般要求母材与焊缝金属等强度，因此可根据钢材强度等级选用相应焊条。但应注意，钢材是按屈服强度(σ_s)定等级的。而结构钢焊条的等级是指抗拉强度(σ_b)，切不可将钢材的 σ_s 误认为是 σ_b。

b. 对同一等级的酸性焊条或碱性焊条的选用，应考虑钢板厚度、结构形状、负荷性质和钢材的抗裂性能而定。通常对要求塑性好、抗裂能力强、低温性能好的，应选用碱性焊条。受力不复杂，母材质量较好，选用酸性焊条。

c. 要求全位置焊接的，应选用钛钙型焊条；力学性能要求不高和焊件清洁有困难的，可选用氧化铁型焊条。

d. 对特殊性能要求的钢，如耐热钢和不锈钢等以及铸铁、有色金属，应选用相应的专用焊条，以保证焊缝金属的主要成分与母材相同。

3. 手工电弧焊工艺

(1) 接头形式　由于焊件的结构形状、厚度及使用条件不同，常用的接头形式有对接接头、T 形接头、角接接头及搭接接头，如图 10-10 所示。

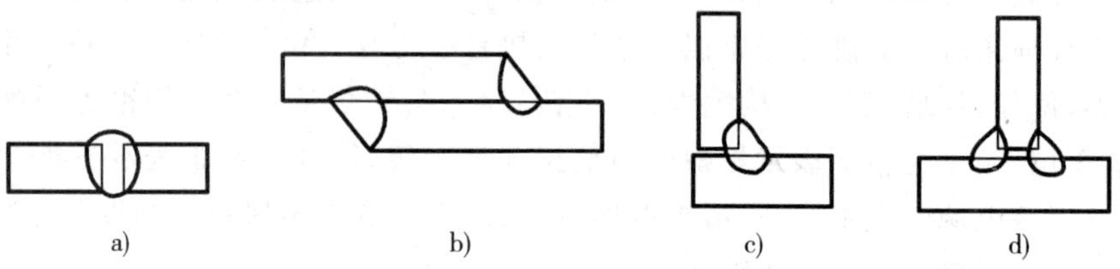

图 10-10　焊接接头形式

a)对接接头　b)搭接接头　c)角接接头　d)T 型接头

(2) 坡口形式　为了使焊缝根部能焊透，一般在焊件厚度大于 3～6mm 时应开坡口，坡口型式有 I 形、Y 形、X 形、K 形、U 形等，常见的坡口形式如图 10-11 所示。开坡口时要留钝边(沿焊件厚度方向未开坡口的端面部分)，以防止烧穿，并留一定间隙能使根部焊透。选择坡口、间隙时，主要考虑保证焊透、坡口容易加工、节省焊条及焊后变形量小。

(3) 焊接位置　焊接位置可根据焊缝在空间的位置不同，分为平焊、横焊、立焊和仰焊，如图 10-12 所示。

由于平焊操作容易，劳动强度小，熔滴容易过渡，熔渣覆盖较好，焊缝质量较高，因此应尽量采用平焊。

(4) 焊接工艺参数　包括焊条牌号、焊条直径、弧焊电源、焊接电流、电弧电压、焊接速度和焊接层数等。选择合适的工艺参数，对提高焊接质量和生产效率是十分重要的。

① 焊条直径的大小与焊件的厚度、焊件的位置、焊接层数有关

a. 厚度较大的焊件应选用直径较大的焊条；反之，薄件应选用小直径的焊条。

b. 焊件平焊时，焊条直径应比其他位置大一些，立焊时焊条直径最大不应超过 5mm，仰焊、横焊时焊条最大直径不应超过 4mm，这样可减少熔化金属的下淌。

c. 焊接层数是多层焊时，为了防止根部焊不透，应采用多道焊，对第一层焊道，应采用直径较小的焊条进行焊接，以后各层可根据焊件厚度选用较大直径的焊条。在焊接低碳钢及普通低合金钢等中厚钢板的多层焊时，每层厚度最好不大于 4～5mm。一般进行平焊时，焊条直径的选择可根据焊件厚度确定，见表 10-3。

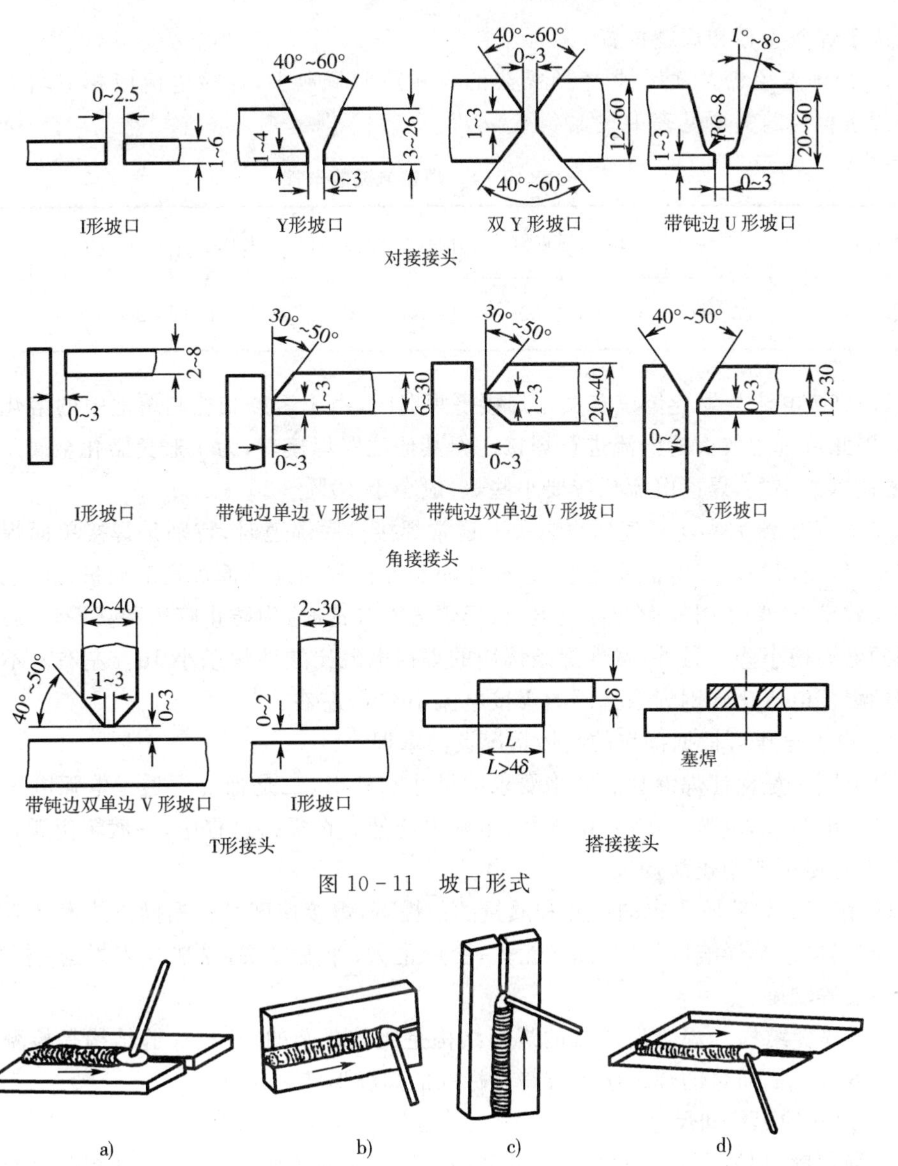

图 10-11 坡口形式

图 10-12 焊接位置

a)平焊 b)横焊 c)立焊 d)仰焊

表 10-3 焊条直径的选择

焊件厚度(mm)	≤1.5	2	3	4～6	7～12	≥13
焊条直径(mm)	1.6	2	2.5～3.2	3.2～4.0	4.0～5.0	4.0～6.0

② 焊接电流是影响接头质量和焊接生产率的主要因素之一

电流过大，会使焊条芯过热，药皮脱落，会造成焊缝咬边、烧穿、焊瘤等缺陷，同时金属组织也会因过热而发生变化；若电流过小，则容易造成未焊透、夹渣等缺陷。焊接时决定焊接电流的依据很多，如焊条类型、焊条直径、焊件厚度、接头形式、焊缝位置和焊接层数等，但主要取决于焊条直径和焊缝位置。

a. 焊条直径愈大,熔化焊条所需要的电弧热能就愈多,焊接电流应相应增大。焊接电流与焊条直径的关系见表10-4。

表10-4 焊接电流的选择

焊条直径(mm)	1.6	2.0	2.5	3.2	4.0	5.0	6.0
焊接电流(A)	25～40	40～65	50～80	100～130	160～210	260～270	260～300

b. 焊接电流与焊缝位置有关。焊接平焊缝时,由于运条和控制熔池中的熔化金属比较容易,因此可选用较大的电流进行焊接。但其他位置焊接时,为了避免熔化金属从熔池中流出,要使熔池小些,焊接电流相应要小些,一般小于10%～20%。

c. 焊接电流大小与焊道层次有关。通常焊接打底焊道时,特别是焊接单面焊双面成形的焊道时,使用的焊接电流要小些,这样才便于操作和保证背面焊道的质量;焊填充焊道时,为提高效率,通常使用较大的焊接电流;而焊盖面焊道时,为防止咬边和获得较美观的焊缝,使用的电流稍小些。另外,碱性焊条选用的焊接电流比酸性焊条小10%左右。不锈钢焊条选用的焊接电流比碳钢焊条选用的焊接电流小20%左右。

③ 电弧电压可根据操作的具体情况灵活掌握

其原则一是保证焊缝具有合乎要求的尺寸和外形,二是保证焊透。电弧电压主要决定于弧长。电弧长,电弧电压高;电弧短,电弧电压低。在焊接过程中,一般希望弧长始终保持一致,而且尽可能用短弧焊接。

④ 在保证焊缝所要求的尺寸和质量的前提下,焊接速度可根据操作技术灵活掌握:

速度过慢,热影响区加宽,晶粒粗大,变形也大;速度过快,易造成未焊透、未溶合、焊缝成形不良等缺陷。

(5) 焊缝结构　焊接后形成的焊缝结构是比较复杂的,分析焊缝结构是检测焊接质量的重要内容。高质量的焊缝应具有符合标准的焊缝形状和尺寸。

① 焊缝的形状和尺寸

焊缝宽度:焊缝表面与母材的交界处叫焊趾。单道焊缝横截面中,两焊趾之间的距离叫焊缝宽度,如图10-13所示。

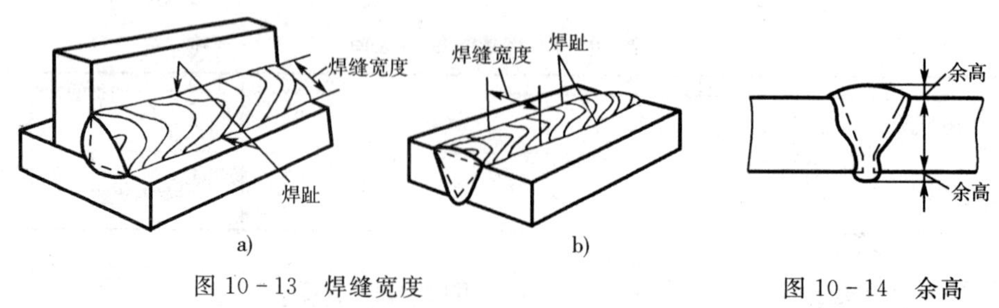

图10-13　焊缝宽度

a)角焊焊缝宽度　b)对接焊缝宽度

图10-14　余高

余高:对接焊缝中,超出表面焊趾连线上面的那部分焊缝金属的高度叫余高,如图10-14所示。余高使焊缝的截面积增加,强度提高,并能增加x射线摄片的灵敏度,但易使焊趾处产生应力集中。所以余高既不能低于母材，但也不能太高。国家标准规定手弧焊的余高值为 0mm～3mm，埋弧自动焊余高值取 0mm～4mm。

熔深：在焊接接头横截面上，母材熔化的深度叫熔深，如图 10－15 所示。当填充金属材料（焊条或焊丝）一定时，熔深的大小决定了焊缝的化学成分。

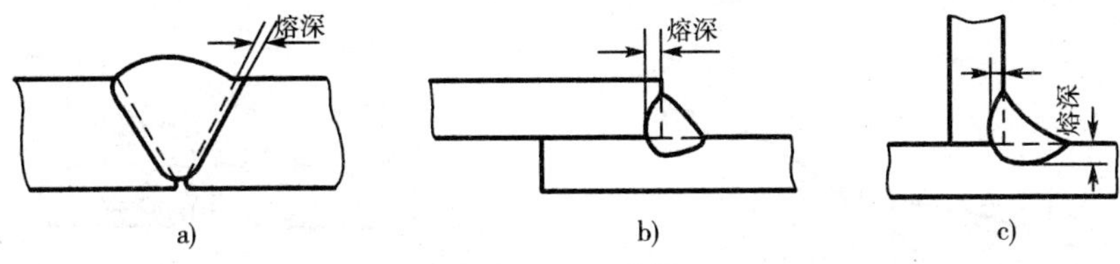

图 10－15 熔深

a）对接接头熔深 b）搭接接头熔深 c）T 形接头熔深

焊缝厚度：在焊缝横截面中，从焊缝正面到焊缝背面的距离叫焊缝厚度，见图 10－16 所示。

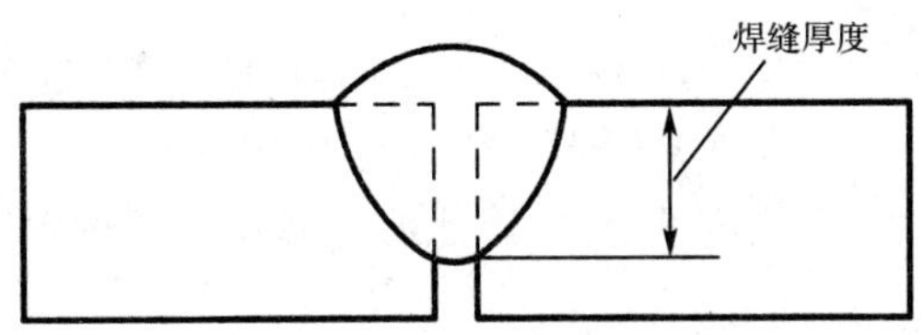

图 10－16 对接焊缝的焊缝厚度

角焊缝的形状和尺寸：根据角焊缝的外表形状，可将角焊缝分成两类，其中焊缝表面凸起的角焊缝叫凸形角焊缝，焊缝表面下凹的角焊缝叫凹形角焊缝，如图 10－17 所示。在其他条件一定时，凹形角焊缝要比凸形角焊缝应力集中小的多。

焊缝计算厚度：在角焊缝断面内画出最大直角等腰三角形，从直角的顶点到斜边的垂线长度。如果角焊缝的断面是标准的等腰直角三角形，则焊缝计算厚度等于焊缝厚度，在凸形或凹形角焊缝中，焊缝计算厚度均小于焊缝厚度。

焊缝凸度：凸形角焊缝横截面中，焊趾连线与焊缝表面之间的最大距离，如图 10－17a 所示。

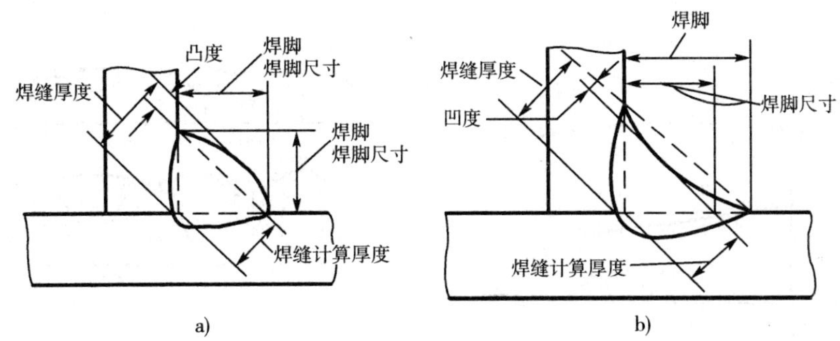

图 10－17 角焊缝的形状

a）凸形角焊缝 b）凹形角焊缝

焊缝凹度：凹形角焊缝横截面中，焊趾连线与焊缝表面之间的最大距离，如图 10－17b 所示。

焊脚:角焊缝的横截面中,从一个焊件上的焊趾到另一个焊件表面的最小距离。

② 工艺参数对焊缝形状的影响

焊接电流:当其他条件不变时,增加焊接电流,则焊缝厚度和余高都增加,而焊缝宽度几乎保持不变(或略有增加),如图 10-18 所示。增加焊接电流对焊缝形状的具体影响有:

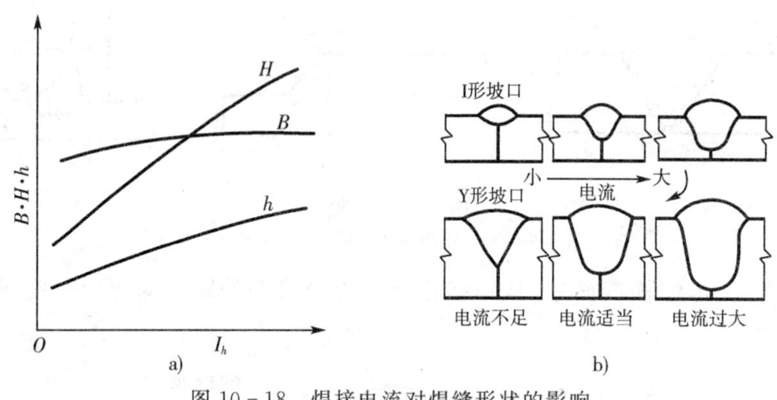

图 10-18 焊接电流对焊缝形状的影响

a)影响规律 b)焊缝形状的变化

a. 焊接电流增加时,电弧的热量增加,因此熔池体积和弧坑深度也增加,所以冷却下来后,焊缝厚度 H 就增加。

b. 焊接电流增加时,焊丝的熔化量也增加,因此焊缝的余高 h 也增加,如果采用不填丝的钨极氩弧焊,则余高就不会增加。

c. 焊接电流增加时,一方面是电弧截面略有增加,导致熔宽增加;另一方面是电流增加促使弧坑深度增加。由于电压没有改变,所以弧长不变,导致电弧深入熔池,使电弧摆动范围缩小,则促使熔宽减小。由于两者共同作用,所以实际上熔宽 B 几乎保持不变。

电弧电压:当其他条件不变时,电弧电压增大,焊缝宽度显著增加而焊缝厚度和余高将略有减少,如图 10-19 所示。因为电弧电压增加意味着电弧长度增加,因此电弧摆动范围扩大而导致焊缝宽度和余高就略有减小。

由此可见,电流是决定焊缝厚度的主要因素,而电压则是影响焊缝宽度的主要因素。

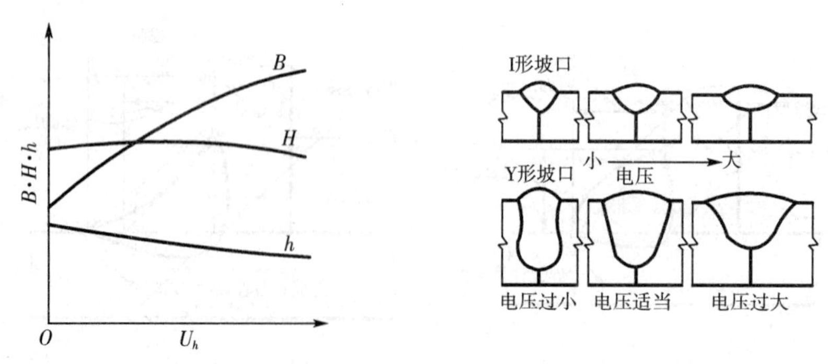

图 10-19 焊接电压 U 对焊缝成形的影响

焊接速度:焊接速度对焊缝厚度和焊缝宽度有明显的影响,如图 10-20 所示。当焊接速度增加时,焊缝厚度和焊缝宽度都大为下降。这是因为焊接速度增加时,焊缝中单位时间内输入的热量减少了。

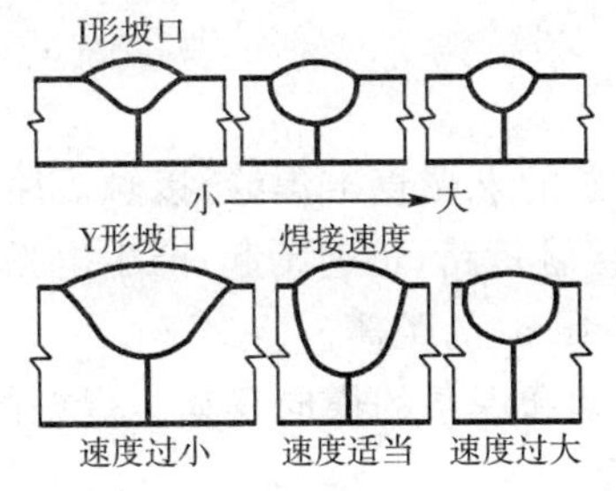

图 10-20 焊接速度对焊缝成形的影响

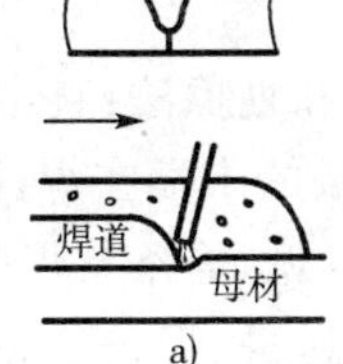

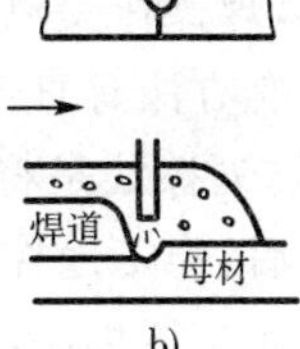

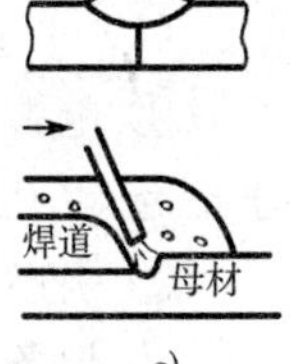

图 10-21 焊丝倾角对焊缝形状的影响

a)焊丝后倾 b)焊丝垂直 c)焊丝前倾

除了以上三个主要的工艺参数外,其他一些工艺参数对焊缝形状也具有一定的影响:

a. 电极直径和焊丝外伸长。减小电极直径不仅电弧截面减小,而且还减小了电弧的摆动范围,所以焊缝厚度和焊缝宽度都将减小。

当焊丝外伸长增加时,电阻热也将增加,焊丝熔化加快,因此余高增加。焊丝直径愈小或材料电阻率越大时,这种影响愈明显。

b. 电极倾角。焊接时电极(或焊丝)相对焊件倾斜,使电弧始终指向待焊部分,这种焊接方法叫前倾焊。前倾时,焊缝成形系数增加,熔深浅,焊缝宽,如图 10-21 所示。这种焊接适于焊薄板。这是因为前倾电弧力对熔池金属后排作用减弱,熔池底部液体金属增厚,阻碍了电弧对母材的加热作用,故焊缝厚度减小。同时,电弧对熔池前部未熔化母材预热作用加强,因此焊缝宽度增加,余高减小,前倾角度 α 愈小,这一影响愈明显。电极(焊丝)后倾时,情况与上述相反。

c. 焊件倾角。当进行上坡焊时,熔池液体金属在重力和电弧作用下流向熔池尾部,电弧能深入到熔池底部,因而焊缝厚度和余高增加。同时,熔池前部加热作用减弱,电弧摆动范围减小,因此焊缝宽度减小。上坡焊角度愈大,影响也愈明显。上坡角度 $\alpha>6°\sim12°$时,成形会恶化。因此自动电弧焊时,实际上总是尽量避免采用上坡焊。

下坡焊的情况正好相反,即焊缝厚度和余高略有减小,而焊缝宽度略有增加。因此倾角 $\alpha<6°\sim12°$的下坡焊可使表面焊缝成形得到改善,手弧焊焊接薄板时,常采用下坡焊。如果倾角过大,则会导致未焊透和熔池铁水溢流,使焊缝成形恶化,如图 10-22 所示。

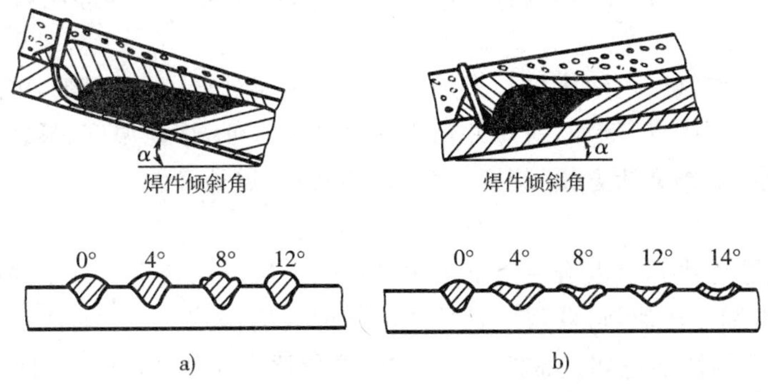

图 10-22 焊件位置对焊缝成形的影响

a)上坡焊 b)下坡焊

4. 手工电弧焊操作

(1) 手工电弧焊操作要点

① 电弧的引燃方法有直击法和划擦法:直击法是将焊条的末端直击焊缝,接触短路,迅速抬起,产生电弧;划擦法是将焊条的末端在焊件上划过,接触短路,迅速抬起,产生电弧。

② 引燃电弧后,稳定地控制电弧,焊条与焊件保持 2～4mm 的距离。

③ 焊条的运作包括焊条向下送进、焊条沿焊接方向移动和焊条的横向摆动。焊条的基本运作和焊条的横向摆动方式如图 10-23、图 10-24 所示。

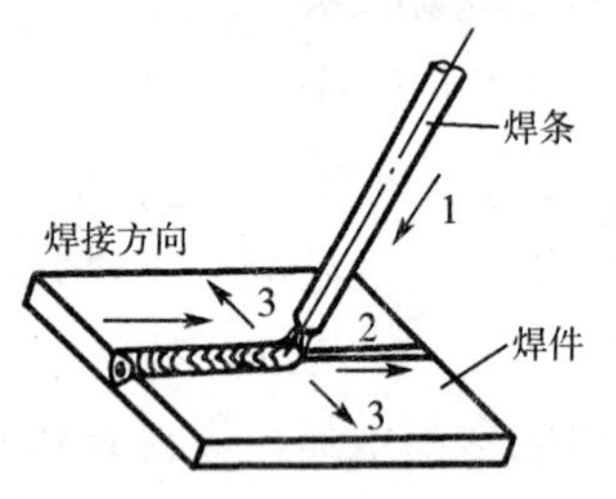

图 10-23　焊条的基本运作

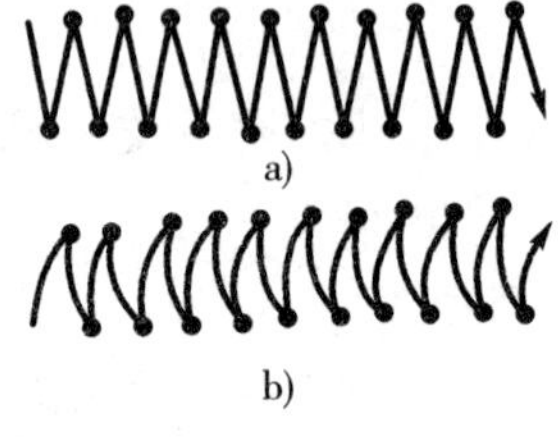

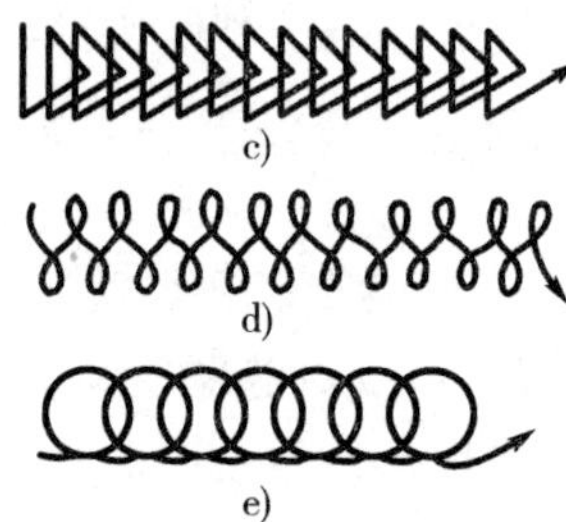

图 10-24　焊条横向摆动

a)锯齿形　b)月牙形　c)三角形　d)八字形　e)圆环形

(2) 手工电弧焊技术要求

手工电弧焊技术要求包括以下内容:

① 坡口。

② 装配钝边高度。

③ 装配间隙。

④ 采用与焊接件相同牌号焊条进行定位焊。

⑤ 预置反变形。

⑥ 装配错边量。

⑦ 打底焊、填充焊、盖面焊。

(3) 焊接质量评定

包括焊缝的外观、焊缝内部质量评定等。

二、气焊与气割

气焊是利用氧气和可燃气体混合燃烧所产生的热量,使焊件和焊丝熔化而进行的焊接方法。

气焊主要是采用氧一乙炔火焰。火焰温度比电弧温度低,生产率低,因此不如电弧焊广泛。但气焊也有它的优点,例如,对焊件输入热量调节方便,熔池温度、形状及焊缝尺寸等容易控制,设备简单,操作灵活方便,特别适合薄件和铸铁焊补等。

1. 氧一乙炔焰

氧一乙炔焰是乙炔和氧混合后燃烧产生的火焰。氧一乙炔焰的外型温度分布取决于氧和乙炔的体积比,调节比值,可获得 3 种性质不同的火焰,如图 10-25 所示。

(1) 中性焰　中性焰也叫正常焰,氧一乙炔体积比为 1.1～1.2。中性焰的温度分布如图 10-26 所示,火焰有焰心、内焰和外焰组成,内焰温度可达 3150℃。中性焰是应用最广泛的一种火焰,常用于低碳钢、中碳钢、不锈钢、紫铜、铝及铝合金等金属的焊接。

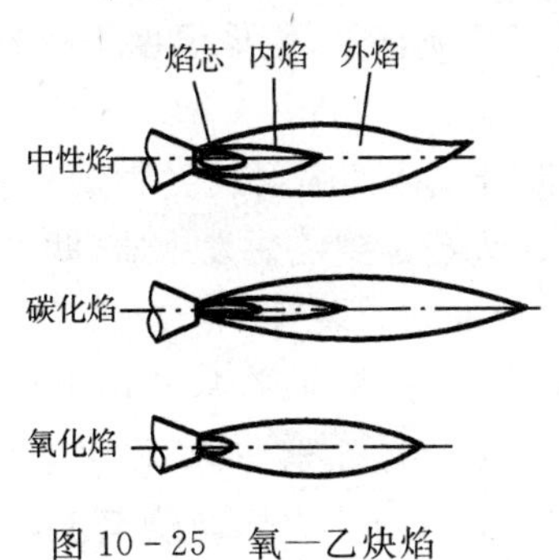

图 10-25 氧—乙炔焰

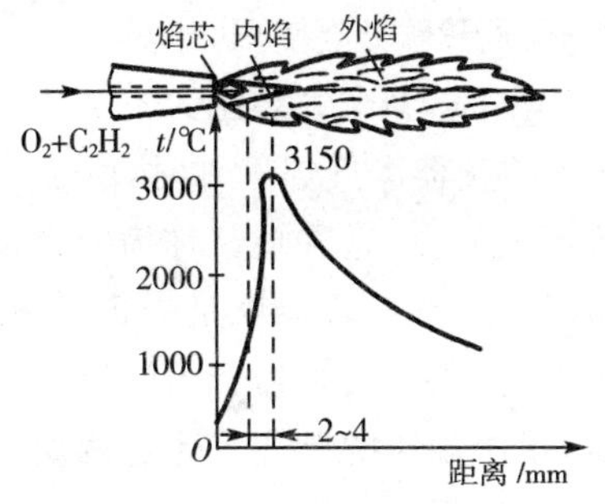

图 10-26 中性焰的温度分布

(2) 碳化焰 氧一乙炔体积比小于1.1。火焰较长,焰心轮廓不清。乙炔过多时,产生黑烟。碳化焰最高温度为2700℃～3000℃,常用于铸铁、高碳钢、高速钢、硬质合金等材料的焊接。

(3) 氧化焰 氧一乙炔体积比大于1.2。焰心短,内焰区消失,整个火焰长度变短,燃烧有力,火焰温度最高可为3100℃～3300℃。火焰具有氧化性,影响焊缝质量,应用较少。但焊接黄铜及镀锌薄钢板时,能使熔池表面形成一层氧化薄膜,可防止锌的蒸发。

2. 气焊设备及工具

气焊设备及工具包括氧气瓶、减压瓶、乙炔发生器或乙炔瓶、回火防止器或火焰止回器、胶管及焊炬等,如图10-27所示。

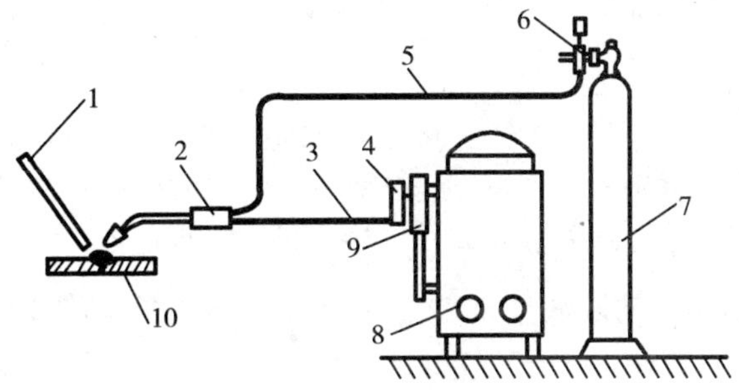

图 10-27 气焊设备

1—焊丝 2—焊炬 3—乙炔胶管 4—回火防止器 5—氧气胶管
6—减压器 7—氧气瓶 8—乙炔发生器 9—过滤器 10—焊件

(1) 氧气瓶 氧气瓶是贮存和运输氧气的高压容器,为特制的无缝钢瓶。瓶色为天蓝色并有黑色"氧气"字样。容积一般为40L,氧气压力为14.7MPa,贮存量约为6m^3。在使用时应注意不允许沾染油脂、撞击或受热过高,以防爆炸。

(2) 减压器 减压器用来显示氧气瓶内气体的压力,并将瓶内高压气体调节成工作需要的低压气体,同时保持输入气体的压力和流量稳定不变。

(3) 乙炔发生器 乙炔发生器是利用电石和水相互作用而制取乙炔的设备。

(4) 乙炔瓶 乙炔瓶是贮存和运输乙炔的容器。其外型同氧气瓶相似,但构造较复杂。瓶体内装有能吸收丙酮的多孔填料。乙炔特易溶于丙酮。使用时,溶解在丙酮中的乙炔分解出来,而丙酮仍留在瓶内。瓶装乙炔具有气体纯度高、不含杂质、压力高、火焰稳定、设备轻便、比较安全、易于保持场地清洁等优点。因此,瓶装乙炔的应用日趋广泛。乙炔瓶漆成白色,并有红色"乙炔不可近火"字样。容积一般为40L,工作压力为15MPa,可贮存6m^3乙炔。乙炔瓶必须注意安全使用，严禁震动、撞击、泄露。必须直立，瓶体温度不得超过 40℃，瓶内气体不得用完，剩余气体压力不低于 0.098MPa。

(5) 回火防止器　气焊气割时，由于某种原因使混合气体的喷射速度小于其燃烧速度，火焰逆流入乙炔管路，这种现象称为回火。燃烧气体回火蔓延到乙炔发生器，就可能发生严重的爆炸事故。回火防止器就是防止乙炔回火导致事故的安全装置。

正常工作时，乙炔发生器产生的乙炔气进入止回阀，经水清洗后，从乙炔出口管送往焊矩。回火时，高温高压的燃烧气体经乙炔出口管倒流入回火防止器筒内，将水下压，关闭止回阀，切断乙炔气源。同时推开安全阀，燃烧气体排入大气，防止火焰回烧至乙炔发生器而造成事故。

(6) 焊炬(焊枪)　焊炬使氧气与乙炔均匀的混合，并能调节其混合比例，以形成，适合焊接要求稳定燃烧的火焰。焊炬的外形如图 10－28 所示，打开焊炬的氧气与乙炔阀门，两种气体便进入混合室内均匀地混合，从焊嘴喷出，点火燃烧。焊嘴可根据不同焊件而调换，一般焊炬备有 5 种大小不同的焊嘴。

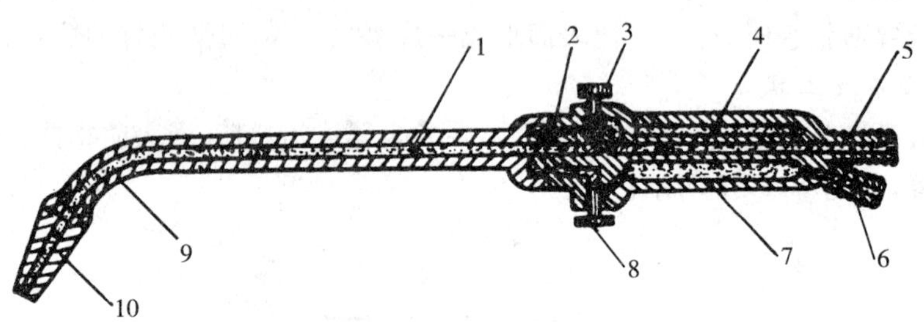

图 10－28　焊炬

1－混合室　2－喷射室　3、8－调节阀　4、7－管道

5、6－管接头　9－焊嘴弯管　10－焊嘴

(7) 胶管　胶管是用来输送氧气和乙炔的，要求有适当长度(不能短于 5m)和承受一定的压力。氧气管为红色，允许工作压力为 1.5MPa，乙炔管为黑色或绿色，允许工作压力为 0.5 MPa。

3. 气焊工艺

气焊可进行平、立、横及仰焊各种位置的焊接，接头型式以对接为主，角接用于薄钢板焊接，搭接及 T 字接头由于焊件变形较大，应用很少。

火焰的能率主要是根据每小时可燃气体(乙炔)的消耗量(升)来确定的。气体消耗量又取决于焊嘴的大小。焊件愈厚，导热性愈好，熔点愈高，选择的气焊火焰的能率愈大。焊接低碳钢和低合金钢时，火焰能率计算公式如下

$$V=(100\sim200)\delta$$

式中：V——火焰能率(或乙炔消耗量)，L/h；

δ——钢板厚度，mm。

计算出乙炔消耗量后，选择焊炬和焊嘴号数。相应焊嘴乙炔消耗量见表 10－5。

气焊的焊丝直径主要根据焊件的厚度和坡口形式来决定的。低碳钢气焊时，一般用直径为 1～6mm 的焊丝。板愈厚，直径也愈大。

表 10-5 焊嘴与乙炔消耗量

焊嘴号码	1	2	3	4	5
乙炔消耗量(L/h)	170	240	280	330	430

气焊为了去除焊接过程中产生的氧化物,保护焊接熔池,改善熔池金属流动性和焊缝成型质量等目的,在焊接过程中,添加助熔剂(气焊粉)。除低碳钢不必使用气焊粉外,其他材料气焊时,应采用相应的气焊粉,例如,F101(粉 101)用于不锈钢、耐热钢,F201(粉 201)用于铸铁,F301(粉 301)用于铜及铜合金,F401(粉 401)用于铝合金。

4. 气焊基本操作

① 点火。点火前应先用氧气吹除气道中灰尘、杂质,再微开氧气阀门,后打开乙炔阀门,最后点火。这时的火焰是碳化焰。

② 调节火焰。点火后,逐渐打开氧气阀门,将碳化焰调整为中性焰,同时,按需要把火焰大小调整为合适状态。

③ 灭火。灭火时,应先关乙炔阀门,后关氧气阀门。

④ 回火。焊接中若出现回火现象,首先应迅速关闭乙炔阀门,再关氧气阀门,回火熄灭后,用氧气吹除气道中烟灰,再点火使用。

⑤ 施焊。施焊时,左手握焊丝,右手握焊炬,沿焊缝向左或向右进行焊接。正常焊接时,焊嘴与焊件的夹角 α 保持在 30°～50°范围内。

5. 气割

(1) 气割原理及气割条件　气割是用预热火焰把金属表面加热到燃点,然后打开切割氧气,使金属氧化燃烧放出巨热,同时,将燃烧生成的氧化熔渣从切口吹掉,从而实现金属切割的工艺,如图 10-29 所示。气割要获得平整优质的割缝,被割金属材料应具备以下几个条件:

① 金属的燃点应低于其熔点,否则形成熔割。使切口凹凸不平。

② 金属氧化物的熔点应低于基本金属的熔点,否则高熔点的氧化物就会阻碍下层金属与氧气接触,而使切割中断。

③ 金属导热性要低。

根据上述条件,含碳量 0.4%以下的中、低碳钢完全可以满足上述条件,顺利切割。当含碳量为 0.4%～0.7%碳钢时,要预热后再进行切割。切割高碳钢和强度高的低合金钢时,有淬硬和冷裂倾向,要采取提高预热火焰功率、降低切割速度或将割件预热等措施。

(2) 气割设备及工具　气割设备与气焊设备基本上相同,但割炬与焊炬不同,割炬与焊炬相比,多一个切割氧气的开关及通道。割嘴中间部分为氧气通道,其四周呈环状或梅花状孔,并同心布置成预热火焰的喷口,如图 10-30 所示。

(3) 气割应用范围　气割具有设备简单、操作方便、切割厚度范围广等优点,广泛应用于碳钢和低合金钢的切割。除用于钢板下料外,还用于铸钢、锻钢件毛坯的切割。

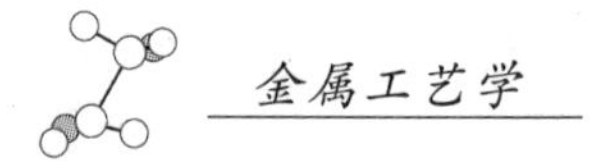

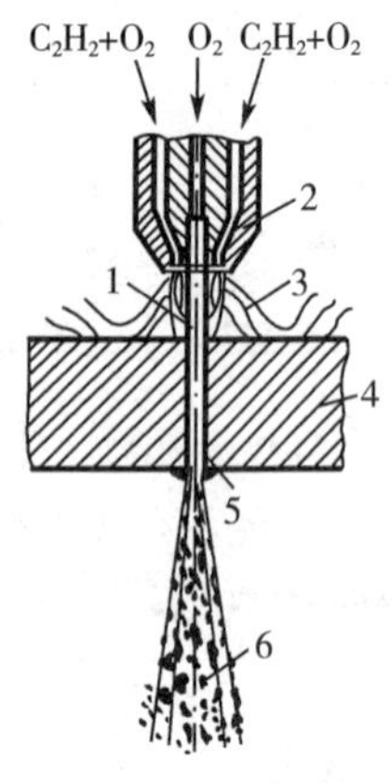

图 10-29　气割

1—切割氧　2—切割嘴　3—预热焰
4—切割金属　5—割缝　6—氧化渣

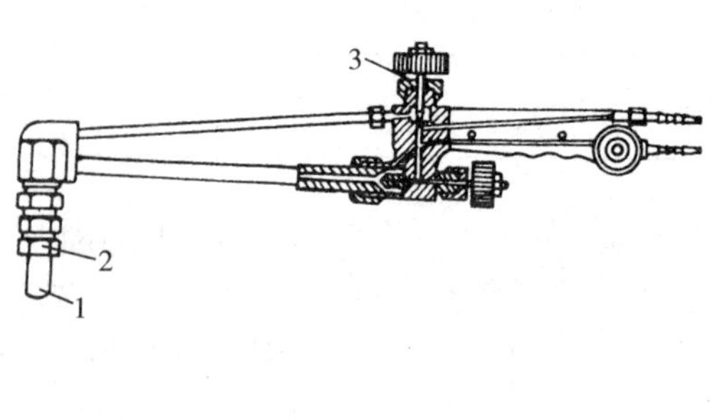

图 10-30　割矩

1—割嘴主体　2—割嘴螺母　3—高压氧气开关

三、埋弧自动焊

1. 焊接原理

将焊条电弧焊的操作动作由机械化自动化来完成，是电弧在焊剂层下燃烧的一种熔焊方法。焊接电源两极分别接在导电嘴和工件上，熔剂由漏斗管流出，覆盖在工件上，焊丝经送丝轮和导电嘴送进入焊接电弧区，焊丝末端在焊剂下与工件之间产生电弧，电弧热使焊丝、工件、熔剂熔化，形成熔池。如图 10-31 所示。

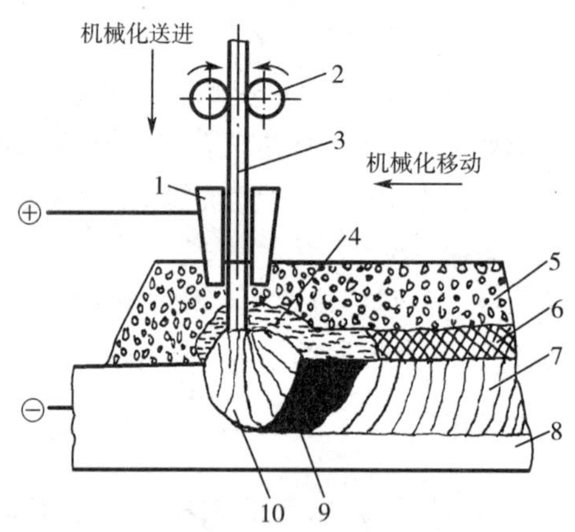

图 10-31　埋弧自动焊

1—导电嘴　2—送丝轮　3—焊丝　4—渣池　5—焊剂层　6—渣壳
7—焊缝　8—工件　9—熔池金属　10—电弧

2. 焊接的特点及应用

(1) 埋弧自动焊特点　埋弧自动焊具有生产率高、焊接质量高而稳定、节省金属和电能、劳动条件好、无弧光、无烟雾、机械操作等优点，但适应性较差。

(2) 埋弧自动焊应用　埋弧自动焊可用于造船、车辆、容器等。

四、二氧化碳气体保护焊

1. 焊接原理

二氧化碳气体保护焊分为自动和半自动焊，用二氧化碳气体从喷嘴喷出保护熔池，利用电弧热熔化金属，焊丝由送丝轮经导电嘴送进。如图 10－32 所示。

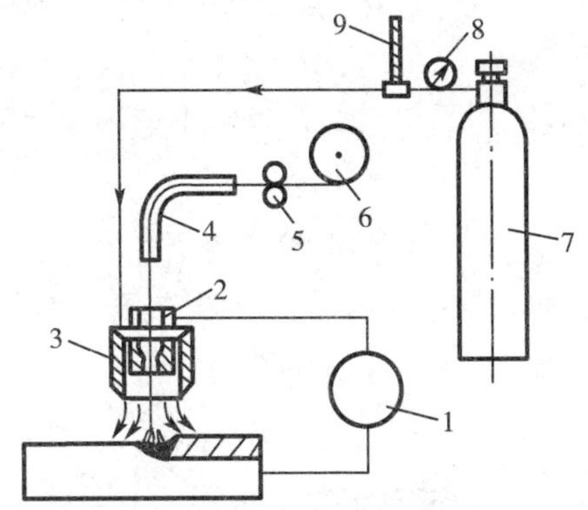

图 10－32 二氧化碳气体保护

1—焊接电源 2—导电嘴 3—焊炬喷嘴 4—送丝软管 5—送丝机构

6—焊丝盘 7—CO_2气瓶 8—减压器 9—流量计

2. 二氧化碳气体保护焊特点及应用

(1) 二氧化碳气体保护焊特点 二氧化碳气体保护焊具有生产率高、焊接质量好、成本低、操作性能好等优点，但飞溅大，烟雾大，易产生气孔，设备贵。

(2) 二氧化碳气体保护焊应用 二氧化碳气体保护焊适用于机车、造船、机械化工等。

五、氩弧焊

1. 熔化极氩弧焊

以连续送进的金属丝做电极并填充焊缝，可采用自动焊或半自动焊，可选较大的焊接电流，适用板材厚在 25mm 以下的焊件。如图 10－33a 所示。

2. 不熔化极氩弧焊(钨极氩弧焊)

常用钨棒电极，焊接时钨棒仅有少量损耗。焊接电流不能过大，只能焊 4mm 以下的薄板。焊钢材板采用直流正接法；焊铝、镁合金采用直流反接法或交流电源(交流电将减少钨极损耗)。如图 10－33b 所示。

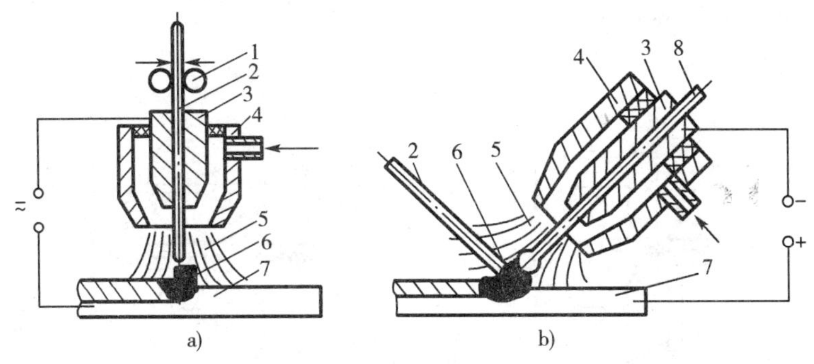

图 10－33 氩弧焊

a)熔化极氩弧焊 b)不熔化极氩弧焊

1—送丝轮 2—焊丝 3—导电嘴 4—喷嘴 5—保护气体 6—电弧 7—母材 8—钨极

3. 氩弧焊特点及应用

(1) 氩弧焊特点　氩弧焊具有保护作用好、热影响区小、操作性能好等优点。但氩气成本高，设备贵。

(2) 氩弧焊应用　氩弧焊适用于铝、铜、镁、钛、不锈钢、耐热钢等焊接。

六、电渣焊

电渣焊是利用电流通过熔渣所产生的电阻热作为热源来熔化金属进行焊接的。它生产率高，成本低，省电、省熔剂，焊缝缺陷少，不易产生气孔、夹渣和裂纹等缺陷。适用于焊40mm以上厚度的结构焊接，如图10-34所示。

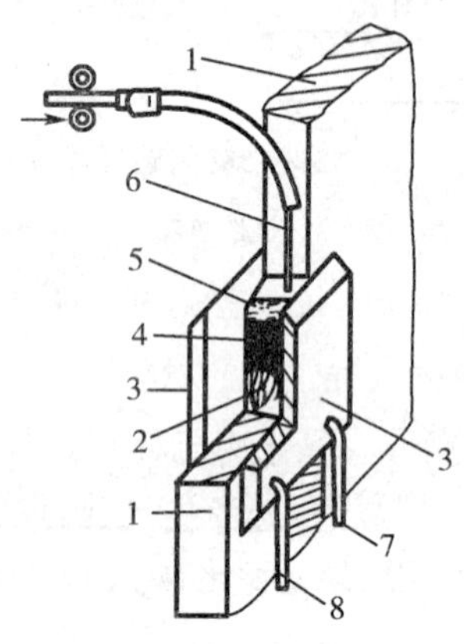

图10-34　电渣焊

1—焊件　2—焊缝　3—冷却铜滑块　4—熔池
5—渣池　6—焊丝　7、8—冷却水进、出口

七、电阻焊

利用电流通过焊件及接触处，产生电阻热，将局部加热到塑性或半熔化状态，在压力下形成接头。电阻焊根据接头形式不同可分为点焊、缝焊和对焊。

1. 点焊

把清理好的薄板放在两电极之间，夹紧通电，接触面产生电阻热，使其熔化，在压力下使焊件焊在一起。电极通水冷却。点焊质量与焊接电流、通电时间、电极电压、工件清洁程度有关。相邻两点要有足够的距离。如图10-35所示。

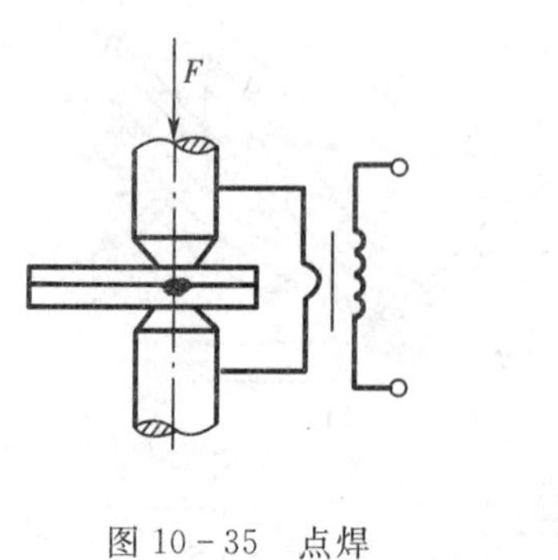

图10-35　点焊

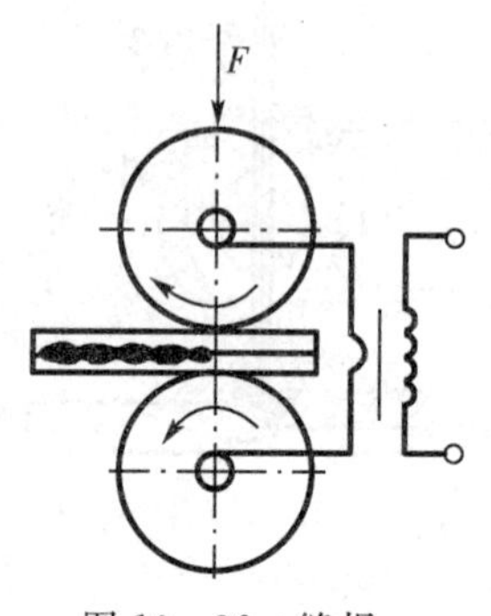

图10-36　缝焊

2. 缝焊

与点焊相似，称为重叠点焊，用旋转盘状电极代替柱状电极，焊接时滚盘压紧工件并转动，继续通电，形成连续焊点。如图 10－36 所示。

3. 对焊

(1) 电阻对焊　把工件加压，使焊件压紧，然后通电，产生电阻热，加热至塑性状态，断电加压，使工件焊到一起。电阻对焊操作简便，接头光滑，接头要清理，适于要求不高的一些工件。如图 10－37 所示。

(2) 闪光对焊　工件夹好后通电，点接触，点熔化，在电磁力作用下，液体金属发生爆炸，产生闪光，送进工件全部熔化，断电加压使金属工件焊到一起。热影响区小，质量好，适于直径小于 20mm 棒料。如图 10－38 所示。

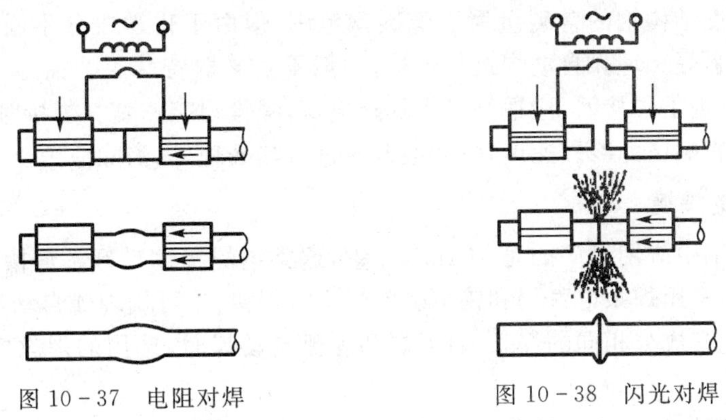

图 10－37　电阻对焊　　图 10－38　闪光对焊

4. 电阻焊特点及应用

(1) 电阻焊特点：接头质量好，热影响区小；生产率高，易于机械自动化；不需填加金属和焊剂；劳动条件好，焊接过程中无弧光，噪音小，烟尘和有害气体少；电阻焊件结构简单，重量轻，气密性好，易于获得形状复杂的零件；但耗电量大，设备贵。

(2) 电阻焊应用：① 点焊主要用于厚度＜4mm 的薄板冲压结构、金属网及钢筋等；② 缝焊主要用于焊缝较规则、板厚＜3mm 的密封结构；③ 对焊主要用于制造封闭形零件。

第三节　常用金属材料的焊接

一、碳钢的焊接

1. 低碳钢的焊接

含碳量小于 0.25％的低碳钢，焊接性优良，焊接时不需采用特殊的工艺措施，就能获得优质的焊接接头。但在低温下焊接刚度较大的构件时，焊前应适当预热。对重要构件，焊后常进行去应力退火或正火。几乎所有的焊接方法都可用来焊接低碳钢，并能获得优良的焊接接头。应用最多的是焊条电弧焊，焊条电弧焊焊接一般结构件时，可选用 J421、J422、J423 等焊条，而焊接承受动载荷、结构复杂或厚板重要结构件时，可选用 J426、J427、J506、J507 等焊条。埋弧自动焊一般采用 H08A 或 H08MnA 焊丝配合焊剂 HJ431 进行焊接。还可以采用电渣焊、气体保护焊和电阻焊。

2. 中碳钢的焊接

中碳钢的含碳量较高，焊接接头易产生淬硬组织和冷裂纹，焊接性较差。焊接这类钢常用焊条电弧焊，焊前应预热工件，选用抗裂性能好的低氢型焊条，如 J507。焊接时，采用细焊条、小电流、开坡口、多层焊，尽量防止含碳量高的母材过多地熔入焊缝。焊后缓冷，以防产生冷裂纹。

3. 高碳钢的焊接

高碳钢的含碳量大于 0.60%，焊接特点与中碳钢基本相似，但焊接性更差。这类钢一般不用来制作焊接结构，仅用焊接进行修补工作。常采用焊条电弧焊或气焊修补，焊前一般应预热，焊后缓冷。

二、低合金高强度结构钢的焊接

低合金高强度结构钢的含碳量属于低碳钢范围，但由于化学成分不同，其焊接性也不同。常用焊条电弧焊和埋弧自动焊进行焊接，一般不需采取特殊工艺措施。但若工件刚度和厚度大，或在低温下焊接时，应适当增大焊接电流，减慢焊接速度。焊接时，应调整焊接规范来严格控制热影响区的冷却速度，焊后应及时进行热处理，以消除应力。

三、不锈钢的焊接

奥氏体不锈钢中应用最广的是 1Cr18Ni9 钢，这类钢焊接性良好。焊接时，一般不需采取特殊工艺措施，常用焊条电弧焊和钨极氩弧焊进行焊接，也可用埋弧自动焊。焊条电弧焊时，选用与母材化学成分相同的焊条；氩弧焊和埋弧自动焊时，选用的焊丝应保证焊缝化学成分与母材相同。

焊接奥氏体不锈钢的主要问题是晶界腐蚀和热裂纹。为防止腐蚀，应合理选择母材和焊接材料，用小电流、快速焊、强制冷却等措施。为防止热裂纹，应严格控制磷、硫等杂质的含量。焊接时应采用小电流、焊条不摆动等工艺措施。

四、铸铁的补焊

铸铁含碳量高、杂质多、塑性低、焊接性差，故只用焊接来修补铸铁件缺陷和修理局部损坏的零件。补焊铸铁的主要问题是易出现白口组织和产生裂纹。目前，生产中补焊铸铁方法有热焊和冷焊两种。

(1) 热焊　焊前将工件整体或局部预热到 600℃～700℃，补焊过程中温度不低于 400℃，焊后缓冷。这样，可有效地减少焊接接头的温差以减小应力，还可改善铸铁件的塑性，防止出现白口组织和裂纹。常用的焊接方法是气焊与焊条电弧焊。气焊时用铸铁气焊丝，如 HS401(4—铸铁类型；01—编号)或 HS402，配用焊剂 CJ201 以去除氧化物。气焊预热方便，适于补焊中小型薄壁件。焊条电弧焊时，选用铸铁芯铸铁焊条 Z248 或钢芯铸铁焊条 Z208，此法主要用于补焊厚度较大的铸铁件。

(2) 冷焊　焊前对工件不预热或预热温度较低，常用焊条电弧焊进行铸铁冷焊。根据铸件的工作要求，可选用不同的铸铁焊条，如补焊一般灰铸铁件非加工面选用 Z100 焊条，补焊高强度灰铸铁件及球墨铸铁件选用 Z116 或 Z117 焊条。焊接时，应选用小电流、分段焊、短弧焊等工艺，焊后立即轻轻锤击焊缝，以减少焊接应力，防止产生裂纹。

五、铝及铝合金的焊接

焊接铝及铝合金的主要问题是易氧化和产生气孔。铝极易被氧化，生成难熔(熔点为

2050℃)、致密的氧化铝薄膜,且密度比铝大。焊接时,氧化铝薄膜阻碍金属熔合,并易形成夹杂使铝件脆化。液态铝能大量溶解氢,而固态铝几乎不溶解氢(氢气是水在焊接时发生分解产生的),铝的热导性好,焊缝冷凝较快,故氢气来不及逸出而形成气孔。此外,铝及铝合金由固态加热至液态时无明显的颜色变化,故难以掌握加热温度,易烧穿工件。焊接铝及其合金常用的方法有氩弧焊、电阻焊、钎焊和气焊。氩弧焊时,由于氩气保护效果好,故焊缝质量好,成形美观,焊接变形小,接头耐蚀性好。为保证焊接质量,焊前应严格清洗工件和焊丝,并使其干燥。氩弧焊多用于焊接质量要求高的构件,所用的焊丝成分应与工件成分相同或相近。电阻焊焊接铝及铝合金时,焊前必须清除工件表面的氧化膜,焊接时应采用大电流。对焊接质量要求不高的铝及铝合金构件,可采用气焊。焊前须清除工件表面氧化膜,焊接时用焊剂 CJ401 去除氧化膜,选用与母材化学成分相同的焊丝。为防止焊剂对工件的腐蚀,焊后应立即将残留焊剂冲洗掉。此法灵活方便,成本低,但焊接变形大,接头耐蚀性差,生产率低。通常用于焊接薄板(厚度为 0.5～2mm)构件和补焊铝铸件。

六、铜及铜合金的焊接

铜和铜合金的焊接性较差,主要的问题是难熔合、易变形、产生热裂纹和气孔。铜和某些铜合金的导热系数大(比钢大 7～11 倍),焊接时热量传散快,使母材与填充金属难以熔合。因此,要采用大功率热源,且焊前和焊接过程中要预热;铜的线膨胀系数和收缩率比较大,而且铜及大多数铜合金导热能力强,使热影响区加宽,导致产生较大的焊接变形;铜在液态时易氧化,生成的 Cu_2O 与 Cu 形成低熔点脆性共晶体,其共晶温度为 1065℃,低于铜的熔点(1083℃),使焊缝易产生热裂纹;铜液能溶解大量氢气,凝固时溶解度急剧下降,又因铜的导热能力强,熔池冷凝快,若氢气来不及逸出,将在焊缝中形成气孔。

焊接紫铜时,因焊缝含有杂质及合金元素,组织不致密等,使接头电导性也有所降低。焊接黄铜时,锌易氧化和蒸发(锌的沸点为 907℃),使焊缝的力学性能和耐蚀性能降低,且对人体有害,焊接时应加强通风等措施。

焊接铜及铜合金常用的方法有氩弧焊、气焊、焊条电弧焊、埋弧焊和钎焊等。钨极氩弧焊和气焊主要用于焊接薄板(厚度为 1～4mm)。焊接板厚为 5mm 以上的较长焊缝时,宜采用埋弧焊和熔化极氩弧焊。

焊接铜及铜合金时,一般采用与母材成分相同的焊丝。氩弧焊、气焊焊接紫铜时,焊丝为 HS201 和 HS202;气焊黄铜常用焊丝 HS224,氩弧焊黄铜采用 HS211 焊丝。铜和铜合金气焊时,还需采用气焊焊剂 CJ301,以去除氧化物。焊条电弧焊焊接紫铜时,采用紫铜电焊条 T107,焊接黄铜时用 T227 焊条。

七、不锈钢与碳素钢的焊接

不锈钢与碳素钢的焊接特点与不锈钢复合板相似。在碳钢一侧若合金元素渗入,会使金属硬度增加,塑性降低,易导致裂纹的产生。在不锈钢一侧,则会导致焊缝合金成分稀释而降低焊缝金属的塑性和耐腐蚀性,对于要求不高的不锈钢与碳素钢焊接接头,可用奥 107、奥 122 等焊接。为了使焊缝金属获得双相组织——奥氏体＋铁素体,提高其抗裂性和力学性能,则可采用高铬镍焊条,如奥 302、奥 307、奥 402、奥 407 等焊条进行焊接。也可以采用隔离层焊接。先在碳钢的坡口边缘堆焊一层高铬镍焊条(如 25—13 型和 25—20 型焊条)的堆敷层,再用一般的不锈钢焊条焊接。

八、铸铁与低碳钢的焊接

1. 气焊

因铸铁的熔点低，为了使铸铁和低碳钢在焊接时能同时熔化，则必须对低碳钢进行焊前预热，焊接时气焊火焰要偏向低碳钢一侧。焊接时选用铸铁焊丝和焊粉，使焊缝能获得灰铸铁组织，火焰应是中性焰或轻微的碳化焰。焊后可继续加热焊缝或用保温方法使之缓慢冷却。

2. 电弧焊

铸铁与低碳钢电弧焊时，可用碳钢焊条或铸铁焊条。用碳钢焊条时，可先在铸铁件坡口上用镍基焊条堆焊 4～5mm 隔离层，冷却后再进行装配点焊。焊接时，每焊 30～40mm 后，用锤击焊缝，以消除应力。当焊缝冷却到 70℃～80℃时再继续焊接。对要求不高的焊件可用结 422 焊条，但易产生热裂纹。若用结 506(结 507)焊接，可以减少焊缝的热裂倾向。用碳钢焊条焊接，可以得到碳钢组织的焊缝金属，只是在堆焊层有白口组织。当用铸铁焊条焊接时，可用钢芯石墨型焊条铸 208、钢芯铸铁焊条铸 100 等。用铸 208 焊条焊接，焊缝金属为灰铸铁，因此可先在低碳钢上堆焊一层，然后与铸铁点固焊接。用铸 100 焊条焊接时，焊缝金属是碳钢组织，应在铸铁件上先堆焊一层，然后再与碳钢件点固焊接。

3. 钎焊

铸铁与低碳钢钎焊时，用氧-乙炔火焰加热，用黄铜丝作钎料。钎焊的优点是焊件本身不熔化；熔合区不会产生白口组织，接头能达到铸铁的强度，并具有良好的切削加工性能。焊接时热应力小，不易产生裂纹。钎焊的缺点是黄铜丝价格高及铜渗入母材晶界处造成脆性。钎焊的钎剂可用硼砂或硼砂加硼酸的混合物。焊前坡口要清理干净，用氧化焰可以提高钎焊强度及减少锌的蒸发。为了减少焊接时造成的应力，焊接长焊缝时宜分段施焊。每段以 80mm 为宜。第一段填满后待温度下降到 300℃以下时，再焊第二段。

九、钢与铜及其合金的焊接

钢和铜在高温时的晶格类型、晶格常数、原子半径都很接近，这当然对焊接有利，但熔点、导热系数、膨胀系数等差异较大，给焊接造成一定的困难。

1. 低碳钢与铜及其合金的焊接

紫铜与低碳钢焊接时，可采用紫铜作为填充金属材料，并使焊缝中铁的含量控制在 10%～43%为佳。为此，手弧焊焊接紫铜 T2 与 Q255 钢时，选用 T2 焊条。钨极氩弧焊时，为加强熔池的脱氧作用，可以采用硅锰青铜 QSi3—1 焊丝。低碳钢与硅青铜和铝青铜焊接时，可采用铝青铜作填充金属材料，如铝锰青铜 QAl9—2 等。低碳钢与铁白铜 BFe5—1 焊接时，可采用 BFe5—1 作为填充材料。若选用纯镍和含铜的镍基合金，是焊接低碳钢与铜及其合金较好的填充材料。紫铜预热温度为 600℃～700℃，铜合金为 430℃～480℃。焊接时，将电弧移至铜及铜合金一侧。

2. 不锈钢与铜及其金属的焊接

纯镍是焊接奥氏体不锈钢与铜及其合金时最好的填充材料。因为镍无论在液态或固态都能与铜无限互溶，从而能极大地排除铜的有害作用，而且还能有效地防止渗透裂纹。

第四节 焊接结构工艺

一、焊接结构材料的选择

焊接结构材料在满足工作性能要求的前提下,应优先考虑选择焊接性较好的。低碳钢和碳当量小于0.4%的低合金钢都具有良好的焊接性,设计中应尽量选用;含碳量大于0.4%的碳钢、碳当量大于0.4%的合金钢,焊接性不好,设计时一般不宜选用。若必须选用,应在设计和生产工艺中采取必要措施。

强度等级较高的低合金结构钢,焊接性能虽然差些,但只要采取合适的焊接材料与工艺,也能获得满意的焊接接头。设计强度要求高的重要结构可以选用。

强度等级低的合金结构钢,焊接性与低碳钢基本相同,钢材价格也不贵,而强度却能显著提高,条件允许时应优先选用。

镇静钢脱氧完全,组织致密,质量较高,重要的焊接结构应选用之。

沸腾钢含氧量较高,组织成分不均匀,焊接时易产生裂纹。厚板焊接时还可能出现层状撕裂。因此不宜用作承受动载荷或严寒下工作的重要焊接结构件以及盛装易燃、有毒介质的压力容器。

异种金属的焊接,必须特别注意它们的焊接性及其差异。一般要求接头强度不低于被焊钢材中的强度较低者,并应在设计中对焊接工艺提出要求,按焊接性较差的钢种采取措施,如预热或焊后热处理等。对不能用熔焊方法获得满意接头的异种金属应尽量不选用。

二、焊缝布置

(1) 焊缝布置应尽可能分散 避免过分集中和交叉 焊缝密集或交叉会加大热影响区,使组织恶化,性能下降。两焊缝间距一般要求大于三倍板厚,如图10-39所示。

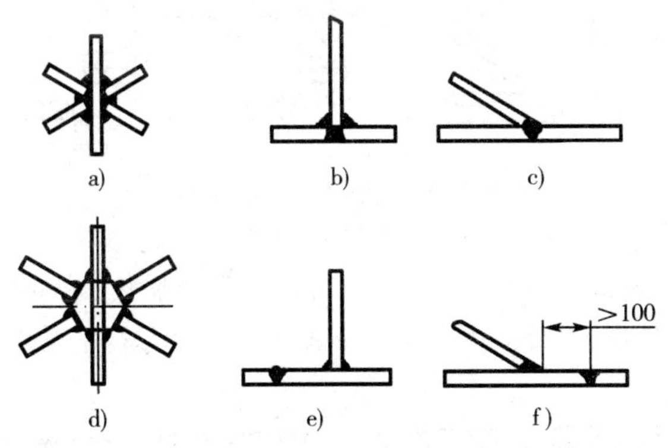

图10-39 焊缝分散布置的设计

a)、b)、c)不合理 d)、e)、f)合理

(2) 焊缝应避开最大应力和应力集中部位 焊接接头往往是焊接结构的薄弱环节,存在残余应力和焊接缺陷。因此,焊缝应避开应力较大部位,尤其是应力集中部位。如焊接钢梁焊缝不应在梁的中间而应如图10-40d所示均分;压力容器一般不用平板封头、无折边封头,而应采用碟形封头和球性封头等,如图10-40a、b、c所示。

(3) 焊缝布置应尽可能对称　焊缝对称布置可使焊接变形相互抵消。如图 10－41a 中,偏于截面重心一侧,焊后会产生较大的弯曲变形;图 10－41b、c 焊缝对称布置,焊后不会产生明显变形。

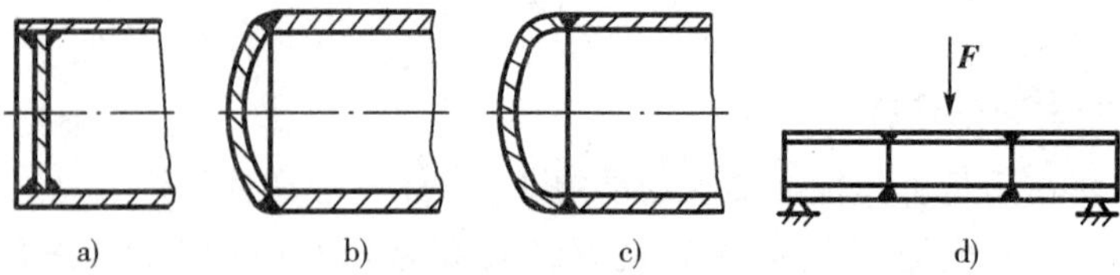

图 10－40　焊缝应避开最大应力和应力集中部位

a)平板封头　b)无折边封头　c)碟形封头　d)焊接钢梁

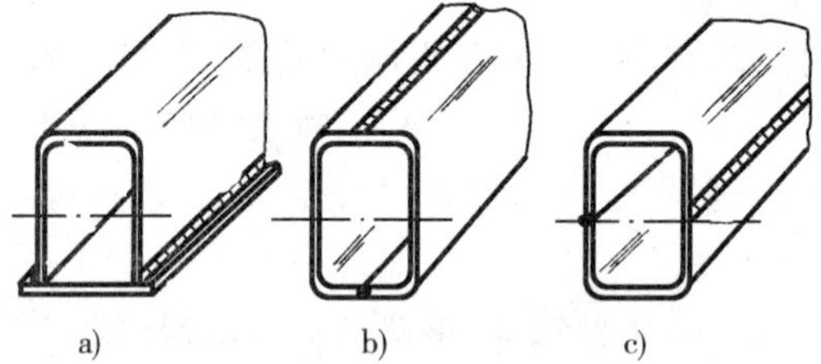

图 10－41　焊缝对称布置

(4) 焊缝布置应便于焊接操作　手工电弧焊时,要考虑焊条能到达待焊部位。点焊和缝厚时,应考虑电极能方便进入待焊位置。如图 10－42、10－43 所示。

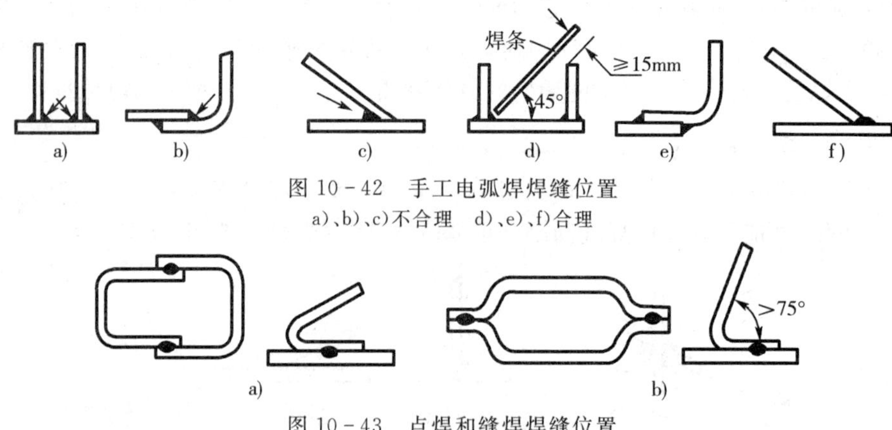

图 10－42　手工电弧焊焊缝位置

a)、b)、c)不合理　d)、e)、f)合理

图 10－43　点焊和缝焊焊缝位置

a)不合理　b)合理

(5) 尽量减小焊缝数量　减少焊缝数量,可减少焊接加热,减少焊接应力和变形,同时减少焊接材料消耗,降低成本,提高生产率。如图 10－44 所示,是采用型材和冲压件减少焊缝的设计。

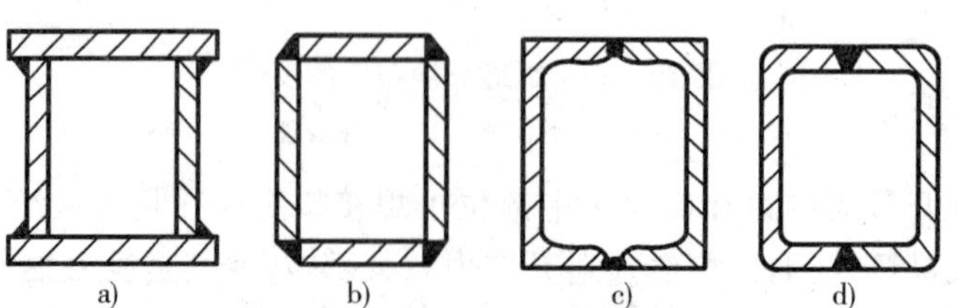

图 10－44　减少焊缝数量

a)、b)用四块钢板焊成　c)用两根槽钢焊成　d)用两块钢板弯曲后焊成

(6) 焊缝应尽量避开机械加工表面　有些焊接结构需要进行机械加工，为保证加工表面精度不受影响，焊缝应避开这些加工表面，如图 10－45 所示。

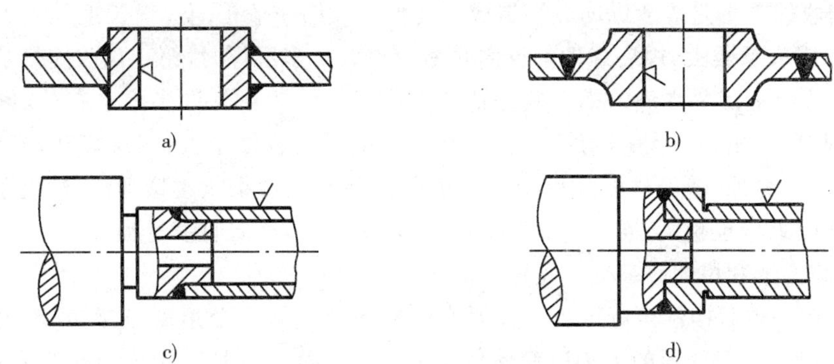

图 10－45　避开机械加工表面

a)、c)不合理　b)、d)合理

三、焊接接头形式的选择

选择焊接接头时，应考虑焊件结构形状、使用要求、焊件厚度、变形大小、焊条消耗量、坡口加工难易程度等因素。对接接头应力分布均匀，接头质量容易保证，节省材料，是焊接结构中应用最多的一种，但对焊前准备和装配要求较高。搭接接头应力分布复杂，易产生附加弯曲应力，降低接头强度，且不经济，但其焊前准备和装配要求比对接接头简单，常用于厂房屋架和桥梁等。当接头构成直角连接时，通常采用角接和 T 形接头。角接接头通常只起连接作用，不能用来传递载荷。T 形接头在船体结构中应用较广。

四、焊接坡口形式的选择

开坡口的目的是为了保证焊缝根部焊透，便于清除熔渣，获得较好的焊缝形状，坡口还能调节母材金属与填充金属的比例。不同板厚的工件其坡口形式也不同，如焊条电弧焊工件板厚＜6m 时，一般不开坡口，但重要的构件，当厚度为 3mm 时，就需开坡口。板厚在 6～26mm 时，应开 V 形坡口，这种坡口便于加工，但焊后焊件易变形。板厚在 12～60mm 时，可开 X 形坡口。在相同厚度情况下，X 形坡口比 V 形坡口能减小焊接金属量 1/2 左右，工件变形较小。带钝边 U 形坡口焊接金属量更少，工件变形也更小，但加工坡口较困难，一般用于较重要的焊接结构件。

第五节　焊接应力和变形

一、焊接应力和变形产生的原因及种类

1. 焊接应力和变形产生的原因

焊接过程中，焊件受到局部的、不均匀的加热和冷却，因此，焊接接头各部位金属热胀冷缩的程度不同。由于焊件本身是一个整体，各部位是互相联系、互相制约的，不能自由的伸长和缩短，这就使接头内产生不均匀的塑性变形，所以在焊接过程中要产生应力和变形。焊接变形的根本原因是由于焊缝的横向收缩和纵向收缩所引起。

2. 焊接变形和应力的种类

(1) 焊接变形的种类

① 纵向收缩变形是焊缝纵向收缩造成的变形。收缩一般是随焊缝长度的增加而增加。另外,母材线膨胀系数大,焊后焊件的纵向收缩量也大。多层焊时,第一层收缩量最大。

② 横向收缩变形是焊缝的横向收缩造成的变形。缩短量与许多因素有关,例如,对接焊缝的横向收缩比角焊缝大;连续焊缝比间断焊缝的横向收缩量大;多层焊时,第一层焊缝的收缩量最大。另外,随母材板厚和焊缝熔宽的增加,横向收缩量也增加;同样板厚,坡口角度越大,横向收缩量也越大;同一条焊缝中,最后焊的部分,横向收缩量最大。

纵向收缩变形和横向收缩变形见图 10－46。

③ 角变形是焊后构件两侧钢板离开原来位置向上跷起一个角度,这种变形叫角变形,如图 10－47 所示。角变形的大小以变形角 α 来进行量度。它是由于横向收缩变形在焊缝厚度方向上不均匀所引起的。

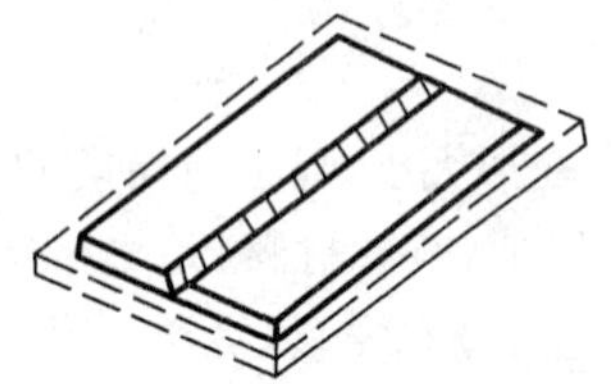

图 10－46　纵向和横向收缩变形

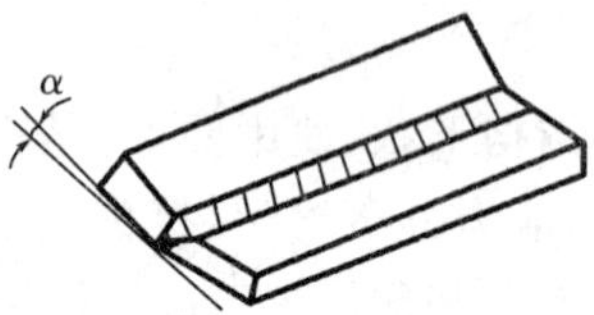

图 10－47　角变形

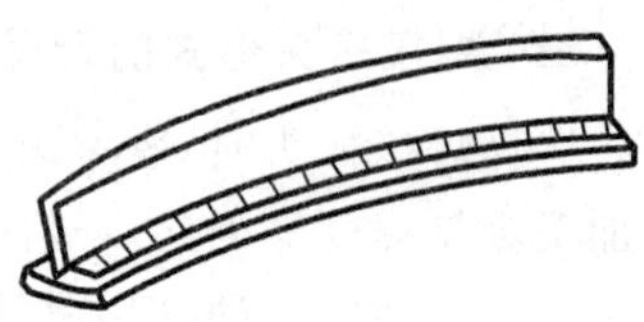

图 10－48　弯曲变形

④ 弯曲变形是在焊接梁、柱、管道等焊件时发生。焊缝的纵向收缩和横向收缩都将造成弯曲变形,如图 10－48 所示。

弯曲变形的大小以挠度 f 的数量来度量。f 是焊后焊件的中心轴离原焊件的中心轴的最大距离。挠度 f 越大,则弯曲变形越大,如图 10－49 所示。

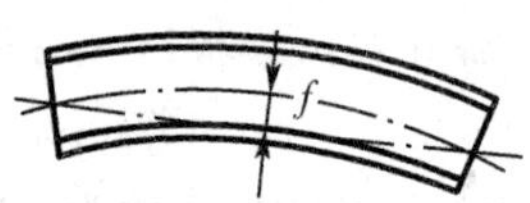

图 10－49　弯曲变形的度量

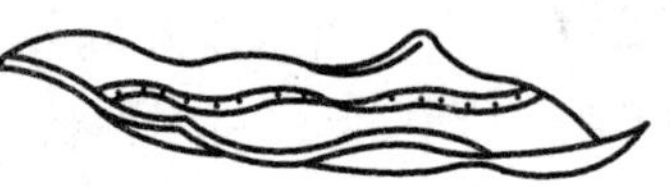

图 10－50　波浪变形

图 10－51　焊接角变形引起的波浪变形

⑤ 波浪变形容易在厚度小于 10mm 的薄板结构中产生。一是当薄板结构焊缝的纵向缩短使薄板边缘的应力超过一定数值时,在边缘会出现波浪式变形。如图 10－50。二是由角焊缝的横向收缩引起的角变形所造成的,如图 10－51 所示。

⑥ 扭曲变形容易在梁、柱、框架等结构中产生,一旦产生,很难矫正。其原因是装配之后的焊接位置和尺寸不符合图样的要求,强行装配,焊件焊接时位置搁置不当,焊接顺序、焊接方向不当都会引起扭曲变形。工字梁的扭曲变形如图 10－52 所示。

⑦ 构件厚度方向和长度方向不在一个平面上叫错边变形,如图 10－53 所示。其原因是装配质量不高或焊接本身所造成。

(2) 焊接应力的种类(按引起应力的基本原因分类)

① 温度应力是由于焊接时温度分布不均匀而引起的应力,也称热应力。

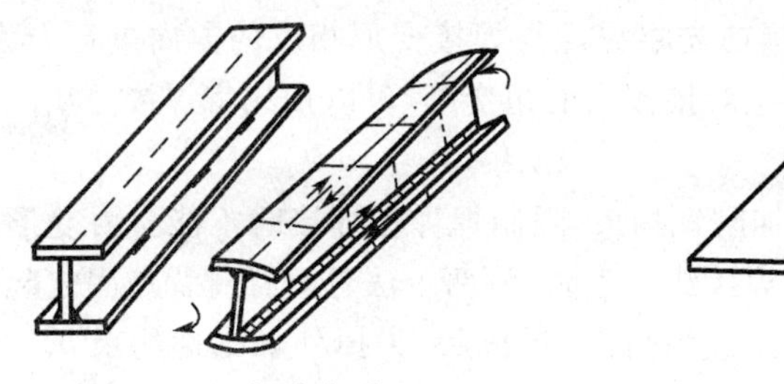

图 10－52 扭曲变形

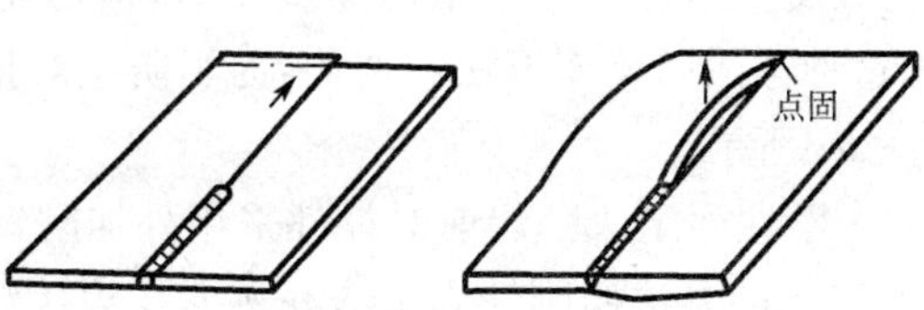

图 10－53 错边变形

② 焊接时由于温度变化引起金属的组织变化，这种组织变化引起金属局部的体积变化所产生的应力称为组织应力。

③ 在焊接时由于金属熔池从液态冷凝成固态，其体积收缩受到限制而产生的应力称为凝缩应力。

二、控制焊接残余变形的工艺措施和矫正方法

1. 控制焊接残余变形常用的工艺措施

(1) 选择合理的焊装顺序　采用合理的焊装顺序，对于控制焊接残余变形尤为重要。可采用将结构总装后再进行焊接，以达到控制变形的目的。

(2) 选择合理的焊接顺序　对于不对称焊缝，采用先焊焊缝少的一侧，后焊焊缝多的一侧，后焊的变形足以抵消前一侧的变形，总体变形减小，如图 10－54a 所示。随着结构刚性不断地提高，一般先焊的焊缝容易使结构产生变形，这样，即使焊缝对称的结构，焊后也还会出现变形的现象，所以当结构具有对称布置的焊缝时，应尽量采用对称焊接，如图 10－54b 所示。对于重要结构的工字梁，要采用特殊的焊接顺序，如图 10－54c 所示。

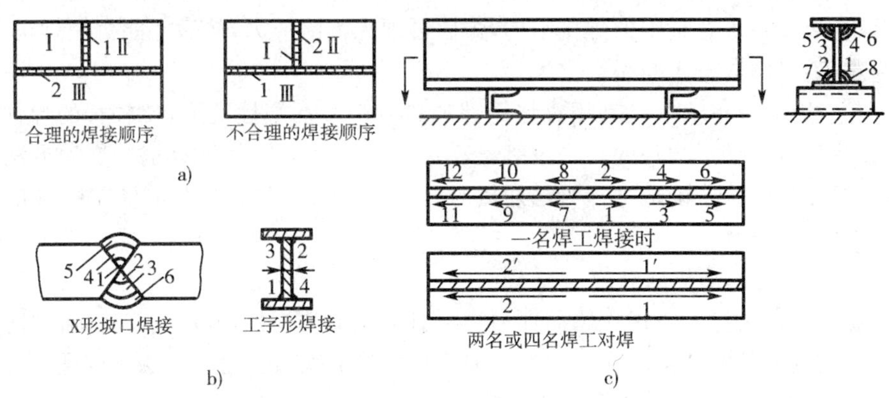

图 10－54 合理的焊接顺序

a)合理的焊接顺序　b)对称焊　c)工字梁焊接

(3) 选择合理的焊接方法　长焊缝焊接时，直通焊变形最大；从中段向两端施焊变形有所减少；从中段向两端逐步退焊法变形最小；采用逐步跳焊也可以减少变形，如图 10－55 所示。

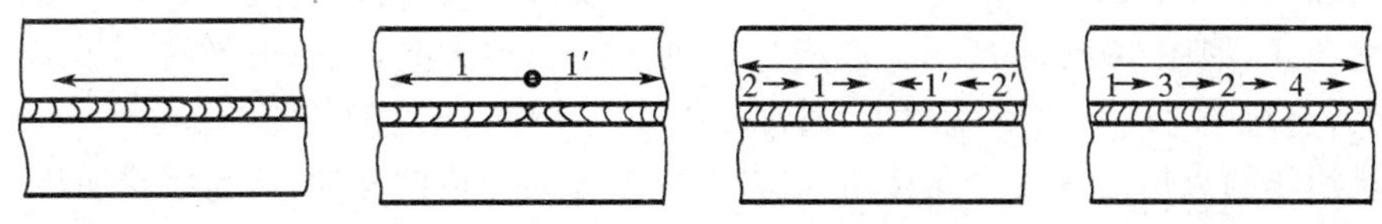

图 10－55 合理的焊接方法

(4) 反变形法　为了抵消焊接变形，焊前先将焊件与焊接变形相反的方向进行人为的变形，这种方法叫反变形法。例如，为了防止对接接头的角变形，可以预先将焊接处垫高，如图 10－56 所示。

(5) 刚性固定法　焊前对焊件采用外加刚性拘束，强制焊件在焊接时不能自由变形，这种防止变形的方法叫刚性固定法。例如在焊接法兰盘时，将两个法兰盘背对背地固定起来，可以有效地减少角变形，如图 10－57 所示。应当指出，焊接后，去掉外加刚性约束，焊件上仍会残留一些变形，不过要比没有约束时小的多。

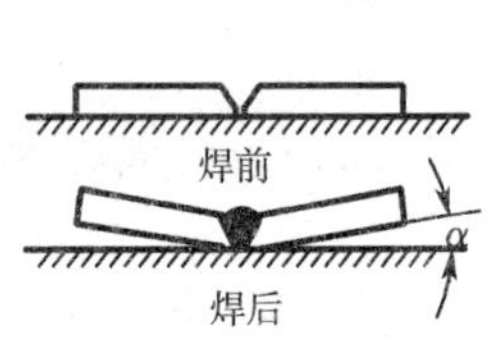

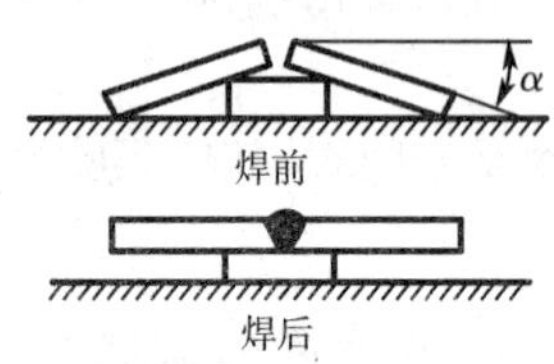

图 10－56　平板对接时的反变形法

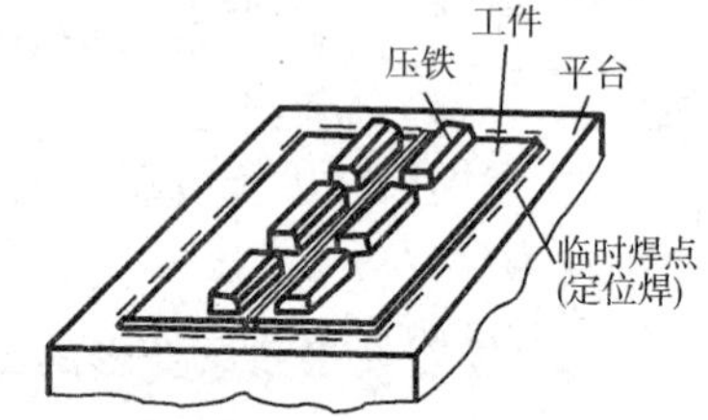

图 10－57　刚性固定防止法兰角变形

(6) 选用适当的线能量　焊接不对称的细长杆件往往可以选用适当的线能量，而不用任何变形或刚性固定克服弯曲变形。

(7) 散热法　焊接时用强迫冷却的方法将焊接区的热量散走，使受热面积大为减少，从而达到减少变形的目的，这种方法叫散热法。

(8) 自重法　利用焊件本身的自重来预防弯曲变形。

2. 焊接残余变形的矫正方法

(1) 机械矫正法　利用机械力的作用来矫正变形。对于低碳钢结构，可在焊后直接应用此法矫正；对于一般合金钢的焊接结构，焊后必须先消除应力，然后才能机械矫正，否则不仅矫正困难，而且容易产生断裂。

(2) 火焰加热矫正法　是利用火焰局部加热时产生的塑性变形，使较长的焊件在冷却后收缩，以达到矫正变形的目的。采用氧—乙炔焰或其他可燃气体火焰。这种方法设备简单，但矫正难度很大。正确地把握火焰加热的温度，采用适当的火焰加热方式，能够达到矫正变形的目的。

① 正确把握火焰加热的温度

这种矫正法的关键是掌握火焰局部加热时引起变形的规律，以便确定正确的加热位置，否则会得到相反的效果。同时应控制温度和重复加热的次数。这种方法不仅适用于低碳钢结构，而且还适用于部分普通低合金钢结构的矫正。

对于低碳钢和普通低合金结构钢，加热温度为 600℃～800℃。正确的加热温度可根据材料在加热过程中表面颜色的变化来识别。

② 采用适当的火焰加热的方式

点状加热的加热区为一圆点，根据结构特点和变形情况，可以加热一点或多点。多点加热常用梅花式，如图 10－58 所示。厚板加热点直径 d 要大些，但一般不得小于 15mm。变形量越大，点与点之间距离 a 就越小，通常 a 在 50～100mm 之间。

线状加热的火焰沿直线方向移动，或者在宽度方向作横向移动，称为线状加热。各种线状加热的形式，如图 10－59 所示。加热的横向收缩大于纵向收缩。横向收缩随加热线的宽度增加而增加。加热线的宽度应为钢板厚度的 0.5～2 倍。线状加热多用于变形量较大的结构，有时也用于厚板变形矫正。

三角形加热的加热区域为一三角形，三角形的底边应在被矫正钢板的边缘，顶端朝内，如图 10－60 所示。三角形加热的面积较大，因而收缩量也比较大，常用于厚度较大、刚性较强焊件弯曲变形的矫正。

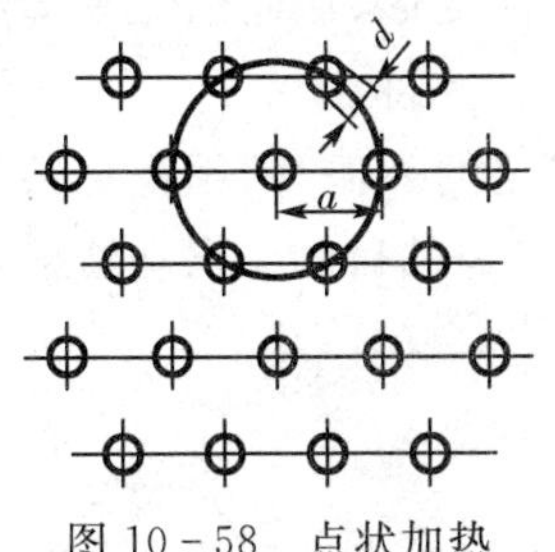

图 10－58 点状加热

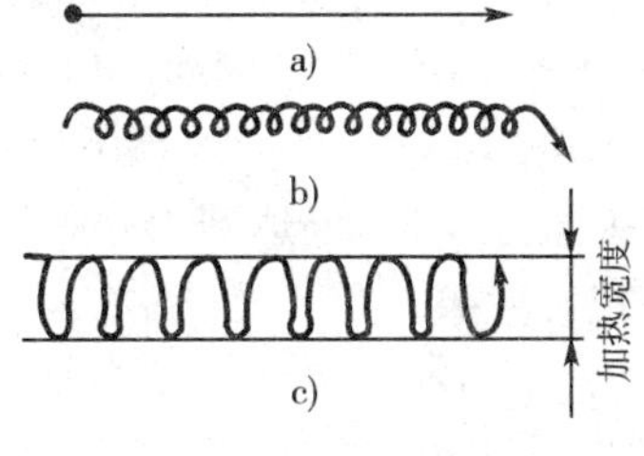

图 10－59 线状加热

a)直通加热 b)链状加热 c)带状加热

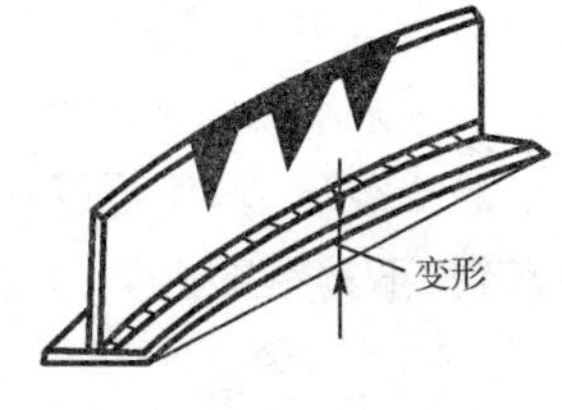

图 10－60 三角形加热

三、减少和消除焊接残余应力的工艺措施和方法

1. 减少焊接残余应力常用的工艺措施

(1) 采用合理的焊接顺序和方向

① 先焊收缩量较大的焊缝，使焊缝能较自由地收缩，以最大限度地减少焊接应力。

② 先焊错开的短焊缝，后焊直通长焊缝。

③ 先焊工作受力较大的焊缝，使内应力合理分布。

(2) 降低局部刚性　焊接封闭焊缝或刚性较大的焊缝时，采取反变形法来降低结构的局部刚性。

(3) 锤击焊缝区　利用锤击焊缝来减小焊接应力。当焊缝金属冷却时，由于焊缝的收缩而产生应力，锤击焊缝区，应力可减少 1/2～1/4。锤击时温度应维持在 100℃～150℃之间或在 400℃以上，避免在 200℃～300℃之间进行，因为此时锤击焊缝容易断裂。多层焊时，除第一层和最后一层焊缝外，每层都要锤击，第一层不锤击是为了避免根部裂纹，最后一层不锤击是为了防止由于锤击而引起的冷作硬化。

(4) 预热法　焊接温差越大，残余应力也越大。因为焊前预热可降低温差、减慢冷却速度，所以可减少焊接应力。

(5) 加热减应区法　在焊接或焊补刚性很大的焊件时，选择焊件的适当部位进行加热，使之伸长，然后再进行焊接。这样可大大减小残余应力。这个加热部位叫做“减应区”，“减应区”原是阻碍焊接区自由收缩的部位，加热了该部位，使它与焊接区近于均匀的冷却和收缩，以减小内应力。

2. 消除焊接残余应力的方法

(1) 整体高温回火(消除应力退火)　这个方法是将整个焊接结构加热到一定温度，然后保温一段时间，再冷却。同一种材料，回火温度越高，时间越长，应力就消除得越彻底。通过整体调温回火可以将 80%～90%的残余应力消除掉。但是当焊接结构的体积较大时，需要容积较大的回火炉，增加了设备的投资费用。

(2) 局部高温回火　只对焊缝及其附近的局部区域进行加热以消除应力。消除应力的效果不如整体高温回火,但操作方法和设备简单。常用于比较简单的、拘束度较小的焊接结构。

(3) 机械拉伸法　产生焊接残余应力的根本原因是焊接后产生了压缩残余变形。因此,焊后对焊件进行加载拉伸,产生拉伸塑性变形,它的方向和压缩残余变形相反,结果使得压缩变形减小,因而残余应力也随之减小。

(4) 温差拉伸法(低温消除应力法)　基本原理与机械拉伸法相同。具体方法是在焊缝两侧加热到 150℃～200℃,然后用水冷却,使焊缝区域受到拉伸塑性变形,从而消除焊缝纵向的残余应力。常用于焊缝比较规则、厚度不大(小于 40mm)的板、壳结构。

(5) 振动法　对焊缝区域施加振动载荷,使振源与结构发生稳定的共振,利用稳定共振产生的变载应力,使焊缝区域产生塑性变形,以达到消除焊接残余应力的目的。振动法消除碳素钢、不锈钢的内应力可取得较好效果。

第六节　常见焊接缺陷

一、焊缝表面尺寸不符合要求

焊缝表面高低不平、焊缝宽窄不齐、尺寸过大或过小、角焊缝单边以及焊脚尺寸不符合要求,均属于焊缝表面尺寸不符合要求,见图 10－61 所示。

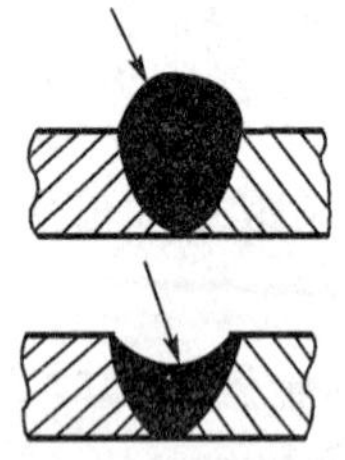

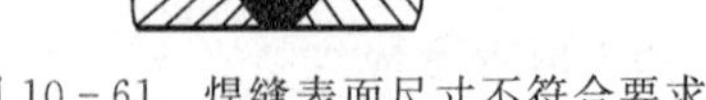

图 10－61　焊缝表面尺寸不符合要求

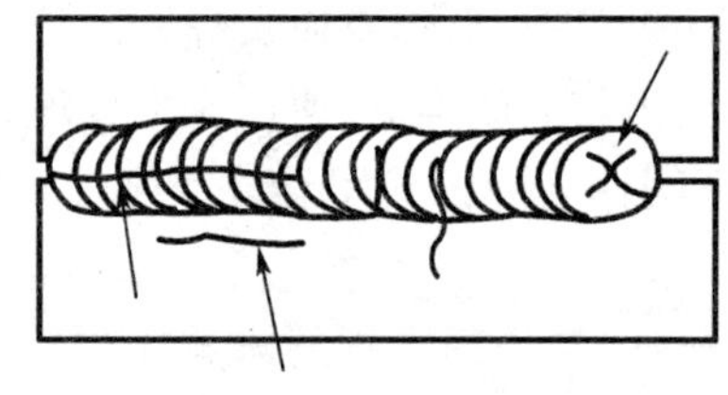

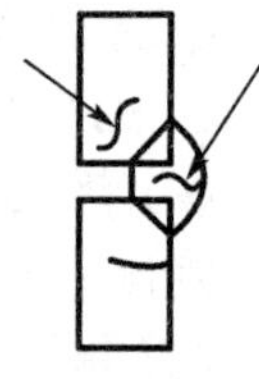

图 10－62　裂纹

1. 产生原因

焊件坡口角度不对,装配间隙不均匀,焊接速度不当或运条手法不正确,焊条和角度选择不当或改变,加上埋弧焊焊接工艺选择不正确等都会造成该种缺陷。

2. 防止方法

选择适当的坡口角度和装配间隙;正确选择焊接工艺参数,特别是焊接电流值;采用恰当运条手法和角度,以保证焊缝成形均匀一致。

二、焊接裂缝

在焊接应力及其他致脆因素的共同作用下,焊接接头局部地区的金属原子结合力遭到破坏而形成的新界面所产生的缝隙叫焊接裂纹。它具有尖锐的缺口和大的长宽比特征。

1. 热裂纹的产生原因与防止方法

焊接过程中,焊缝和热影响区金属冷却到固相线附近的高温区产生的焊接裂缝叫热裂纹。如图 10－62 所示。

(1) 产生原因　由于熔池冷却结晶时,受到拉应力作用,而凝固时,低熔点共晶体形成的液态薄层共同作用所致。增大任何一方面的作用,都能促使形成热裂纹。

(2) 防止方法

① 控制焊缝中的有害杂质的含量即碳、硫、磷的含量，减少熔池中低熔点共晶体的形成。

② 预热，以降低冷却速度，改善应力状况。

③ 采用碱性焊条，因为碱性焊条的熔渣具有较强脱硫、脱磷的能力。

④ 控制焊缝形状，尽量避免得到深而窄的焊缝。

⑤ 采用收弧板，将弧坑引至焊件外面，既使发生弧坑裂纹，也不影响焊件本身。

2. 冷裂纹的产生原因及防止方法

焊接接头冷却到较低温度时(200℃～300℃)，产生的焊接裂纹叫冷裂纹。

(1) 产生原因　主要发生在中碳钢、低合金和中合金高强度钢中。原因是焊材本身具有较大的淬硬倾向，焊接熔池中溶解了多量的氢以及焊接接头在焊接过程中产生了较大的约束应力。

(2) 防止方法　从减少上述三个因素的影响和作用着手：

① 焊前按规定要求严格烘干焊条、焊剂，以减少氢的来源。

② 采用低氢型碱性焊条和焊剂。

③ 焊接淬硬性较强的低合金高强度钢时，采用奥氏体不锈钢焊条。

④ 焊前预热。

⑤ 后热(焊后立即将焊件进行加热和保温、缓冷的工艺措施叫后热)使焊接接头中的氢有效地逸出，所以是防止延迟裂纹的重要措施。但后热加热温度低，不能起到消除应力的作用。

⑥ 当增加焊接电流，减慢焊接速度，可减慢热影响区冷却速度，防止形成淬硬组织。

3. 再热裂纹的产生原因与防止方法

焊后焊件在一定温度范围再次加热(消除应力热处理或其他加热过程如多层焊时)而产生的裂纹叫再热裂纹。

再热裂纹一般发生在熔点线附近，被加热至1200℃～1350℃的区域中，产生的加热温度对低合金高强度钢大致为580℃～650℃。当钢中含铬、钼、钒等合金元素较多时，再热裂纹的倾向增加。防止再热裂纹的措施，第一是控制母材中铬、钼、钒等合金元素的含量；第二是减少结构钢焊接残余应力；最后在焊接过程中采取减少焊接应力的工艺措施，如使用小直径焊条，小参数焊接等。

4. 层状撕裂的产生原因与防止方法

焊接时焊接构件中沿钢板轧层形成的阶梯状的裂纹叫层状撕裂，如图10-63所示。

产生层状撕裂的原因是轧制钢板中存在着硫化物、氧化物和硅酸盐等非金属夹杂物，在垂直于厚度方向的焊接应力作用下(图中箭头)，在夹杂物的边缘产生应力集中，当应力超过一定数值时，某些部位的夹杂物首先开裂并扩展，以后这种开裂在各层之间相继发生，连成一体，形成层状撕裂的阶梯形。

防止层状撕裂的措施是严格控制钢材的含硫量，在与焊缝相连接的钢材表面预先堆焊几层低强度焊缝和采用强度级别较低的焊接材料。

三、气孔

焊接时，熔池中的气泡在凝固时未能逸出，残存下来形成的空穴叫气孔。如图10-64

所示。

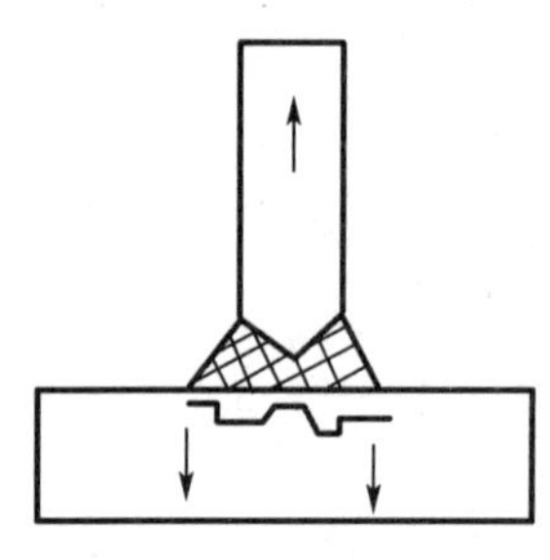

图 10－63　层状撕裂

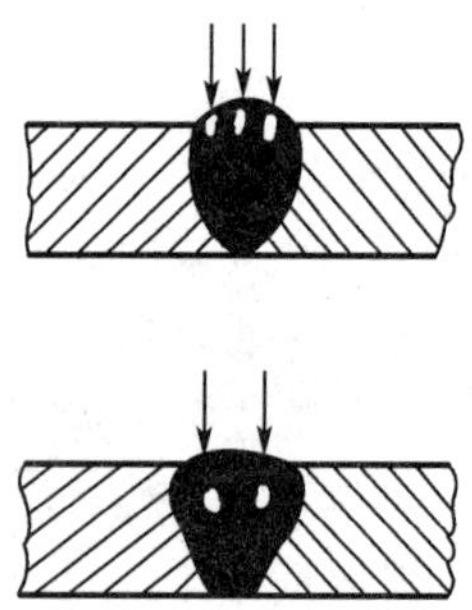

图 10－64　气孔

1. 产生原因

(1) 铁锈和水分　对熔池一方面有氧化作用,另一方面又带来大量的氢。

(2) 焊接方法　埋弧焊时由于焊缝大,焊缝厚度深,气体从熔池中逸出困难,故生成气孔的倾向比手弧焊大得多。

(3) 焊条种类　碱性焊条比酸性焊条对铁锈和水分的敏感大得多,即在同样的铁锈和水分含量下,碱性焊条十分容易产生气孔。

(4) 电流种类和极性　当采用未经很好烘干的焊条进行焊接时,使用交流电源,焊缝最易出现气孔;直流正接气孔倾向较小;直流反接气孔倾向最小。采用碱性焊条时,一定要用直流反接,如果使用直流正接,则生成气孔的倾向显著加大。

(5) 焊接工艺参数　焊接速度增加,焊接电流增大,电弧电压升高都会使气孔倾向增加。

2. 防止方法

(1) 对手弧焊焊缝两侧各 10mm,埋弧自动焊两侧各 20mm 内,仔细清除焊件表面上的铁锈等污物。

(2) 焊条、焊剂在焊前按规定严格烘干,并存放于保温桶中,做到随用随取。

(3) 采用合适的焊接工艺参数,用碱性焊条焊接时,一定要短弧焊。

四、咬边

由于焊接参数选择不当,或操作工艺不正确,沿焊趾的母材部位生产的沟槽或凹陷叫咬边,如图 10－65 所示。

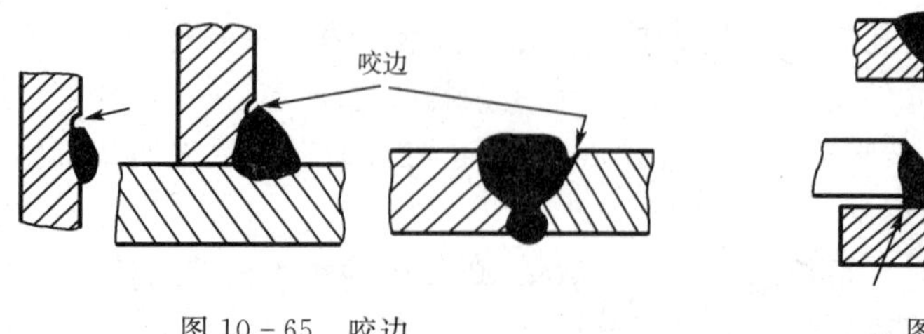

图 10－65　咬边

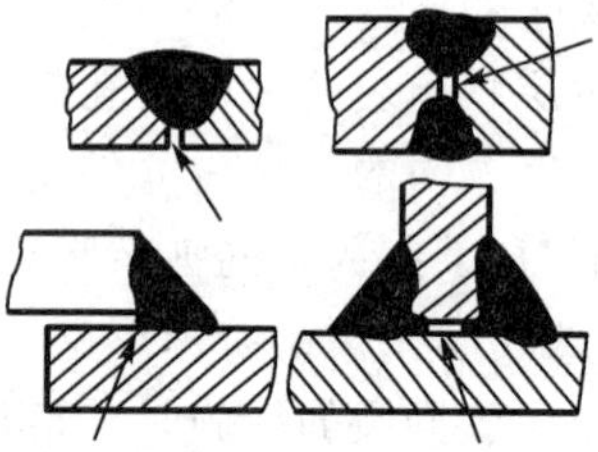

图 10－66　未焊透

1. 产生原因

主要是由于焊接工艺参数选择不当,焊接电流太大,电弧太长,运条速度和焊接角度不适当等。

2. 防止方法

选择正确的焊接电流及焊接速度，电弧不能拉的太长，掌握正确的运条方法和运条角度。

五、未焊透

焊接时接头根部未完全熔透的现象叫未焊透。如图 10－66 所示。

1. 产生原因

焊缝坡口钝边过大，坡口角度太小，焊根未清理干净，间隙太小；焊条或焊丝角度不正确，电流过小，速度过快，弧长过大；焊接时有磁偏吹现象；或电流过大，焊件金属尚未充分加热时，焊条已急剧熔化；层间或母材边缘的铁锈、氧化皮及油污等未清除干净，焊接位置不佳等。

2. 防止方法

正确选用和加工坡口尺寸，保证必须的装配间隙，正确选用焊接电流和焊接速度，认真操作，防止焊偏等。

六、未熔合

熔焊时，焊道与母材之间或焊道与焊道之间，未完全熔化结合的部分叫未熔合。如图 10－67 所示。

1. 产生原因

层间清渣不干净，焊接电流太小，焊条偏心，焊条摆动幅度太窄等。

2. 防止方法

加强层间清渣，正确选择焊接电流，注意焊条摆动等。

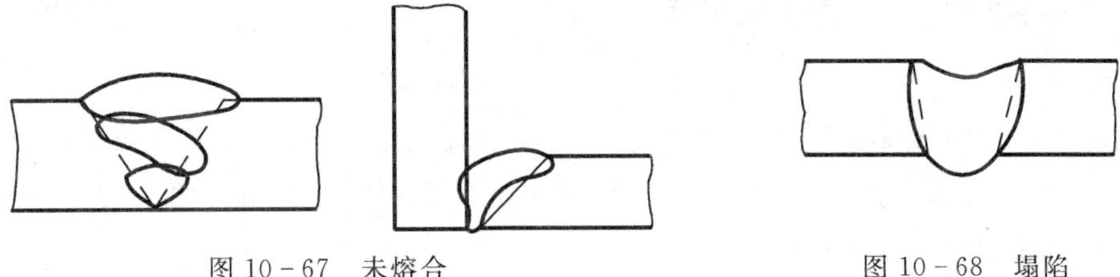

图 10－67　未熔合　　图 10－68　塌陷

七、塌陷

单面熔化焊时，由于焊接工艺选择不当，造成焊缝金属过量透过背面，而使焊缝正面塌陷、背面凸起的现象叫塌陷。如图 10－68。塌陷往往是由于装配间隙或焊接电流过大造成。

八、夹渣

焊后残留在焊缝中的溶渣叫夹渣，如图 10－69 所示。

1. 产生原因

焊接电流太小，以致液态金属和溶渣分不清；焊接速度过快，使溶渣来不及浮起；多层焊时，清渣不干净；焊缝成形系数过小以及手弧焊时焊条角度不正确等。

2. 防止方法

采用具有良好工艺性能的焊条，正确选用焊接电流和运条角度，焊件坡口角度不宜过小，多层焊时，认真作好清渣工作等。

九、焊瘤

焊接过程中，熔化金属流淌到焊缝之外未熔化的母材上，所形成的金属瘤叫焊瘤。如图 10－70 所示。

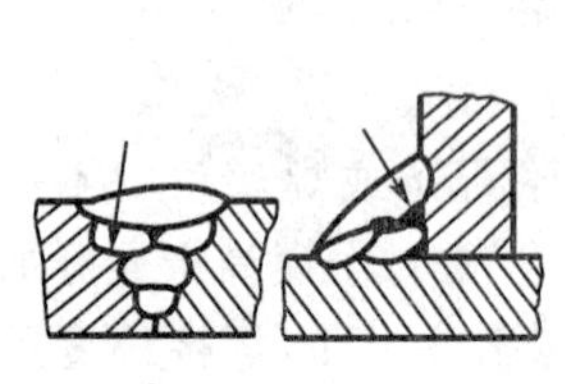

图 10－69　夹渣

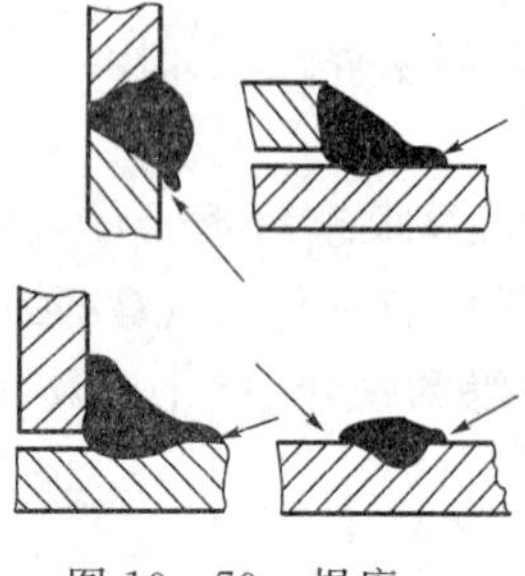

图 10－70　焊瘤

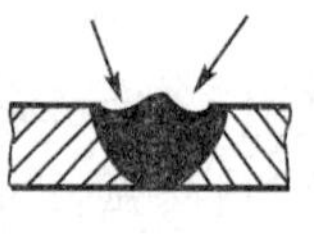

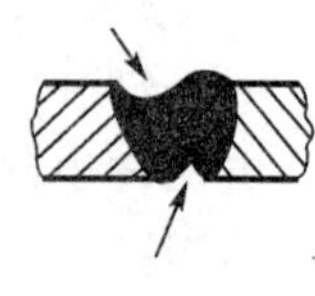

图 10－71　凹坑

1. 产生的原因

操作不熟练和运条角度不当。

2. 防止方法

提高操作的技术水平。正确选择焊接工艺参数，灵活调整焊条角度，装配间隙不宜过大。严格控制熔池温度，不使其过高。

十、凹坑

焊后在焊缝表面或焊缝背面形成的低于母材表面的局部低洼部分叫凹坑。如图 10－71 所示。背面的凹坑通常叫内凹。凹坑会减少焊缝的工作截面。凹坑是由于电弧拉得过长、焊条倾角不当和装配间隙太大等原因所致。

十一、烧穿

焊接过程中，对焊件加热过甚，熔化金属自坡口背面流出，形成穿孔的缺陷叫烧穿。正确选择焊接电流和焊接速度，严格控制焊件的装配间隙可防止烧穿。另外，还可以采用衬垫、焊剂垫或使用脉冲电流防止烧穿。

十二、夹钨

钨极惰性气体保护焊时，由钨极进入到焊缝中的钨粒叫夹钨。夹钨的性质相当于夹渣。产生的原因主要是焊接电流过大，使钨极端头熔化，焊接过程中钨极与熔池接触以及采用接触短路法引弧等。降低焊接电流、采用高频引弧可防止夹钨。

第七节　焊接检验

一、焊接接头破坏性检验方法

破坏性检验是从焊件上切取试样，或以焊件的整体破坏做试验，以检查其各种力学性能、抗腐蚀性能等。

1. 力学性能试验

力学性能试验用在对接接头的检验，一般是指对焊接试板进行拉伸、弯曲、冲击、硬度和疲劳等实验。焊接试样板的材料、坡口形式、焊接工艺等均同于产品的实际情况。

(1) 拉伸实验 拉伸实验是为了测定焊接接头的抗拉强度、屈服强度、延伸率和断面收缩率等力学性能指标。拉伸实验时，还可以发现试样断口中的某些焊接缺陷。拉伸试样一般有板状试样、圆形试样和整管试样三种。

(2) 弯曲试验 弯曲试验也叫冷弯试验，是测定焊接接头弯曲时塑性的一种试验方法，也是检验表面质量的一个方法。同时还可以反映出焊接接头各区域的塑性差别，考核焊合区的熔合质量和暴露焊接缺陷。弯曲试验分正弯、背弯和侧弯三种，可根据产品技术条件选定。背弯易于发现焊缝根部缺陷，侧弯能检验焊层与焊件之间的结合强度。

(3) 硬度试验 硬度试验是为了测定焊接接头各部分(焊缝金属、焊件及热影响区等)的硬度，间接判断材料的焊接性，了解区域偏析和近缝区的淬硬倾向。

(4) 冲击试验 冲击韧性试验是用来测定焊缝金属或焊件热影响区在受冲击载荷时抵抗折断的能力(韧性)，以及脆性转变温度。

(5) 疲劳试验 目的是测定焊接接头或焊缝金属在对称交变载荷作用下的持久强度。试样断裂后，观察其断口有无气孔、裂纹、夹渣或其他缺陷。

(6) 压扁试验 目的是测定管子焊接对接接头的塑性。

2. 焊接接头的金相检验

其目的是检验焊缝、热影响区、母材的金相组织，确定内部缺陷。可分为宏观检验和微观检验两种。

(1) 宏观检验 是在焊接试板上截取试样，经过刨削、打磨、抛光、浸蚀和吹干，用肉眼或低倍放大镜观察，以检验焊缝的金属结构，以及检验未焊透、夹渣、气孔、裂纹、偏析焊接缺陷等。

(2) 微观检验 是将试样的金相磨片放在显微镜下观察以检验金属的显微组织和缺陷。必要时可把金相组织通过照像制成金相照片。

3. 焊缝金属的化学分析

目的是检验焊缝金属的化学成分。通常用直径为 6mm 的钻头，从焊缝中或堆焊层上钻取 50～60g。碳钢焊缝分析的元素有碳、锰、硅、硫、磷；合金钢或不锈钢焊缝分析铬、钼、钒、铁、镍、铝、铜等元素，必要时，还要分析焊缝中的氢、氧或氮的含量。

4. 腐蚀试验

目的是确定在给定条件下，金属抵抗腐蚀的能力，估计其使用寿命，分析引起腐蚀的原因，找出防止或延缓腐蚀的方法。接头的腐蚀试验一般用于不锈钢焊件。对焊缝和接头进行晶间腐蚀、应力腐蚀、疲劳腐蚀、大气腐蚀和高温腐蚀试验等。

5. 焊接性试验

评定母材焊接性的试验叫焊接性试验。例如，焊接裂纹、接头力学性能和接头腐蚀试验等。由于焊接裂纹是焊接接头中最危险的缺陷，所以用得最多的是焊接裂纹试验。通过焊接性试验，选择适用作母材的焊接材料，确定合适的焊接工艺参数，包括焊接电流、焊接速度以及预热温度等。

二、焊接接头非破坏性检验方法

非破坏性检验又称无损检验，是指在不破坏被检查焊件的性能和完整性的条件下检测缺陷的方法。

1. 外观检查

外观检查是用肉眼或不超过30倍的放大镜对焊件进行检查，用以判断焊接接头外表的质量。它能测定焊缝的外形尺寸和鉴定焊缝有无气孔、咬边、焊瘤、裂纹等表面缺陷，是一种最简单而不可缺少的检查手段。

2. 密封性检验

检查有无漏水、漏气和漏油等现象的试验。

(1) 气密性试验　检查时，在容器内部通一定压力的压缩空气(低压)，在焊缝外表面涂刷肥皂液，观察是否出现肥皂泡，不出现肥皂泡为合格。要注意，压缩空气压力要远远低于产品工作压力。

(2) 煤油渗漏检验　对于低压薄壁容器，可采用煤油渗漏来检验焊缝的密封性。检查时，在焊缝一面涂上白垩粉水溶液，待干燥后，在另一面涂上煤油，在焊缝有穿透性缺陷时，干燥的白垩粉一面会形成明显的油斑或带条。

(3) 耐压检验　将水、油或气等充入容器内，徐徐加压，以检查其泄露、耐压、破坏等的试验叫耐压检验。通过耐压检验可以检查受压元件中焊接接头穿透性缺陷和结构的强度，也有降低焊接应力的作用。

① 水压试验是用水泵把容器内水压提高到技术文件规定的工作压力的1.25～1.5倍，在此压力下持续一段时间(一般为20min)，再把压力降到工作压力，此时，检验人员用重量为1～1.5kg的圆头小锤在距焊缝为15～20mm处沿焊缝方向轻轻敲打，若无渗水现象，就认为产品合格。注意升压前要排尽容器内空气，试验用的水温，碳钢构件不低于5℃，其他合金钢构件不低于15℃。

② 气压试验用于检查贮存气体的压力容器和输送气体的导管，不用于强度试验。同时，气压试验一般都放在水压试验后进行。检查时，将压缩空气通入容器或导管内，然后用肥皂水检查焊缝是否漏气。对于小容器，可将其沉入水中，检查是否漏气。

(4) 渗透探伤　渗透探伤是利用带有荧光染料或红色染料的渗透剂的渗透作用，显示缺陷痕迹的无损检验法。

① 荧光法用于探测某些非铁磁性材料表面和近表面缺陷的一种探伤方法。适用于小型零件。其原理是利用渗透矿物油的氧化镁粉，在紫外线的照射下，能发出黄绿色荧光的特性，使缺陷显露出来。

② 着色法与荧光法相似，不同的是着色检验是用着色剂来取代荧光粉而显示缺陷。适用于大型非铁磁性材料的表面缺陷。灵敏度较荧光检验高。

(5) 磁粉探伤　是将被检验的铁磁工件放在较强的磁场中，磁感线通过工件时，形成封闭的磁感线。由于铁磁性材料的导磁能力很强，如果工件表面或近表面有裂纹、夹渣等缺陷时，将阻碍磁感线通过，磁感线不但会在工件内部产生弯曲，而且会有一部分磁感线绕过缺陷而暴露在空气中，产生磁漏现象。这个漏磁场能吸引磁铁粉，把磁铁粉集成与缺陷形状和长度相近似的迹象，其中，磁感线若垂直于裂纹时，显示最清楚。

磁粉探伤最适用于薄壁工件、导管。它能很好地发现表面裂纹、一定深度和一定大小的未焊透，但难以发现气孔、夹渣和隐蔽较深处的缺陷。

(6) 超声波检验　金属探伤的超声波频率在20000Hz以上。超声波传播到两介质的分界面上时，能被反射回来。超声波探伤就利用这一性质来检查焊缝中的缺陷。

超声波在介质中传播速度恒定不变，据此可进行缺陷的定位，同时在金属中可以传播很远(达10m)，故可探测大厚度工件。对检查裂纹等平面型缺陷灵敏度很高。

超声波检验灵活方便，成本低，效率高，对人体无害，但判断缺陷类型和定位的准确性较差。与射线探伤配合使用(先超声波后射线透视核实)，检验效果更好。

(7) 射线探伤　X射线和γ射线能不同程度地透过金属材料，对照相胶片产生感光作用。利用这种性能，当射线通过被检查的焊缝时，因焊缝内的缺点对射线的吸收能力不同，使射线落在胶片上的强度不一样，即感光程度不一样，这样就能准确、可靠、非破坏性的显示缺陷形状、位置和大小。X射线透照时间短，速度快，被检查厚度小于30mm时，显示缺陷的灵敏度高，但设备复杂、费用大、穿透能力比γ射线小。γ射线能透照300mm厚的钢板，透照时不需要电源，方便野外工作，环缝时可一次曝光，但透照时间长，不宜透视小于50mm焊件。

思考与练习

10-1　焊芯的作用是什么？焊条药皮有哪些作用？

10-2　焊条选择的原则是什么？

10-3　焊接接头中力学性能差的薄弱区域在哪里？为什么？

10-4　影响焊接接头性能的因素有哪些？如何影响？

10-5　如何防止焊接变形？矫正焊接变形的方法有哪几种？并说明理由。

10-6　减少焊接应力的工艺措施有哪些？消除焊接残余应力有什么方法？

10-7　熔焊时常见的焊接缺陷有哪些？焊接缺陷有何危害？

10-8　焊接裂纹有哪些种类？是怎样产生的？如何防止？

10-9　低碳钢焊接有何特点？

10-10　普通低合金钢焊接的主要问题是什么？焊接时应采取哪些措施？

10-11　不锈钢焊接的主要问题是什么？

10-12　铝、铜及其合金焊接常用哪些方法？哪种方法最好？为什么？

10-13　在实际焊接中，手工电弧焊接的技术要求包括那些内容？

10-14　气焊的主要设备有那些？气焊的操作要点是什么？

第十一章 机械加工成形基础

第一节 切削加工基本知识

金属切削加工是用切削刀具将坯料或工件上多余材料切除，以获得所要求的几何形状、尺寸精度和表面质量的方法。金属切削加工的形式虽然很多，但是它们在很多方面，例如切削运动、切削工具以及切削过程中的物理现象等，都有着共同的规律。掌握这些规律是学习各种切削加工方法的基础。同时对于如何正确地进行切削加工，以保证零件质量，提高劳动生产率，降低生产成本，也有着重要意义。

一、切削运动与切削要素

1. 切削运动

零件的形状很多，但从几何学的观点来看，它们都是由圆柱面、圆锥面、平面和各种成形面组成。例如圆柱面与圆锥面是以直线为母线、以圆为运动轨迹作旋转运动时所形成的表面；平面是以一条直线为母线、另一条直线为运动轨迹作平移运动时所形成的表面；成形面是以曲线为母线以圆或直线为运动轨迹所形成的表面。

要加工出以上这些表面，就要求刀具与工件之间有一定的相对运动，即切削运动，切削运动包括主运动和进给运动。

主运动是由机床或人力提供的主要运动，它促使刀具和工件之间产生相对运动，从而使刀具前面接近工件。一般情况下，它是切削运动中速度最高、消耗功率最大的运动。见图11－1车削加工时工件的旋转运动。任何切削过程必须有一个、也只有一个主运动。

进给运动是由机床或人力提供的运动，它使刀具与工件之间产生附加的相对运动，加上主运动，即可不断地或连续地切除切削，并得出具有所需几何特性的已加工表面。

2. 切削要素

切削要素包括切削用量要素和切削层几何参数。要深入了解切削过程，必须分析切削用量要素和切削层几何参数。下面用车削加工为例来介绍这些要素。

(1) 切削用量要素　车削加工时形成三种表面，如图11－1所示，分别为待加工表面、已加工表面和过渡表面。这样就涉及到三个基本参数，即切削速度、进给量和背吃刀量。

① 切削速度：切削加工时，切削刃上选定点相对于工件主运动的瞬时速度称为切削速度，用 v_c 来表示，单位为 m/s。

若主运动为旋转运动，切削速度一般为其最大的线速度，计算公式如下

$$v_c = \pi D n / 1000$$

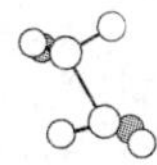

式中：D——工件或刀具的直径，mm；

n——工件或刀具的转速，r/s 或 r/min。

② 进给量：刀具在进给运动方向上相对于工件的位移量称为进给量。用单齿刀具（如车刀、刨刀等）加工时，进给量常用刀具或工件每转或每行程刀具在进给运动方向上相对工件的位移量来度量，称为每转进给量或每行程进给量，以 f 表示，单位为 mm/r。见图 11-1。

③ 背吃刀量：在通过切削刃上选定点并垂直于该点主运动方向的切削层尺寸平面中，垂直于进给运动方向测量的切削层尺寸，称为背吃刀量，见图 11-1，单位为 mm，用符号 a_p 表示。对于车削而言，背吃刀量就是已加工表面与待加工表面的垂直距离，计算公式如下

$$a_p=(D-d)/2$$

式中：D——工件待加工表面直径，mm；

d——工件已加工表面直径，mm。

（2）切削层几何参数　切削层是指切削过程中，由刀具切削部分的一个单一动作所切除的工件材料层，如车削时工件转一周，车刀主切削刃移动的一段距离。切削层决定了切屑的尺寸及刀具切削部分的载荷。切削层的尺寸和形状，通常是在切削层尺寸平面中测量的，如图 11-1 所示。切削层参数包括切削层公称宽度 b_D、切削层公称厚度 h_D 和切削层公称横截面积 A_D。

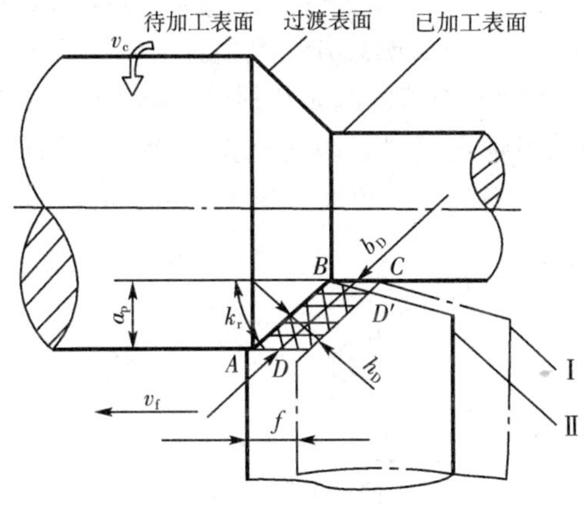

图 11-1　车削加工切削要素

二、刀具几何形状和刀具材料

金属切削刀具种类繁多，形状各不相同，但其结构与功能相近。现以外圆车刀为例分析如下。

1. 刀具几何形状

（1）车刀切削部分的组成　车刀切削部分由三面、两刃、一尖组成，如图 11-2 所示。

① 前刀面：刀具上切屑流过的表面，也称前面。

② 主后面：切削时刀具上与工件加工表面相对的表面。

③ 副后面：切削时刀具上与工件已加工表面相对的表面。

④ 主切削刃：前刀面与主后刀面的交线。

⑤ 副切削刃：前刀面与副后刀面的交线。

⑥ 刀尖：主切削刃与副切削刃相交而形成的一部分切削刃，它不是一个几何点，而是具有一定圆弧半径的刀尖。

(2) 车刀切削部分的主要角度及选择　为确定上述刀面和切削刃的空间位置，引入静止状态下的辅助平面，如图 11－3 所示。

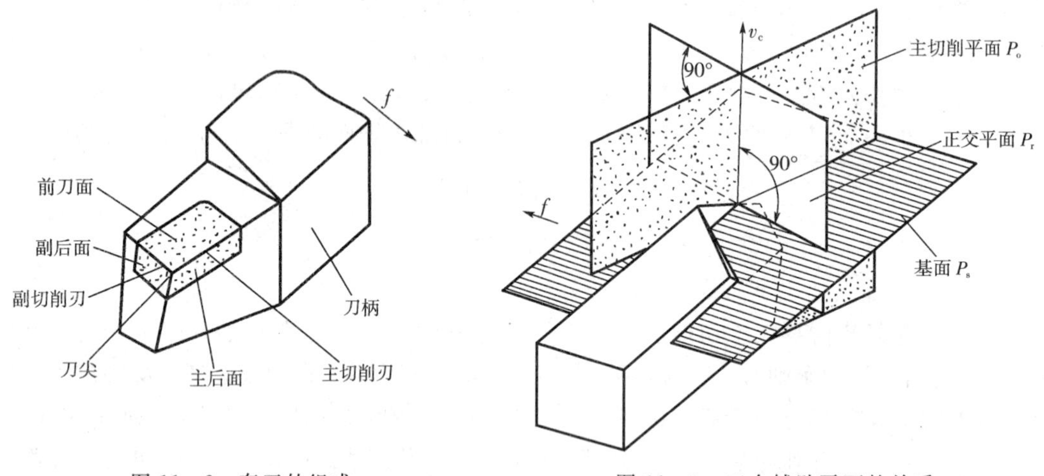

图 11－2　车刀的组成　　　　图 11－3　三个辅助平面的关系

① 基面：过切削刃选定点的平面，它平行或垂直于刀具在制造、刃磨及测量时适合于安装或定位的一个平面或轴线。一般来说其方位要垂直于假定的主运动方向，用“P_r”表示。

② 主切削平面：通过主切削刃选定点与主切削刃相切并垂直于基面的平面，用“P_s”表示。

③ 正交平面：通过切削刃选定点同时垂直于基面和切削平面的平面，用“P_o”表示。

(3) 车刀的主要角度　车刀的主要角度如图 11－4 所示。

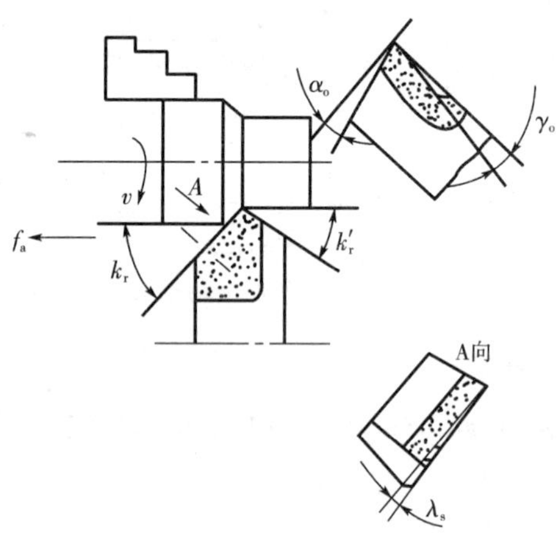

图 11－4　车刀的主要角度

① 前角 γ_0：前面与基面间的夹角，在正交平面中测量，有正、负和零值之分，表示前刀面的倾斜程度。增大前角，则刀刃锋利，切屑易流出，切削力小，切削时省力。但前角过大，刀刃强度降低。当工件硬度较低、塑性较好或在精加工时，前角可取大些，反之取小些。

② 后角 α_0：后面与切削平面间的夹角，在正交平面中测量。表明主后面对主切削平面的倾斜程度，增大后角可减少刀具主后面与工件之间的摩擦，后角太大，刀刃强度降低。粗

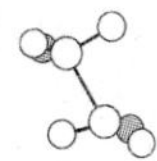

加工时一般取 6°～8°，精加工时可取 10°～12°。

③ 主偏角 κ_r：主切削刃在基面上的投影与进给方向之间的夹角。在基面中测量。增大主偏角，可使进给力加大，径向切削力减小，振动减小，但刀具磨损快，散热能力下降。主偏角一般在 45°～90°之间选取。

④ 副偏角 κ_r'：副切削刃在基面上的投影与进给方向之间的夹角。在基面中测量。增大副偏角，可减小副切削刃与工件已加工表面之间的摩擦，改善散热条件，但表面粗糙度增大，副偏角一般在 5°～10°之间选取，粗加工时选大些，精加工时可取小些。

⑤ 刃倾角 λ_s：主切削刃与基面间的夹角。在主切削平面中测量。刃倾角为正值时，切屑向待加工表面流出，防止切屑划伤已加工表面，但刀体强度降低；刃倾角为负值时，切屑向已加工表面流出，可能会划伤已加工表面，但刀体强度提高；通常粗车时，刃倾角 $\lambda_s=-10°\sim-5°$，精车时 $\lambda_s=0°\sim4°$。

2. 刀具材料

在切削加工过程中，刀具的切削部分承受着冲击、振动、较高的温度和应力、剧烈的摩擦等。因此刀具材料必须具备高的硬度和耐磨性、高的耐热性、足够的强度和韧性以及良好的工艺性和经济性等。

常用的刀具材料分为碳素工具钢、合金工具钢、高速钢、硬质合金、陶瓷和超硬材料等。机械制造中，应用最广的刀具材料是高速钢和硬质合金。

第二节　金属切削过程中的物理现象

金属切削过程是刀具与工件间相对作用又相对运动的过程。金属切削过程中的变形现象、力现象、热现象和刀具磨损现象等，对加工质量、生产率和生产成本都有重要意义。

一、变形现象

金属的切削过程，其实质是工件在刀具作用下产生塑性变形的过程。金属塑性变形是金属切削过程中各种物理现象的根源。当切削层金属受到前刀面挤压时，其内部应力和应变逐渐增大，在与作用力大致成 45°角的方向上，当切应力的数值达到屈服点时，将产生滑移，如图11-5所示。随着刀具连续切入，原来处于始滑移面OA上的金属向刀具靠近，当滑移

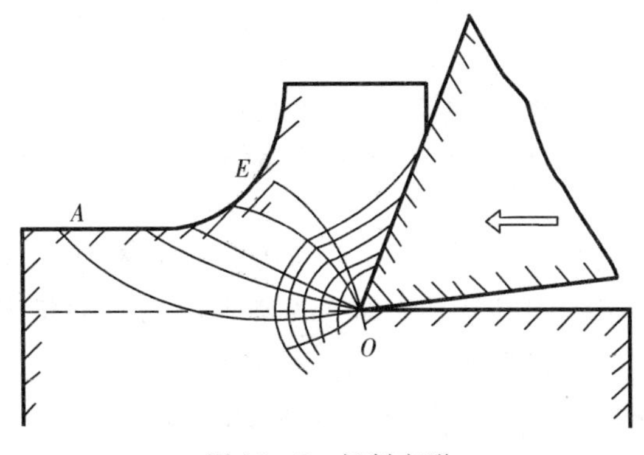

图 11－5　切削变形

过程进入终滑移面 OE 位置时，应力达到最大值，当超过材料的强度极限时，材料被挤裂。超过 OE 面后，切削层脱离工件，由于金属材料的组织性能和切削条件不同，从而形成不同类型的切屑，如图 11-6 所示。

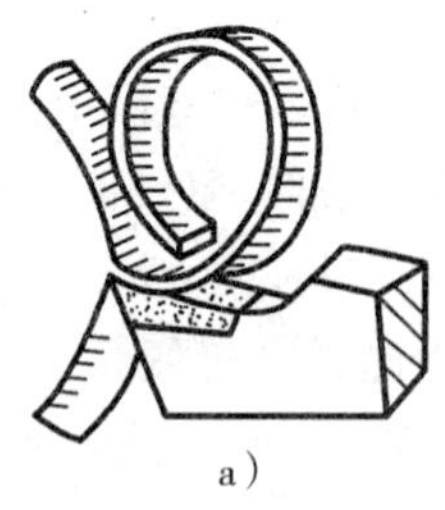
a)

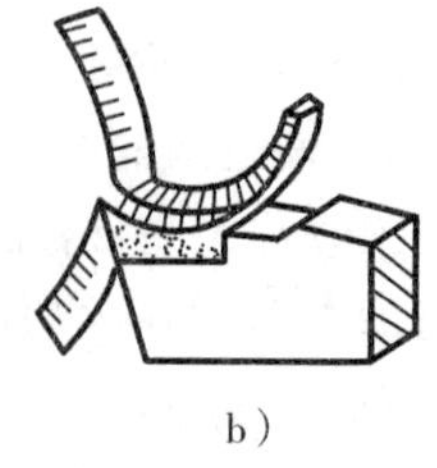
b)

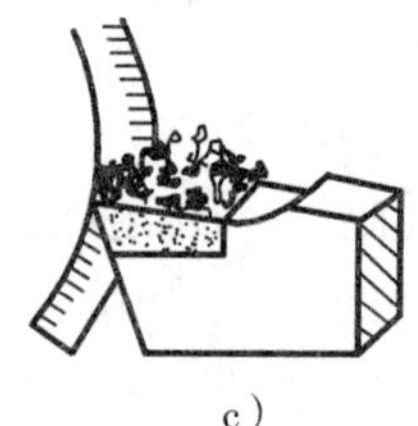
c)

图 11-6 切屑类型

a)带状切屑 b)节状切屑 c)崩碎切屑

切削塑性材料时，由于切屑底面与前刀面的挤压和剧烈摩擦，会使切屑底层的流动速度低于其上层的流动速度，形成滞流层。当滞流层金属与前刀面之间的摩擦力超过切屑本身分子间结合力时，滞流层的一部分新鲜金属就会粘结在刀刃附近，形成一个硬块，称为积屑瘤，如图 11-7 所示。

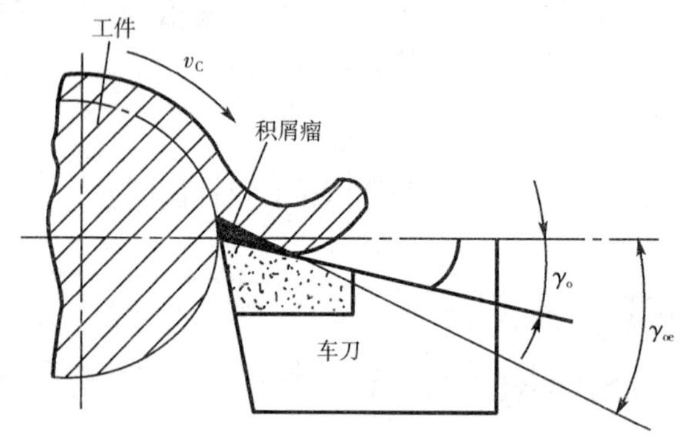

图 11-7 积屑瘤

积屑瘤经历了冷变形强化过程，其硬度远高于工件的硬度，从而有保护刀刃和减少刀具磨损的作用。但积屑瘤长到一定高度会破裂，又会影响加工过程的稳定性。积屑瘤还会在工件加工表面上划出不规则的沟痕，影响表面质量。因此粗加工时产生积屑瘤有一定益处，而精加工时必须避免积屑瘤的形成。生产实践表明，高速或低速切削不易形成积屑瘤。

二、力现象

在切削加工时，刀具上所有参与切削的各切削部分所产生的切削力的合力，称为刀具的总切削力。用符号 F 表示。在进行工艺分析时，常将总切削力 F 分解为三个相互垂直的分力，如图 11-8 所示。

总切削力 F 在主运动方向上的正投影，称为切削力，用符号 F_c 表示。切削力大小约占总切削力的 90%以上，一般消耗机床功率的 95%以上，它是计算机床功率、设计主运动传动系统零件、夹具强度和刚度的主要依据。

总切削力 F 在进给运动方向上的正投影，称为进给力。用符号 F_f 表示。进给力一般只消耗机床功率的 1%～5%，它是设计进给运动传动系统零件的主要依据。

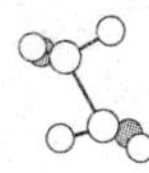

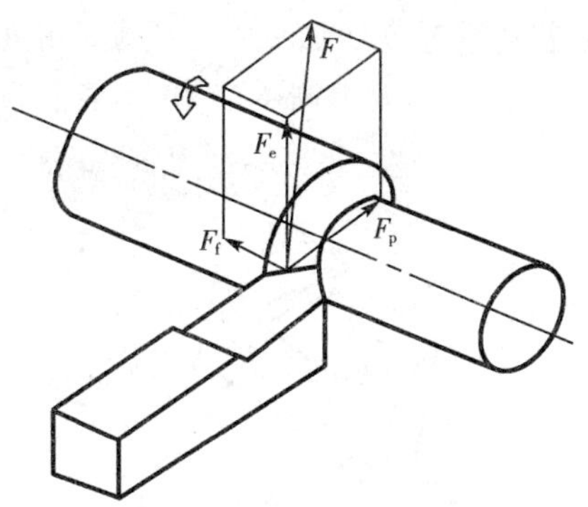

图 11-8　总切削力的分解

总切削力 F 在垂直于工作平面上的分力，称为背向力，用符号 F_P 表示。背向力不做功，但会使工件产生弹性弯曲，引起振动，影响加工精度和表面粗糙度。

工件材料的成分、组织和性能是影响切削力的主要因素。金属材料的强度、硬度越高，则变形抗力越大，切削力 F_c 也越大。对于强度、硬度相近的材料，若塑性、韧性较好，则变形较严重，需要的切削力也较大。刀具角度中前角对切削力的影响最大。较大的前角使刃口锋利，有利于切削力下降。切削用量对切削力有影响，主要表现为背吃刀量和进给量的影响，背吃刀量增加一倍，会使切削力增加一倍。而进给量增加一倍时，由于切削变形沿切削层厚度不均匀分布，切削力增加了 68%～86%。

三、热现象

在切削过程中，由于变形和摩擦等产生的热称为切削热。切削热会使工件产生热变形，影响加工精度和刀具寿命。切削热的产生与扩散影响着切削区域的温度。切削区域的平均温度称为切削温度。切削温度过高是刀具迅速磨损的主要原因。

工件材料的成分、组织和性能是影响切削温度的重要因素。金属材料的强度、硬度越高，切削加工时产生的切削热越多，切削温度也高。对于强度、硬度相近的金属材料，塑性、韧性较好的金属材料在切削时塑性变形较严重，产生的切削热较多，切削温度也较高。在刀具角度中，前角和主偏角对切削温度的影响较大。一般来说，较大的前角使切削温度降低。主偏角减小使主切削刃工作长度增加，改善了刀具的散热条件，使切削温度下降。增大切削用量，产生的切削热相应地增多，切削温度相应升高。但是切削速度、背吃刀量和进给量对切削温度的影响是不同的。切削速度的影响最大，背吃刀量的影响最小。从降低切削温度的角度考虑，应优先考虑采用大的背吃刀量和进给量，最后确定合理的切削速度。

四、刀具磨损现象

在切削过程中，刀具与工件相互作用的结果是在工件上形成已加工表面，而刀具的切削部分则遭到磨损，刀具磨损超过允许值后，必须进行刃磨，否则会产生振动，使工件的加工质量降低。刀具正常磨损时，按磨损部位不同，可分为后刀面磨损、前刀面磨损和前刀面与后刀面同时磨损三种形式，如图 11-9 所示。

在实际生产中，不可能经常测量刀具磨损的程度，而是规定刀具的使用时间。刀具两次刃磨之间实际切削的时间，称为刀具耐用度。影响刀具耐用度的因素主要是工件和刀具材料、刀具角度、切削用量以及是否使用切削液等。生产实践表明，随着切削速度的提高，将使刀具磨损加快，耐用度降低。若切削速度增加 20%，刀具耐用度约下降 45%；切削速度增加 100%，刀具耐用度约下降 90%。因此，要提高生产率，不能盲目地提高切削速度，而应考虑增大背吃刀量和进给量。

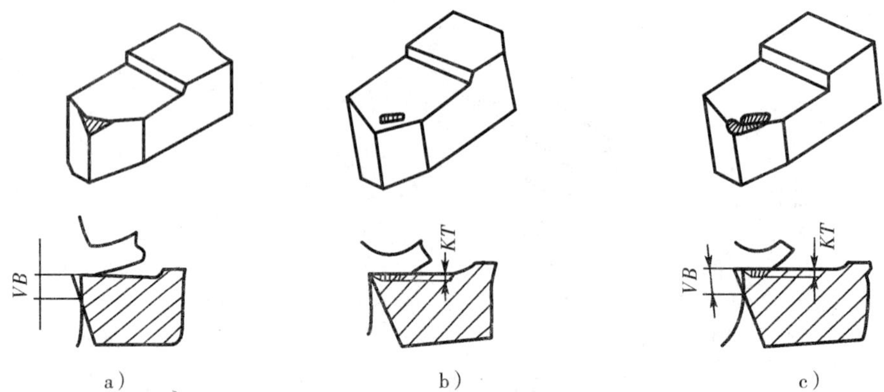

图 11－9　刀具磨损的三种形式

a)后刀面磨损　b)前刀面磨损　c)前刀面与后刀面磨损

思考与练习

11－1　切削运动按其功能可分为几种？

11－2　在工件转速固定、车刀由外向轴心进给时，车端面的切削速度是否有变化？

11－3　试说明下列加工方法的主运动和进给运动。

车端面　车床钻孔　车床车孔　钻床钻孔　镗床镗孔　铣床铣平面

牛头刨床刨平面　龙门刨床刨平面　外圆磨床磨平面

11－4　如何选择刀具的前角、后角和主偏角？

11－5　刀具材料应具备哪些性能？常用刀具材料有哪些？

11－6　何谓切削力？切削用量中对切削力影响最大的因素是哪一个？

11－7　粗加工时为什么允许产生积屑瘤，精加工时为什么要防止积屑瘤产生？

11－8　车刀的切削部分是由哪几部分组成？

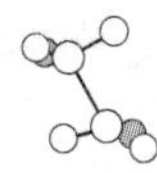

第十二章 切削加工方法及工艺

第一节 车削加工

车削加工是一种最基本和应用最广的加工方法，主要用于回转体零件加工。如图 12-1 所示为卧式车床可完成的主要加工工艺。

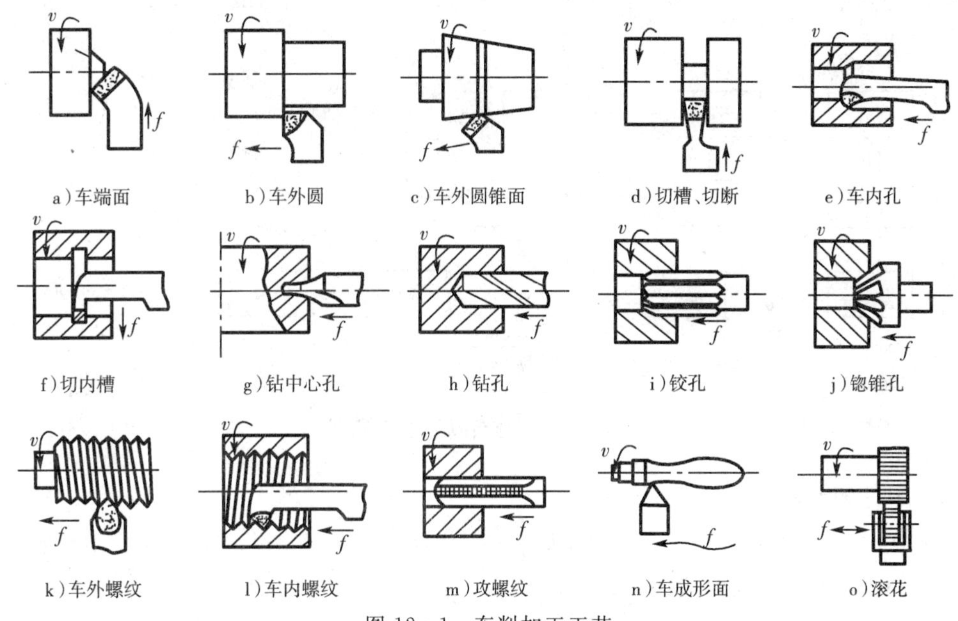

图 12-1 车削加工工艺

一、车床的组成及功用

车床的种类很多，其中 CA6140 型卧式车床应用最为广泛，其组成如图 12-2 所示。

(1) 主轴箱 安装主轴和主轴变速机构，用来实现车床的主运动。

(2) 变速箱 安装变速机构，可调整主轴变速范围。

(3) 进给箱 安装作进给运动的变速机构。

(4) 溜板箱 安装作横向运动的传动元件并连接拖板和刀架。

(5) 尾架 安装尾架套筒和顶尖。

(6) 床身 用来安装和连接各个部件。

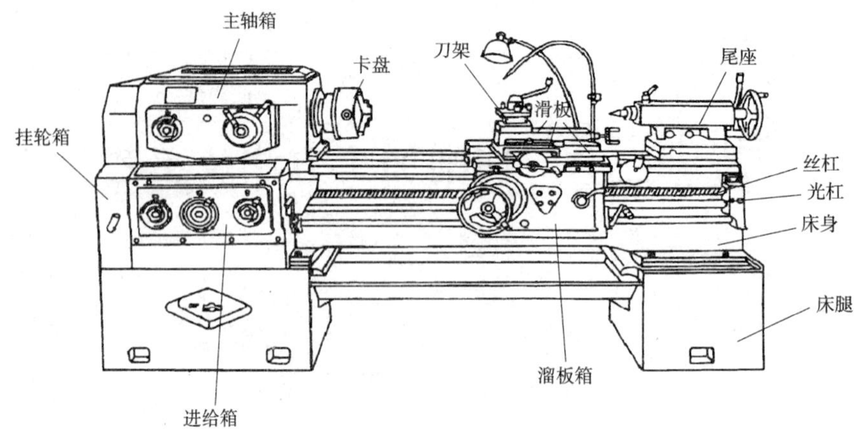

图 12-2 CA6140 型卧式车床

二、车床传动系统

车床传动系统主要由主运动传动系统和进给运动传动系统组成。见图 12-3 为车床传动系统框架图。

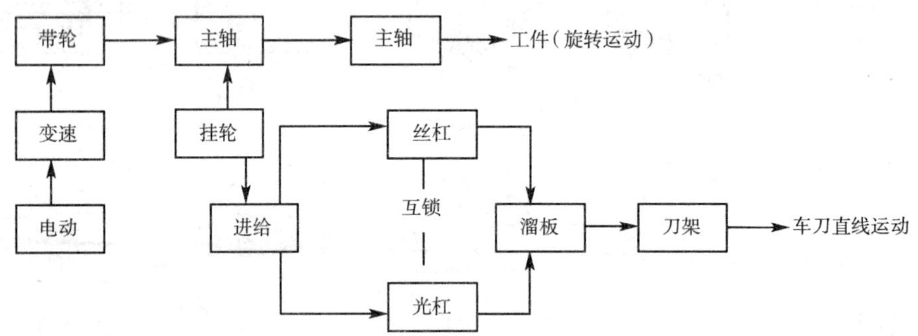

图 12-3 车床传动系统框架图

三、工件的安装

由于工件的尺寸和形状各不相同,所以必须使用专门的装夹机构,才能将工件装夹在机床上,常使用的夹具有卡盘、顶尖、心轴、中心架、跟刀架等。

(1) 卡盘 卡盘是应用最广泛的普通车床夹具。用于装夹轴类、盘套类工件。卡盘分为三爪卡盘、四爪卡盘和花盘等,如图 12-4 所示。

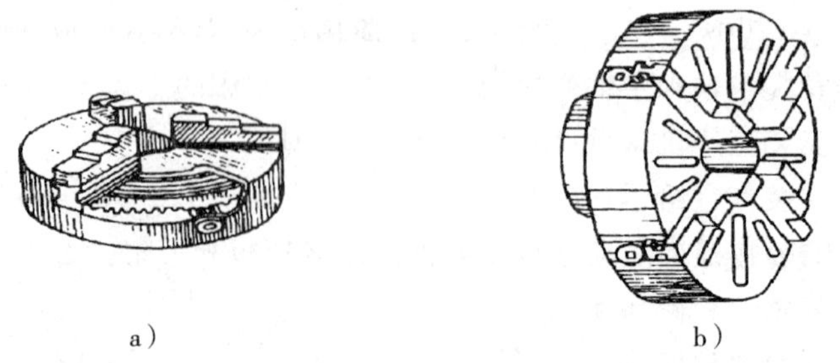

图 12-4 卡盘

a)三爪自定心卡盘 b)四爪单动卡盘

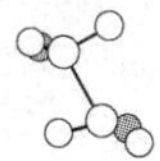

三爪卡盘可自动定心，不需找正，装夹迅速，但夹紧力小，适于装夹外形规则的中小型工件；四爪卡盘的四个爪可单独径向移动，夹紧力大，但安装工件时需找正，适于装夹毛坯和几何形状不规则的工件；花盘适用于装夹加工表面与定位基面相垂直的不规则工件。

(2) 顶尖 在车床上加工实心轴类零件时，常使用顶尖装夹工件，装在主轴上的顶尖称为前顶尖，装在尾座上的顶尖称为后顶尖。后顶尖又分为死顶尖和活顶尖两种。死顶尖定位准确，加工精度高，易磨损；活顶尖与工件一起旋转，不会磨损，但装配误差大，加工精度低。

(3) 心轴 在车床上加工带孔的盘套类工件的外圆和端面时，先把工件装夹在心轴上，再把心轴装夹在两顶尖之间。

(4) 中心架和跟刀架 当加工长径比为 $L/D \geqslant 10$ 的细长轴类零件时，除用顶尖安装工件外，还需要用中心架和跟刀架作辅助支承。中心架多用于加工阶梯轴，跟刀架常用于精车或半精车丝杠和光杠等工件。

四、基本车削工艺

(1) 车外圆 车外圆是常见的加工方法，分为粗车、半精车和精车。粗车后的尺寸公差等级为 IT13～IT11，表面粗糙度 R_a 值达 50～12.5μm；半精车后尺寸公差等级为 IT10～IT9，表面粗糙度 R_a 值达 6.3～3.2μm；精车后的尺寸公差等级为 IT7～IT6，表面粗糙度 R_a 值达 1.6～0.8μm。轴上的台阶面可在车外圆时同时车出，台阶高度在 5mm 以下时，可一次车出，台阶高度在 5mm 以上时分层切削。

(2) 车端面 端面常作为长度尺寸的基准，一般应首先加工，车端面时常用卡盘装夹工件，刀具常用偏刀或弯头车刀作横向进给。

(3) 车槽和切断 车槽时，刀具作横向进给可加工回转体内、外表面上的沟槽。车槽至极限深度就称为切断。

(4) 车圆锥面 圆锥面的形成是通过车刀相对于工件轴线斜向进给实现的。通常采用尾座偏移法、小滑板转位法和靠模法等。

(5) 车螺纹 车螺纹时，为了获得准确的螺距，必须用丝杠带动刀架进给，使工件每转一周，刀具移动的距离等于工件螺纹的导程。螺纹的牙形由螺纹车刀的刃磨质量和安装质量保证；螺距由调整传动系统的配换齿轮的齿数保证；螺纹的中径则根据工件螺纹牙高，通过横向进给刻度盘，控制背吃刀量来保证。

第二节 其他常用机床及其加工

一、铣削加工

铣削加工是在铣床上利用铣刀的旋转运动和工件的移动来加工工件的。铣削加工精度一般可达 IT9～IT8，表面粗糙度 R_a=6.3～1.6μm。铣床的加工范围很广，在铣床上利用各种铣刀可加工平面、沟槽和成形表面等，有时钻孔、镗孔也可以在铣床上进行。具体应用如图 12-5 所示。

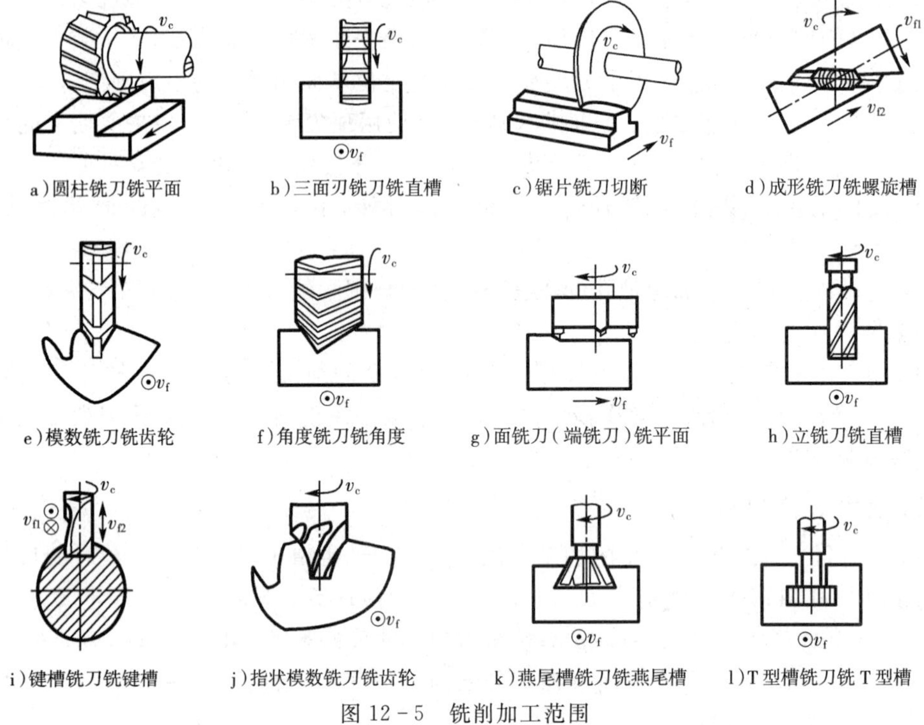

图 12－5　铣削加工范围

1. 铣床

铣床的种类很多，最常用的是卧式升降台铣床和立式升降台铣床，现简要介绍卧式万能铣床。图 12－6 为卧式万能铣床的外形图，它的特点是主轴是水平布置的，机床各组成部分及功用如下：

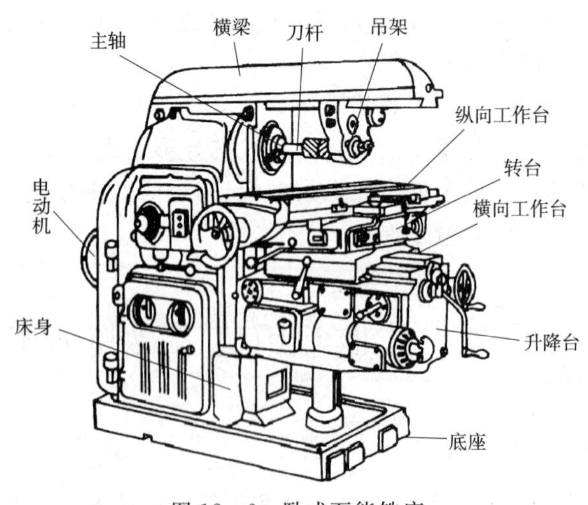

图 12－6　卧式万能铣床

（1）床身　它是铣床的基础部分，用来安装和连接其他部分。前面有垂直燕尾形导轨，供升降台上下移动所用，床身的顶部有水平燕尾形导轨，用来安装横梁，后面装有电机，内部装有主轴及变速传动机构。

（2）横梁　安装在床身的上面，外端可安装吊架，用来支承刀杆，以增加刀杆的刚性，横

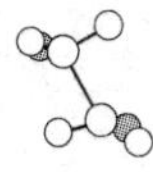

梁可沿床身顶部的水平导轨移动,松开床身侧面的螺母,可以调整横梁的伸出长度,拧紧螺母可把横梁固定在床身上。

(3) 主轴　它是一根空心轴,前端有锥度为 7∶24 的精密锥孔,用来安装铣刀刀杆并带动铣刀旋转。

(4) 工作台　它可以沿转台上面的导轨作纵向移动,以带动台面上的工件作纵向进给。

(5) 横向溜板　它位于升降台上面的水平导轨上,可带动工作台一起作横向移动,以实现横向进给。

(6) 转台　它的作用是将工作台在水平面内转动一个±45°以内的角度,以便铣削螺旋槽。

(7) 升降台　它是工作台支座,位于转台、横向溜板的下面,并能带动它们沿床身的垂直导轨移动,以调整工作台台面到铣刀间的距离。

卧式万能铣床的用途较广,若将横梁移到床身后面,安装上立铣头附件,也能当作立式铣床使用。

2. 铣床附件

铣床附件很多,主要有平口钳、回转工作台、万能分度头和万能铣头等。

(1) 回转工作台　又称转盘或圆形工作台。其外形如图 12-7 所示。它的内部有一套蜗杆蜗轮。摇动手轮,通过蜗杆轴,就能直接带动与转台相连接的蜗轮转动。转台周围有刻度,可以用来观察和确定转台的转动角度。拧紧固定螺钉,转台就可固定不动。转台中央有一孔,利用它可以确定工件的回转中心。

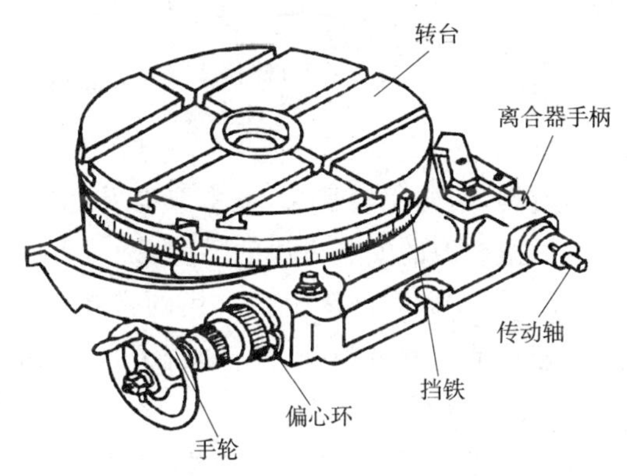

图 12-7　回转工作台

(2) 万能分度头　铣削中常遇到铣四方、六方、齿轮、花键等工作。这时,工件每铣过一个表面之后,需要转过一个角度,再铣下一个表面,这种工作就叫做分度。分度头就是用于分度工作的附件,其中以万能分度头最为常见。其外形与结构如图 12-8 所示。工作时,将分度头固定在铣床的纵向工作台上,并安装固定好工件。分度盘上有多圈数目不同的准确等分的孔,摇动分度手柄,可将工件安装成需要的角度、分度以及铣螺旋槽时实现连续转动工件等。

(3) 万能铣头　万能铣头的结构如图 12-9 所示,其用来扩大卧式铣床的工艺范围。通过铣头内两对圆锥齿轮将铣床主轴的旋转运动传到铣头主轴,因铣头的壳体能在两个互相垂直的平面内回转 360°,可使铣头主轴与工作台台面成任何角度,从而可以完成更多空

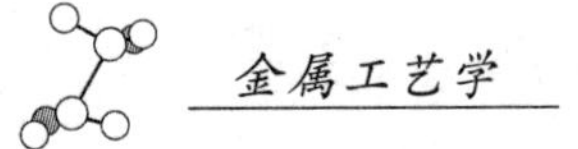

间位置的铣削工作。

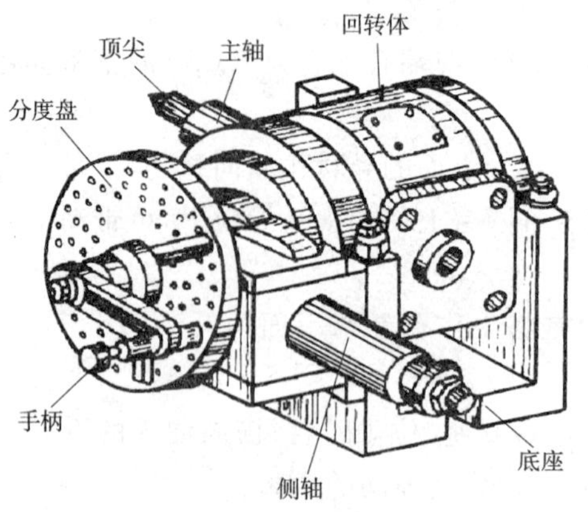

图 12－8　万能分度头

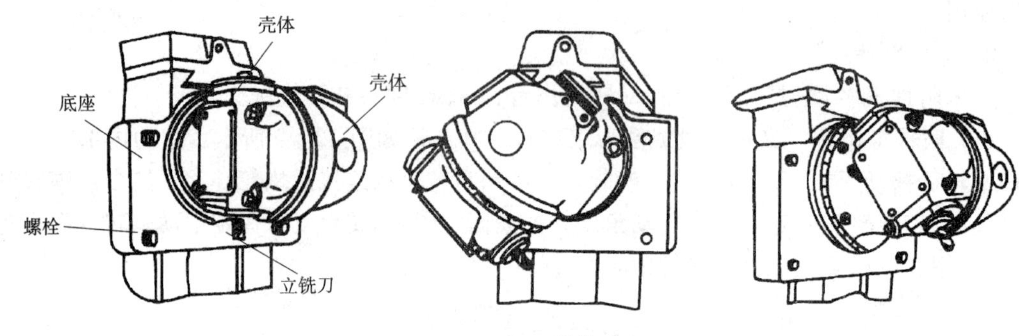

图 12－9　万能铣头

3. 铣刀

铣刀是用于铣削加工的刀具,结构比较复杂,通常具有几个刀齿,每一个刀齿可以看成是一把简单的车刀或刨刀。根据铣刀的安装方法的不同,铣刀可分为带孔和带柄铣刀两类,前者多用在卧式铣床上,后者多用在立式铣床上。常用的带孔铣刀有圆柱铣刀、端铣刀、圆盘铣刀、角度铣刀、成形铣刀等。常用的带柄铣刀有立铣刀、键槽铣刀、T 形槽铣刀、燕尾槽铣刀等。

二、刨削加工

刨削加工是在刨床上用刨刀对工件作水平直线往复运动的切削加工方法,是最普通的平面加工方法之一。刨床的加工范围很广,主要用来加工平面、各种沟槽和成形表面等。图 12－10 所示为刨床上的主要工作。

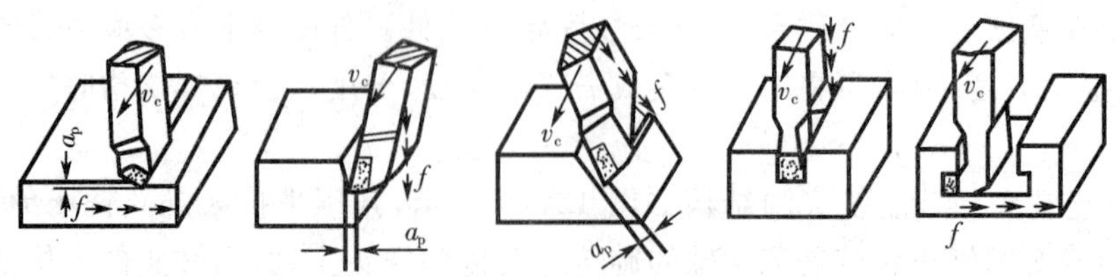

图 12－10　刨床主要工作

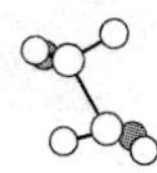

常用刨床有牛头刨床和龙门刨床。图 12－11 所示为牛头刨床外形图。

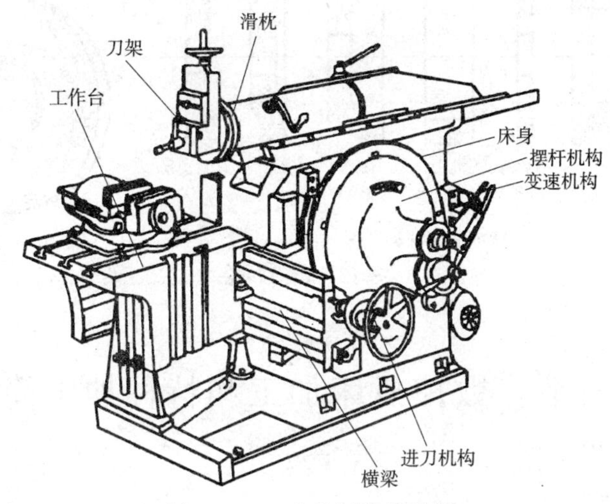

图 12－11 牛头刨床外形图

刨削属断续切削,每个往复行程中刀具切入工件时,受到较大的冲击,影响了刨削的质量;刨削时的直线往复主运动,不仅限制了切削速度的提高,而且空行程又显著降低了切削效率。目前刨削多用于单件小批量生产。刨削加工的尺寸精度一般可达 IT9～IT8,表面粗糙度一般可达 R_a＝12.5～1.6μm。

三、磨削加工

磨削加工是在磨床上以砂轮作刀具,对工件进行切削加工,主要用于工件的精加工。通常磨削加工精度可达 IT7～IT5,表面粗糙度一般可达 R_a＝0.8～0.2μm。

磨床的种类很多,最常用的是万能外圆磨床和卧轴矩台式平面磨床等。如图 12－12 所示为万能外圆磨床的外形与结构图。

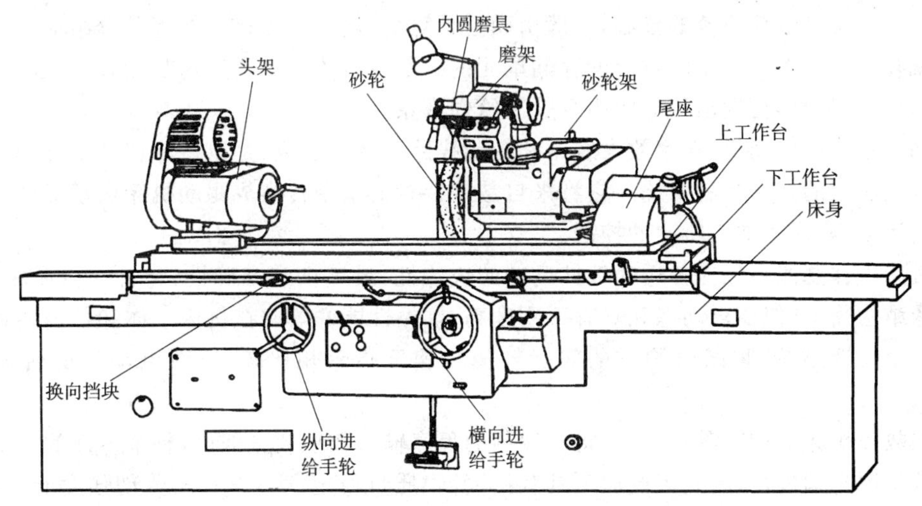

图 12－12 万能外圆磨床

砂轮是磨削的切削工具,它是利用结合剂把磨粒粘结在一起经焙烧而成的具有一定几何形状的多孔体,如图 12－13 所示。

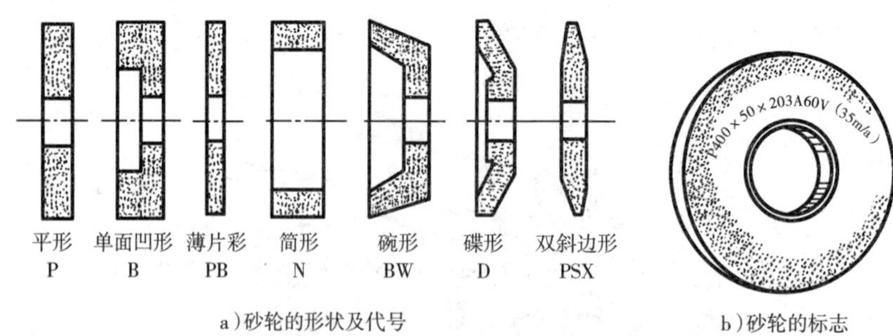

a)砂轮的形状及代号　b)砂轮的标志

图 12-13　砂轮

第三节　数控机床加工和特种加工简介

一、数控机床加工

数控技术、计算机技术和成组技术是当代机械制造业正在兴起的三大技术。数控机床就是利用数控技术，通过一定格式的指令代码和数控装置来实现自动控制的机床。

数控加工是根据被加工零件图样及工艺要求，编制成以数码表示的程序，输入到数控装置中，来控制工件和刀具的相对运动，加工出合格零件的方法。

数控机床一般由输入介质、数控装置、伺服系统和机床主体四部分组成。通常将不包括机床在内的其余各组成部分统称为数控系统。

零件的加工程序必须按规定的指令代码的格式书写，以一定的方式记录下来并输入到机床的数控装置中。记录程序所用的信息载体，称为输入介质。常用的输入介质有穿孔纸带、数据磁盘或软磁盘。如果程序比较简单，也可以通过机床操作面板上的手动数据输入键盘，直接将程序输入机床的数控装置中。

数控装置是数控系统的核心，一般由微型计算机、输入输出接口板等部分组成。输入的程序就存储在数控装置中所对应的存储单元内。数控装置的主要用途是接收输入的加工信息，并处理和运算，再发出相应的指令脉冲给伺服系统。

伺服系统由电动机、功率放大线路和控制线路等部分组成，是以机床移动部件的位置和速度为控制量的自动控制系统。它将来自数控装置的指令转换成驱动机床运动部件的各个方向的运动，实现对加工轨迹的控制。

机床主体要能够保证各运动部件运动的快速性、灵敏性和准确性，与普通机床相比，数控机床结构简单，但要求动态和静态下刚度高，抗振性能好等。在机床主体和数控装置之间还有一个反馈系统，将随时测量的实际转速与速度指令相比较，以对电动机的转速及时修正。

在数控机床上加工零件，只需将所编制的程序输入数控装置即可，整个零件的加工过程几乎按程序自动进行，因此数控加工具有精度高、质量稳定、生产率高、劳动强度低的特点，适用于多品种小批量、精度要求高、结构复杂零件的加工。

二、特种加工

特种加工是相对于传统加工而言的，其加工过程不是主要依靠机械能，而是利用电、光、

声、热等能量或与机械组合的形式去除工件上多余材料的加工方法。常用的有电火花加工、线切割加工、激光加工、超声波加工等。

(1) 电火花加工　电火花加工是指在一定的介质中，通过工具电极和工件电极之间脉冲放电的电腐蚀作用对工件进行的加工。电火花加工能对任何导电材料加工而不受被加工材料强度和硬度的限制。它可以用于穿孔、型腔加工、切割加工、表面强化等，且加工精度高，多用于模具生产中。

(2) 线切割加工　线切割加工实质上是电火花加工方法的一种，它通常以直径为0.02～0.3mm的钼丝为工具电极，对工件进行切割加工。加工时金属丝为一极，工件为一极，当两极靠近时，在两极间产生放电作用，高温下使放电点的金属局部熔化或气化。它可加工形状复杂、精度要求高的零件，如样板、凸轮等，切割精度可达0.02～0.01mm，表面粗糙度一般可达$R_a=1.6\mu m$。

(3) 激光加工　激光加工是利用功率密度极高的激光束使工件被加工部位瞬间熔化或蒸发，从而对工件进行穿孔、刻蚀、切割等加工，这种方法称为激光加工。激光加工生产率高，热影响区和热变形小，能加工微孔，最小孔径达0.001mm，孔的深径比达50～100。

(4) 超声波加工　超声波加工是利用超声波发生器产生的超声波使工件与工具间悬浮液中的磨粒发生振动，冲击和抛磨工件被加工部位，使局部材料破碎成粉末，以进行穿孔、切割、研磨等的加工方法。超声波加工主要用于加工硬脆材料的圆孔、型孔、异型孔和套料等，也用于切割和清洗。

第四节　机械加工工艺过程的基础知识

在实际生产中，由于零件的结构形状、尺寸精度、形位精度、技术条件和生产数量等要求不同，因此对于某一个零件，往往不是在一种机床上用某一种加工方法就能完成，而是要经过一定的加工工艺过程才能完成。如何根据零件的形状、尺寸、技术要求和设备情况来选择适当的加工方法，合理地安排加工工序，正确地制定零件的加工工艺，将直接影响到产品的质量、成本和生产率。

一、机械加工工艺过程

一个零件完整的工艺过程往往是在不同的机床上采用各种不同的加工方法逐步完成的。机械加工工艺过程还可细分为工序、工步、走刀等各个加工层次，现分述如下：

1. 工序

工序是指一个或一组工人在一个工作地，对同一个或同时对几个工件所连续完成的那一部分工艺过程。工序是工艺过程的基本组成部分，也是安排生产计划的基本单元。划分工序的主要依据是加工过程中工作地点是否改变和工作是否连续。例如，如图12－14a所示零件，四个小孔需要进行钻孔和扩孔。如果一批工件中的每一个都是在同一台钻床上连续完成先钻孔后扩孔的加工操作，则钻孔、扩孔加工属于同一个工序。如果将全批工件都依次先进行钻孔，然后再依次进行扩孔，因对其中任何一个工件来说，其钻孔和扩孔这两种加工虽是在同一部机床上完成的，但不是连续进行的，故这样的钻孔和扩孔应分别属于两个不同的工序。

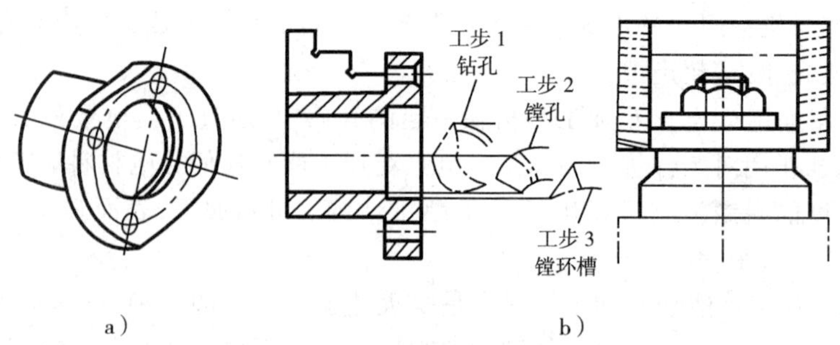

图 12－14　工艺过程的组成

2. 工步

在一个工序内，加工表面、加工工具、转速和进给量都不变的情况下所连续完成的那部分工序。以上因素中任一改变后即成为新的工步。例如，如图 12－14b 所示，在加工中间大孔的工序中，就包括钻孔、镗孔和镗环槽三个工步。工步是工序的基本组成部分。

为提高生产率，常常用几把刀具同时加工几个表面，这样的工步称为复合工步。复合工步在工艺规程中可列为一个工步。

3. 走刀

同一工步中，若加工余量大等原因，需分几次切除，则每一次切削，称为一次走刀。一个工步可包括一次或几次走刀。

4. 安装

工件（或装配单元）经一次装夹后所完成的那一部分工序，称为安装。在同一工序中，工件可能要经过几次安装。加工中应尽量减少安装次数，以减少安装误差和节省辅助时间。为了减少安装次数，常采用回转夹具、回转工作台和其他移位夹具，使工件在一次安装中先后处于几个不同的位置进行加工。

5. 工位

为完成一定的工序部分，一次装夹工件后，工件（或装配单元）与夹具或设备的可动部分一起相对刀具或设备的固定部分所占据的每个位置，称为工位。工件每安装一次至少有一个工位。生产中常采用多工位加工方法，可以提高加工精度和生产率。

通常将工艺过程中的工序、安装、工步等填在工艺卡片上。工艺卡片没有统一的格式，各工厂根据实际情况可自行确定。

二、工件的装夹

工件在进行机械加工之前，必须准确可靠地装夹在机床上。使工件在机床上或夹具中占据正确位置的过程，称为定位。工件定位后，为使它在切削力或其他力的作用下，始终保持正确的位置，还需将它夹牢或压紧，这就是夹紧。定位和夹紧是两个不同的概念，一般是先定位后夹紧，但也有定位和夹紧同时完成的，例如三爪卡盘、弹簧卡头等夹持工件。将工件在机床上或夹具中定位、夹紧的过程称为工件的装夹。

工件装夹的正确与否，直接影响加工精度，关系到产品质量，工件装夹是否方便和迅速，直接影响生产率及工件的成本。

1. 工件的装夹方式

随着批量、加工精度、工件大小的不同，工件的装夹方法也不同。归纳起来大致可分为

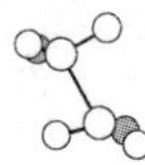

直接装夹法和利用专用夹具装夹法两类。

(1) 直接装夹法　工件直接装夹在机床工作台或通用夹具(如三爪卡盘、四爪卡盘、平口钳、电磁吸盘等标准附件)上,有时不另行找正即夹紧工件,例如利用三爪卡盘或电磁吸盘来装夹工件;有时则需要根据工件上某个表面或划线找正工件,再行夹紧,例如在四爪卡盘或机床工作台上装夹工件。

直接装夹法装夹工件时,找正比较费时,且定位精度的高低主要取决于所用工具或仪表的精度以及工人的技术水平。由于其定位精度不易保证,加之生产率不高,所以通常适用于单件小批量生产。

(2) 使用专用夹具装夹法　用专门设计和制造的夹具进行装夹。专用夹具有按加工要求设置的定位元件和夹紧装置,无需找正就可以迅速、准确地装夹工件。专用夹具装夹定位精度一般可达 0.01mm。由于需要专门设计制造夹具,使生产成本增加,所以主要用于成批大量生产中。但对于形状特殊的零件(如连杆、曲轴)或虽为单件小批生产,但产品精度高,采用别的方法难以保证时,也要考虑使用专用夹具装夹。

2. 工件的基准

在零件设计和制造过程中,总要依据一些指定的点、线或面来确定另一些点、线或面的位置,这些作为依据的点、线或面就称为基准。按照基准的作用不同,常将其分为设计基准和工艺基准两大类。

(1) 设计基准　设计时在零件图样上所采用的基准,称为设计基准。如图 12－15 所示轴套的轴线就是各外圆和内孔的设计基准,端面 A 是端面 B、端面 C 的设计基准。

(2) 工艺基准　在制造零件和装配机器的过程中所使用的基准。工艺基准分为装配基准、测量基准和定位基准。它们分别用于零件的装配、工件的测量和工件加工时的定位。

① 装配基准:装配时用来确定零件或部件在产品中的相对位置所采用的基准称为装配基准。图 12－15 所示为轴套内孔就是装配基准。

② 测量基准:测量时所采用的基准,称为测量基准。如图 12－15 所示为轴套内孔是检验 ϕ40mm 外圆径向跳动的测量基准;表面 A 是检验长度 L_1、L_2 的测量基准。

③ 定位基准:加工中用作定位的基准,称为定位基准。如图 12－16 所示,机体在加工 4 孔、5 孔时用底面 3 装夹在夹具上,底面 3 就是定位基准。需要说明的是工件上作为定位基准的点或线,总是用具体表面来体现的,这个表面称为定位基准面。例如孔的轴线是用孔的表面来实现。

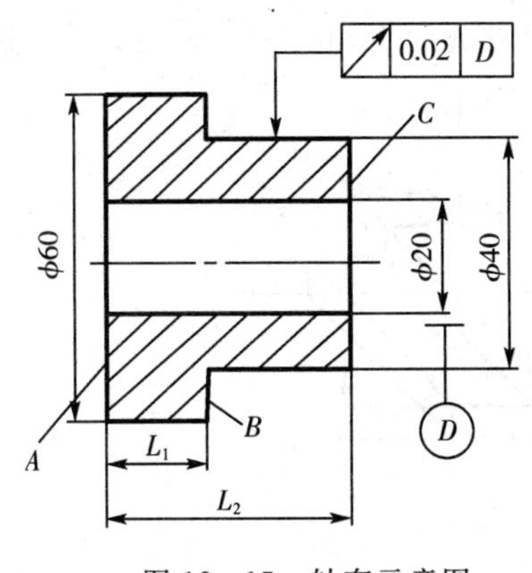

图 12－15　轴套示意图

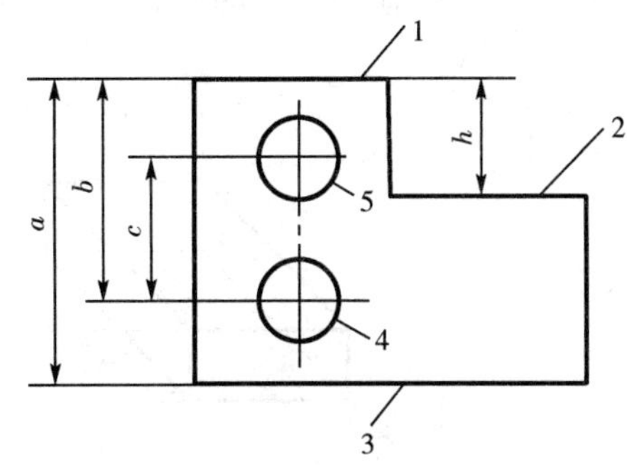

图 12－16　机体示意图

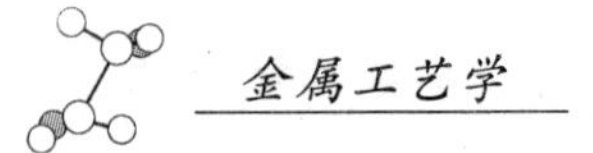

三、工件的定位

在机械加工中，无论采用何种安装方法，都必须使工件在机床或夹具上正确地定位，以保证被加工表面的精度。

1. 工件的六点定位原理

任何一个未受约束的物体，在空间直角坐标系中都具有六个自由度，即沿三个坐标轴的移动自由度 $\vec{x}$、$\vec{y}$、$\vec{z}$ 和绕这三个坐标轴的转动自由度 $\widehat{x}$、$\widehat{y}$、$\widehat{z}$，见图 12－17a。如果用六个按一定规律分布的支承点来限制工件的六个自由度，则工件被完全定位。如图 12－17b 所示的六面体工件平放在 $x0y$ 平面上，相当于三个不共线的支承点 1、2、3 限制了工件的 $\vec{z}$、$\widehat{x}$、$\widehat{y}$ 三个自由度；在 $x0z$ 平面布置两个支承点 4、5，当六面体工件靠紧 $x0z$ 平面时，限制了工件的 $\vec{y}$、$\widehat{z}$ 两个自由度；在 $y0z$ 平面布置一个支承点 6，当六面体工件靠紧 $y0z$ 平面，工件的 $\vec{x}$ 自由度被限制，这就完全限制了六面体工件的六个自由度，因此六面体工件的空间位置完全确定。我们把采用六个按一定规则布置的支承点，来限制工件的六个自由度，实现完全定位，称为工件的六点定位原理。

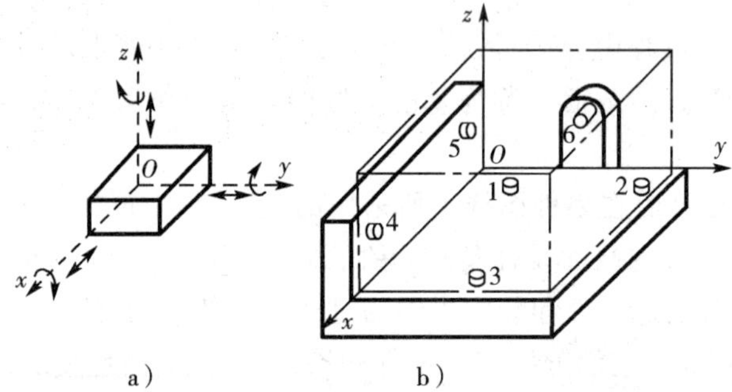

图 12－17　工件的六点定位

在实际应用中，常把接触面积很小的支承钉看作是支承点。但由于工件的形状是千变万化的，用于代替支承点的定位元件的种类也很多，除了支承钉外，常用的还有支承板、长销、短销、长 V 形块、短 V 形块、长定位套、短定位套、固定锥销、浮动锥销等。

2. 完全定位与不完全定位

切削加工时，通常根据六点定位原理将工件安装在机床或夹具上，工件安装时并不是一定要限制 6 个自由度，而且根据加工要求，只限制那些对加工精度有影响的自由度。如图 12-18a所示，在磨削工件上的平面时，影响加工尺寸A的自由度是 $\widehat{x}$、$\widehat{y}$、$\vec{z}$，只需限制三

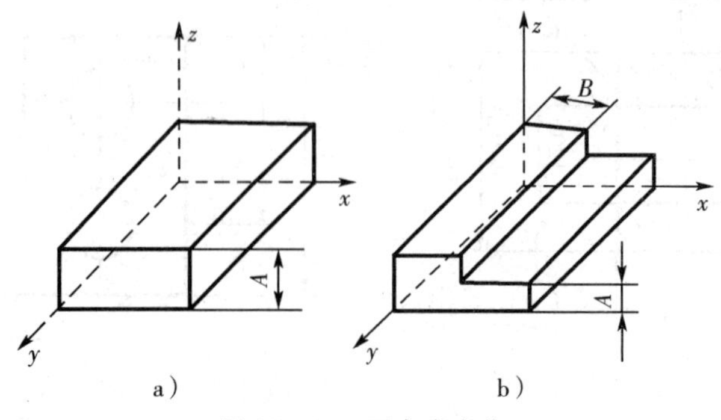

图 12－18　不完全定位

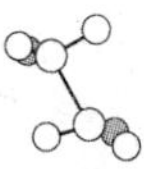

个自由度即可；如图12-18b所示，工件在铣台阶时，影响尺寸A和B的自由度是$\vec{x}$、$\vec{z}$、$\widehat{x}$、$\widehat{y}$、$\widehat{z}$仅需限制五个自由度即可。通常把不需要使用六个支承点的定位称为不完全定位，必须使用六个支承点的定位称为完全定位。

四、夹具简介

夹具是机床上用以装夹工件（和引导刀具）的装置。它对保证加工精度、提高生产率和减轻工人劳动强度有很大作用。

1. 夹具的分类

夹具的分类方法很多，一般按夹具的用途分类，大致可分为下列两大类。

（1）通用夹具　指已经标准化的、不需特殊调整就可用于加工同一类型、不同尺寸工件的夹具。如车床上的三爪或四爪卡盘，铣床上的平口钳、万能分度头、回转工作台，平面磨床上的电磁吸盘等。通常这类夹具作为机床附件，由专门工厂制造供应，它们的适应性较强，成本较低，但加工工件时，生产率较低，故广泛用于单件、小批生产中。

（2）专用夹具　是指为加工某一零件的某一工序而专门设计和制造的夹具，它没有通用性。利用专用夹具加工工件时，具有操作方便、生产率较高、加工精度易于保证等特点，但夹具的设计、制造、维修费用较高，所以主要适用于定形产品的成批和大量生产。

此外，还根据夹紧力的力源不同，将夹具分为手动夹具、气动夹具、液压夹具、电磁电动夹具、真空夹具等。

2. 夹具的组成

机床夹具的用途和种类各不相同，结构各异，但其主要组成可分为以下几个部分。

（1）定位元件　夹具上用来确定工件正确位置的零件，如图12－19所示定位销2。夹具中常用的定位元件有平面定位用的支承钉和支承板，外圆定位用的V形块和定位套筒，内孔定位用的心轴和定位销等。

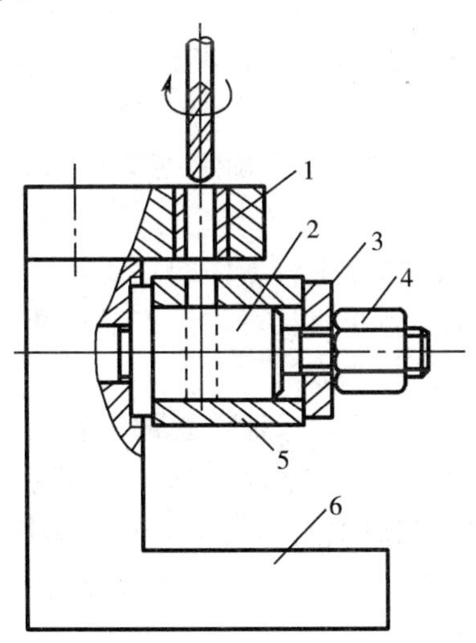

图12－19　钻夹具

1—钻套　2—定位销　3—开口垫圈　4—螺母　5—套筒形工件　6—夹具体

（2）夹紧机构　用于将工件压紧夹牢，加工中保持工件的正确位置，同时防止或减少振动等作用的机构。一般夹紧工件用的垫圈、螺杆、螺母、压板等都是夹紧元件，如图12－19

所示中的开口垫圈 3、螺母 4。常用的夹紧机构有螺钉压板和偏心压板等。

(3) 导向元件　用于对刀和引导刀具进入正确加工位置的零件，如图 12－19 所示钻套 1就是常用的导向元件。其他导向元件还有导向套、对刀块等。

(4) 夹具体和其他部分　夹具体是夹具的基础零件，用于将夹具上的各种元件和装置连接成一个有机的整体，并通过它将夹具安装在机床上，如图 12－19 所示夹具体 6。其他元件及装置，如分度装置、上下料装置等。

在以上组成部分中，定位元件、夹紧机构和夹具体是夹具的基本组成部分。

工件的加工精度在很大程度上取决于夹具的结构和精度，因此整个夹具及其零件，应具有足够的精度与刚度，并且结构要紧凑，形状要简单，装卸工件和清除切屑要方便等。

五、切削加工工艺规程的拟定

拟定零件的切削加工工艺规程，包括排列加工顺序以及确定各工序所用的机床、加工方法、工夹量具、加工余量、切削用量、时间定额等。工艺规程是指导生产的重要技术文件，是生产准备和组织管理的基本依据，生产中必须严格遵守。不同的零件具有不同的加工工艺，同一零件由于生产类型、机床设备、工艺装备的不同，其加工工艺也不同。但其中总有一种工艺过程在某一特定条件下是最合理的，人们把零件合理的工艺规程的有关内容写在工艺文件上，用以指导生产。一个良好的工艺规程应能满足零件的全部技术要求，且生产率高，生产成本低，劳动条件好。拟定零件的切削加工工艺规程一般分七个步骤进行。

(1) 技术要求分析　拟定零件的切削加工工艺规程的最终目的在于满足零件的技术要求和保证零件的使用性能。因此，首先要阅读零件的工作图和有关装配图，了解它在整个产品中所起的作用及其应具备的性能要求，审查全部技术要求是否合理、材料的选用是否合理和零件的结构工艺性是否良好。

(2) 毛坯的选择　常用的毛坯有型材、铸件、锻件和焊接件等。应根据零件的材料、形状、尺寸、批量和工厂的现有条件等因素综合考虑。关于毛坯的选择可参考前面的有关内容。

(3) 工艺分析　工艺分析的主要内容是确定主要加工表面的加工方法和确定主要精基准面。

① 主要加工表面的加工方法的确定。零件的主要加工表面一般是指装配基准面和工作表面，零件上主要加工表面的质量将直接影响到产品的质量。因此首先要根据主要加工表面的精度、表面粗糙度等确定其加工方法。

② 选择定位基准。主要精基准面对保证主要加工表面的精度和加工顺序有决定性的影响，因此在确定主要加工表面的加工方法时，应同时确定主要精基准面。

(4) 拟定工艺路线　拟定工艺路线是制定工艺规程关键性的一步。在拟定时，应充分调查研究，多提几个方案，加以分析比较后确定一个最合理方案。拟定工艺路线要考虑如下几个问题。

① 加工阶段的划分：当零件的加工质量要求较高时，一般都要经过粗加工、半精加工和精加工等三个阶段，如果零件的加工精度要求特别高，表面粗糙要求特别小时，还要经过光整加工阶段。粗加工阶段主要任务是高效地切除加工表面上的大部分余量，为进一步加工提供定位基准及合适的余量；半精加工阶段主要是切除粗加工后留下的误差，使被加工工件

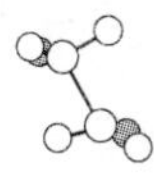

达到一定精度，为精加工作准备，并完成一些次要表面的加工（如钻孔、攻丝、铣槽等）；精加工阶段的主要任务是对零件的主要表面进行最终加工，使其达到零件图规定的加工质量要求；光整加工阶段主要对于精度要求很高、表面粗糙度值要求很小的表面，降低表面粗糙度或进一步提高尺寸精度和形状精度，但一般没有纠正表面间位置误差的作用。

但加工阶段的划分不是绝对的，要根据实际情况作具体分析。如果毛坯的精度较高、刚性好、加工余量小、加工精度要求不太高的工件就不必划分加工阶段。

② 加工顺序的安排：在安排加工顺序时，一般应遵循下列原则。

基准先行。精基准面应在工艺过程一开始就加工，以便后续工序使用它定位。

先主后次。先加工零件上技术要求较高的主要表面，如工作表面、装配基准面等，其他次要表面如非工作表面、键槽、螺钉孔、螺纹孔等，一般可穿插在主要表面加工工序之间，但应安排在主要表面的精加工或光整加工之前，以免影响主要表面的加工质量。

先粗后精。各表面的粗、精加工分开，按加工阶段进行。

③ 热处理工序的安排：为改善工件材料的切削加工性能安排的热处理工序，例如退火、正火、调质等，应在切削加工之前进行。

为消除工件内应力安排的热处理工序，例如人工时效、退火等，根据需要可安排一次或多次进行，一般安排在粗加工阶段之后进行。对于机床机身、立柱等结构较为复杂的铸件，在粗加工前后都要进行时效处理（人工时效或自然时效），稳定材料组织，防止日后有较大的变形产生。

为改善工件材料力学性能的热处理工序，例如淬火、渗碳淬火等，一般都安排在半精加工和精加工之间进行，这是因为淬火处理后尤其是渗碳淬火后工件有变形产生。当工件需要作渗碳淬火处理时，由于渗碳处理会使工件产生较大的变形，常将渗碳工序放在次要表面加工之前进行，待次要表面加工完成之后再作淬火处理。对于精度要求特别高的零件，如精密轴承、精密丝杠、精密量具等淬火后还应安排冷处理，以稳定零件形状和尺寸。

为提高工件表面耐磨性和耐蚀性安排的表面处理工序以及以装饰为目的而安排的表面处理工序，例如镀铬、氧化等，一般都安排在工艺过程最后阶段进行。

④ 辅助工序的安排：辅助工序包括工件的检验、去毛刺、划线、校直、倒棱边、去磁、清洗等等，其中检验是主要辅助工序。

（5）机床与工艺装备的选择　机床和工艺装备的选择将直接影响工件的加工精度、生产率和制造成本，应根据不同情况进行选择。一般对于中小批生产，应选用通用机床及通用工艺装备（夹具、刀具、量具和辅具），以缩短生产准备时间和减少加工费用；大批大量生产中，应选用高效专用机床和专用工艺装备，以提高生产率，降低生产成本。

机床和工艺装备的选择不仅要考虑设备投资的当前效益，还要考虑产品改型及转变的可能，应使其具有足够的柔性。

（6）确定各工序加工余量、切削用量和时间定额　毛坯尺寸与零件图的相应设计尺寸之差，称为加工总余量。相邻两工序尺寸之差称为工序余量。毛坯余量等于各工序余量之和。

毛坯上所留的加工余量不应过大，也不应过小。过大不仅浪费材料，而且耗费电力、刀具和机械加工工时；过小则不能完全切除上道工序留在加工表面上的缺陷层。目前，常用经验估计法、查表法和计算法来确定加工余量。

在单件小批生产中，常常不具体规定切削用量，由操作者根据具体情况确定。在大批量生产中，一般应根据《机械加工工艺手册》并结合实际生产条件确定。

时间定额是指完成某一工序所规定的时间。在单件小批生产中的时间定额，通常根据实验估算确定。大批量生产中的时间定额，通常要经过计算并参考工人的实践经验确定。

(7) 填写工艺文件　上述各项内容确定后，应填写工艺卡片。把拟定的工艺规程各项内容以一定表格或卡片的形式固定下来。在单件小批生产中，工艺卡片的内容可以简单些；在大批量生产中，工艺卡片的内容应详细些。

第五节　先进制造技术简介

随着社会竞争力的提高，生产规模沿着小批量—大批量—多品种变批量的方向发展，以计算机为代表的高新技术和现代管理技术的引入、渗透与融合，传统制造技术得到不断地优化和推陈出新，从而形成了先进制造技术。

一、先进制造技术的内涵、技术组成与特点

先进制造技术是一个多层次的技术群，主要由基础技术、新型单元技术和集成技术构成。通过对其特征的分析研究，可以认为：先进制造技术是制造业不断吸收信息技术和现代管理技术的成果，并将其综合应用于产品设计、加工、检测、管理、销售、使用、服务乃至回收的机械制造全过程，并取得理想技术经济效果的制造技术的总称。

先进制造技术有如下特点：

① 先进制造技术的实用性。先进制造技术最重要的特点在于，它首先是一项面向工业应用、具有很强实用性的新技术，应用于产品制造的全部过程。

② 先进制造技术的集成性。先进性制造技术由于不同专业和学科间的交叉、渗透与融合，已发展为集机械、电子、信息、材料和管理技术为一体的新型学科。

③ 先进制造技术的系统性。传统制造技术一般只能驾驭生产过程中的物质流和能量流。随着微电子、信息技术的引入，先进制造技术是可以驾驭生产过程中的物质流、能量流和信息流的一项系统工程。

二、先进制造技术的分类

根据先进制造技术的功能和研究对象，可将其进行分为以下几个方面：

① 先进设计技术。

② 先进制造工艺技术。

③ 制造自动化技术。

④ 先进生产制造模式和制造系统。

三、先进制造技术的发展趋势

21世纪，随着电子、信息等高新技术的不断发展和市场需求的个性化与多样化，在以电子、信息、自动化、人工智能、新材料为核心的新技术革命的巨大浪潮的冲击下，传统制造技术广泛吸收高新技术的优秀成果，形成的先进制造技术正向精密化、柔性化、网络化、虚拟化、智能化、清洁化、集成化、全球化的方向发展。

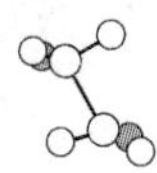

当前先进制造技术的发展趋势大致有以下几个方面：

① 信息技术对先进制造技术的发展起着越来越重要的作用。

② 产品的加工、检测、物流与装配过程走向一体化。

③ 成形及改性技术因素转向综合考虑技术、经济和社会因素。

④ 先进制造技术向着超精微细领域扩展。

⑤ 专业、学科间的界限逐渐淡化和消失。

⑥ 绿色制造将成为21世纪制造业的重要特征。

⑦ 虚拟现实技术在制造业中获得越来越多的应用。

⑧ 信息技术、管理技术与工艺技术紧密结合。

⑨ 制造科学与制造技术、生产管理相融合。

⑩ 制造与服务全球化。

思考与练习

12-1 CA6140型车床由哪几部分组成？各部分的主要作用是什么？

12-2 为什么车槽比车外圆困难，车断比车槽困难？

12-3 车螺纹时如何保证牙形、螺距符合要求？

12-4 车细长轴时，常采用哪些增加工件刚性的措施？为什么？

12-5 铣削加工工艺特点有哪些？

12-6 常用的铣床附件有哪些？各起什么作用？

12-7 试述数控机床的组成及各部分的主要功用。

12-8 什么是生产纲领和生产类型？它们之间有何内在联系？

12-9 什么是基准？基准分哪几种？

12-10 试述粗、精基准的选择原则。

12-11 试述工件的六点定位原理。

12-12 机床夹具分哪几类？分别用于什么场合？

第十三章 非金属材料成形工艺

第一节 工程塑料的成形

塑料制品的生产主要由成形、机械加工、修配和装配四个过程组成。其中成形是塑料制品生产最重要的基本工序。

一、注射成形

注射成形也称注塑，是利用注射机将熔化的塑料快速注入闭合的模具内并固化而得到各种塑料制品的方法。

注塑加工具有生产周期短、生产率高、易于实现自动化生产和适应性强的特点。注塑制品品种繁多，如日用塑料制品、机械设备和电器的塑料配件等。除氟塑料外，几乎所有的热塑性塑料都可采用注塑加工，也可用于某些热固性塑料。目前，注塑制品占热塑性塑料制品的 20%～30%。

注塑机是注塑加工的主要设备，按注射方式可分为往复螺杆式、柱塞式，其中前者用得最多。注塑机主要由为注射装置、模具和合模装置组成。注射装置使塑料在机筒内均匀受热熔化并以足够的压力和速度注射到模具模腔内，经冷却定形后，通过开启动作和顶出系统即可得到制品。注塑工艺过程包括成形前的准备、注射过程、制品后处理等。

注塑生产如图 13－1 所示。

(1) 成形前的准备　成形前准备工作包括原料的检验，原料的染色和造粒，原料的预热及干燥，试模、清洗料筒和试车等。

(2) 注射过程　注射过程包括加料、塑化、注射、冷却和脱模等工序。塑料在料筒中加热，由固态粒子转变成熔体，经过混合和塑化后，熔体被柱塞或螺杆推挤至料筒前端，经过喷嘴、模具浇注系统进入并填满型腔，这一阶段称为“充模”。熔体在模具中冷却收缩时，柱塞或螺杆继续保持加压状态，迫使浇口和喷嘴附近的熔体不断补充进入模具中(补塑)，使模腔中的塑料能形成形状完整而致密的制品，这一阶段称为“保压”。卸除料筒内塑料上的压力，同时通入水、油或空气等冷却介质，进一步冷却模具，这一阶段称“冷却”。制品冷却到一定温度后，即可用人工或机械的方式脱模

(3) 制品的后处理　注射制品经脱模或机械加工后，常需要适当的后处理以改善制品的性能，提高尺寸稳定性。制品的后处理主要指退火和调湿处理。退火处理就是把制品放在恒温的液体介质或热空气循环箱中静置一段时间。一般退火温度应控制在高于制品使用温度 10℃～20℃和低于塑料热变形温度 10℃～20℃之间。退火时间视制品厚度而定。退火后使制品缓冷至室温。调湿处理是在一定的环境中让制品预先吸收一定的水分，使其尺

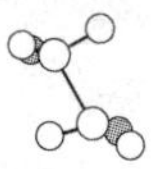

寸稳定下来，以免制品在使用过程中吸水发生变形。

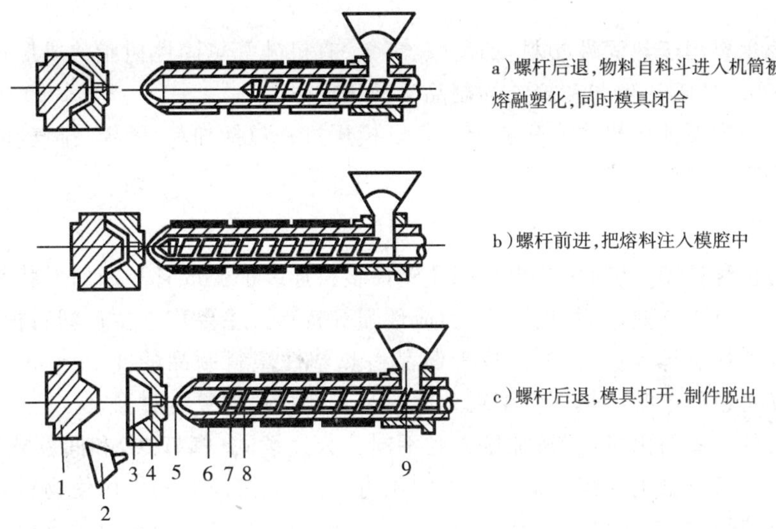

图 13-1　注塑生产示意图

1—模具　2—制件　3—模腔　4—模具　5—喷嘴　6—加热套　7—机筒　8—螺杆　9—料筒

二、模压成形

模压成形也称压塑，是将称量好的原料置于已加热的模具模腔内，通过压机压紧模具加压，塑料在模腔内受热塑化(熔化)流动并在压力下充满模腔，同时发生化学反应而固化得到塑料制品的过程。如图 13-2 所示为模压机示意图。

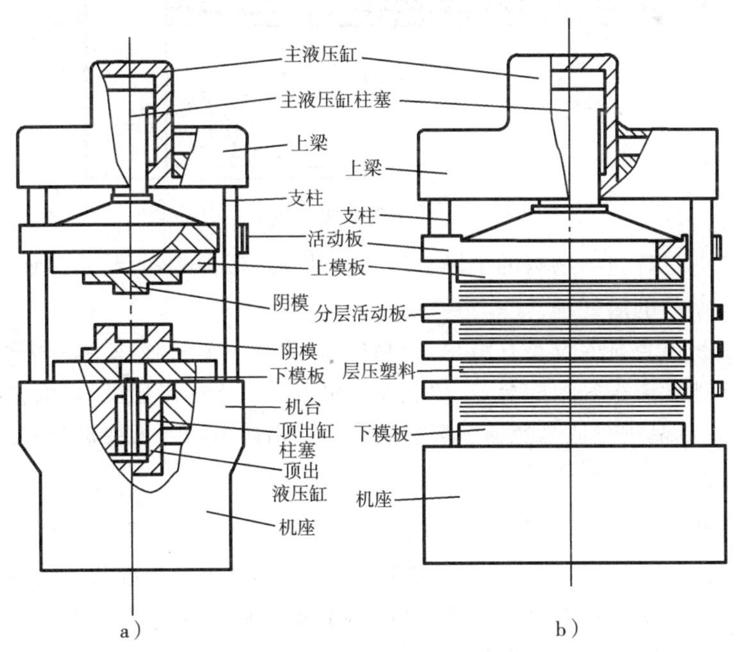

图 13-2　模压机结构示意图

a)油压机　b)多层压机

与挤塑和注塑相比，模压成形设备、模具和生产过程控制较为简单，并易于生产大型制品;但生产周期长、效率低,较难实现自动化,工人劳动强度大,难于成形厚壁制品及形状复杂的制品。

模压成形主要用于热固性塑料,如酚醛、环氧、有机硅等热固性树脂的成形;在热塑性塑料方面仅用于 PVC 唱片生产和聚乙烯制品的预压成形。

模压成形通常在油压机或水压机上进行。模压过程包括加料、闭模、排气、固化、脱模和吹洗模具等步骤。

三、挤出成形

挤出成形也称挤塑,是利用挤出机把热塑性塑料连续加工成各种断面形状制品的方法。挤出成形方法具有生产效率高、用途广、适应性强等特点。主要用于生产塑料板材、片材、棒材、异型材、电缆护层等。目前,挤出成形制品占热塑性塑料制品的 40%～50%。此外,挤出成形方法还可以用于某些热固性塑料和塑料与其他材料的复合材料。

挤出成形的设备挤出机,可按加压方式不同分为连续式(螺杆式)和间歇式(柱塞式)两种。螺杆式挤出机是借助于螺杆旋转产生的压力,与加热滚筒共同作用使物料充分熔融、塑化并均匀混合,通过机头出口模具有一定截面形状的间隙并经冷却定形而成形;柱塞式挤出机主要借助柱塞压力,将事先塑化好的物料挤出出口模成形。最通用的单螺杆式挤出机如图 13－3 所示。

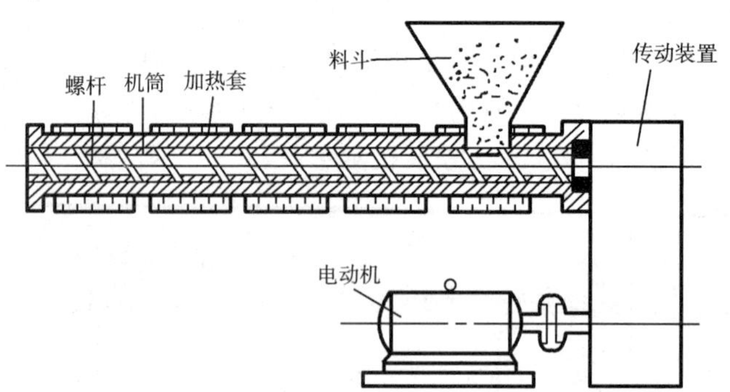

图 13－3　单螺杆式挤出机示意图

挤出成形工艺过程包括物料的干燥、成形、制品的定形与冷却、制品的牵引和卷取(或切割),有时还包括制品的后处理。

常用的牵引挤出管材的设备有滚轮式和履带式两种。牵引时,要求牵引速度均匀,同时牵引速度与挤出速度应很好地配合,一般应使牵引速度大于挤出速度,以消除离模膨胀引起的尺寸变化,并对制品进行适当拉伸。有些制品在挤出成形后还需要进行后处理。

四、浇铸成形

浇铸成形是将处于流动状态的高分子材料或能生成高分子成形物的液态单体材料注入特定的模具中,在一定的条件下使之反应固化,从而得到与模具形腔相一致的制品的工艺方法。浇铸成形既可用于塑料制品的生产,也可用于橡胶制品的生产。浇铸成形方法有静态浇铸成形、嵌铸成形、离心浇铸成形等。

五、吹塑成形

吹塑成形简称吹塑,也称为中空成形,属于塑料的二次加工,是制造空心塑料制品的方法。

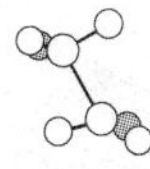

吹塑生产过程是先用挤塑、注塑等方法制成管状型坯，然后把保持适当温度的型坯置于对开的阴模模膛中，将压缩空气通入其中将其吹胀，紧紧贴于阴模内壁，两半阴模构成的空间形状即制品形状。吹塑成形的生产过程如图 13－4 所示。

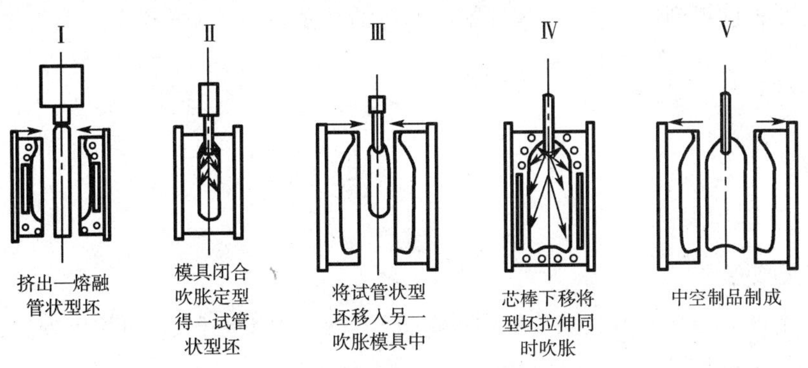

图 13－4　吹塑成形的生产过程示意图

吹塑成形方法广泛用于生产口径不大的瓶、壶、桶等容器及儿童玩具等。最常用的塑料是聚乙烯、聚碳酸酯等。

六、回转成形

回转成形(或旋转成形)又称为滚塑成形，是先将塑料加入到模具中，然后沿两垂直轴不断旋转并使之加热，模内塑料在重力和热的作用下，逐渐均匀地涂布、熔融粘附于模腔的整个表面上，成形为所需要的形状，经冷却定形而得到塑料制件。

滚塑成形具有许多特点，其最为突出的优点之一是该法所使用的设备和模具较之挤塑、注塑等成形方法更为简单、价廉、投资少，新产品更新快，正确地应用滚塑工艺可以获得巨大的经济效益。

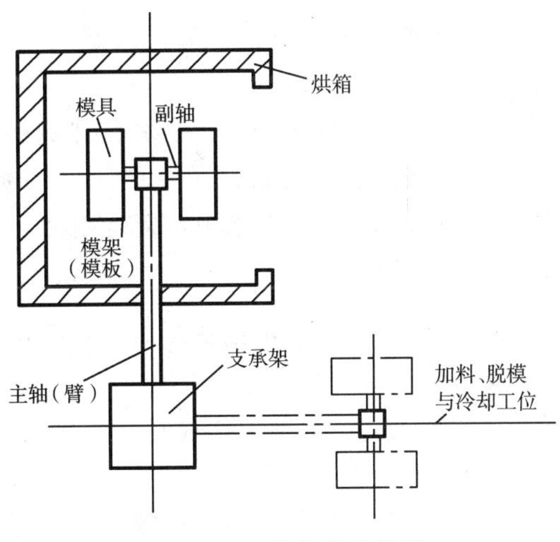

图 13－5　滚塑机示意图

如图 13－5 所示为一种最简单的单臂式滚塑机。模具在加料、脱模、冷却工位装好料以后，固定到模架(模板)上，然后主轴(臂)随支承架沿逆时针方向转动，将模具送入烘箱中加热，同时主轴带动副轴、模具不断地沿主、副轴两个垂直方向转动。加热完毕，主轴一面继续通过副轴带动模具转动，一面随支承架作顺时针方向的转动，将模架及模具转动到加料、脱模、冷却工位，在该处主轴继续带动模具转动，直到冷却完毕，停止转动，取出制品后再加入物料，开始下一成形周期的工作。

滚塑成形现已得到广泛应用，既可制作小巧的儿童玩具，也可制作庞大的塑料贮槽、塑料游艇等。

第二节　橡胶成形

一、压延成形

压延是生产分子材料薄膜和片材的成形方法，既可用于塑料，也可用于橡胶。用于加工橡胶时主要是生产片材(胶片)。

压延过程是利用一对或数对相对旋转的加热滚筒，使物料在滚筒间隙被压延而连续形成一定厚度和宽度的薄形材料。所用设备为压延机。加工时前面需用双辊混练机或其他混练装置供料，把加热、塑化的物料加入到压延机中；压延机各滚筒也加热到所需温度，物料顺次通过辊隙，被逐渐压薄；最后一对辊的辊间距决定制品厚度。

压延机的主体是一组加热的辊筒，按辊筒数目可分为两辊、三辊或更多；以排列方式分为 I 形、L 形、倒 L 形、Z 形等。压延机的不同辊筒排列方式及压延过程如图 13－6 所示。

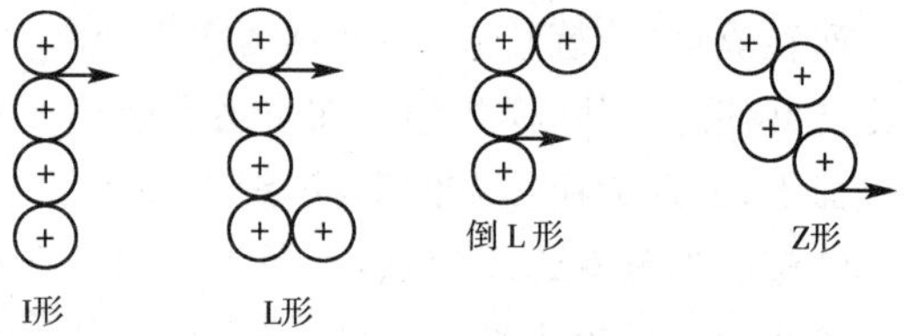

I形　L形　倒L形　Z形

图 13－6　压延机辊筒排列方式

在压延成形过程中，必须协调辊温和转速，控制每对辊的速比，保持一定的辊隙存料量，调节辊间距，以保证产品外观及有关性能。离开压延机后片料通过引离辊，如需压花则需趁热通过压花辊，最后经冷却并卷取成卷。

如在最后一对辊间同时通过已经处理的纸张或织物，使热的塑料或橡胶膜片在辊筒压力下与这些基材贴合在一起，可制造出复合制品。这种方法称为压延贴合，对橡胶而言，又称贴胶。大家熟悉的人造革、壁纸等均是塑料与基材的复合制品。

二、压出成形

橡胶的压出成形与塑料的挤出成形，在所用设备及加工原理方面基本相似。

(1) 橡胶压出成形的特点

压出是橡胶加工中的一项基础工艺。其基本作业是在压出机中对胶料加热与塑化，通过螺杆的旋转，使胶料在螺杆和机筒壁之间受到强大的挤压力，不断地向前移送，并借助口形压出各种断面的半成品，以达到初步造型的目的。在橡胶工业中压出成形的产品很多，如轮胎胎面、内胎、胶管内外层胶、电线、电缆外套以及各种异形断面的制品等。

(2) 影响橡胶压出成形的主要因素

① 胶料的组成和性质。一般来说，膨胀和收缩性能都较大于橡胶，压出操作较困难，制品表面粗糙。

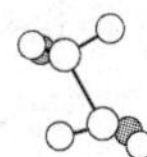

② 压出温度。压出温度应分段控制，各段温度将影响压出进行和半成品的质量。温度分布情况通常为口形处温度最高，机头次之，机身最低。

③ 压出速度。压出机在下沉压出条件下，应尽量保持一定的压出速度。因为口形的排胶面积一定，如果压出的速度改变，将导致机头内压力的改变，并引起压出物断面尺寸和长度收缩的差异最终造成压出物尺寸超出规定的公差范围。

④ 压出物的冷却。压出物离开口形时温度较高，有时甚至高达 100℃以上。压出物进行冷却的目的，一方面是降低出物的温度，增加存放期内的安全性，减少烧焦的危险；另一方面是使压出物形状尽快稳定下来，防止变形。

第三节　陶瓷成形

陶瓷制品的生产过程主要包括配料、成形、烧结三个阶段。烧结是通过加热使粉体产生颗粒粘结，经过物质迁移使粉体产生高强度并导致致密化和再结晶的过程。

在原料确定之后，陶瓷制品的组织结构及性能主要依靠烧结，而其形状、尺寸等则要依靠成形。

一、干压成形

干压成形是将粉料装入钢模内，通过模冲对粉末施加压力，压制成具有一定形状和尺寸的压坯的成形方法。卸模后将坯体从阴模中脱出。

如图 13－7 所示为干压成形的示意图。

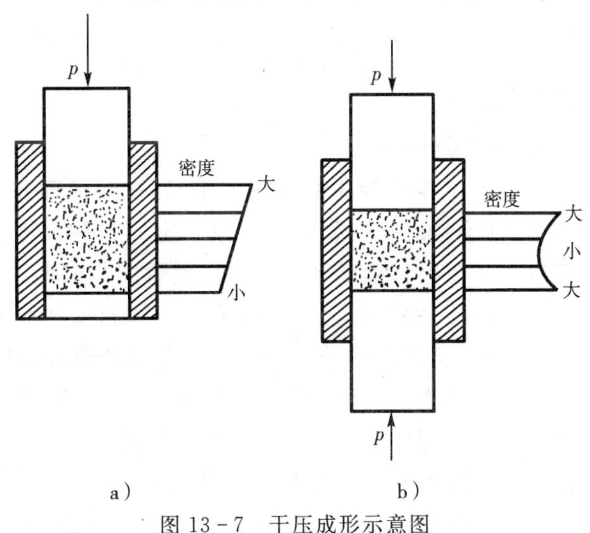

图 13－7　干压成形示意图
a)单向压制成形　b)双向压制成形

由于压制过程中粉末颗粒之间、粉末与模冲、模壁之间存在摩擦，使压力损失而造成压坯密度不均分布，故常采用双向压制并在粉料中加入少量有机润滑剂(如油酸)，有时加入少量粘结剂(如聚烯醇)以增加粉料的粘结力。该方法一般适用于形状简单、尺寸较小的制品。

二、注浆成形

注浆成形方法是将陶瓷颗粒悬浮于液体中，然后注入多孔质模具，由模具的气孔把料浆中的液体吸出，而在模具内留下坯体。料浆成形的工艺过程包括料浆制备、模具制备和料浆浇注三个阶段。料浆制备是关键工序，其要求具有良好的流动性，足够小的粘度，良好的悬浮性，足够的稳定性等。最常用的模具为石膏模，近年来也有用多孔塑料模的。料浆浇注入模并吸干其中液体后，拆开模具取出注件，去除多余料，在室温下自然干燥或在可调温装置中干燥。

注浆成形方法可制造形状复杂、大型薄壁的制品。另外，金属铸造生产的离心铸造、真空铸造、压力铸造等工艺方法也被引用于注浆成形，并形成了离心注浆、真空注浆、压力注浆等方法。离心注浆适用于制造大型环状制品，而且坯体壁厚均匀；真空注浆可有效去除料浆中的气体；压力注浆可提高坯体的致密度，减少坯体中的残留水分，缩短成形时间，减少制品缺陷，是一种较先进的成形工艺。

三、热压成形

利用蜡类材料热熔冷固的特点，把粉料与熔化的蜡料粘合剂迅速搅合成具有流动性的料浆，在热压铸机中用压缩空气把热熔料浆注入金属模，冷却凝固后成形。这种成形操作简单，模具损失小，可成形复杂制品，但坯体密度较低，生产周期长。

四、注射成形

将粉料与有机粘接剂混合后，加热混炼，制成粒状粉料，用注射成形机在130℃～300℃温度下注射入金属模具中，冷却后粘接剂固化，取出坯体，经脱脂后就可按常规工艺烧结。这种工艺成形简单，成本低，压坯密度均匀，适用于复杂零件的自动化大规模生产。

第四节　复合材料成形

一、树脂基复合材料成形

1. 热固性树脂基复合材料的成形

(1) 手糊成形　这是以手工作业为主的成形方法，先在经清理并涂有脱模剂的模具上均匀刷上一层树脂，再将纤维增强织物按要求裁剪成一定形状和尺寸，直接铺设到模具上，并使其平整。多次重复以上步骤层层铺贴，制成坯件，然后固化成形。

手糊成形主要用于不需加压、室温固化的不饱和聚脂树脂和环氧树脂为基体的复合材料成形。特点是不需专用设备，工艺简单，操作方便；但劳动条件差，产品精度较低，承载能力低。一般用于使用要求不高的大型制件，如船体、储罐、大口径管道、汽车部件等。手糊成形还用于热压罐、压力袋、压力机等模压成形方法的坯件制造。

(2) 层压成形　层压成形是制取复合材料的一种高压成形工艺，此工艺多用纸、棉布、玻璃布作为增强填料，以热固性酚醛树脂、芳烃甲醛树脂、氨基树脂、环氧树脂和有机硅树脂为粘结剂。其工艺过程如图 13－8 所示。

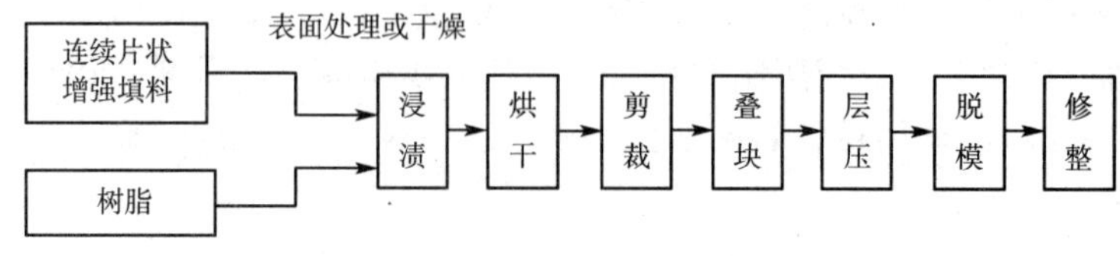

图 13－8　层压成形工艺过程

上述过程中增强填料的浸渍和烘干在浸胶机中进行。增强填料浸渍后连续进入干燥室以除去树脂液中含有的熔液以及其他挥发性物质，并控制树脂的流动度。

浸胶材料层压成形是在多层压机上完成的。热压前需按层压制品的大小，选用适当尺寸的浸胶材料，并根据制品要求的厚度（或重量）计算所需浸胶材料的张数，逐层叠放后，再于最上和最下两面放置 2～4 张表面层用的浸胶材料。面层浸胶材料含树脂量较高、流动性较大，因而可使层压制品表面光洁美观。

(3) 压机、压力袋、热压罐模压成形　这几种成形方法均可与手糊成形或层压成形配套使用，常作为复合材料层叠坯料的后续成形加工。

压机模压成形是用压机施加压力和温度来实现模具内制件的固化成形方法。该成形方法具有生产效率高、产品外观好、精度高、适合于大量生产的特点，但模具要求精度高，制件尺寸受压机规格的限制。

压力袋模压成形是用弹性压力袋对置放于模具上的制件在固化过程中施加压力成形的方法。压力袋由弹性好、强度高的橡胶制成，充入压缩空气并通过反向机构将压力传递到制件上，固化后卸模取出制件，使用温度应在固化温度以上，如图 13-9 所示为压力袋模压成形示意图。这种成形方法的特点是工艺设备均较简单，成形压力不高，可用于外形简单、室温固化的制件。

热压罐模压成形是利用热压罐内部的程控温度和静态气体压力，使复合材料层叠坯料在一定温度和压力下完成固化及成形过程的工艺方法。热压罐是树脂基复合材料固化成形的专用设备之一。该工艺方法所用模具简单，制件压制紧密，厚度公差范围小，但能源利用率低，辅助设备多，成本较高。如图 13-10 所示为热压罐结构及成形原理示意图。

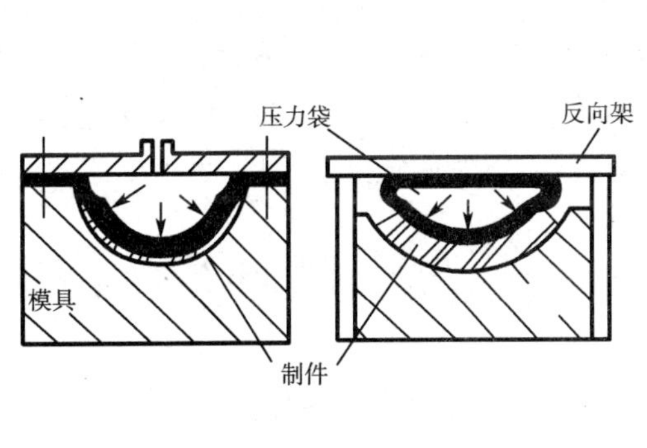

图 13-9　压力袋模压成形示意图

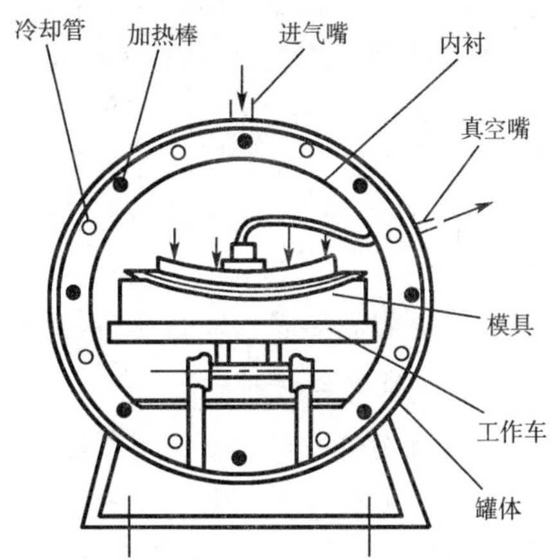

图 13-10　热压罐结构及成形原理示意图

(4) 喷射成形　喷射成形是将经过特殊处理而雾化的树脂与短切纤维混合并通过喷射机的喷枪喷射到模具上，至一定厚度时，用压辊排泡压实，再继续喷射，直至完成坯件制作固化成形的方法（如图 13-11 所示）。主要用于不需加压、室温固化的不饱和聚脂树脂材料。

喷射成形方法生产效率高，劳动强度低，节省原材料，制品形状和尺寸受限制小，产品整体性好；但场地污染大，制件承载能力低。适于制造船体、浴盆、汽车车身等大型部件。

(5) 压注成形　压注成形是通过压力将树脂注入密闭的模腔，浸润其中的纤维织物坯件然后固化成形的方法。其工艺过程是先将织物坯件置入模腔内，再将另一半模具闭合，用液压泵将树脂注入模腔内使其浸透增强织物，然后固化（如图 13－12）。该成形方法工艺环节少，制件尺寸精度高，外观质量好，一般不需要再加工。但工艺难度较大，生产周期长。

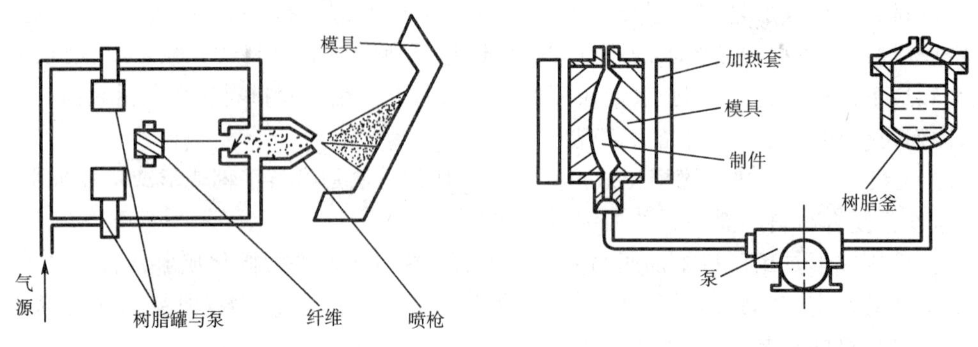

图 13－11　喷射成形示意图

图 13－12　压注成形示意图

（6）离心浇注成形　离心浇注成形是利用筒状模具旋转产生的离心力，将短纤维连同树脂同时均匀喷洒到模具内壁形成坯件，然后再成形的方法。该成形方法具有制件壁厚均匀，外表光洁的特点，适用于筒、管、罐类制件的成形。

以上均为热固性树脂基复合材料的成形方法。其实，针对不同的增强体及制件的形状特点，成形方法远不止此。例如，大批量生产管材、棒材、异形材可用拉挤成形方法；汽车车门等带有泡沫夹层的结构可用泡沫贮树脂成形方法；管状纤维复合材料的管状制件可采用搓制成形方法等。

2. 热塑性树脂基复合材料的成形

热塑性树脂基复合材料在成形时，基体树脂不发生变化，而是靠其物理状态的变化来完成的。其过程主要由熔融、融合和硬化三个阶段组成。已成形的坯件或制品，再加热熔融后还可以二次成形。颗粒及短纤维的热塑性材料最适用于注射成形，也可以模压成形；长纤维、连续纤维、织物增强的热塑性树脂基复合材料要先制成预浸料，再按与热固性复合材料类似的方法（如模压）压制成形。形状简单的制品，一般先压制出层压板，再用专门的方法二次成形。

热塑性树脂和热固性复合材料的很多成形方法均适合用于热塑性复合材料的成形。

二、金属基复合材料成形

金属基复合材料是以金属为基体，以纤维、晶须、颗粒等为增强体的复合材料。其成形过程常常也是复合过程。复合工艺主要有固态法（如扩散结合、粉末冶金）和液相法（如压铸、精铸、真空吸铸等）。由于这类复合材料加工温度高，工艺复杂，界面反应控制困难，成本较高，故应用的成熟程度远不如树脂基复合材料，应用范围较小，目前主要应用于航空、航天等领域。

1. 粉末冶金

粉末冶金法是制备金属基复合材料，尤其是非连续增强体金属基复合材料的方法之一。其广泛用于各种颗粒、片晶、晶须及短纤维增强的铝、铜、钛、高温合金等金属基复合材料。其工艺首先是将金属粉末或合金粉末和增强体均匀混合，制得复合坯料，经不同固化技术制成锭块，再通过挤压、轧制、锻造等二次加工制成形材。

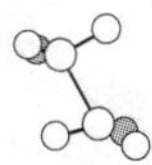

2. 热压扩散结合法

热压扩散结合法是连续纤维增强金属基复合材料最具代表性的一种固相下的复合工艺。按照制件形状、纤维体积密度及增强方向要求，将金属基复合材料预制成条带及基体金属箔或粉末布，经裁剪、铺设、叠层、组装，然后在低于复合材料基体金属熔点的温度下加压并保持一定时间；基体金属产生蠕变和扩散，使纤维与基体间形成良好的界面结合，得到复合材料制件。

与其他复合工艺相比，该方法易于精确控制，制件质量好，但由于型模加压的单向性，使该方法限于制作较为简单的板材、某些型材及叶片等制件。

3. 压铸、离心铸和熔模精铸

压铸是在高压下将液态金属基复合材料注射进入铸型，凝固后成形的铸造工艺方法。可制造高尺寸精度、高表面质量的复合材料铸件，是一种适合大批量生产的方法，主要用于汽车、摩托车等零件生产。

离心铸造是利用铸型旋转产生的离心力，使溶液中密度不同的增强体和基体合金分离至内层或外层形成复合铸件的工艺方法。该方法应用限于管状和环状零件。

熔模精铸是应用传统的熔模精铸技术制取高尺寸精度和表面质量的金属基复合铸件的工艺方法。该方法生产工艺过程较复杂，生产成本相对较高，主要用于制造复杂薄壁零件。

三、陶瓷基复合材料成形

陶瓷基复合材料的成形方法分为两类。一类是针对短纤维、晶须、晶片和颗粒等增强体，基本采用传统的陶瓷成形工艺，即热压烧结和化学气相渗透法；另一类是针对连续纤维增强体，如料浆浸渍后热压烧结法和化学气相渗透法。

1. 料浆浸渍热压成形

将纤维置于制备好的陶瓷粉体浆料里，纤维粘附一层浆料，然后将含有浆料的纤维布成一定结构的坯体，经干燥、排胶，热压烧结为制品。

该方法广泛用于陶瓷基复合材料的成形。其优点是不损伤增强体，不需成形模具，能制造大型零件，工艺较简单；缺点是增强体在基体中的分布不太均匀。

2. 化学气相渗透工艺

先将纤维做成所需形状预成形体，在预成形体的骨架上开有开口气孔，然后将预成形体置于一定温度下，通过气源从低温侧进入到高温侧后发生热分解或化学反应沉积出所需陶瓷基质，直至预成形体中各空穴被完全填满，获得高致密度、高强度、高韧性的复合材料制件。

思考与练习

13-1　工程塑料的成形方法主要有几种？各有何特点？

13-2　外形复杂的塑料一般采用何种工艺成形？

13-3　有一电缆密封装置，要求耐压耐腐蚀、绝缘并宜于螺纹连接，请选用非金属材料及其成形工艺。

13-4　影响橡胶压出成形的因素有哪些？

13-5　举例说明身边的非金属材料是用什么成形工艺制造出来的。

第十四章 工程材料与成形工艺的选择

在机械制造中，为生产出质量高、成本低的机械或零件，必须从结构设计、材料选择、毛坯制造及切削加工等方面进行全面考虑，才能达到预期的效果。合理选材是其中的一个重要因素。

要做到合理选用材料，就必须全面分析零件的工作条件、受力性质和大小，以及失效形式，然后综合各种因素，提出能满足零件工作条件的性能要求，再选择合适的材料并进行相应的热处理，以满足性能要求。因此，零件材料的选用是一个复杂而重要的工作，须全面综合考虑。

第一节　零件的失效

一、失效及其形式

零件在工作中丧失或达不到预期功能称为失效。例如，齿轮在工作过程中磨损而不能正常啮合及传递动力，主轴在工作过程中变形而失去精度等，均属失效。

零件的失效，尤其是无明显预兆的失效，往往会带来巨大的危害，甚至造成严重事故。因此，对零件失效进行分析，查出失效原因，提出防止措施是十分重要的。通过失效分析，能对改进零件结构设计、修正加工工艺、更换材料等提出可靠依据。

常见零件的失效形式主要有以下 3 种：

① 断裂失效。断裂失效是指零件完全断裂而无法工作的失效。例如，钢丝绳在吊运中的断裂。断裂方式有：塑性断裂、疲劳断裂、蠕变断裂、低应力脆性断裂等。

② 过量变形失效。过量变形失效是指零件变形量超过允许范围而造成的失效。过量变形失效主要有过量弹性变形失效和过量塑性变形失效。例如，螺栓发生松弛，就是过量弹性变形转化为塑性变形而造成的失效。

③ 表面损伤失效。表面损伤失效是指零件在工作中，因机械和化学作用，使其表面损伤而造成的失效。表面损伤失效主要有表面磨损失效、表面腐蚀失效、表面疲劳失效。例如，齿轮经长期工作轮齿表面被磨损，而使精度降低的现象，即属表面损伤失效。

同一零件可能有几种失效形式，但往往不可能几种形式同时起用，其中必然有一种起决定性作用。例如，齿轮失效形式可能是轮齿折断、齿面磨损、齿面点蚀、硬化层剥落或齿面过量塑性变形等。在上述失效形式中，究竟以哪一种为主，则应具体分析。

二、失效原因

零件失效的原因很多，主要应从方案设计、材料选择、加工工艺、安装使用等方面来

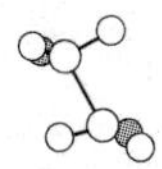

考虑：

① 设计不合理。零件结构形状、尺寸等设计不合理，对零件工作条件（如受力性质和大小、温度及环境等）估计不足或判断有误，安全系数过小等，均使零件的性能满足不了工作性能要求而失效。

② 选材不合理。选用的材料性能不能满足零件工作条件要求，所选材料质量差，如含有过量的夹杂物、杂质元素及成分不合格等，这些都容易使零件造成失效。

③ 加工工艺不当。零件或毛坯在加工和成形过程中，由于工艺方法、工艺参数不正确等，常会出现某些缺陷，导致失效。

④ 安装使用不正确。机器在装配和安装过程中，不符合技术要求；使用中不按工艺规程操作和维修，保养不善或过载使用等，均会造成失效。

分析零件失效原因是一项复杂、细致的工作，其合理的工作程序是：仔细收集失效零件的残体；详细整理失效零件的设计资料、加工工艺文件及使用、维修记录；对失效零件进行断口分析或必要的金相剖面分析，找出失效起源部位和确定失效形式，测定失效件的必要性能判据、材料成分和组织，检查内部是否有缺陷，有时还要进行模拟试验。最后，对上述分析资料进行综合，确定失效原因，提出改进措施，写出分析报告。

第二节　材料及成形工艺选择的原则、方法和步骤

一、材料及成形工艺选择的原则

进行材料及成形工艺选择时要具体问题具体分析，一般是在满足零件使用性能要求的情况下，同时考虑材料的工艺性和总的经济性，并要充分重视、保障环境不被污染，符合可持续性发展要求。材料和成形工艺选择主要遵循以下原则。

1. 使用性原则

材料使用性是指机械零件或构件在正常工作情况下材料应具备的性能。满足零件的使用要求是保证零件完成规定功能的必要条件，是材料和成形工艺选择应主要考虑的问题。

零件的使用要求体现在对其形状、尺寸、加工精度、表面粗糙度等外部质量，以及对其化学成分、组织结构、力学性能、物理性能、化学性能等内部质量的要求上。在进行材料和成形工艺选择时，主要从三个方面给以考虑：

① 零件的负载和工作情况。

② 对零件尺寸和重量的限制。

③ 零件的重要程度。

零件的使用要求也体现在产品的宜人化程度上，材料和成形工艺选择时要考虑外形美观、符合人们的工作和使用习惯。

由于零件工作条件和失效形式的复杂性，要求我们在选择时必须根据具体情况抓住主要矛盾，找出最关键的力学性能指标，同时兼顾其他性能。

零件的负载情况主要指载荷的大小和应力状态。工作状况指零件所处的环境，如介质、工作温度和摩擦等。若零件主要满足强度要求，且尺寸和重量又有所限制时，则选用强度较高的材料；若零件尺寸主要满足刚度要求，则应选择正值大的材料；若零件的接触应力较高，

如齿轮和滚动轴承，则应选用可进行表面强化的材料；在高温下工作的零件，应选用耐热材料；在腐蚀介质中的零件，应选用耐腐蚀的材料。

需要注意的是：在材料的各种性能指标中，如只有屈服强度或疲劳强度等一个指标作为选择材料的依据，常常不很合理。当“减轻重量”也是机械设计的主要要求之一时，则需采用综合性能指标对零件重量进行评定。如，从减轻重量出发，比强度越大越好。对于有加速运动的零件，由于惯性力与材料的密度成反比，它的重量指标是密度的倒数；由于铝合金的重量指标约为钢的2倍，因此，当有加速度时，铝合金、一些非金属材料和复合材料则是最合适的材料，所以活塞和高速带轮常用铝合金等来制造。

零件的尺寸和重量还可能影响到材料成形方法的选择。对小零件，从棒料切削加工而言可能是经济的，而大尺寸零件往往采用热加工成形；反过来，对利用各种方法成形的零件一般也有尺寸的限制，如采用熔模铸造和粉末冶金，一般仅限于几千克、十几千克重的零件。

各种材料的力学性能数值，一般可从手册中查到，但具体选用时应注意以下几点：

① 同种材料，若采用不同工艺，其性能判据数值不同。例如，同种材料采用锻压成形比用铸造成形强度高；采用调质比用正火的力学性能沿截面分布更均匀。

② 由手册查到的性能判据数值都是小尺寸的光滑试样或标准试样，在规定载荷下测定的。实践证明，这些数据不能直接代表材料制成零件后的性能。因为实际使用的零件尺寸往往较大，尺寸增大后零件上存在缺陷的可能性增加（如孔洞、夹杂物、表面损伤等）。此外，零件在使用中所承受的载荷一般是复杂的，零件形状、加工面粗糙度值也与标准试样有较大差异，故实际使用的数据一般随零件尺寸增大而减小。

③ 因各种原因，实际零件材料的化学成分与试样的化学成分会有一定偏差，热处理工艺参数也会有差异。这些均可能导致零件性能判据的波动。

④ 因测试条件不同，测定的性能判据数值会产生一定的变化。

综合上述具体情况，应对手册数据进行修正。在可能的条件下，尤其是对大量生产的重要零件，可用零件实物进行强度和寿命的模拟试验，为选材提供可靠数据。

2. 工艺性原则

工艺性原则是指所选用的材料能否保证顺利地加工制造成零件。例如，某些材料仅从零件的使用要求来考虑是合适的，但无法加工制造，或加工困难，制造成本高，这些均属于工艺性不好。因此，工艺性好坏，对零件加工难易程度、生产率、生产成本等影响很大。

材料的工艺性能要求与零件制造的加工工艺路线密切相关，具体的工艺性能要求是结合制造方法和工艺路线提出来的。材料工艺性能主要包括以下几个方面：

① 铸造性能。常用流动性、收缩等来综合评定。不同材料铸造性能不同，铸造铝合金、铸造铜合金的铸造性能优于铸铁和铸钢，铸铁优于铸钢。铸铁中，灰铸铁的铸造性能最好。同种材料中成分靠近共晶点的合金铸造性能最好。

② 锻压性能。常用塑性和变形抗力来综合评定。塑性好，则易成形，加工面质量好，不易产生裂纹；变形抗力小，变形功小，金属易于充满模膛，不易产生缺陷。一般，碳钢比合金钢锻压性能好，低碳钢的锻压性能优于高碳钢。

③ 焊接性能。常用碳当量 w_{CE} 来评定。$w_{CE} < 0.4\%$ 的材料，不易产生裂纹、气孔等缺陷，且焊接工艺简便，焊缝质量好。低碳钢和低合金高强度结构钢焊接性能良好，碳与合金

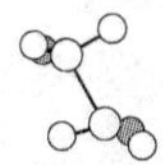

元素含量越高，焊接性能越差。

④ 切削加工性能。常用允许的最高切削速度、切削力大小、加工面 R_a 值大小、断屑难易程度和刀具磨损来综合评定。一般，材料硬度值在 170～230HBS 范围内，则切削加工性好。

⑤ 热处理工艺性能。常用淬透性、淬硬性、变形开裂倾向、耐回火性和氧化脱碳倾向评定。一般，碳钢的淬透性差，强度较低，加热时易过热，淬火时易变形开裂，而合金钢的淬透性优于碳钢。

高分子材料成形工艺简便，切削加工性能较好，但导热性差，不耐高温，易老化。

3. 经济性原则

经济性原则是指所选用的材料加工成零件后能否做到价格便宜，成本低廉。在满足前面两条原则的前提下，应尽量降低零件的总成本，以提高经济效益。零件总成本包括材料本身价格、加工费、管理费等，有时还包括运输费和安装费。

碳钢、铸铁价格较低，加工方便，在满足使用性能前提下，应尽量选用。低合金高强度结构钢价格低于合金钢。有色金属、铬镍不锈钢、高速工具钢价格高，应尽量少用。应尽量使用简单设备、减少加工工序数量、采用少切削无切削加工等措施，以降低加工费用。

对于某些重要、精密、加工过程复杂的零件和使用周期长的工模具，选材时不能单纯考虑材料本身价格，而应注意制件质量和使用寿命。此时，采用价格较高的合金钢或硬质合金代替碳钢，从长远观点看，因其使用寿命长、维修保养费用少，总成本反而降低。

此外，所选材料应立足于国内和货源较近的地区，并应尽量减少所用材料的品种规格，以便简化采购、运输、保管与生产管理等工作；所选材料应满足环境保护方面的要求，尽量减少污染。还要考虑到产品报废后，所用材料能否重新回收利用等问题。

二、材料及成形工艺选择的方法

1. 材料及其成形工艺选择的步骤

零件材料的合理选择通常是按照以下步骤进行的：

① 在分析零件的服役条件、形状尺寸与应力状态后，确定技术条件。

② 通过分析或试验，结合同类零件失效分析的结果，找出零件在实际使用中主要和次要的失效抗力指标，以此作为选材的依据。

③ 根据力学计算，确定零件应具有的主要力学性能指标，正确选择材料。这时要综合考虑所选材料应满足失效抗力指标和工艺性的要求，同时还需考虑所选材料在保证实现先进工艺和现代生产组织方面的可能性。

④ 决定热处理方法（或其他强化方法），并提出所选材料在供应状态下的技术要求。

⑤ 审核所选材料的生产经济性（包括热处理的生产成本等）。

⑥ 试验、投产。

2. 材料及成形工艺选择的具体方法和依据

（1）依据零件的结构特征选择　机械零件常分为：轴类、盘套类、支架箱体类及模具等类零件。轴类零件几乎都采用锻造成形方法，材料为中碳非合金钢或合金钢如 45 钢或 40Cr；异型轴也采用球墨铸铁毛坯；特殊要求的轴也可采用特殊性能钢。盘套类零件以齿轮应用为最广泛，以中碳钢锻造及铸造为多。小齿轮可用圆钢为原料，也可采用冲压甚至直接冷挤压成型。箱体类零件以铸件最多，支架类件少量时可采用焊接获得。

(2) 依据生产批量选择　生产批量对于材料及其成形工艺的选择极为重要。一般的规律是,单件、小批量生产时铸件选用手工砂型铸造成型;锻件采用自由锻或胎模锻成形方法;焊接件则以手工或半自动的焊接方法为主;薄板零件则采用钣金、钳工等。在大批量生产的条件下,则分别采用机器造型、模锻、埋弧自动焊及板料冲压等成型方法。

在一定条件下,生产批量也会影响到成形工艺。机床床身,一般情况下都采用铸造成型,但在单件生产的条件下,经济上往往并不合算;若采用焊接件,则可大大降低生产成本,缩短生产周期,当然焊接件的减震、耐磨性不如铸件

(3) 依据最大经济性选择　为获得最大的经济性,对零件的材料选择与成形方法要具体分析。如简单形状的螺钉、螺栓等零件,不仅要考虑材料的相对价格,而且要注意加工方法和加工性能。如大批量制造标准螺钉,一般采用冷镦钢,使用冷镦、搓丝方法制造。许多零件都具有两种或两种以上的成形和加工方法的可能性,增加了选择的复杂性。如生产一个小齿轮,可以从棒料切削而成,也可以采用小余量锻造齿坯,还可以用粉末冶金制造。在以上方案中,最终选择应在比较全部成本的基础上得到。

(4) 依据力学性能要求选择　大多数零件是在多种应力作用下工作的,而每个零件的受力情况,又因其工作条件的不同而不同。因此,应根据零件的工作条件,找出其最主要的性能要求,以此作为选材的主要依据。

① 以综合力学性能为主时的选材。承受冲击力和循环载荷的零件,如连杆、锤杆、锻模等,其主要失效形式是过量变形与疲劳断裂。对这类零件的性能要求主要是综合力学性能要好(σ_b、$\delta_{-1}$$\delta$、$A_K$ 较高),根据零件的受力和尺寸大小,常选用中碳钢或中碳的合金钢,并进行调质或正火。

② 以疲劳强度为主时的选材。疲劳破坏是零件在交变应力作用下最常见的破坏形式,如发动机曲轴、齿轮、弹簧及滚动轴承等零件的失效,大多数是由疲劳破坏引起的。这类零件的选材,应主要考虑疲劳强度。

③ 以磨损为主时的选材。根据零件工作条件不同,可分两种情况:一是磨损较大,受力较小的零件和各种量具,如钻套、顶尖等,可选用高碳钢或高碳的合金钢,并进行淬火和低温回火,获得高硬度回火马氏体和碳化物组织,能满足要求;二是同时受磨损和交变应力作用的零件,为使其耐磨并具有较高的疲劳强度,应选用能进行表面淬火或渗碳或渗氮等的钢材,经热处理后使零件"外硬内韧",既耐磨又能承受冲击。例如,机床中重要的齿轮和主轴,应选用中碳钢或中碳的合金钢,经正火或调质后再进行表面淬火,获得较好的综合力学性能;对于承受大冲击力和要求耐磨性高的汽车、拖拉机变速齿轮,应选用低碳钢经渗碳后淬火、低温回火,使表面获得高硬度的高碳马氏体和碳化物组织,耐磨性高。心部是低碳马氏体,强度高,塑性和韧性好,能承受冲击。

要求硬度、耐磨性更高以及热处理变形小的精密零件,如高精度磨床主轴及镗床主轴等,常选用氮化用钢进行渗氮处理。

(5) 依据生产条件选择　在一般情况下,应充分利用本企业的现有条件完成生产任务。当生产条件不能满足产品要求;可供选择的途径有:第一,在本厂现有的条件下,适当改变毛坯的生产方式或对设备进行适当的技术改造;第二,扩建厂房,更新设备,提高企业的生产能力和技术水平;第三,厂外协作。

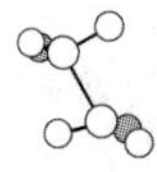

第三节　典型零件的选材实例分析

一、齿轮类零件的选材

1. 齿轮的工作条件及失效形式

齿轮主要用于传递转矩、换挡或改变运动方向，有的齿轮仅用来传递运动或起分度定位作用。齿轮种类多、用途广、工作条件复杂，但大多数重要齿轮仍有共同的特点。

(1) 工作条件　通过齿面接触传递动力，在齿面啮合处既有滚动，又有滑动。接触处要承受较大的接触压应力与强烈的摩擦和磨损；齿根承受较大的交变弯曲应力；由于换挡、启动或啮合不良，齿轮会受到冲击力；因加工、安装不当或齿、轴变形等引起的齿面接触不良，以及外来灰尘、金属屑末等硬质微粒的侵入，都会产生附加载荷和使工作条件恶化。因此，齿轮的工作条件和受力情况是较复杂的。

(2) 失效形式　齿轮的失效形式是多种多样的，主要有轮齿折断、齿面损伤和过量塑性变形等。

2. 常用齿轮材料

(1) 对齿轮材料性能的要求　根据齿轮工作条件和失效形式，要求齿轮材料具备下列性能：

① 良好的切削加工性能，以保证所要求的精度和表面粗糙度值。

② 高的接触疲劳强度、弯曲疲劳强度、表面硬度和耐磨性，适当的心部强度和足够的韧性，以及最小的淬火变形。

③ 材质纯净，断面经侵蚀后不得有肉眼可见的孔隙、气泡、裂纹、非金属夹杂物和白点等缺陷，其缩松和夹杂物等级应符合有关材料规定的要求。

④ 价格适宜，材料来源广。

(2) 常用材料及热处理　常用齿轮材料主要有以下几种：

① 锻钢。锻钢应用最广泛，通常重要用途的齿轮大多采用锻钢制作。对于低、中速和受力不大的中、小型传动齿轮，常采用 Q275 钢、40 钢、40Cr 钢、45 钢、40MnB 钢等。这些钢制成的齿轮，经调质或正火后再进行精加工，然后表面淬火、低温回火。因其表面硬度不很高，心部韧性又不高，故不能承受大的冲击力；对于高速、耐强烈冲击的重载齿轮，常采用 20 钢、20Cr 钢、20CrMnTi 钢、20MnVB 钢、18Cr2Ni4WA 钢等。这些钢制成的齿轮，经渗碳并淬火、低温回火后，使齿面具有很高的硬度和耐磨性，心部有足够的韧性和强度。保证齿面接触疲劳强度高，齿根抗弯强度和心部抗冲击能力均比表面淬火的齿轮高。

② 铸钢。对于一些直径较大，形状复杂的齿轮毛坯，当用锻造方法难以成形时，可采用铸钢制作。常用的铸钢有 ZG270—500、ZG310—570 等。铸钢齿轮在机械加工前应进行正火，以消除铸造应力和硬度不均，改善切削加工性能；机械加工后，一般进行表面淬火。而对于性能要求不高、转速较低的铸钢齿轮通常不需淬火。

③ 铸铁。对于一些轻载、低速、不受冲击、精度和结构紧凑要求不高的不重要齿轮，常采用灰铸铁 HT200、HT250、HT300 等。铸铁齿轮一般在铸造后进行去应力退火、正火或机械加工后表面淬火。灰铸铁齿轮多用于开式传动。近年来在闭式传动中，采用球墨铸铁 QT600—3、QT500—7 代替铸钢制造齿轮的趋势越来越大。

④ 有色金属。在仪器、仪表中，以及在某些接触腐蚀介质中工作的轻载齿轮，常采用耐

蚀、耐磨的有色金属，如黄铜、铝青铜、锡青铜和硅青铜等制造。

⑤ 非金属材料。受力不大，以及在无润滑条件下工作的小型齿轮（如仪器、仪表齿轮），可用尼龙、ABS、聚甲醛等非金属材料制造。

此外，选材时还应注意：对某些高速、重载或齿面相对滑动速度较大的齿轮，为防止齿面咬合，并且使相啮合的两齿轮磨损均匀，使用寿命相近，大、小齿轮应选用不同的材料。小齿轮材料应比大齿轮好些，硬度比大齿轮高些。

表 14－1 是推荐使用的一般齿轮材料和热处理方法，供选用时参考。

表 14－1　常用的一般齿轮材料和热处理方法

传动方式	工作条件		小齿轮			大齿轮速		
	速度	载荷	材料	热处理	硬度	材料	热处理	硬度
开式传动	低速	轻载无冲击不重要的传动	Q255	正火	150—180HBS	HT200		170—230HBS
						HT250		170—240HBS
		轻载冲击小	45	正火	170—200HBS	QT500—5	正火	170—207HBS
						QT600—3		197—269HBS
闭式传动	低速	中载	45	正火	170—200HBS	35	正火	150—180HBS
			ZG310—570	调质	200—250HBS	ZG270—500	调质	190—230HBS
		重载	45	整体淬火	38—48HRC	35，ZG270—500	整体淬火	35—40HRC
	中速	中载	45	调质	220—250HBS	35，ZG270—500	调质	190—230HBS
			45	整体淬火	38—48HRC	35	整体淬火	35—40HRC
			40Cr 40MnB 40MnVB	调质	230—280HBS	45，50	调质	220—250HBS
						ZG270—500	正火	180—230HBS
						35，40	调质	190—230HBS
		重载	45	整体淬火	38—48HRC	35	整体淬火	35—40HRC
				表面淬火	45—50HRC	45	调质	220—250HBS
			40Cr 40MnB 40MnVB	整体淬火	35—42HRC	35，40	整体淬火	35—40HRC
				表面淬火	52—56HRC	45，50	表面淬火	45—50HRC
	高速	中载无猛烈冲击	40Cr 40MnB 40MnVB	整体淬火	35—42HRC	35，40	整体淬火	35—40HRC
				表面淬火	52—56HRC	45，50	表面淬火	45—50HRC
		中载有冲击	20Cr 20Mn2B 20MnVB 20CrMnTi	渗碳、淬火	56—62HRC	ZG310—570	正火	160—210HBS
						35	调质	190—230HBS
						20Cr 20MnVB	渗碳淬火	56—62HRC

注：开式传动时齿轮完全裸露；闭式传动时齿轮封闭在刚性的箱壳中，安装准确。

3. 齿轮选材示例

（1）机床齿轮　机床中的齿轮主要用来传递动力和改变速度。一般，受力不大、运动平稳，工作条件较好，对轮齿的耐磨性及抗冲击性要求不高。常选用中碳钢制造，为提高淬透性，也可用中碳的合金钢，经高频淬火，虽然耐磨性和抗冲击性比渗碳钢齿轮差，但能满足要求，且高频淬火变形小，生产率高。

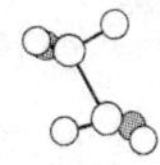

① 金属齿轮。如图 14-1 是卧式车床主轴箱中三联滑动齿轮，该齿轮主要是用来传递动力并改变转速。通过拨动主轴箱外手柄使齿轮在轴上滑移，利用与不同齿数的齿轮啮合，可得到不同转速。该齿轮受力不大，在变速滑移过程中，同与其相啮合的啮轮有碰撞，但冲击力不大，转动过程平稳，故可选用中碳钢制造。但考虑到齿轮较厚，为提高淬透性，用合金调质钢 40Cr 更好，其加工工艺过程如下：

下料——锻造——正火——粗加工——调质——精加工——齿高频感应淬火及回火——精磨。

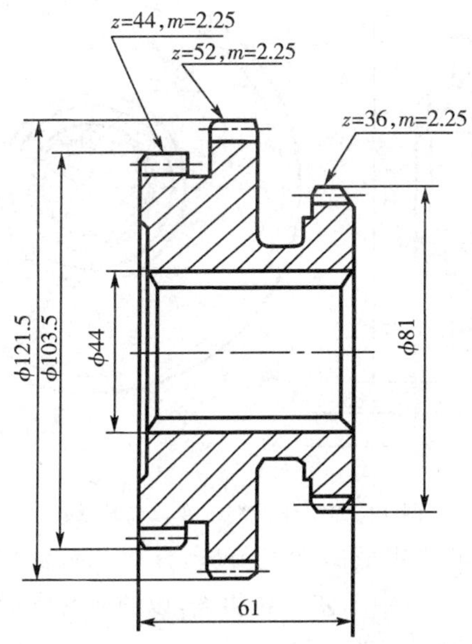

图 14-1 卧式车床主轴箱中滑动齿轮简图

正火是锻造齿轮毛坯必要的热处理，它可消除锻件应力，均匀组织，使同批坯料硬度相同，利于切削加工，改善轮齿表面加工质量。一般，齿轮正火可作为高频感应淬火前的预备热处理。

调质可使齿轮具有较高的综合力学性能，改善齿轮强度和韧性，使齿轮能承受较大的弯曲应力和冲击力，并可减小淬火变形。

高频感应淬火及低温回火是决定齿轮表面性能的关键工序。高频感应淬火可提高轮齿表面的硬度和耐磨性，并使轮齿表面具有残留压应力，从而提高抗疲劳的能力。低温回火是为了消除淬火应力，防止产生磨削裂纹和提高抗冲击能力。

② 塑料齿轮。某卧式车床进给机构的传动齿轮（模数 2、齿数 55、压力角 20°、齿宽 15mm），原采用 45 钢制造，现改为聚甲醛或单体浇铸尼龙，工作时传动平稳，噪声小，长期使用无损坏，且磨损很小。

某万能磨床油泵中圆柱齿轮（模数 3、齿数 14、压力角 20°、齿宽 24mm），受力较大，转速高（440r/min）。原采用 40Cr 钢制造，在油中运转，连续工作时油压约 1.5MPa（15kgf/cm^2）。现采用单体浇铸尼龙或氯化聚醚，注射成全塑料结构的圆柱齿轮，经长期使用无损坏现象，且噪声小，油泵压力稳定。

(2) 汽车、拖拉机齿轮　汽车、拖拉机齿轮主要安装在变速箱和差速器中。在变速箱中齿轮 1 于传递转矩和改变传动速比。在差速器中齿轮用来增加转矩并调节左右两车轮的转速，将动力传到驱动轮，推动汽车、拖拉机运行，这类齿轮受力较大，受冲击频繁，工作条件比机床齿轮复杂。因此，对耐磨性、疲劳强度、心部强度和韧性等要求比机床齿轮高。实践证明，选用低碳钢或低碳的合金钢经渗碳、淬火和低温回火后使用最为适宜。

图 14-2 是载重汽车(承载质量 8t)变速箱中齿轮。该齿轮工作中承受重载和大的冲击力，故要求齿面硬度和耐磨性高，为防止在冲击力作用下轮齿折断，故要求齿的心部强度和韧性高。

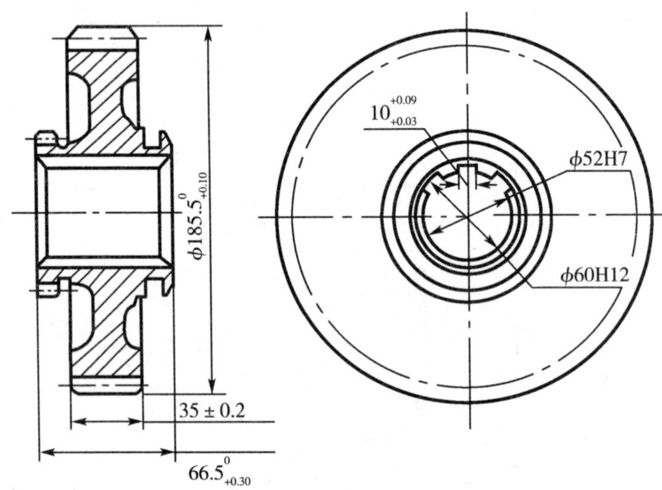

图 14-2 载重汽车变速齿轮简图

为满足上述性能要求，可选用低碳钢经渗碳、淬火和低温回火处理。但从工艺性能考虑，为提高淬透性，并在渗碳过程中不使晶粒粗大，以便于渗碳后直接淬火，应选用合金渗碳钢(20CrMnTi 钢)。该齿轮加工工艺过程如下：

下料——锻造——正火——粗加工、半精加工——渗碳——淬火及低温回火——喷丸——校正花键孔——精磨轮齿。

正火是为了均匀和细化组织，消除锻造应力，改善切削加工性。渗碳后淬火及低温回火是使齿面具有高硬度(58～62HRC)及耐磨性，心部硬度可达 30～45HRC，并有足够强度和韧性。喷丸可增大渗碳表层的压应力，提高疲劳强度，并可清除氧化皮。

二、轴类零件的选材

1. 轴类零件工作条件及失效形式

轴是机械中重要的零件之一，主要用于支承传动零件(如齿轮、凸轮等)、传递运动和动力。轴类零件工作时主要承受弯曲应力、扭转应力或拉压应力，有相对运动的表面其摩擦和磨损较大，多数轴类零件还承受一定的冲击力，若刚度不够会产生弯曲变形和扭曲变形。由此可见，轴类零件受力情况相当复杂。

轴类零件的失效形式有：疲劳断裂、过量变形和过度磨损等。

2. 常用轴类零件材料

(1) 对轴类零件材料性能要求　根据工作条件和失效形式，轴类零件材料应具备以下性能：

① 足够的强度、刚度、塑性和一定的韧性。

② 高的硬度和耐磨性。

③ 高的疲劳强度，对应力集中敏感性小。

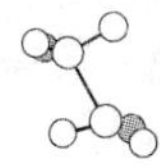

④ 足够的淬透性,淬火变形小。

⑤ 良好的切削加工性。

⑥ 价格低廉。

对特殊环境下工作的轴,还应具有特殊性能,如高温下工作的轴,抗蠕变性能要好;在腐蚀性介质中工作的轴,要求耐蚀性好等。

(2) 常用轴类材料及热处理　常用轴类材料主要是经锻造或轧制的低、中碳钢或中碳的合金钢。

常用牌号是 35 钢、40 钢、45 钢、50 钢等,其中 45 钢应用最广。为改善力学性能,这类钢一般均应进行正火、调质或表面淬火。对于受力小或不重要的轴,可采用 Q235 钢、Q275 钢等。

当受力较大并要求限制轴的外形、尺寸和重量,或要求提高轴颈的耐磨性时,可采用 20Cr 钢、40Cr 钢、40CrNi 钢、20CrMnTi 钢、40MnB 钢等,并辅以相应的热处理才能充分发挥其作用。

近年来越来越多的采用球墨铸铁和高强度灰铸铁作为轴的材料,尤其是作曲轴材料。

轴类零件选材原则主要是根据承载性质及大小、转速高低、精度和粗糙度要求,以及有无冲击、轴承种类等综合考虑。例如,主要承受弯曲、扭转的轴(如机床主轴、曲轴、变速箱传动轴等),因整个截面受力不均,表面应力大,心部应力小,故不需要选用淬透性很高的材料,常选用 45 钢、40Cr 钢、40MnB 钢等;同时承受弯曲、扭转及拉、压应力的轴(如锤杆、船用推进器轴等),因轴整个截面应力分布均匀,心部受力也大,应选用淬透性较高的材料;主要要求刚性好的轴,可选用碳钢或球墨铸铁等材料;要求轴颈处耐磨的轴,常选用中碳钢经表面淬火,将硬度提高到 52HRC 以上。

3. 轴类零件选材示例

(1) 机床主轴　图 14-3 为 C6132 卧式车床主轴,该轴工作时受弯曲和扭转应力作用,但承受的应力和冲击力不大,运转较平稳,工作条件较好。锥孔、外圆锥面,工作时与顶尖、卡盘有相对摩擦;花键部位与齿轮有相对滑动,故要求这些部位有较高的硬度与耐磨性。该主轴在滚动轴承中运转,轴颈处硬度要求 220～250HBS。

根据上述工作条件分析,本主轴选用 45 钢制造,整体调质,硬度为 220～250HBS;锥孔和外圆锥面局部淬火,硬度为 45～50HRC;花键部位高频感应淬火,硬度为 48～53HRC。该主轴加工工艺过程如下:

下料——锻造——正火——粗加工——调质——半精加工(花键除外)——局部淬火、回火(锥孔、外锥面)——粗磨(外圆、外锥面、锥孔)——铣花键——花键处高频感应淬火、回火——精磨(外圆、外锥面、锥孔)。

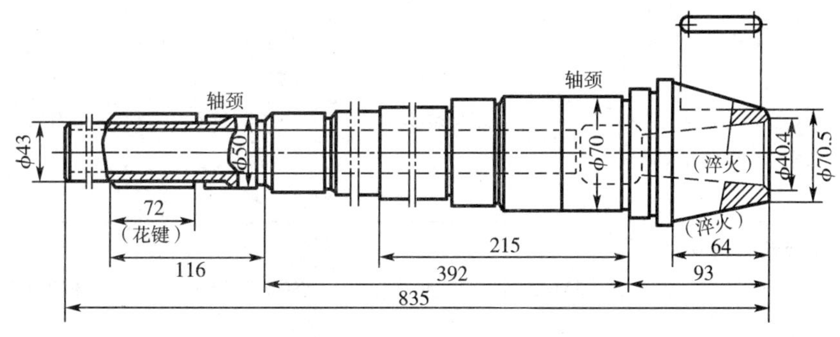

图 14-3　C6132 卧式车床主轴简图

45钢虽然淬透性不如合金调质钢，但具有锻造性能和切削加工性能好，价廉等特点。而且主轴工作时最大应力处于表层，结构形状较简单，调质、淬火时一般不会出现开裂。

因轴较长，且锥孔与外圆锥面对两轴颈的同轴度要求较高，为减少淬火变形，故锥部淬火与花键淬火分开进行。

常用机床主轴材料、热处理工艺及应用见表14-2。

表14-2 机床主轴的工作条件、选材及热处理

序号	工作条件	选用钢号	热处理工艺	硬度要求	应用举例
1	(1)在滚动轴承中运转； (2)低速，轻或中等载荷； (3)精度要求不高； (4)稍有冲击载荷	45	调质	220～250HBS	一般简易机床主轴
2	(1)在滚动轴承中运转； (2)转速稍高，轻或中等载荷； (3)精度要求不太高； (4)有一定的冲击，并变载荷	45	整体淬硬 正火或调质+局部淬火	40～45HRC ≤229HBS（正火） 220～250HBS（调质） 46～51HRC（局部）	龙门铣床、立式铣床、小型立式车床的主轴
3	(1)在滚动或滑动轴承内运转； (2)低速，轻或中等载荷； (3)精度要求不很高； (4)有一定的冲击，交变载荷	45	正火或调质后轴颈局部表面淬火	≤229HBS（正火） 220～250HBS（调质） 46～51HRC（局部）	CB3463、CA6140、C61200等车床主轴
4	(1)在滚动轴承内运转； (2)中等载荷，转速略高； (3)精度要求较高； (4)有较高的交变、冲击载荷	40Cr 40MnB 40MnVB	整体淬火	40～45HRC	滚齿机、组合机床的主轴
			调质后局部淬火	220～250HBS（调质） 46～51HRC（局部）	
5	(1)在滑动轴承内运转； (2)中或重载荷，转速略高； (3)精度要求较高； (4)有较高的交变、冲击载荷	40Cr 40MnB 40MnVB	调质后轴颈表面淬火	220～280HBS（调质） 46～55HRC（局部）	铣床、M7475B磨床砂轮主轴
6	(1)在滚动或滑动轴承内运转； (2)轻、中载荷、转速较低	50Mn2	正火	≤241HBS	重型机床主轴

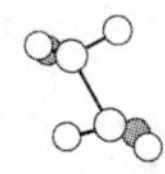

（续表）

序号	工作条件	选用钢号	热处理工艺	硬度要求	应用举例
7	(1)在滑动轴承内运转； (2)中等或重载荷； (3)要求轴颈部分有更高的耐磨性； (4)精度很高； (5)交变应力较大，冲击载荷较小	65Mn	调质后轴颈和头部局部淬火	220～280HBS（调质） 56～61HRC（轴颈表面） 50～55HRC（头部）	M1450磨床主轴
8	工作条件同上，但表面硬度要求更高	GCr15 9Mn2V	调质后轴颈和头部局部淬火	250～280HBS（调质）≥59HRC(局部）	MQ1420、MB1432A磨床砂轮主轴
9	(1)在滑动轴承内运转； (2)重载荷，转速很高； (3)精度要求极高； (4)有很高的交变、冲击载荷	38CrMoAI	调质后渗氮	≤260HBS（调质） 850HV（渗氮表面）	高精度磨床砂轮主轴，T68镗杆，T4240A坐标镗床主轴，C2150×6多轴自动车床中心轴
10	(1)在滑动轴承内运转； (2)重载荷，转速很高； (3)高的冲击载荷； (4)很高的交变应力	20CrMnTi	渗碳、淬火	≥59HRC（表面）	Y7163齿轮磨床、CG1107车床、SG8630精密车床主轴

(2) 内燃机曲轴　曲轴是内燃机中形状复杂而又重要的零件之一，其作用是在工作中将活塞连杆的往复运动变为旋转运动。气缸中气体爆发压力作用在活塞上，使曲轴承受冲击、扭转、剪切、拉压、弯曲等复杂交变应力。因曲轴形状很不规则，故应力分布不均匀；曲轴颈与轴承发生滑动摩擦。曲轴主要失效形式是疲劳断裂和轴颈磨损。

根据曲轴的失效形式，制造曲轴的材料必须具有高的强度、一定的韧性，足够的弯曲、扭转疲劳强度和刚度，轴颈表面应有高的硬度和耐磨性。

曲轴分锻钢曲轴和铸造曲轴两种。锻钢曲轴材料主要有中碳钢和中碳的合金钢，如35钢、40钢、45钢、35Mn2钢、40Cr钢、35CrMo钢等。铸造曲轴材料主要有铸钢（如ZG230—450)、球墨铸铁（如QT600—3、QT700—2)、珠光体可锻铸铁（如KTZ450—06、KTZ550—04)以及合金铸铁等。目前，高速、大功率内燃机曲轴，常用合金调质钢制造，中、小型内燃机曲轴，常用球墨铸铁或45钢制造。

图14-4所示为175A型农用柴油机曲轴。该柴油机为单缸四冲程，气缸直径为75mm，转速为2200～2600r/min，功率为4.4kW(6马力)。因功率不大，故曲轴承受的弯曲、扭转应力和冲击力等不大。由于在滑动轴承中工作，故要求轴颈处硬度和耐磨性较高。其性能要求是$\sigma_b \geq 750$MPa，整体硬度为240～260HBS，轴颈表面硬度≥625HV，$\delta \geq 2\%$，$A_K \geq 12$J。

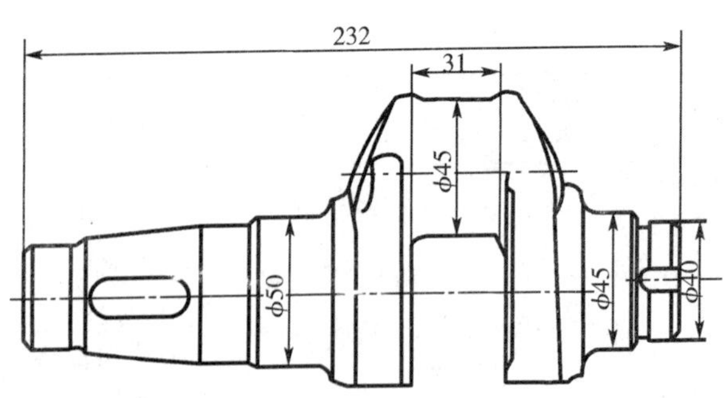

图 14－4　175A 型农用柴油机曲轴简图

根据上述要求，选用 QT600—3 球墨铸铁作为曲轴材料，其加工工艺过程如下：

浇注——高温正火——高温回火——切削加工——轴颈气体渗氮。

高温正火(950℃)是为了增加基体组织中珠光体的数量，并细化珠光体，提高强度、硬度和耐磨性。高温回火(560℃)是为了消除正火造成的应力。轴颈气体渗氮(570℃)是为保证不改变组织及加工精度前提下，提高轴颈表面硬度和耐磨性。也可采用对轴颈进行表面淬火来提高其耐磨性。为了提高曲轴的疲劳强度，可对其进行喷丸处理和滚压加工。

三、箱座类零件的选材

箱座类零件是机械中的重要零件之一，其结构一般都较复杂，工作条件相差很大。主轴箱、变速箱、进给箱、阀体等，通常受力不大，要求有较高的刚度和密封性；工作台和导轨等，要求有较高的耐磨性；以承压为主的机身、底座等，要求有较好的刚性和减振性。有些机身、支架往往同时承受拉、压和弯曲应力，甚至还承受冲击力，故要求有较好的综合力学性能。

受力较大，要求强度、韧性高，甚至在高压、高温下工作的箱座件，例如汽轮机机壳等，应采用铸钢。铸钢件应进行完全退火或正火，以消除粗晶组织和铸造应力。

受力较大，但形状简单，生产数量少的箱座件，可采用钢板焊接而成。

受力不大，且主要承受静载荷，不受冲击的箱座件，可选用灰铸铁，如在工作中与其他零件有相对运动，且有摩擦、磨损产生，则应选用珠光体基体灰铸铁。铸铁件一般应进行去应力退火。

受力不大，要求自重轻或要求导热好的箱座件，可选用铸造铝合金。铝合金件应根据成分不同，进行退火或固溶热处理、时效处理等。

受力小，要求自重轻，工作条件好的箱座件，可选用工程塑料。

思考与练习

14－1　什么是零件的失效？失效形式主要有哪些？

14－2　选择零件材料应遵循哪些原则？在选用材料力学性能判据时，应注意哪些问题？

14－3　简述零件选材的方法和步骤。

参考文献

1. 王纪安主编.工程材料与材料成型工艺.北京:高等教育出版社,2000
2. 刘会霞主编.金属工艺学.北京:机械工业出版社,2001
3. 罗毓湘主编.工程材料及机械制造基础.广州:广东高等教育出版社,2001
4. 许德珠主编.机械工程材料.北京:高等教育出版社,2001
5. 张继世主编.机械工程材料基础.北京:高等教育出版社,2000
6. 郁兆昌主编.金属工艺学.北京:高等教育出版社,2001
7. 邓文英主编.金属工艺学.北京:高等教育出版社,1990
8. 郭炯凡主编.机械工程材料工艺学.北京:高等教育出版社,1990
9. 胡国际主编.金属材料及加工工艺.北京:机械工业出版社,2001
10. 房世荣主编.工程材料及金属工艺学.北京:机械工业出版社,1994
11. 杨慧智主编.工程材料及成形工艺基础.北京:机械工业出版社,1999
12. 王雅然主编.金属工艺学.北京:机械工业出版社,1993
13. 卢秉恒主编.机械制造技术基础.北京:机械工业出版社,1999
14. 丁德全主编.金属工艺学.北京:机械工业出版社,2000
15. 傅水根主编.机械制造工艺基础.北京:清华大学出版社,1998